系列

管理类与经济类综合能力
逻辑历年真题全解

[解析册]

『题型分类版』

主编 郭子仪

北京理工大学出版社

版权专有　侵权必究

图书在版编目（CIP）数据

MBA MPA MPAcc MEM 管理类与经济类综合能力逻辑历年真题全解：题型分类版．解析册 / 郭子仪主编．— 北京：北京理工大学出版社，2022.7

ISBN 978-7-5763-1459-5

Ⅰ.①M… Ⅱ.①郭… Ⅲ.①逻辑–研究生–入学考试–题解 Ⅳ.①B81-44

中国版本图书馆 CIP 数据核字 (2022) 第 117592 号

出版发行 / 北京理工大学出版社有限责任公司

社　　址 / 北京市海淀区中关村南大街 5 号

邮　　编 / 100081

电　　话 /（010）68914775（总编室）
　　　　　（010）82562903（教材售后服务热线）
　　　　　（010）68944723（其他图书服务热线）

网　　址 / http://www.bitpress.com.cn

经　　销 / 全国各地新华书店

印　　刷 / 三河市文阁印刷有限公司

开　　本 / 787 毫米 × 1092 毫米　1/16

印　　张 / 13.75　　　　　　　　　　　　　　　　　责任编辑 / 高　芳

字　　数 / 343 千字　　　　　　　　　　　　　　　文案编辑 / 胡　莹

版　　次 / 2022 年 7 月第 1 版　2022 年 7 月第 1 次印刷　　责任校对 / 刘亚男

定　　价 / 119.80 元　　　　　　　　　　　　　　　责任印制 / 李志强

图书出现印装质量问题，请拨打售后服务热线，本社负责调换

目录

专题一 推出结论型题目 …………………………………………………… 001
  考查点 1 复合命题 …………………………………………………… 001
  考查点 2 否命题 ……………………………………………………… 033
  考查点 3 三段论和欧拉图 …………………………………………… 040
  考查点 4 真假话 ……………………………………………………… 047
  考查点 5 性质命题对当关系 ………………………………………… 052
  考查点 6 模态命题 …………………………………………………… 054
  考查点 7 阅读理解得结论 …………………………………………… 055
  考查点 8 数量关系 …………………………………………………… 069

专题二 削弱型题目 …………………………………………………………… 076

专题三 加强型题目 …………………………………………………………… 108
  考查点 1 加强 ………………………………………………………… 108
  考查点 2 假设 ………………………………………………………… 111
  考查点 3 支持 ………………………………………………………… 122

专题四 解释型题目 …………………………………………………………… 147

专题五 评价型题目 …………………………………………………………… 158
  考查点 1 评价论点 …………………………………………………… 158
  考查点 2 评价论证方法 ……………………………………………… 160
  考查点 3 评价论证过程是否存在漏洞 ………………………………… 161

专题六 相似比较型题目 ……………………………………………………… 165
  考查点 1 论证推理结构的相似比较型 ………………………………… 165
  考查点 2 逻辑谬误的相似比较型 ……………………………………… 171

考查点 3　论证推理方法的相似比较型 …………………………… 174

　　考查点 4　概念、定义的相似比较型 ……………………………… 176

专题七　对话辩论型题目 ……………………………………… 179

专题八　分析推理型题目 ……………………………………… 183

　　考查点 1　排序题(排队题) ………………………………………… 183

　　考查点 2　对应题 …………………………………………………… 191

　　考查点 3　分组题 …………………………………………………… 211

 **推出结论型题目**

考查点1 复合命题

1. 【答案】E。
   【考点分析】形式逻辑——复合命题
   【解析】题干可以化简为:
   (1)50岁以下∧3 000米以上←能参加;
   (2)高血压→不能参加;
   (3)心脏病→不能参加;
   (4)老黄3 000米以上∧老黄不能参加。
   对条件(1)来说,"老黄不能参加"是否定前件,无效推理,推不出老黄年龄一定在50岁以上。
   对条件(2)(3)来说,"老黄不能参加"是肯定后件,无效推理,推不出老黄患有高血压或心脏病。
   因此,三个复选项均不能从题干信息中推出。

   > 【做题要领】假言命题"除非Q,否则不P"可转化为:Q←P。推理规则:否定前件(P)是无效推理,什么也推不出;肯定后件(Q)是无效推理,什么也推不出。一定要熟练掌握推理的规则,要提升将题干信息快速转化为标准推理形式的能力。

2. 【答案】C。
   【考点分析】形式逻辑——复合命题
   【解析】题干可以化简为:小李考上了清华∨小孙没考上北大。
   要得到小李考上了清华,就需要否定小孙没考上北大,即小孙考上了北大,此时,小孙没考上北大为假,则小李考上了清华必为真,选项C符合。

   > 【做题要领】相容选言命题"P∨Q"为真,表示P、Q至少有一个为真。推理规则:如果一个为假,则另一个必为真;如果一个为真,则另一个无法判断。
   > 相容选言命题的推理规则是考查的重点,要熟练掌握。

3. 【答案】A。
   【考点分析】形式逻辑——复合命题
   【解析】题干可以化简为:
   (1)本人不同意→不调用=调用→本人同意;

(2)大李不知道小王已经调用→大李不同意调用＝大李同意调用→大李知道小王已经调用→小王已经调用；

(3)小王不知道大李已经调用→小王不同意调用＝小王同意调用→小王知道大李已经调用→大李已经调用；

设想在确定是否调用大李之前，征求大李意见。假设大李同意调用，由条件(2)可得，小王已经调用。

由小王已经调用，根据条件(1)可得，小王同意调用。

由小王同意调用，根据条件(3)可得，大李已经调用。也就是说，在确定是否调用大李之前，大李已经调用，这是不可能的。因此，假设不成立，从而可得，大李不同意调用。

同理可得，小王不同意调用；再由条件(1)可得，两人都不可能调用。

【做题要领】两个人的行为都以对方的态度为前提，二者就陷入一个循环，以至于谁也无法实施行为。

做本题时还要注意"P,除非Q"的化简，其等价于"除非Q,否则不不P",等价于"¬P→Q"。

4. 【答案】C。

【考点分析】形式逻辑——复合命题

【解析】题干可以化简为：

(1)具备足够的文学欣赏水平∧具备足够的道德自律意识→《红粉梦》和《演艺十八钗》的销量不会是最多的；

(2)《红粉梦》和《演艺十八钗》的销量最多。

将条件(2)代入条件(1)可得，¬具备足够的文学欣赏水平∨¬具备足够的道德自律意识。因此，复选项Ⅲ一定为真。

复选项Ⅰ中有个重要的逻辑词汇"大多数"，从题干信息中不能推出这一点，排除。除此之外，一本书的销量最多，不一定大多数人都买，可能存在一人买多本的情况。

复选项Ⅱ为"不具备足够的文学欣赏水平∧不具备足够的道德自律意识"。由题干信息可知，不具备足够的文学欣赏水平∨不具备足够的道德自律意识，这是二者至少其一，但未必都具备，排除。

5. 【答案】B。

【考点分析】形式逻辑——复合命题

【解析】题干可以化简为：

(1)一流的国家实力→一流的教育；

(2)一流的国家实力←国际贡献。

各选项的结构：

选项A,该项可以化简为：¬一流的教育→¬国际贡献。

选项B,该项可以化简为：一流的教育→国际贡献。

选项C,该项可以化简为：一流的国家实力→一流的教育。

选项 D,该项可以化简为:¬(国际贡献∧¬一流的教育)=¬国际贡献∨一流的教育=国际贡献→一流的教育。

选项 E,该项可以化简为:¬国际义务∨一流的教育=国际义务→一流的教育。

选项 B,肯定后件,无效推理,不符合题干。其余各项均符合题干。

6. 【答案】C。

【考点分析】形式逻辑——复合命题

【解析】题干可以化简为:¬工作五天→法定休假日。

由题干可知,上周林斌工作了六天,即¬工作五天,因此可推出上周有法定休假日。

选项 A,上周不存在"可能没有法定休假日"的情况,排除。

选项 B,题干未提到"法定工作日",无关选项,排除。

选项 C,由"¬工作五天"可直接推出上周有法定休假日,入选。

选项 D,题干可推出上周一定有法定休假日,与该项矛盾,排除。

选项 E,题干可推出上周一定有法定休假日,选项 C 为真,排除。

【做题要领】将题干信息转化为逻辑语言,得出推论结果后与选项进行对比。

7. 【答案】A。

【考点分析】形式逻辑——复合命题

【解析】题干可以化简为:

(1)李清∨¬孙北,可转化为,孙北→李清;

(2)张北→孙北;

(3)¬张北→李清。

条件(2)(1)联立可得,张北→李清;再联合条件(3)可得,李清。

8. 【答案】B。

【考点分析】形式逻辑——复合命题

【解析】董事长的观点:李→¬孙。

选项 A,¬孙→李,排除。

选项 B,¬李∨¬孙=李→¬孙,与题干一致,入选。

选项 C,李∨孙=¬李→孙,排除。

选项 D,¬李→¬孙,排除。

选项 E,李→孙,排除。

【做题要领】化简!化简!将题干信息转化为逻辑语言,根据转化后的逻辑语言寻找一致选项。

9. 【答案】C。

【考点分析】形式逻辑——复合命题

【解析】题干可以化简为:成绩前三∧两位教授推荐←免试=¬(成绩前三∧两位教授推荐)

→¬免试。

若"决定没有得到贯彻",则需要保证前件为真,但后件为假,即满足"免试",但不满足"成绩前三∧两位教授推荐"。

复选项Ⅰ,说明题干信息的前件为假,后件为真,不能说明"决定没有得到贯彻",排除。

复选项Ⅱ,说明题干信息的前件为真,但后件为假,说明"决定没有得到贯彻",入选。

复选项Ⅲ,说明题干信息的前件为真,但后件为假,说明"决定没有得到贯彻",入选。

因此,正确答案为选项C。

【做题要领】针对"A→B",要得到"决定没有得到贯彻",就要找其否命题,即A∧¬B。

10.【答案】C。

【考点分析】形式逻辑——复合命题

【解析】题干可以化简为:发展→稳定。

选项A,发展→稳定,与题干一致,排除。

选项B,¬稳定→¬发展,其逆否命题是,发展→稳定,与题干一致,排除。

选项C,¬(稳定∧¬发展)=¬稳定∨发展=稳定→发展,与题干不一致,入选。

选项D,稳定∨¬发展=¬稳定→¬发展=发展→稳定,与题干一致,排除。

选项E,¬(发展∧¬稳定)=¬发展∨稳定=发展→稳定,与题干一致,排除。

【做题要领】化简!化简!将题干信息转化为逻辑语言,根据转化后的逻辑语言寻找不一致的选项。

11.【答案】D。

【考点分析】形式逻辑——复合命题

【解析】题干可以化简为:

(1)阿司匹林∨对乙酰氨基酚→不会产生良好的抗体反应=产生良好的抗体反应→¬阿司匹林∧¬对乙酰氨基酚;

(2)产生了良好的抗体反应。

题干有确定信息条件(2),将其代入条件(1)可得,¬阿司匹林∧¬对乙酰氨基酚。

【做题要领】对于假言命题,若P→Q为真,则¬Q→¬P也为真。

12.【答案】C。

【考点分析】形式逻辑——复合命题

【解析】题干可以化简为:

(1)计算机属于这个域∧登录账户存在∧密码正确→允许登录=不允许登录→计算机不属于这个域∨登录账户不存在∨密码错误;

(2)小张的登录账号是正确的(可以理解为登录账户存在),但不允许登录。

由条件(1)(2)可得,计算机不属于这个域∨密码错误。结合选项,当计算机属于这个域时,必定密码错误;当密码正确时,必定计算机不属于这个域。因此,正确答案为选项 C。

13. 【答案】E。

    【考点分析】形式逻辑——复合命题

    【解析】题干可以化简为:除非下雨或者刮风,否则唱歌 = 下雨∨刮风←¬ 唱歌 =¬(下雨∨刮风)→唱歌 =¬ 下雨∧¬ 刮风→唱歌。

    题干补充条件:在无雨的夏夜。

    由此可以得出:如果没有刮风,它就在平台上唱歌。

    【做题要领】注意"除非……,否则……"的化简,"除非 Q,否则 P"可转化为¬ P→Q。

14. 【答案】A。

    【考点分析】形式逻辑——复合命题

    【解析】题干可以化简为:

    (1) X∨Y;

    (2) ¬ Y∨¬ Z=Z→¬ Y;

    (3) ¬ Z→¬ Y。

    条件(2)(3)构成二难推理,由条件(2)(3)可得,¬ Y,即这种粒子不是 Y 粒子;再结合条件(1)可得,这种粒子是 X 粒子。

    【做题要领】首先,要熟练掌握¬ Y∨¬ Z 向 Z→¬ Y 的转化;其次,要熟练应用二难推理,即 Z→¬ Y 和¬ Z→¬ Y 必定得到¬ Y。

15. 【答案】A。

    【考点分析】形式逻辑——复合命题

    【解析】题干可以化简为:

    (1) 推至更小轨道∀逐出太阳系;

    (2) 推至更小轨道∨逐出太阳系;

    (3) 上述两种断定只有一真。

    方法一:

    上述的条件(1)和条件(2),是关于同一对分支的相容选言命题和不相容选言命题,根据选言命题的取值规则,由于两种断定只有一真,因此一定是条件(1)为假、条件(2)为真。

    能让"P∨Q"和"P∀Q"一真一假的取值情况,只能是 P、Q 两支同时为真,因此选项 A 入选。

    方法二:

    上述的条件(1)和条件(2),是关于同一对分支的相容选言命题和不相容选言命题,根据选言命题的取值规则,由于两种断定只有一真,因此一定是条件(1)为假、条件(2)为真。

    由条件(1)为假可得,以下两种情况必有一种成立。

    ①推至更小轨道并且逐出太阳系;

②不推至更小轨道并且不逐出太阳系。

由条件(2)为真可得,②不成立。因此,①成立。因此,选项 A 入选。

【做题要领】熟悉选言命题的取值规则会加快做题速度。
"P∨Q"和"P∀Q"两个命题一真一假时,当且仅当"P∧Q"为真,则"P∀Q"一定为假,"P∨Q"一定为真。

16.【答案】A。
【考点分析】形式逻辑——复合命题
【解析】题干可以化简为:
(1)相互尊重是相互理解的基础,等价于,相互尊重←相互理解,即相互理解→相互尊重;相互理解是相互信任的前提,即相互信任→相互理解。
(2)没有一个人尊重不自重的人,即不自重的人→不被尊重;没有一个人信任他所不尊重的人,即不被尊重的人→不被信任。
选项 A,由条件(2)可得,不自重的人→不被尊重→不被信任,与选项 A 一致,入选。
选项 B,由条件(1)可得,相互信任→相互理解→相互尊重,与选项 B 不一致,排除。
选项 C、D、E,这三项的论证关系题干均没有涉及,无关选项,排除。

【做题要领】"……是……基础,……是……前提,……是……依托"等表述都是"必要条件假言命题"的化简标志,大家要熟练掌握"基础""前提"之类的关键词,懂得将其转化为标准推理形式。

17.【答案】C。
【考点分析】形式逻辑——复合命题
【解析】题干可以化简为:
(1)甲上场→乙上场;
(2)丙不上场→甲不上场=甲上场→丙上场;
(3)丙不上场∀(乙不上场∨戊不上场);
(4)丁上场∨乙上场。
"乙不上场"结合条件(1)可得,甲不上场;"乙不上场"结合条件(3)可得,丙上场;"乙不上场"结合条件(4)可得,丁上场。综合可得,甲不上场,丙、丁上场。

【做题要领】熟练掌握 P→Q 和¬Q→¬P 的相互转化。

18.【答案】E。
【考点分析】形式逻辑——复合命题
【解析】题干可以化简为:
(1)甲→乙;
(2)¬丙→丁;

(3) ¬ 天麻∨¬ 人参;

(4) ¬ 甲∧丙→人参=¬ 人参→甲∨¬ 丙。

"含有天麻"结合条件(3)可得,¬ 人参;"¬ 人参"结合条件(4)可得,甲∨¬ 丙;"甲∨¬ 丙"结合条件(1)和条件(2)可得,乙∨丁,选项 E 入选。

19.【答案】C。

【考点分析】形式逻辑——复合命题

【解析】题干可以化简为:

(1)面粉价格上涨→面包成本增加;

(2)面包成本增加→面包销售利润下降;

(3)面包销售利润不下降←避免整体收益明显减少。

联立条件(1)(2)(3)可得,面粉价格上涨→面包成本增加→面包销售利润下降→整体收益明显减少。

选项 A、B,肯定后件不能推出确定结论,排除。

选项 C,由题干可知,肯定"面粉价格上涨"可以推出"整体收益明显减少",入选。

选项 D、E,由题干无法推出,排除。

20.【答案】D。

【考点分析】形式逻辑——复合命题

【解析】老许的提议:要么使用化学农药,要么使用生物农药。

选项 A,使用化学农药→¬ 使用生物农药=¬ 使用化学农药∨¬ 使用生物农药,可以由题干推出,排除。

选项 B,与题干论述完全一致,可以由题干推出,排除。

选项 C,¬ 使用化学农药→使用生物农药=使用化学农药∨使用生物农药,可以由题干推出,排除。

选项 D,题干没有明确表示化学农药与生物农药哪类更好,以及优先考虑使用哪类,不能由题干推出,入选。

选项 E,两类农药不要同时使用,即¬ 使用化学农药∨¬ 使用生物农药,可以由题干推出,排除。

【做题要领】注意区分相容选言命题和不相容选言命题。不相容选言命题"要么 A,要么 B"的逻辑含义是"A 和 B 中只有一个成立",而相容选言命题"A∨B"中,其中一支为真,整个命题即为真,因此,由"要么 A,要么 B"为真,可以推出"A∨B"为真。

21.【答案】B。

【考点分析】形式逻辑——复合命题

【解析】题干可以化简为:

(1)张教授所有初中同学→不是博士;

(2)通过张教授认识∧哲学研究所同事→博士;

(3)张教授的一个初中同学通过张教授认识了王研究员。

由条件(1)(3)可得,张教授的这个初中同学不是博士。

由条件(2)可得,¬博士→¬通过张教授认识∨¬哲学研究所同事。

再由条件(3)可得,王研究员是通过张教授认识的→王研究员不是张教授的哲学研究所同事。

【做题要领】要懂得将题中的话语转化为标准推理形式,本题关键是"通过张教授而认识其哲学研究所同事"隐含了一个联言命题,即通过张教授认识∧哲学研究所同事。

22.【答案】B。

【考点分析】形式逻辑——复合命题

【解析】题干可以化简为:

(1)王:纳米∧生物。

(2)赵:生物→智能=¬生物∨智能。

(3)李:纳米∧生物→智能=¬(纳米∧生物)∨智能=¬纳米∨¬生物∨智能。

只有一位意见被采纳,即三人观点只有一个成立。条件(3)包含条件(2),即若条件(2)为真,则条件(3)为真,所以条件(2)为假,得出,生物∧¬智能。要保证条件(1)和条件(3)中只有一真,则可得,生物∧纳米∧¬智能,即发展生物医药技术和纳米技术,但不发展智能技术。

综上所述,正确答案为选项B。

【做题要领】熟练掌握假言命题与相容选言命题的转化关系:A→B=¬A∨B。

23.【答案】B。

【考点分析】形式逻辑——复合命题

【解析】题干可以化简为:欧洲部分国家的财政危机可以平稳度过→世界经济今年就会走出低谷。

复选项Ⅰ,世界经济今年走出低谷→西方国家的财政危机可以平稳度过,肯定后件不能得出前件,不能从题干中得出。

复选项Ⅱ,¬世界经济今年走出低谷→¬有的西方国家财政危机能平稳度过,与题干互为逆否命题,可以从题干中得出。

因此,正确答案为选项B。

【做题要领】对于P→Q,其有效形式是:肯定P可以推出肯定Q,否定Q可以推出否定P,其余情况均不能推出。

24.【答案】B。

【考点分析】形式逻辑——复合命题

【解析】题干可以化简为:¬盲从→国民素质得到根本性的提高。

选项A,¬国民素质得到根本性的提高→¬对疾病的认识,不能从题干中推出,排除。

选项B,¬国民素质得到根本性的提高→盲从,与题干互为逆否命题,可以从题干中推出,入选。

选项C,江湖医生得逞→国民缺乏基本的医学知识,涉及与题干无关的信息,不能从题干中推出,排除。

选项D,国民的健康得到保障→国民提高对疾病的认识,涉及与题干无关的信息,不能从题干中推出,排除。

选项E,与题干论述无关,不能从题干中推出,排除。

【做题要领】化简!化简!将题干信息转化为逻辑语言后,将选项与题干信息进行对比即可得出正确答案。

25.【答案】D。

【考点分析】形式逻辑——复合命题

【解析】题干可以化简为:

(1)物理∨化学;

(2)王涛物理∧¬周波化学。

复选项Ⅰ,¬周波化学,根据条件(1),选言命题中,否定其中一支可以得出另一支为真,即"周波喜欢物理"为真。

复选项Ⅱ,王涛物理,根据条件(1),选言命题中,肯定其中一支得不出其他结论,即"王涛不喜欢化学"不一定为真。

复选项Ⅲ,¬物理,根据条件(1),选言命题中,否定其中一支可以得出另一支为真,因此可以得出"喜欢化学"为真。

复选项Ⅳ,显然不能从题干中推出,不一定为真。

综上可知,复选项Ⅰ、Ⅲ为真,复选项Ⅱ、Ⅳ不一定为真,选项D入选。

【做题要领】选言命题P∨Q为真时,否定其中一支可得出另一支为真,但肯定其中一支时,得不出另一支的真假情况。

26.【答案】D。

【考点分析】形式逻辑——复合命题

【解析】题干可以化简为:

(1)李明:¬B→¬A=B∨¬A。

(2)王兵:¬A∧¬B。

(3)马云:A↔B=(A∧B)∨(¬A∧¬B)。

观察题干可知,只有¬A∧¬B时,三人的预测才可同时为真。

【做题要领】选言命题P∨Q中,当其中任一选言支为真时,整个命题为真。联言命题P∧Q中,则要保证P、Q同时为真时,整个命题才为真。

27.【答案】B。

【考点分析】形式逻辑——复合命题

【解析】题干可以化简为：

(1)通过身份认证←上公司内网；

(2)没有良好的业绩→不可能通过身份认证=通过身份认证→有良好的业绩；

(3)张辉有良好的业绩；

(4)王纬没有良好的业绩。

选项A,张辉有良好的业绩,肯定后件无法推出肯定前件,即无法得出张辉通过身份认证,也无法得出允许张辉上公司内网,排除。

选项B,王纬没有良好的业绩,否定后件可以推出否定前件,即可以推出王纬没有通过身份认证,进一步推出,不允许王纬上公司内网,入选。

选项C,张辉有良好的业绩,肯定后件无法推出肯定前件,即无法得出张辉通过身份认证,排除。

选项D,有良好的业绩,肯定后件无法推出肯定前件,即无法得出通过身份认证,也无法得出允许上公司内网,排除。

选项E,没有通过身份认证,否定前件无法推出否定后件,排除。

【做题要领】在假言命题P→Q中,肯定前件可以推知肯定后件,否定后件也可以推知否定前件,但肯定后件无法推知肯定前件,否定前件也无法推知否定后件。

28.【答案】C。

【考点分析】形式逻辑——复合命题

【解析】题干可以化简为：

董事长：¬自信→输。

选项A,没有涉及输赢和自信之间的关系,与题干不符,排除。

选项B,自信→赢,与题干不符,排除。

选项C,¬输→自信,与题干互为逆否命题,入选。

选项D,¬自信→¬输,与题干不符,排除。

选项E,自信→赢,与题干不符,排除。

【做题要领】将题干信息转化为逻辑语言,进而判断选项与题干信息是否一致。

29.【答案】E。

【考点分析】形式逻辑——复合命题

【解析】题干可以化简为：

(1)勇于承担责任→¬逃避；

(2)¬责任→聘请律师；

(3)¬聘请律师；

(4)逃避。

由条件(1)(4)可知,他并非勇于承担责任。

由条件(2)(3)可知,他有责任。

选项A、C、D,均不能从题干中推出,排除。

选项B,由题干可知,他有责任,排除。

选项E,与题干一致,入选。

【做题要领】 假言命题P→Q中,否定后件可以推出否定前件。

30.**【答案】** D。

【考点分析】 形式逻辑——复合命题

【解析】 题干可以化简为:

(1)无信仰→无道德底线→无法律约束力=有法律约束力→有道德底线→有信仰;

(2)法律、道德、信仰是社会和谐运行的基本保障=社会和谐运行→有法律、道德、信仰;

(3)信仰是社会和谐运行的基石=社会和谐运行→信仰。

选项A,"基石"不等同于"基本保障",二者有程度上的差异,排除。

选项B,有信仰→法律产生约束力,与条件(1)不符,排除。

选项C,道德、信仰→社会和谐运行,与条件(2)不符,排除。

选项D,法律产生约束力→有信仰,符合条件(1)的推理,入选。

选项E,无道德→无信仰=有信仰→有道德,与条件(1)不符,排除。

【做题要领】 识记必要条件的标志词:基本保障、基石。掌握假言命题推理形式的转换。

31.**【答案】** C。

【考点分析】 形式逻辑——复合命题

【解析】 题干可以化简为:

(1)尊重他人是一种高尚的美德,是个人内在修养的外在表现;

(2)受人尊重是一种享受、幸福;

(3)尊重他人是赢得他人尊重的必要条件=赢得他人尊重→尊重他人。

选项A,赢得幸福→具有高尚的美德,条件(1)(2)不能联立,因而该项无法推出,排除。选项B,赢得他人的尊重→加强内在修养,而题干条件(3)(1)联立为,赢得他人的尊重→尊重他人→美德∧修养,该项与题干不完全一致,排除。

选项C,不具备任何高尚道德→不尊重他人→不能赢得他人尊重,符合题干推理,入选。

选项D,该项说的是尊重是双方的,即互相尊重,但题干并没有提及相互尊重,排除。

选项E,不尊重他人→不可能得到幸福,即得到幸福→尊重他人,而条件(1)(2)不能联立,因此该项无法推出,排除。

32.**【答案】** B。

【考点分析】 形式逻辑——复合命题

【解析】题干可以化简为：
(1)人参∨党参；
(2)党参→白术；
(3)¬白术∨¬人参；
(4)人参→首乌；
(5)首乌→白术。
假设有人参，由条件(3)(5)(4)可得，没有人参，矛盾。因此，没有人参。由"没有人参"和条件(1)可得，有党参。由"有党参"和条件(2)可得，有白术。

33. 【答案】D。
【考点分析】形式逻辑——复合命题
【解析】题干可以化简为：
(1)丙∨丁；
(2)戊→甲∧乙；
(3)¬甲∨¬乙∨¬丁。
由于是五进四，由条件(3)可知，没有进前四的人在甲、乙和丁三人中。因此，戊入选。由"戊入选"和条件(2)可得，甲和乙入选。由"甲和乙入选"和条件(3)可得，丁未入选。

34. 【答案】B。
【考点分析】形式逻辑——复合命题
【解析】题干可以化简为：实心非纯金←可能将它举过头顶并随意挥舞=实心纯金杯→不可能将它举过头顶并随意挥舞。（"除非……否则不……"的考查）
选项A，根据题干，若球员能够将"大力神"杯举过头顶并自由挥舞，则它也可能是实心的非纯金杯，不符合题干推理，排除。
选项B，是题干信息的等价命题，与教授的意思最为接近，入选。
选项C，推出的是纯金和空心之间的关系，不符合题干推理，排除。
选项D，推出的是纯金和实心之间的关系，不符合题干推理，排除。
选项E，化简为，举过头顶并自由挥舞←纯金∧非实心，不符合题干推理，排除。

【做题要领】要对复合命题进行化简，就要对复合命题的各种判别依据熟识并且敏感。复合命题的化简是考试考查非常密集的部分，要重视并且熟练掌握。

35. 【答案】B。
【考点分析】形式逻辑——复合命题
【解析】题干可以化简为：
(1)甲主机相通于任一不相通于丙的主机=甲通所有不通丙的；
(2)丁主机不相通于丙=丁不通丙；
(3)丙主机相通于任一相通于甲的主机=丙通所有通甲的。
由条件(1)(2)可知：甲通丁。
本题补充条件为，丙不相通于丙，则根据条件(1)可以得出：甲相通于丙。选项B，甲主机相通于丁,也相通于丙,符合题干推理,入选。

36. 【答案】D。

【考点分析】形式逻辑——复合命题

【解析】由条件(3)"丙主机相通于任一相通于甲的主机"和本题补充条件"丙主机不相通于任何主机"可得:任何主机都不相通于甲。

选项A,由题干信息无法推断,排除。

选项B,由题干信息无法推断,排除。

选项C,符合题干得出的结论"任何主机都不相通于甲",是一定为真的,但是本题要求考生寻找必为假的选项,排除。

选项D,化简为,丁不相通于甲→乙相通于甲=丁相通于甲∨乙相通于甲。由题干结论"任何主机都不相通于甲"可知,该项必然为假,入选。

选项E,化简为,丁相通于甲→乙相通于甲=丁不相通于甲∨乙相通于甲,由于"丁不相通于甲"符合"任何主机都不相通于甲",所以选项E必然为真,排除。

因此,正确答案为选项D。

> 【做题要领】这类"一拖二"的分析推理是逻辑试卷中比较简单的推理,"一拖二"是指一个主题干下面会有2~3个小题,这些题目会共用很多信息,但是每个小题也会有补充信息。解答这类题目,首先要将共用信息化简,并且区分哪些信息是对所有题目都有用的,哪些信息只对其中一个小题有用。通常情况下,这种"一拖二"的题目的第一题都比较简单,基本就是送分题,处理完题干信息后就能够得出结论。所以,在此提醒各位考生,即便考场上时间已经比较紧张了,也不要轻易放弃这类题目的第一题。
> 还需要注意的是,要认真化简选项而不要想当然,比如第36题,处理完题干信息之后,只要认真化简选项D和选项E,就容易找到正确答案。

37. 【答案】D。

【考点分析】形式逻辑——复合命题

【解析】题干可以化简为:

(1)属于规章∨属于规范性文件;

(2)任何人均无权依据这两个《通知》将本来属于当事人选择公证的事项规定为强制公证的事项。

选项A、B,题干只涉及"规章"和"规范性文件",并没有给出什么是"法律",什么是"行政法规"的判断,因此,选项A、B均不能得出,排除。

选项C,化简为,规章→规范性文件=¬规章∨规范性文件,和题干的形式不同,排除。

选项D,化简为,¬规范性文件→规章=规章∨规范性文件,和题干的形式相同,入选。

选项E,不能得出,因为题干只是断定"任何人均无权依据这两个《通知》将本来属于当事人选择公证的事项规定为强制公证的事项",这一断定不能排除当事人可以依据其他法律法规合法地处置此种事务,所以,武断地说其是违法行为是不妥当的,排除。

38.【答案】D。

【考点分析】形式逻辑——复合命题

【解析】题干可以化简为：

(1)优秀的专家学者→管理好公司的基本事务；

(2)品行端正的管理者→得到下属的尊重；

(3)对所有领域都一知半解的人→不会得到下属的尊重；

(4)被解除职务→没有管理好公司的基本事务＝管理好公司的基本事务→不会被解除职务。

选项A,"不可能解除"否定了条件(4)的前件,无效推理,排除。

选项B,只提到"解除了某些管理者的职务",但是没有建立"解除职务"和"没有管理好公司的基本事务"之间的条件关系,无效推理,排除。

选项C,分析同上,不能从题干中推出,排除。

选项D,条件(1)(4)传递可得,优秀的专家学者→不会被解除职务,选项D符合,入选。

选项E,由"对所有领域都一知半解的管理者"只能得出"不会得到下属的尊重",得不出"会被浩瀚公司董事会解除职务",排除。

【做题要领】化简！化简！有效推理形式！有效推理形式！

39.【答案】C。

【考点分析】形式逻辑——复合命题

【解析】题干可以化简为：

(1)甲党控制政府∨乙党控制政府；

(2)甲党控制政府→出现经济问题；

(3)乙党控制政府→陷入军事危机。

由条件(1)(2)(3)可得,出现经济问题∨陷入军事危机。选项C入选。

【做题要领】熟悉复合命题中的二难推理。

40.【答案】D。

【考点分析】形式逻辑——复合命题

【解析】题干可以化简为：

(1)孙先生所有朋友都声称知道某人每天抽烟至少两盒,而且持续了40年,但身体一直不错；

(2)孙先生有的朋友事实上不知道此人。

上述两个断定是互为矛盾关系的,必定一真一假,题干所得出的结论必然要能够验证这一点。

选项A,和题干断定无关,排除。

选项B,"可能会夸张""没有人想故意说谎"都不能推出,排除。

选项 C,"一定不是"推理过于绝对,不符合"得结论"的要求,排除。

选项 D,如果孙先生所有的朋友说的都是真话,就不会出现题目中的两句话互为矛盾的情况,所以能够推断一定有人没有说真话,入选。

选项 E,涉及"大多数"这个概念,不能从题干中推出,排除。

41.【答案】C。

【考点分析】形式逻辑——复合命题

【解析】题干中"一种合理的教育制度,要求每个人享有义务教育的权利并且有通过公平竞争获得高等教育的机会"可以理解为:合理的教育制度→义务教育∧获得高等教育的机会=¬义务教育∨¬获得高等教育的机会→¬合理的教育制度。

选项 A,"每个人都能上大学的教育制度"和题干中"通过公平竞争获得高等教育的机会"概念不同,排除。

选项 B,"每个人都享有义务教育的教育制度"是肯定了题干条件的后件,无效推理,排除。

选项 C,否定了题干条件的后件,可以推出,入选。

选项 D,题干条件只能建立"合理的教育制度"和"义务教育、高等教育"之间的关系,不能判断是否还应该有更多的要求,无关选项,排除。

选项 E,"每个人都有公平机会上大学"和题干中"通过公平竞争获得高等教育的机会"概念不同,排除。

42.【答案】E。

【考点分析】形式逻辑——复合命题

【解析】题干可以化简为:红茶∨花茶∨绿茶。

复选项Ⅰ,由"王佳不喜欢花茶"可知,王佳喜欢红茶∨绿茶;再由"王佳喜欢红茶"得不出"王佳不喜欢绿茶",排除。

复选项Ⅱ,由"王佳不喜欢花茶"可知,王佳喜欢红茶∨绿茶;再由"王佳不喜欢绿茶"可知,王佳喜欢红茶,入选。

复选项Ⅲ,由"不喜欢红茶"可知,喜欢绿茶∨花茶,入选。

复选项Ⅳ,不能根据"不喜欢绿茶"得出"喜欢红茶和花茶",排除。选项 E 入选。

43.【答案】A。

【考点分析】形式逻辑——复合命题

【解析】题干可以化简为:免试进入北京大学攻读硕士学位的本科生→已经获得所在学校的推荐资格。只有选项 A 符合题干推理。

44.【答案】C。

【考点分析】形式逻辑——复合命题

【解析】题干可以化简为:世界杯期间表现出色∧在俱乐部也有优异表现←获得众多俱乐部的青睐和追逐。选项 C 中,罗伊斯没有参加世界杯,否定了题干假言命题的后件;但其得到了众多俱乐部的青睐和追逐,肯定了题干假言命题的前件,其为题干假言命题的否命题,故一定不可能为真。

45.【答案】B。

【考点分析】形式逻辑——复合命题

【解析】题干可以化简为:拥有海外学位∧真才实学∧基本的社交能力∧能够在择业过程中准确定位→找到工作。大田是拥有海外学位的求职者,但没有找到工作。根据假言命题推理规则可知,大田没有真才实学∨没有基本的社交能力∨没能在择业过程中准确定位,故选项B入选。

46.【答案】D。

【考点分析】形式逻辑——复合命题

【解析】题干可以化简为:

(1)交通信号指示不一致→不得录入道路交通违法信息系统;

(2)有证据证明救助危难→不得录入道路交通违法信息系统;

(3)已录入信息系统的交通违法记录→完善异议受理、核查、处理等工作规范,最大限度减少执法争议。

选项A,涉及条件(2),"缺乏当时现场的录音录像证明"否定了条件(2)的前件,无效推理,不能由此否定后件,因此不能推出,排除。

选项B,题干未涉及"倾听群众异议,加强群众监督",因此不能推出,排除。

选项C,说明"可以提供现场实时证据",但是这个证据能不能证明"救助危难"不得而知,因此不能推出,排除。

选项D,"因信号灯相位设置和配时不合理等造成交通信号不一致而引发的交通违法情形"肯定了条件(1)的前件,可以推出后件,因此,选项D可以推出,入选。

选项E,"异议受理、核查和处理"和"减少执法争议"均在条件(3)的后件,二者并没有推理关系,排除。

【做题要领】有些逻辑题的题干信息看似复杂,但其实只要找准判别依据,通过化简就可以简单明了地看清楚题干信息之间的逻辑关系。因此,在学习复合命题时决不能忽视化简。

47.【答案】E。

【考点分析】形式逻辑——复合命题

【解析】题干可以化简为:

(1)¬张云飞机,李华大巴→张云大巴;

(2)高铁票价比飞机便宜→李华高铁;

(3)预报二月初北京有雨雪天气←王涛不坐飞机=没有预报二月初北京有雨雪天气→王涛飞机;

(4)航班时间合适→李华飞机∧王涛飞机。

选项A,如果李华没有选择乘坐高铁或飞机,根据条件(2),能够得出"高铁票价不比飞机便宜",不能推出"他肯定和张云一起乘坐大巴",排除。

选项B,按照条件(3),如果张云和王涛乘坐高铁进京,即王涛不乘坐飞机,可以得出"预报二月初北京有雨雪天气",选项 B 说的是"二月初北京有雨雪天气",偷换概念,排除。

选项 C,由三人都乘坐飞机进京,得出"李华不乘坐高铁";再由条件(2)得出"高铁票价不比飞机便宜",不能得出"飞机票价比高铁便宜",因为二者票价可能相同,排除。

选项 D,"王涛和李华乘坐飞机进京"是肯定了条件(4)的后件,无效推理,排除。

选项 E,如果三人都乘坐大巴进京,则王涛不乘坐飞机,则由条件(3)可得"预报二月初北京有雨雪天气",入选。

【做题要领】注意排除选项 B,"预报二月初北京有雨雪天气"和"二月初北京有雨雪天气"是不一样的,题目通过"偷换概念"来设计干扰性选项,一定要警惕这种设题方式。

48.【答案】C。

【考点分析】形式逻辑——复合命题

【解析】题干可以化简为:

(1)要么看了电影,要么拜访了秦玲;

(2)开车回家→¬ 看电影;

(3)拜访秦玲→事先约定;

(4)¬ 事先约定。

由条件(3)(4)可得,¬ 拜访秦玲。

由"¬ 拜访秦玲"和条件(1)可得,看了电影。

由"看了电影"和条件(2)可得,¬ 开车回家,选项 C 入选。

49.【答案】C。

【考点分析】形式逻辑——复合命题

【解析】题干可以化简为:

(1)长跑→¬（短跑∨跳高）＝长跑→¬ 短跑∧¬ 跳高＝短跑∨跳高→¬ 长跑;

(2)跳远→¬（长跑∨铅球）＝跳远→¬ 长跑∧¬ 铅球＝长跑∨铅球→¬ 跳远;

(3)每名队员只参加 1 项比赛;

(4)每个年级均有队员被选拔进入代表队;

(5)每个年级被选拔进入代表队的人数各不相同;

(6)有两个年级的队员人数相乘等于另一个年级的队员人数。

假设一个年级选拔 6 人,则另外三个年级选拔的人数可分别为 1、2、3,满足题干的条件,排除选项 D、E。

假设一个年级选拔 7 人,则另外三个年级选拔的人数只有两种可能:①1、1、3;②1、2、2。这两种情况都不满足题干条件,排除选项 B。

假设一个年级选拔 8 人,则另外三个年级选拔的人数只有一种可能:1、1、2。这种情况不满足题干条件,排除选项 A。

50.【答案】B。

【考点分析】形式逻辑——复合命题

【解析】如果该年级有队员选择了长跑,则由条件(1)可得,对于该年级来说,不可能选择短跑;由条件(2)可得,不可能选择跳远。因此,选项 B 是不可能的。

> 【做题要领】本题要注意,题干条件"一个年级如果选择长跑,就不能选择短跑或跳高"要化简为:长跑→¬(短跑∨跳高)。

51.【答案】A。

【考点分析】形式逻辑——复合命题

【解析】题干可以化简为:

(1)甲查杀目前已知的所有病毒;

(2)¬ 乙防御已知的一号病毒→¬ 丙查杀已知的一号病毒=丙查杀已知的一号病毒→乙防御已知的一号病毒;

(3)丙能防御已知的一号病毒←电脑查杀目前已知的所有病毒;

(4)启动甲←启动丙。

选项 A,该项可以化简为:启动丙→防御并查杀一号病毒。如果启动丙,由条件(4)可得,启动甲。由条件(1)可得,能查杀目前已知的所有病毒。由条件(3)可得,丙能防御已知的一号病毒。因此,如果启动丙程序,就能防御并查杀一号病毒。选项 A 入选。

其余选项均不能从题干中推出,排除。

52.【答案】C。

【考点分析】形式逻辑——复合命题

【解析】题干可以化简为:

(1)一杯酒倒进一桶污水中→一桶污水;

(2)一杯污水倒进一桶酒中→一桶污水;

(3)¬ 加强内部管理→一个正直能干的人进入某低效的部门就会被吞没∧一个无德无才者很快就能将一个高效的部门变成一盘散沙。

选项 A,由题干条件只能推知"难缠人物存在的目的似乎是把事情搞糟",得不出"很快就会把组织变成一盘散沙",张冠李戴,排除。

选项 B,否定了条件(2)的前件,无效推理,排除。

选项 C,否定了条件(3)的后件,能够推出,入选。

选项 D,题目没有涉及一个正直能干的人进入组织后组织会发生的变化,无法推出,排除。

选项 E,肯定了条件(4)的后件,无效推理,排除。

53.【答案】D。

【考点分析】形式逻辑——复合命题

【解析】题干可以化简为:

(1)结核病对抗生素有耐药性→对结核病的治疗一直都进展缓慢。

(2)¬ 在近几年消除结核病→会有数百万人死于结核病=¬ 会有数百万人死于结核病→在近几年消除结核病;

(3)要控制结核病→要有安全、廉价的疫苗;

(4)目前有 12 种新疫苗正在测试之中。

选项 A，从题干信息无法推知结核病的死亡率，排除。

选项 B，"有了安全、廉价的疫苗"肯定了条件(3)的后件，无效推理，排除。

选项 C，"解决了抗生素的耐药性问题"否定了条件(1)的前件，无效推理，排除。

选项 D，符合条件(2)，入选。

选项 E，推理过于绝对，排除。

54. 【答案】C。

【考点分析】形式逻辑——复合命题

【解析】题干可以化简为：

(1) ¬崇高信仰→¬守住道德底线；

(2) 不断加强理论学习←保持崇高信仰。

方法一：二难推理。

由条件(1)和条件(2)，根据二难推理的规则可得，¬守住道德底线∨不断加强理论学习。其等价于，守住道德底线→不断加强理论学习，即只有不断加强理论学习，才能守住道德底线。选项 C 入选。

方法二：传递公式。

条件(1)(2)传递可得，守住道德底线→不断加强理论学习。选项 C 入选。

方法三：选项验证。

选项 A，可以化简为，¬守住道德的底线→丧失了崇高的信仰，肯定了条件(1)的后件，无效推理，排除。

选项 B，可以化简为，崇高的信仰→守住道德的底线，否定了条件(1)的前件，无效推理，排除。

选项 C，可以化简为，不断加强理论学习←守住道德的底线，结合条件(1)(2)可以推出，入选。

选项 D，可以化简为，¬守住道德底线→¬保持崇高的信仰，肯定了条件(1)的后件进而肯定了其前件，无效推理，排除。

选项 E，可以化简为，加强理论学习→守住道德底线，肯定了"守住道德底线→不断加强理论学习"的后件进而肯定了其前件，无效推理，排除。

【做题要领】熟悉二难推理的几种变形形式。

55. 【答案】A。

【考点分析】形式逻辑——复合命题

【解析】题干可以化简为：

(1) 科技创新中心→推进合作；

(2) 推进合作←激发自主创新活力；

(3) 搭建平台←催生重大科技成果。

选项 A，通过否定条件(3)的后件来否定前件，入选。

选项 B，混淆了条件(3)的充分条件和必要条件，排除。

选项 C,混淆了条件(2)的充分条件和必要条件,排除。

选项 D,"搭建平台"和"激发自主创新活力"之间没有关系,排除。

选项 E,"能否""是否"的表述和题干中的表述不相符,排除。

【做题要领】 此类题目是复合命题最基本的考法,大家要又快又准地解题,化简是大家一定要熟练掌握的。

56.【答案】 E。

【考点分析】 形式逻辑——复合命题

【解析】 题干可以化简为:

(1)实行最严格的制度、最严密的法治←提供可靠保障;

(2)实行最严格的制度、最严密的法治→建立责任追究制度→追究相应责任。

选项 A,混淆了条件(2)的充分条件和必要条件,排除。

选项 B,题目没有提及相关信息,无关选项,排除。

选项 C,"追究相应责任"是条件(2)的后件,无法得出选项中的结论,排除。

选项 D,由"实行最严格的制度和最严密的法治"只能得出"建立责任追究制度""追究相应责任",而无法得出选项中的结论,排除。

选项 E,由条件(1)(2)传递可得:提供可靠保障→建立责任追究制度。选项 E 为其等价逆否命题,入选。

【做题要领】 本题和上一题考点完全相同,是复合命题最基本的考法。

57.【答案】 A。

【考点分析】 形式逻辑——复合命题

【解析】 题干可以化简为:

(1)李值班→李参加宣传工作例会;

(2)张值班→张做信访接待工作;

(3)王下乡调研→张值班∨李值班;

(4)王参加宣传工作例会∨王做信访接待工作←王不下乡调研;

(5)宣传工作例会只需分管宣传的副书记参加,信访接待工作也只需一名副书记参加。

这道题的关键点在于第五个条件,宣传工作例会和信访接待工作只有副书记才能做,也就是王不可以做,这里是考生非常容易忽视的地方。由条件(5)可知,王不做信访接待工作,也不参加宣传工作例会,代入条件(4)可得,王下乡调研,选项 A 入选。

58.【答案】 B。

【考点分析】 形式逻辑——复合命题

【解析】 题干可以化简为:

(1)¬赵→钱,等价于,赵∨钱;

(2)¬孙,等价于,赵∨钱∨李∨周∨吴;

(3) ¬周∧¬吴,等价于,赵∨钱∨孙∨李。

已知上述3人中只有一人的看法是正确的。

方法一:观察从属关系。

观察题干条件的特点,因为三个看法都有"赵∨钱",如果赵中标或者钱中标,那么三个条件都是真命题,会和题干条件"3人中只有一人的看法是正确的"相矛盾,因此,赵不能中标,并且钱不能中标。

同理,可以发现条件(2)和条件(3)中都有"李",如果李中标,那么这两个条件都是真命题,和题干条件"3人中只有一人的看法是正确的"相矛盾,因此,李不能中标。

综上所述,赵、钱、李没中标。

方法二:分情况讨论。

假设(1)真(2)假(3)假,则赵、钱中有一个中标,孙中标,周、吴中有一个中标,不符合题意,排除。

假设(1)假(2)真(3)假,则赵不中标、钱不中标、孙不中标、周或者吴中标。

假设(1)假(2)假(3)真,则赵不中标、钱不中标、孙中标、周不中标、吴不中标,要符合题干中"有且只有一人中标"的话,则李也不中标。因此能够得出结论:赵、钱、李没中标。

综上所述,正确答案为选项B。

【做题要领】从本题的两种解题思路可以看出:

最简单的思路是方法一,要解这道题,一定要能看出相容选言命题的选言支之间的从属关系,知晓这一点,就能快速解题。

方法二的分情况讨论,因为要考虑的情况比较多,除非万不得已,否则一般不推荐。

59.【答案】A。

【考点分析】形式逻辑——复合命题

【解析】题干可以化简为:

(1)任何涉及核心技术的项目决不能受制于人=涉及核心技术→不能受制于人;

(2)我国的许多网络安全建设项目涉及信息核心技术=有些网络安全建设项目→涉及信息核心技术;

(3)全盘引进国外先进技术而不努力自主创新→我国的网络安全将受到严重威胁。

选项A,根据三段论规则,由条件(1)(2)可推出该项,入选。

选项B,不能推出,题干并未涉及"网络安全建设项目"和"与国外先进技术合作"之间的推理关系,排除。

选项C,该项说的是"所有项目",推理过于绝对,排除。

选项D、E,均为无效推理,排除。

【做题要领】本题是较为简单的推出结论型试题,一定要注意化简。

60.【答案】E。

【考点分析】形式逻辑——复合命题

【解析】题干可以化简为：

(1) 甲∨乙←外国游客；

(2) 每个场景:4 类角色至少出现 3 类(≥3)；

(3) 每个场景:乙商贩∨丁商贩→甲购物者∧丙购物者；

(4) 购物者+路人≤2。

本题可使用代入法。

选项 A,不能推出,因为在同一场景中,戊和己出演路人,按照条件(4),则不需要购物者,此时,甲既可以出演外国游客,也可以出演商贩,这样均不违反条件,所以此项并不一定能得出,排除。

选项 B,不能推出,例如,甲出演购物者,乙出演外国游客,丙出演商贩,丁出演路人,此时4 人均出现且不违反题干条件,排除。

选项 C,不能由题干推出,排除。

选项 D,不能推出,因为在同一场景中,若乙出演外国游客,甲出演购物者也不违反条件,排除。

选项 E,可由题干推出。假设在同一场景中,丁和戊出演购物者,则由条件(4)可得,其余的人(包括乙)都不出演购物者,且不出演路人。由"甲和丙不出演购物者"结合条件(3)可得,乙不出演商贩。因此,乙只可能出演外国游客,入选。

【做题要领】本题是一道略有难度的题目,但题干条件并不复杂,对于这种题目,代入法是有效解题的很重要的方法之一。

61.【答案】C。

【考点分析】形式逻辑——复合命题

【解析】题干可以化简为：

(1) 颜主持人→曾成员∨荀成员；

(2) 曾主持人→颜成员∨孟成员；

(3) 颜成员←荀主持人；

(4) 荀成员∨颜成员←孟主持人；

(5) 4 人陈述都为真。

选项 A,可能为真,曾是主持人,孟是成员,满足条件(2),排除。

选项 B,可能为真,孟是主持人,荀是成员,满足条件(4),排除。

选项 C,不可能为真,因为如果曾是主持人,不满足条件(2);如果荀是主持人,不满足条件(3),入选。

选项 D,可能为真,孟是主持人,颜是成员,满足条件(4),排除。

选项 E,可能为真,颜是主持人,荀是成员,满足条件(1),排除。

【做题要领】较为简单的推出结论型题目,是送分题,代入验证即可。

62.【答案】D。

【考点分析】形式逻辑——复合命题

【解析】题干可以化简为:

(1)¬二胡∨¬箫;(注意"至多"的化简方式)

(2)笛子∨二胡∨古筝;

(3)箫∨古筝∨唢呐,至少购买两种;

(4)箫→¬笛子=笛子→¬箫=¬箫∨¬笛子。

由二难推理的性质,联合条件(1)(2)可得:(5)笛子∨¬箫∨古筝。

联立条件)(5)可得:(6)笛子∨古筝∨唢呐。

联立条件(4)(6)可得,¬箫∨古筝∨唢呐;再联立条件(3)可得,古筝∨唢呐。

将上述分析结果代入选项,因为题目要求寻找"一定为真"的选项,所以代入验证的应该是选项的否命题,如果选项的否命题可以成立,则选项就不是一定为真;如果选项的否命题不成立,则选项必为真。

选项A,代入其否命题,如购买四种。当购买了古筝、唢呐、二胡和笛子的时候,题干条件均满足,所以选项A的否命题可以成立,选项A不是一定为真,排除。

选项B,从题干推理可知,这两种乐器可以都不买,排除。

选项C,从题干推理可知,购买古筝或者唢呐,买两种乐器即可满足题干条件,排除。

选项D,从题干推理可知,买了古筝即可符合购买要求,入选。

选项E,代入验证。假设不购买唢呐,则由条件(3)可知,必须购买箫和古筝;由"购买箫"和条件(1)可得,不购买二胡;由"购买箫"和条件(4)可得,不购买笛子。再由条件(2)可得,购买古筝。因此,选项E的否命题可以成立,选项E不是一定为真,排除。

事实上,这个题目按照常规做法会比较麻烦,也可以试试观察重复项。题干条件中重复的是"古筝",所以可以优先验证选项D,这样就能快速得出答案。

【做题要领】之前二难推理强调过无数次,大家一定要重视这一知识点,这一知识点唯一的难点就是它的变形。

63.【答案】E。

【考点分析】形式逻辑——复合命题

【解析】题干可以化简为:

(1)人民既是历史的创造者,也是历史的见证者;

(2)人民既是历史的"剧中人",也是历史的"剧作者";

(3)离开人民→文艺就会变成无根的浮萍、无病的呻吟、无魂的躯壳;

(4)观照人民的生活、命运、情感,表达人民的心愿、心情、心声←作品在人民中传之久远。

选项A、B、C,"都是""都不是"推理过于绝对,不符合论证推理"得结论"的要求,也不符合题干条件,排除。

选项 D,化简为,作品表达人民的心愿、心情、心声→在人民中传之久远,肯定了条件(4)的后件,无效推理,排除。

选项 E,化简为,离开人民→文艺会变成无根的浮萍、无病的呻吟、无魂的躯壳,与条件(3)一致,入选。

64.【答案】C。

【考点分析】形式逻辑——复合命题

【解析】题干可以化简为:

(1)凡含"春""夏""秋""冬"字的节气各属春、夏、秋、冬季;

(2)凡含"雨""露""雪"字的节气各属春、秋、冬季;

(3)"清明"不在春季→"霜降"不在秋季 ="霜降"在秋季→"清明"在春季;

(4)"雨水"在春季→"霜降"在秋季 ="霜降"不在秋季→"雨水"不在春季。

对于不好直接推出答案的题目,可以考虑"自下而上"的方法,也就是"代入法"。

选项 A,选项 A 中"清明"在春季,否定了条件(3)的前件,无效推理,但是无效推理未必不能成立,排除。

选项 B,选项不符合条件(3),按照条件(3),"霜降"在秋季则"清明"在春季,该项中包含"霜降"但没有包含"清明",但是没有列举出来的节气中有可能"清明"会在春季,所以不必然为假,排除。

选项 C,由条件(2)可知,含"雨"的节气在春季,即"雨水"在春季;结合条件(4)可得,"霜降"在秋季;再结合条件(3)可得,"清明"在春季。而选项 C 中"清明"在夏季,与题干矛盾,入选。

其他选项都可能得出,排除。

【做题要领】不要被题干信息中复杂的表述所迷惑,只要会化简题干信息,就能分析清楚其中的逻辑关系。大家要注意,要熟练掌握复合命题的有效推理和无效推理。

65.【答案】A。

【考点分析】形式逻辑——复合命题

【解析】题干可以化简为:

(1)一号线拥挤→小张 2 站+转+3 站;一号线不拥挤→小张 3 站+转+4 站。

(2)一号线拥挤←小王 2 站+转+3 站。

(3)一号线不拥挤→小李 4 站+转+3 站+转+1 站。

(4)一号线不拥挤。

(5)三人换乘及步行总时间相同。

题目有确定信息(4),用代入法解题最简单。根据题干条件,当一号线不拥挤时,小李坐 8 站+2 次换乘,小张坐 7 站+1 次换乘,小王的情况不明。根据已知信息,小李不可能比小张先到达单位,选项 A 入选。

专题一 推出结论型题目

66. 【答案】B。

【考点分析】形式逻辑——复合命题

【解析】题干可以化简为:不损害他人利益∧尽可能满足其自身的利益需求→良善社会。

选项A,建立的是"尽可能满足每一个体的利益需求"和"损害社会的整体利益"之间的关系,不符合题干推理,排除。

选项B,可以化简为,社会不良善→个体损害他人利益∨自身利益需求没有尽可能得到满足,该项是题干条件的逆否命题,入选。

选项C,"有些个体通过损害他人利益来满足自身的利益需求"否定了题干条件的前件,无效推理,排除。

选项D,"某些个体的利益没有尽可能得到满足"否定了题干条件的前件,无效推理,排除。

选项E,可以化简为,尽可能满足每一个体的利益需求←社会可能是良善的,肯定了题干条件的后件,无效推理,排除。

【做题要领】最基本的考法,要重视题干信息的化简以及假言命题逆否推理。

67. 【答案】B。

【考点分析】形式逻辑——复合命题

【解析】题干可以化简为:

(1)人不知→己不为;

(2)人不闻→己不言;

(3)(为之∧欲人不知)∧(言之∧欲人不闻)→捕雀而掩目,盗钟而掩耳。

选项A,"己不言"肯定了条件(2)的后件,无效推理,排除。

选项B,是条件(1)和条件(2)的逆否命题,入选。

选项C、E,肯定了条件(3)的后件,无效推理,排除。

选项D,"己不为"肯定了条件(1)的后件,无效推理,排除。

【做题要领】注意"若要……除非……"的化简,其相当于"如果……那么……"的化简;相同的还有"除非……才……"的化简,其相当于"只有……才……"的化简。

68. 【答案】E。

【考点分析】形式逻辑——复合命题

【解析】题干可以化简为:

(1)论文通过审核←收到邀请函;

(2)参加→收到邀请函。

条件(2)(1)传递可得:(3)参加→收到邀请函→论文通过审核。

选项A,"论文通过审核"肯定了条件(1)的后件,无效推理;"持有主办方邀请函"肯定了条件(2)的后件,无效推理,排除。

选项B,"论文通过审核"肯定了条件(3)的后件,无效推理,排除。

选项 C、D,分析同上,不能推出,排除。

选项 E,论文没有通过审核→¬ 参加,等价于,参加→论文通过审核,符合条件(3),入选。

69.【答案】E。

【考点分析】形式逻辑——复合命题

【解析】题干可以化简为:

(1)不违禁→进口;

(2)甲违禁∨乙违禁→进口戊∧进口己;

(3)丙违禁→不进口丁;

(4)进口戊→进口乙∧进口丁;

(5)丙、丁只能进口一个。

根据条件(5)排除选项 A。

条件(3)等价于"进口丁→丙不违禁",所以由条件(3)(1)传递可得,进口丙,这和条件(5)相矛盾,排除选项 B。

根据条件(4)可以排除选项 C、D。

因此,正确答案为选项 E。

70.【答案】A。

【考点分析】形式逻辑——复合命题

【解析】题干可以化简为:

(1)低质量的产能→必然会过剩;

(2)顺应市场需求不断更新换代的产能→不会过剩。

条件(2)(1)传递可得:(3)顺应市场需求不断更新换代的产能→不会过剩→不是低质量的产能。

选项 A,符合条件(3),入选。

选项 B,满足需求→质优价高的产品,题干并未提到此信息,排除。

选项 C,满足个性化、多样化消费的需求→不断更新换代的产品,题干并未提到此信息,排除。

选项 D,低质量的产能→不能满足个性化需求,题干并未提到此信息,排除。

选项 E,"必须进行"太过绝对,排除。

【做题要领】针对此类题目,快速抓准题干的关键句子很重要,读题要先看有假言命题标志词的句子。

71.【答案】D。

【考点分析】形式逻辑——复合命题

【解析】题干可以化简为:

(1)陈甲→邓丁∧¬ 张己;

(2)傅乙∨赵丙→¬ 刘戊。

选项比较充分,优先考虑采用排除法解题。

根据条件(1)可以排除选项 B、E,这两项均有陈甲但没有邓丁。
根据条件(2)可以排除选项 A、C,这两项有傅乙或赵丙,并且有刘戊。
因此,正确答案为选项 D。

【做题要领】如果选项充分,那么考虑采用排除法解题,这样解题速度会更快。

72.【答案】B。
【考点分析】形式逻辑——复合命题
【解析】题干没有确定信息,优先考虑反证法,又根据条件(1)可知,派遣邓丁在假言命题的"→"后面,故优先考虑选项 B。
反证选项 B:
假设不派遣邓丁,代入条件(1)可得,不派遣陈甲;又因为陈甲、刘戊至少派遣 1 人,所以可得,派遣刘戊;进一步代入条件(2),根据逆否公式可得,傅乙和赵丙都不派遣。此时陈甲、邓丁、傅乙、赵丙都不派遣,和题干要求的 6 人中派遣 3 人相矛盾,故假设不成立。因此,一定派遣邓丁。

【做题要领】(1)学会判别优选项;(2)熟练运用反证法。

73.【答案】A。
【考点分析】形式逻辑——复合命题
【解析】题干可以化简为:
(1)4 个英文字母不连续→数字之和大于 15;
(2)4 个英文字母连续→数字之和等于 15;
(3)数字之和或者等于 18,或者小于 15。
问题要求选择的是可能的一项,所以确定采用排除法解题。
根据条件(1)排除选项 E;根据条件(2)排除选项 B 和选项 D;根据条件(3)排除选项 C。
因此,正确答案为选项 A。

【做题要领】问题要求选择可能为真的选项时,大部分情况下,采用排除法解题的速度更快。

74.【答案】A。
【考点分析】形式逻辑——数独规则
【解析】选项相对充分,所以确定采用排除法解题。
根据数独规则,底行第 5 列不能是礼,排除选项 B、E;底行第 4 列不能是御,排除选项 C;第 3 行第 4 列的汉字是"数",所以底行第 4 列不能是数,排除选项 D。
因此,正确答案为选项 A。

【做题要领】(1)选项相对充分,可考虑采用排除法解题;(2)涉及解与数独相关题目时,应选取相对完整的行和列下手。

75.【答案】C。

【考点分析】形式逻辑——复合命题

【解析】根据条件(1)可知,7类中至少有6类入围,即至多有1类不入围;根据条件(2)可知,流行、民谣、摇滚中至多有2类入围,即至少有1类不入围。

由以上两个条件可知,除了条件(2)中的3类,剩余的民族、电音、说唱、爵士这4类都入围。

将"电音和说唱都入围"代入条件(3),根据逆否公式可得,摇滚和民族类不都入围,即摇滚和民族中至少有1类不入围,又因为民族类入围,所以可得,摇滚类不入围。

因此,正确答案为选项C。

【做题要领】(1)在分两组的题中,要熟练掌握入选和不入选之间的转换,比如:

共5人,至多2人入选=至少3人不入选;

共6人,至少1人入选=至多5人不入选;

共7人,至多5人入选=至少2人不入选。

(2)熟练应用假言命题的推理规则。

76.【答案】B。

【考点分析】形式逻辑——复合命题

【解析】由题干信息可知:每张至少有一面印的是偶数或者花卉。"或者"为相容选言命题的标志词,只需要满足其中至少一个即可。"6、菊、8"这三张已经满足"每张至少有一面印的是偶数或者花卉",无须再验证。只有"虎、7、鹰"这三张需要验证。

因此,正确答案为选项B。

【做题要领】熟练掌握相容选言命题的定义及其在题目中的运用。

77.【答案】B。

【考点分析】形式逻辑——复合命题

【解析】题干可以化简为:

(1)一个人只为自己劳动→他永远不能成为完美无瑕的伟大人物;

(2)我们选择了最能为人类福利而劳动的职位→为大家而献身→重担就不能把我们压倒→所感到的就不是可怜的、有限的、自私的乐趣→我们的幸福将属于千百万人→我们的事业将默默地、但是永恒发挥作用地存在下去→面对我们的骨灰,高尚的人们将洒下热泪。

选项A,"只为自己劳动"代入条件(1),推不出"我们的事业就不会默默地、但是永恒发挥作用地存在下去",排除。

选项B,符合条件(2),入选。

选项C,"我们没有选择最能为人类福利而劳动的职业"无法代入题干得出结论,排除。

选项D,"不是为大家而献身"无法代入题干得出结论,排除。

选项E,条件(1)和条件(2)无法搭桥,故该项推不出,排除。

【做题要领】遵循假言命题的推理规则。

专题一 推出结论型题目

78.【答案】C。

【考点分析】形式逻辑——复合命题

【解析】题干可以化简为：

(1)做到"兼听则明"∨做出科学决策→从谏如流∧为说真话者撑腰；

(2)营造风清气正的政治生态→乐于和善于听取各种不同意见。

否定条件(1)的后件从而否定前件,可得：¬（从谏如流∧为说真话者撑腰)→¬（做到"兼听则明"∨做出科学决策）=¬从谏如流∨¬为说真话者撑腰→¬做到"兼听则明"∧¬做出科学决策。

因此,正确答案为选项C。

79.【答案】E。

【考点分析】形式逻辑——复合命题

【解析】代入验证最简单直观。根据表格可知,在有风且风力不超过3级的日子里(星期一、星期四、星期日),天气都不是晴天,所以正确答案为选项E。

80.【答案】D。

【考点分析】形式逻辑——复合命题

【解析】题干没有确定信息,所以只能考虑自下而上的代入法或者假设法。

假设丁和丙中至少有一个未合并到丑公司,根据条件(2)可得,戊和甲均合并到丑公司。再根据条件(3)的逆否公式可得,甲、己、庚均合并到卯公司,结合前述所得,甲既合并到丑公司,又合并到卯公司,与条件(1)"一个部门只能合并到一个子公司"不符,因此该假设不成立,从而可得,丁、丙均合并到丑公司,所以正确答案为选项D。

【做题要领】2021年管理类综合能力真题中的很多题都考查了这样的解题思路。

81.【答案】E。

【考点分析】形式逻辑——复合命题

【解析】题目问哪项工作安排是可能的,可以运用正向代入的方法,不合理的选项排除即可。

选项A,此项如果为真,则会导致建设部负责环境,平安部负责协调,综合部负责秩序,民生部负责秩序,冲突,不可能为真,排除。

选项B,此项如果为真,则会导致建设部负责秩序,民生部负责协调,综合部负责协调,冲突,不可能为真,排除。

选项C,此项如果为真,则会导致综合部负责安全,民生部负责协调,建设部不负责环境,也不负责秩序,不可能为真,排除。

选项D,此项如果为真,则会导致民生部负责安全,综合部负责秩序,平安部不负责环境,也不负责协调,不可能为真,排除。

选项E,此项如果为真,则平安部负责安全,建设部负责秩序,综合部负责协调,民生部负责环境,没有冲突,可能为真,入选。

【做题要领】注意区分题目的问题,一般情况下,"可能为真""不可能为真"都可以直接正向代入,不符合题意的选项排除即可。但"一定为真"直接代入并不一定可行,有可能需要反向代入,也就是代入选项的否命题进行验证。

82.【答案】B。

【考点分析】形式逻辑——复合命题

【解析】题干可以化简为:

(1)M 大学社会学学院的老师→对甲县某些乡镇进行家庭收支情况调研;

(2)N 大学历史学院的老师→到甲县的所有乡镇进行历史考察;

(3)赵→对甲县所有乡镇家庭收支情况进行调研∧¬项郢镇历史考察;

(4)陈→梅河乡历史考察∧¬对甲县家庭收支情况进行调研。

根据条件(4)及条件(1)的逆否命题,陈没有对甲县家庭收支情况进行调研,因此陈不是 M 大学社会学学院的老师;根据条件(3)及条件(2)的逆否命题,赵没有到项郢镇进行历史考察,如果项郢镇是甲县的,那么赵不是 N 大学历史学院的老师;如果赵是 N 大学历史学院的老师,则项郢镇不是甲县的。

【做题要领】还记得"张教授的初中同学都不是博士"那道题目吗?此题与那道题目是一样的考查方式,要通过真题举一反三。

83.【答案】D。

【考点分析】形式逻辑——复合命题

【解析】题干可以化简为:

(1)甲∨乙获得"最佳导演"→"最佳女主角""最佳编剧"在丙、丁中产生;

(2)P∨Q 获得"最佳故事片"←片中主角获得"最佳男主角"∨"最佳女主角";

(3)"最佳导演"→¬"最佳故事片"="最佳故事片"→¬"最佳导演"。

题目的问题是"以下哪项颁奖结果与上述预测不一致",也就是要选和题干信息矛盾的选项,代入法解此类题最简单。

条件(2)(3)传递可得,片中的主角获得"最佳男主角"∨"最佳女主角"→P∨Q 获得"最佳故事片"→¬"最佳导演",与其不一致就与题干形成矛盾关系。题干的矛盾命题:(片中的主角获得"最佳男主角"∨"最佳女主角")∧"最佳导演"。

84.【答案】B。

【考点分析】形式逻辑——复合命题

【解析】题干可以化简为:

(1)"完品"∨"真品"→"稀品";

(2)"稀品"∨"名品"→"特品"。

题干中提供了确定信息:不是"特品"。将其代入题干已知条件。

由条件(2)的逆否可得:¬"特品"→¬"稀品"∧"名品"。由条件(1)的逆否可得:

¬"稀品"→¬"完品"∧¬"真品",因此只能是"精品"。

【做题要领】 别忘记剩余的思想。

85. **【答案】** E。

    【考点分析】 形式逻辑——复合命题

    【解析】 题干可以化简为:

    (1)2月1日→9月1日∧¬12月1日;

    (2)3月1日∨4月1日→¬11月1日。

    根据条件(1),排除选项A、B;根据条件(2),排除选项C、D。

86. **【答案】** C。

    【考点分析】 形式逻辑——复合命题

    【解析】 题干可以化简为:

    (1)优秀论文→逻辑清晰∧论据翔实;

    (2)经典论文→主题鲜明∧语言准确;

    (3)(论据翔实∧¬主题鲜明)∨(语言准确∧¬逻辑清晰)→¬优秀论文=优秀论文→(¬论据翔实∨主题鲜明)∧(¬语言准确∨逻辑清晰)。

    由条件(1)(3)"优秀论文→论据翔实""优秀论文→¬论据翔实∨主题鲜明"可得:优秀论文→主题鲜明=¬主题鲜明→¬优秀论文。

87. **【答案】** C。

    【考点分析】 形式逻辑——复合命题

    【解析】 题干可以化简为:

    (1)信念不坚定→不能应对挑战风险=应对挑战风险→信念坚定;

    (2)坚持"四个自信"←事情办好、事业发展好。

    选项C是条件(1)的逆否命题,入选。

88. **【答案】** A。

    【考点分析】 形式逻辑——复合命题

    【解析】 由条件(1)(2)可知,老王需要在《焦点访谈》和《人物故事》中二选一,在《国家记忆》和《自然传奇》中二选一,所以如果老王观看了3个节目,则剩下的《纵横中国》一定观看了。

【做题要领】 本题用剩余法可以快速得出正确答案。

89. **【答案】** E。

    【考点分析】 形式逻辑——复合命题

    【解析】 题干可以化简为:

    (1)2号楼1单元的住户→打了甲公司的疫苗;

    (2)小李家不是该小区2号楼1单元的住户;

    (3)小赵家都打了甲公司的疫苗;

(4)小陈家都没有打甲公司的疫苗。

根据最重要的逆否规则,条件(4)否定了条件(1)的后件,所以小陈家不是2号楼1单元的住户,即小陈家若是该小区2号楼的住户,则不是1单元的,选项E入选。其余选项都是无效推理,排除。

90.【答案】B。

【考点分析】形式逻辑——复合命题

【解析】题干可以化简为:

(1)张∨李∨孔(2人);

(2)李、宋、孔中至少有1人不参加=¬李∨¬宋∨¬孔;

(3)李→(张∧宋)∀(¬张∧¬宋)。

题目问"不可能",代入法最简单。

选项B,根据"宋、孔都不参加"及条件(1)可得,张∧李;根据"李"及条件(3)可得,(张∧宋)∀(¬张∧¬宋),无论是"张∧宋"还是"¬张∧¬宋",都与该项矛盾,入选。

91.【答案】E。

【考点分析】形式逻辑——复合命题

【解析】题干可以化简为:

(1)社保卡将不再作为就医结算的唯一凭证;

(2)定点医疗机构→医保电子凭证的实时结算;

(3)医保电子凭证激活←扫码使用=医保电子凭证不激活→不能扫码使用。

由条件(3)可知,选项E入选。

92.【答案】C。

【考点分析】形式逻辑——复合命题

【解析】题干可以化简为:

(1)吴《光明日报》∨吴《参考消息》→李《人民日报》∧¬王《光明日报》;

(2)¬李《文汇报》∨¬王《文汇报》→宋《人民日报》∧吴《人民日报》。

题干有确定信息"李订阅了《人民日报》",代入可知:

由条件(2)可得,李《文汇报》∧王《文汇报》,则可知,¬宋《文汇报》∧¬吴《文汇报》,因为每种报纸均有两人订阅,每个人订阅两种报纸;

根据"¬吴《文汇报》"可知,条件(1)无论如何都满足,可得:李《人民日报》∧¬王《光明日报》。所以,宋、王和吴均需要在《人民日报》和《参考消息》中只选一个。如下表所示。

	《人民日报》	《光明日报》	《参考消息》	《文汇报》
宋		√		×
李	√	×	×	√
王		×		√
吴		√		×

选项A排除;选项B、D、E不确定,不一定为真,排除;选项C入选,因为王如果订阅了《人

民日报》，会导致王、李两人订阅的报纸完全相同，违反题干条件，所以王只能订阅《参考消息》。

93.【答案】C。

【考点分析】形式逻辑——复合命题

【解析】题干可以化简为：

(1)传统节日→欢乐和喜庆∧塑造着影响至深的文化自信；

(2)不忘历史才能开辟未来，善于继承才能善于创新；

(3)传统节日融入现代生活←文化得以赓续而繁荣兴盛←为人们提供更多心灵滋养与精神力量。

选项A、B与条件(3)箭头方向相反，排除；选项D、E为无中生有，排除；全称命题为真可以推出特称命题为真，选项C入选。

94.【答案】B。

【考点分析】形式逻辑——复合命题

【解析】题干可以化简为：

(1)龙川→呈坎；

(2)龙川∨徽州古城；

(3)呈坎→新安江山水画廊；

(4)徽州古城→新安江山水画廊；

(5)新安江山水画廊→江村。

本题可用代入法解题。

选项B的否命题为，不去江村∨不去新安江山水画廊。将"不去新安江山水画廊"代入条件(4)可得，不去徽州古城；根据条件(2)可得，一定去龙川；根据条件(1)可得，一定去呈坎；根据条件(3)可得，一定去新安江山水画廊；再根据条件(5)可得，一定去江村，与代入的命题矛盾，所以选项B一定为真。

考查点2 否命题

1.【答案】D。

【考点分析】形式逻辑——复合命题的否命题

【解析】题干可以化简为：所有奖牌获得者都进行了尿样化验∧没有发现兴奋剂使用者。

目标：知假求真，找题干命题的否命题。

题干命题的否命题为：¬（所有奖牌获得者都进行了尿样化验∧没有发现兴奋剂使用者）= 并非所有奖牌获得者都进行了尿样化验∨发现了兴奋剂使用者 = 所有奖牌获得者都进行了尿样化验→发现了兴奋剂使用者（复选项Ⅲ）。

因为，并非所有奖牌获得者都进行了尿样化验=有的奖牌获得者没有化验尿样，因此，并非所有奖牌获得者都进行了尿样化验∨发现了兴奋剂使用者=有的奖牌获得者没有化验尿样∨发现了兴奋剂使用者（复选项Ⅰ）。

所以复选项Ⅰ和复选项Ⅲ一定为真,复选项Ⅱ不一定为真。

【做题要领】注意,本题考查到两个知识点:
(1)知假求真或者知真求假是要寻找原命题的否命题;
(2)相容选言命题P∨Q为真,可以推出或者P为真,或者Q为真。

2.【答案】A。
【考点分析】形式逻辑——复合命题的否命题
【解析】题干可以化简为:
(1)潮湿→仙人掌很难成活=仙人掌不难成活→不潮湿;寒冷→柑橘很难生长=柑橘不难生长→不寒冷。
(2)某省的大部分地区,仙人掌不难成活∨柑橘不难生长。
条件(2)结合条件(1)说明,该省大部分地区,或者不潮湿,或者不寒冷。
选项A,"一半地区既潮湿又寒冷"与条件(2)矛盾,必为假,入选。
选项B,大部分地区炎热,可能适合柑橘生长,可能为真,排除。
选项C,大部分地区潮湿,仙人掌很难成活,可能适合柑橘生长,可能为真,排除。
选项D,某些地区既不寒冷也不潮湿,与题干信息不冲突,排除。
选项E,柑橘在所有地区都无法生长,可能仙人掌在大部分地区能够成活,可能为真,因为条件(2)是相容选言命题,不需要每一个选言支都为真,排除。

【做题要领】要熟悉相容选言命题的否命题、取值规则和推理规则。

3.【答案】E。
【考点分析】形式逻辑——复合命题的否命题
【解析】题干可以化简为:
(1)张珊喜欢喝绿茶和咖啡;
(2)张珊的朋友或者不喜欢喝绿茶,或者不喜欢喝咖啡;
(3)张珊的朋友都喜欢喝红茶。
假设选项E为真,则张珊有一个朋友和他一样——既喜欢喝绿茶,也喜欢喝咖啡,这违反了条件(2)。因此,选项E不可能为真,入选。

4.【答案】A。
【考点分析】形式逻辑——复合命题的否命题
【解析】题干可以化简为:¬下雨→看足球赛。
没有兑现承诺,说明承诺的否命题存在,即"¬下雨∧¬看足球赛"。
复选项Ⅰ,满足"¬下雨∧¬看足球赛",没有兑现承诺,入选。
复选项Ⅱ,未满足"¬下雨",不存在没有兑现承诺一说,排除。
复选项Ⅲ,未满足"¬下雨",不存在没有兑现承诺一说,排除。
因此,正确答案为选项A。

【做题要领】化简！化简！将题干信息转化为逻辑语言,只有满足了前件为真,才可能存在没有兑现承诺的情况,此时,当后件为假时,即没有兑现承诺。

5.【答案】E。

【考点分析】形式逻辑——复合命题的否命题

【解析】题干可以化简为:¬(成功∧节俭)=¬成功∨¬节俭。

选项A,成功∧¬节俭,与题干不一致,不一定为真,排除。

选项B,节俭∧¬成功,与题干不一致,不一定为真,排除。

选项C,¬节俭∧成功,与题干不一致,不一定为真,排除。

选项D,¬节俭→成功=节俭∨成功,与题干不一致,不一定为真,排除。

选项E,节俭→¬成功=¬节俭∨¬成功,与题干一致,一定为真,入选。

6.【答案】D。

【考点分析】形式逻辑——复合命题的否命题

【解析】题干可以化简为:

总经理:小李∧小孙。

董事长:¬(小李∧小孙)=¬小李∨¬小孙。

选项A=¬小李∧¬小孙,选项B=小李∧¬小孙,选项C=¬小李∧小孙,均与董事长意思不一致,排除。

选项D=小李→¬小孙=¬小李∨¬小孙,与董事长意思一致,入选。

选项E=¬小李∀¬小孙,二选一,与董事长意思不一致,排除。

【做题要领】将题干信息转化为逻辑语言可以事半功倍。

7.【答案】C。

【考点分析】形式逻辑——复合命题的否命题

【解析】题干可以化简为:

(1)大熊猫灭绝→西伯利亚虎灭绝;

(2)北美玳瑁灭绝→巴西红木不灭绝;

(3)北美玳瑁灭绝∨西伯利亚虎不灭绝=西伯利亚虎灭绝→北美玳瑁灭绝。

由条件(1)(3)可得:(4)大熊猫灭绝→北美玳瑁灭绝。

由条件(4)(2)可得:(5)大熊猫灭绝→巴西红木不灭绝。

条件(5)和选项C矛盾,入选。

【做题要领】熟悉选言命题和假言命题之间的相互转化,熟悉二难推理。

8.【答案】C。

【考点分析】形式逻辑——复合命题的否命题

【解析】题干可以化简为:读懂→文学造诣∧生物学背景。

由于上述命题为真,不可能为真的即其矛盾命题。题干的矛盾命题为:读懂∧¬(文学造诣∧生物学背景)=读懂∧(¬文学造诣∨¬生物学背景)。

选项A、B、D,"¬读懂"不符合要求,排除。

选项C,¬生物学背景∧读懂,是题干的矛盾命题,不可能为真,入选。

选项E,生物学背景∧读懂,可能为真,排除。

【做题要领】如果P,那么Q=只有Q,才P=P→Q,它们的矛盾命题是P∧¬Q。

9.【答案】E。

【考点分析】形式逻辑——复合命题的否命题

【解析】题干可以化简为:争取到项目→笔记本电脑∨提成。

没有兑现承诺,也就是找题干的否命题:

争取到项目∧¬笔记本电脑∧¬提成。

选项A、B,¬争取到项目,与题干的否命题不一致,排除。

选项C,争取到项目∧提成∧¬笔记本电脑,与题干的否命题不一致,排除。

选项D,争取到项目∧笔记本电脑∧三天假期,与题干的否命题不一致,排除。

选项E,争取到项目∧¬提成∧¬笔记本电脑,与题干的否命题一致,没兑现承诺,入选。

【做题要领】针对假言命题P→Q,没有兑现承诺的情况为,P为真,且Q为假。而针对选言命题,其中一个选言支为真时命题即为真。

10.【答案】B。

【考点分析】形式逻辑——复合命题的否命题

【解析】题干可以化简为:

(1)沙特馆→¬石油馆=¬沙特馆∨¬石油馆;

(2)石油馆∨̲中国国家馆;

(3)¬(中国国家馆∧石油馆)。

王刚没有接受三条中的任何一条。

由条件(1)可知:¬(¬沙特馆∨¬石油馆)=沙特馆∧石油馆。

由条件(2)可知:¬(石油馆∨̲中国国家馆)=(石油馆∧中国国家馆)∨(¬石油馆∧¬中国国家馆)。

由条件(3)可知:中国国家馆∧石油馆。

综上可知,沙特馆、石油馆、中国国家馆都参观了。

11.【答案】A。

【考点分析】形式逻辑——复合命题的否命题

【解析】题干可以化简为:获得青睐→明星产品=¬获得青睐∨明星产品。

最能质疑总经理论述的是题干的矛盾命题:获得青睐∧¬明星产品。

选项A,获得青睐,但不是明星产品,是题干的矛盾命题,入选。

选项B,没有赢得青睐,未能质疑题干,排除。
选项C,题干不涉及产品质量问题,排除。
选项D,题干不涉及虚假广告问题,排除。
选项E,城市中的白领与题干中论证的主体不一致,排除。

【做题要领】寻找最能质疑总经理的论述的选项,即寻找题干的矛盾命题。

12.【答案】E。
【考点分析】形式逻辑——复合命题的否命题
【解析】李教授:基础好∧努力→必然比别人早成功。
这一断定的否命题是:¬(基础好∧努力→必然比别人早成功)=基础好∧努力∧¬必然比别人早成功=基础好∧努力∧可能¬比别人早成功=基础好∧努力∧可能比别人晚成功。
选项E是李教授观点的否命题,因此,如果李教授的陈述为真,则选项E一定为假,入选。

【做题要领】此题不仅涉及复合命题的否命题,也涉及模态命题。现在的真题中,一个比较明显的趋势是涉及多个考点的复合型题目越来越多,要注意。

13.【答案】A。
【考点分析】形式逻辑——复合命题的否命题
【解析】题干可以化简为:
(1)粮食稳→蔬菜稳;
(2)食用油不稳→蔬菜不稳=蔬菜稳→食用油稳;
(3)老李的断定:粮食稳∧肉食涨。
题目要求质疑老李的观点。
由条件(1)(2)可知:(4)粮食稳→蔬菜稳→食用油稳。选项A断定,食用油稳→¬肉食涨,与条件(4)联立可以推出:粮食稳→¬肉食涨。这和老李的断定"粮食稳∧肉食涨"矛盾,最能质疑老李的观点,入选。

14.【答案】B。
【考点分析】形式逻辑——复合命题的否命题
【解析】题干可以化简为:
(1)陈先生的观点:¬经历风雨→¬见到彩虹。(注意,反问相当于否定)
(2)孩子的观点:经历风雨∧¬见到彩虹。
目标:找孩子观点的否命题。
孩子的回答最适宜用来反驳:¬(经历风雨∧¬见到彩虹)=¬经历风雨∨见到彩虹=经历风雨→见到彩虹。
选项A,见到彩虹→经历风雨,和目标推理方向不同,排除。
选项B,经历风雨→见到彩虹,和目标推理方向一致,与孩子的回答矛盾,入选。
选项C,经历风雨←见到彩虹,和目标推理方向不同,排除。

选项 D,经历风雨 ∧¬ 见到彩虹,是孩子的观点,和目标推理不同,排除。
选项 E,见到彩虹 ∧¬ 经历风雨,和目标推理不同,排除。

【做题要领】此题的考点是"A→B"的否命题"A∧¬B"。在真题中,否命题的考查一直是出题较为密集的考点之一,需要熟练掌握。要看清楚此题是需要反驳陈先生孩子的回答,所以根本不需要化简陈先生的观点。做题的时候不仅要求甚解,还要总结提高做题效率的方法。

15.【答案】D。
【考点分析】形式逻辑——复合命题的否命题
【解析】题干可以化简为:
小明的断定:知道最高者身高∨知道平均身高→确定最高者与最低者的差距。
目标:找最能反驳小明观点的选项。
要反驳小明的观点就要寻找小明观点的否命题。
小明观点的否命题:¬(知道最高者身高∨知道平均身高→确定最高者与最低者的差距)=(知道最高者身高∨知道平均身高)∧¬确定最高者与最低者的差距。
选项 D,该项为,知道平均身高 ∧¬ 确定最高者与最低者的差距,是小明观点的否命题,入选。

【做题要领】此题考查以下两点:
(1)"A→B"与"A∧¬B"互为矛盾关系,互为否命题;
(2)如果 A 真,则"A∨B"真。注意,本题中小明观点的否命题,前面一部分是相容选言命题,"知道最高者身高"和"知道平均身高"两项中满足其中一项即可,后半段"¬ 确定最高者与最低者差距"是必须要满足的,只需要把握这一点,根据排除法,很快就可以找到答案。

16.【答案】B。
【考点分析】形式逻辑——直言命题的否命题
【解析】要找最能反驳张某的观点的选项,首先应该寻找原命题的否命题,但是张某的观点有多个,到底应当找哪个命题的否命题,还是应当找所有命题的否命题?这一点要观察选项才能知道题目真正关心的是什么。
选项 A,说到的是"不需要掌握分析问题的方法与技巧",而题干只涉及"分析问题的方法与技巧有多少人掌握",该项和题干无关,排除。
选项 B,题干中张某的观点为"每个凡夫俗子一生之中都将面临许多问题",等价于"所有的凡夫俗子一生之中都将面临许多问题",其否命题为"有的凡夫俗子一生之中不会面临许多问题",等价于"有些凡夫俗子一生之中将要面临问题并不多。"由此可见,选项 B 是题干断定的否命题,最能反驳张某的观点,入选。
选项 C,和张某的观点相同,不能反驳,排除。

选项 D,和题干无关,排除。

选项 E,题干关于华尔街的分析大师们的断定是趾高气扬、身价百倍,并没有说他们是否掌握了分析问题的方法与技巧,和题干无关,排除。

【做题要领】当题目在论证中给出不止一个命题的时候,那么到底从哪个命题入手呢?需要先观察选项才能知道题目真正关心的是什么,再根据题目要求做进一步的推理。这一点是大家在考场上简化做题步骤的重要环节。

17. 【答案】A。

【考点分析】形式逻辑——复合命题的否命题

【解析】题干的观点:如果一个企业的办公大楼设计得越完美,装饰得越豪华,则该企业离解体的时间就越近,即办公大楼修建得越完美→该企业越接近解体。

目标:找最能质疑上述观点的选项。

上述观点的否命题是:¬(办公大楼修建得越完美→该企业越接近解体)=办公大楼修建得越完美∧¬解体。选项 A 是题干观点的否命题,最能质疑该观点,入选。

18. 【答案】B。

【考点分析】形式逻辑——复合命题的否命题

【解析】题干观点:被提拔者得到重用后却碌碌无为,这会造成机构效率低下、人浮于事。

目标:找最能质疑上述观点的选项。

要质疑上述观点,首先要寻找观点的否命题。

题干观点的否命题为:¬被提拔者得到重用后却碌碌无为=被提拔者得到重用∧¬碌碌无为。

选项 A、C,无关选项,排除。

选项 B,是题干观点的否命题,显然是对题干观点的有力质疑,入选。

选项 D,该项只提及李明的体育运动成绩,并未提及他在原来级别岗位上是否干得出色,排除。

选项 E,符合题干的观点,对题干有加强作用,排除。

19. 【答案】C。

【考点分析】形式逻辑——复合命题的否命题

【解析】甲国队主教练的观点可以化简为:下一场比赛中获得胜利∧另外一场比赛打成平局←可能出线。

其否命题是:可能出线∧(下一场比赛中没有获得胜利∨另外一场比赛没有打成平局)。

选项 A、D、E,"未能从小组出线"不符合否命题中的"可能出线",排除。

选项 B,"第三轮比赛该小组另外一场比赛打成平局"不符合否命题中的"另外一场比赛没有打成平局",排除。

选项 C,"两场比赛都分出了胜负"等价于"两场比赛都没有打成平局",所以,符合否命题中的"可能出线∧另外一场比赛没有打成平局",入选。

20.【答案】B。
【考点分析】形式逻辑——复合命题的否命题
【解析】题干可以化简为:
(1)任何结果的出现→背后有原因;
(2)任何背后有原因的事物→可以被认识;
(3)可以被认识→必然不是毫无规律。
目标:知真求假,首先寻找否命题。
由条件(1)(2)(3)可推出:任何结果的出现都必然不是毫无规律的。这是符合题干的必为真的结论,其否命题等价于:有的结果的出现可能是毫无规律的。选项 B 符合,入选。
其余选项均能由题干推出,不符合题干要求,排除。

【做题要领】本题是较为简单的推理得结论,送分题。考查"所有 S 都是 P",必要时可化简为"S→P"。当多个命题出现时,时刻注意传递公式的应用。

考查点3 三段论和欧拉图

1.【答案】B。
【考点分析】形式逻辑——三段论
【解析】寻找"最能反驳上述论证"的选项,首先考虑让结论的否命题成立:¬ 低碳经济都是高技术经济=有的低碳经济不是高技术经济。此时题目就变成了补充一个前提,使得"有些低碳经济是绿色经济"能得出"有的低碳经济不是高技术经济"。
用符号化表示为:前提是"有的 A→B",结论是"有的 A→¬ C",为使上述论证成立,需要补充"B→¬ C",选项 B 符合,入选。
选项 A 为一个特称命题,且并非否定形式,构不成反驳,排除。选项 C 中"有些低碳经济不是绿色经济"与"有些低碳经济是绿色经济"不构成矛盾关系,排除。选项 D 为一个特称命题,构不成反驳,排除。选项 E 并未否定上述论证,排除。

【做题要领】题干给出的前提是特称,但结论是全称。根据三段论的规则可知,前提有特称的,结论必为特称。要想反驳题干论证,需要找到一个带否定的命题与给出的前提结合,得出一个否定的结论。或者换一个思路,要反驳题干论证,只需要想方设法让题干结论的否命题成立即可。

2.【答案】C。
【考点分析】形式逻辑——三段论
【解析】题干可以化简为:
(1)赵元的同事→球迷;
(2)赵元在软件园工作的同学→¬ 球迷;

(3)李雅→赵元的同学∧赵元的同事;
(4)王伟→赵元的同学∧¬软件园工作;
(5)张明→赵元的同学∧¬球迷。

选项 A、B、D、E,无法根据题干信息推出,排除。

选项 C,根据条件(1)(3)可知,李雅是球迷,再结合条件(2)可知,李雅不是赵元在软件园工作的同学;而根据条件(3)"李雅是赵元的同学"可知,李雅不在软件园工作,选项可以推出,入选。

> 【做题要领】"赵元在软件园工作的同学"可以理解为"赵元的同学∧在软件园工作"。本题也可以用欧拉图得出结论。

3.【答案】A。

【考点分析】形式逻辑——三段论

【解析】题干可以化简为:

(1)李被救过三次,但未救过任何人;
(2)救过李→被王救过;
(3)赵救过所有人;
(4)被王救过→被陈救过。

选项 A,根据条件(3)可知,赵救过所有人,说明赵也救过李;根据条件(2)可知,赵被王救过;根据条件(4)可知,赵也被陈救过,即陈救助过赵,该项可以推出,入选。

选项 B、C、D、E,无法从题干中推出,排除。

> 【做题要领】同一个题目有时可以用不同的方法来解决,所以,为了节省时间,要选择更快捷方便的方法来解决问题。

4.【答案】A。

【考点分析】形式逻辑——三段论

【解析】题干可以化简为:

(1)有些通信网络维护→涉及个人信息安全;
(2)不是所有通信网络的维护都可以外包=有些通信网络的维护→不可以外包。

根据三段论结构可知,选项 A 入选,选项 B、C、D、E 不恰当,排除。

> 【做题要领】三段论中的三个核心概念,每个概念要重复两遍,即要重复的词应为"涉及个人信息安全"和"外包"。

5.【答案】A。

【考点分析】形式逻辑——三段论

【解析】题干可以化简为:

(1)护城河两岸房屋→廉租房→凤凰山北麓;

(2)东向的房屋→别墅→凤凰山南麓。

显然,由条件(2)(1)可得,东向的房屋→¬护城河两岸房屋,即不可能存在东向的护城河两岸的房屋。

选项 A,由上述分析可知,不存在东向的护城河两岸的房屋,入选。

选项 B、C、D、E,均可能存在,排除。

> 【做题要领】本题也可以通过欧拉图的方法来解决。同一个题目有时可以用不同的方法来解决,所以,为了节省时间,要选择更快捷方便的方法来解决问题。

6. 【答案】A。

【考点分析】形式逻辑——用欧拉图明确概念的外延

【解析】题干可以化简为:

(1)大多数"常春藤"毕业生→社会精英;

(2)大多数毕业于"常春藤"的社会精英→年薪超过20万美元;

(3)有些政界领袖→来自"常春藤";

(4)有些科学家→毕业于"常春藤"。

欧拉图如下所示。

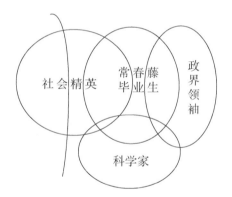

选项 A,由条件(2)可得:有些社会精英年薪超过20万美元。

选项 B、C、D、E,题干没有相关信息,排除。

7. 【答案】E。

【考点分析】形式逻辑——三段论

【解析】题干可以化简为:

(1)在董嘉面前说人坏话∧人是东山郡人→不明智的;

(2)董嘉的朋友施飞在董嘉面前说席佳坏话;

(3)董嘉的朋友→明智的人。

由条件(2)(3)联立可得,施飞是明智的人;再由条件(1)可得,明智的人→不在董嘉面前说人坏话∨人不是东山郡人,即施飞不在董嘉面前说席佳坏话∨席佳不是东山郡人;再由条件(2)得,席佳不是东山郡人,选项 E 入选。

8. 【答案】E。

   【考点分析】形式逻辑——三段论

   【解析】题干可以化简为：

   (1)格林在演讲中提到的每一位诗人→好的评论家都喜欢；

   (2)没有一个好的评论家喜欢诗人格斯特。

   由条件(1)逆否可得：并非好的评论家都喜欢→不是格林在演讲中提到的诗人。再结合条件(2)可得，格林在这次演讲中没有提到格斯特。

   > 【做题要领】熟练掌握直言判断和假言判断之间的转换，根据 P→Q 为真，可以逆否推出 ¬Q→¬P。

9. 【答案】C。

   【考点分析】形式逻辑——三段论

   【解析】题干的论证推理需要补充前提"无法用已有的科学理论进行解释的都是错觉"，即"有些错觉是无法用已有的科学理论进行解释的"。想要证明小王的断言不成立，除了可以证明小王断言的否命题存在，还可以证明其前提是不成立的，即"所有的错觉都是可以用已有的科学理论进行解释的"。选项 C 断定：错觉都可以用已有的科学理论进行解释。由此可推出，此种现象不是错觉，即小王的断言不成立。

   > 【做题要领】削弱题干论证的方法有以下几种：
   > (1)直接证明题干结论不成立；
   > (2)证明题干论证成立所依赖的前提不成立；
   > (3)证明题干论证过程存在瑕疵；
   > (4)证明题干论据虚假或者不充分。
   > 本题选择的就是第二种思路。注意，本题也考查了三段论。

10. 【答案】B。

    【考点分析】形式逻辑——三段论

    【解析】题干可以化简为：

    (1)参加运动会→身体强壮→极少生病；

    (2)有些身体不适→参加运动会。

    条件(2)(1)联立可得：有些身体不适→参加运动会→身体强壮→极少生病。

    选项 A、C、D、E 均能从题干中推出，排除。

    > 【做题要领】此题涉及概念的外延之间的关系，可以借助欧拉图进行解答。在解题中注意其特例的表达及特例对选项的影响。

11. 【答案】E。

    【考点分析】形式逻辑——三段论

【解析】题干可以化简为：

(1)物理学会∧学术报告→高校；

(2)张嘉并非来自高校。

将条件(2)代入条件(1)可得,(3)张嘉不是物理学会的∨张嘉没有做学术报告=张嘉是物理学会的→张嘉没有做学术报告=张嘉做了学术报告→张嘉不是物理学会的。

选项A,从题干中的推理可知,该项的真假未知,排除。

选项B,由题干只能得知,李默并非来自中学,但其可以是化学学会的,排除。

选项C,由题干只能得知,张嘉并非来自高校,但是不来自高校也有可能具有副教授以上职称,不符合题干推理,排除。

选项D,从题干中可以推出,李默如果做了学术报告,那他也可能来自化学学会,不符合题干推理,排除。

选项E,该项等价于,张嘉没有做学术报告或者张嘉不是物理学会的,与条件(3)等价,入选。

【做题要领】本题既可以用欧拉图,也可以用命题之间的推理关系解题,但是需要注意的是,如果命题中间包括"有的S不是P"这样的表述,用欧拉图解题可能会有局限性。

本题还有一个难点在于,题干信息"物理学会做学术报告的人都来自高校",这个命题中其实包含了3个概念:物理学会、做学术报告、来自高校。而"物理学会"和"做学术报告"之间是"且"的关系,这是很多同学会遗漏的点。

12.【答案】C。

【考点分析】形式逻辑——用欧拉图明确概念的外延

【解析】题干可以化简为：

(1)翠竹的大学同学→德资企业→德国研修→会说德语；

(2)溪兰→翠竹的大学同学；

(3)涧松→德资企业的部门经理；

(4)有些德资企业的员工→来自淮安。

用欧拉图表示如下。

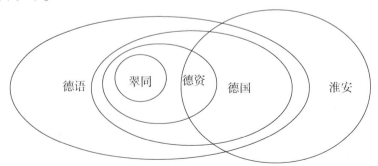

选项A,从题干条件中只能得知涧松在德资企业,但未必和"来自淮安"有交集,真假未知,排除。

选项B,从题干条件中无法推出部门经理的具体范围,真假未知,排除。

选项C,由条件(2)(1)可得,溪兰会说德语,入选。

选项D、E,不足以推出,排除。

【做题要领】 要判断概念外延之间的关系,用欧拉图是最基本、最简单的方法。

13.【答案】D。

　　【考点分析】形式逻辑——用欧拉图明确概念的外延

　　【解析】题干可用如下欧拉图表示。

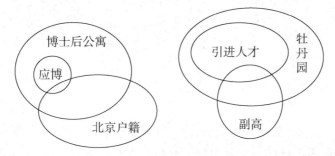

　　选项A,根据题干化简,"副高以上职称"的圈完全有可能和"博士后公寓"有交集,真假未知,排除。

　　选项B,根据题干化简,"博士学位"和"北京户籍"不一定是包含关系,排除。

　　选项C,根据题干化简,只能知道"应届毕业的博士研究生都居住在博士后公寓",但是其他具有博士学位的人位置不明,真假未知,排除。

　　选项D,该单位引进的人员只有两种:或者是具有副高以上职称的"引进人才",或者是具有北京户籍的应届毕业的博士研究生。如果不是应届毕业的博士研究生,那就一定是具有副高以上职称的"引进人才",因此,其一定住在"牡丹园"小区,入选。

　　选项E,情况未知,排除。

14.【答案】D。

　　【考点分析】形式逻辑——用欧拉图明确概念的外延

　　【解析】题干可用如下欧拉图表示。

按照图示逻辑关系,选项A、B、C、E都不必然从题干中推出,排除。选项D入选。

【做题要领】 涉及概念外延之间的关系,用欧拉图辅助解题最简单也最直观。

15.【答案】E。

【考点分析】形式逻辑——用欧拉图明确概念的外延

【解析】"不善于思考的人不可能成为一名优秀的管理者"等价于,优秀的管理者都善于思考=优秀管理者→善于思考。

题干可用如下欧拉图表示。

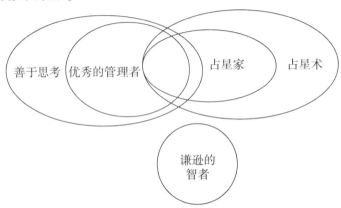

选项 A、B、C、D 都不违反题干条件,排除。选项 E 不符合题干推理,因为学习占星术的人是不能成为谦逊的智者的,而善于思考的人又和学习占星术的人有交集,所以"善于思考的人"不能缩进"谦逊的智者"的圈内,该项和兰教授的观点相冲突,最能反驳兰教授的观点,入选。

【做题要领】本题的第一个考点是对题干条件的化简,注意其否定后件否定前件的等价形式;第二个考点是要明晰:当题目中出现了"所有的 S 都是 P"的时候,到底用什么方法来解题最有效?是欧拉图(画圈圈)还是三段论,抑或是六角矩阵或者假言命题的推理?需要根据题目特点选择最有效的解题方法。本题用欧拉图最简单直观。

16.【答案】E。

【考点分析】形式逻辑——三段论

【解析】前提:有些阔叶树是常绿植物。

结论:所有阔叶树都不生长在寒带地区。

目标:找最能反驳上述结论的选项。

选项 E 断定,常绿植物都生长在寒带地区。选项 E 和题干的前提联立可以推出,有些阔叶树生长在寒带地区,这和题干的结论矛盾。因此,如果选项 E 为真,最能反驳题干的结论。本题的另一种解题思路是:观察可知,题干推理是一个缺少前提的三段论,可以先寻找使上述论证成立必须补充的前提,加入这个前提后可以使上述论证成立,然后找这个需要补充的前提的否命题,这个否命题就必然能够反驳题干的结论。

17.【答案】A。

【考点分析】形式逻辑——三段论

【解析】题干可以化简为:

(1)最终审定的项目→意义重大∨关注度高;
(2)意义重大的项目→涉及民生问题;
(3)有些最终审定的项目→不涉及民生问题。

选项 A,由条件(3)(2)联立可得,有些最终审定的项目不是意义重大的项目;再根据条件(1)可得,有些最终审定的项目关注度高,入选。

选项 B,条件(2)的逆否命题为,不涉及民生问题→不是意义重大的项目,和该项互为矛盾关系,因此该项必然为假,排除。

选项 C、D,这两项中的"引起关注"和题目中的"关注度高"概念不同,排除。

选项 E,"意义重大"是条件(1)的肯定后件,无效推理,排除。

18.【答案】D。

【考点分析】形式逻辑——用欧拉图明确概念的外延

【解析】题干可用如下欧拉图表示。

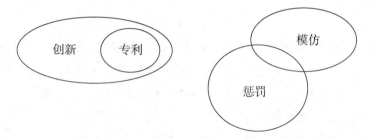

选项 A,"惩罚"的圈是浮动的,可以和"创新""专利"有交集,因此该项可能得出,排除。

选项 B,真假未知,排除。

选项 C,题干没有提及"申请专利",排除。

选项 D,按照题干信息,"专利"和"模仿"一定是互斥的,不可能存在交集,所以该项为假,入选。

选项 E,真假未知,排除。

【做题要领】涉及概念外延之间的关系,用欧拉图辅助解题最简单、直观。

考查点4 真假话

1.【答案】D。

【考点分析】形式逻辑——真假话推理

【解析】题干可以化简为:
(1)张:甲∨乙∨丁。
(2)王:乙。
(3)李:甲。
(4)张、王、李三人中恰有一人的预测正确。

如果王的预测正确,则张的预测也正确,违反条件(4)。因此,王的预测不正确,冠军不是乙。

同理,李的预测不正确,冠军不是甲。因此,张的预测正确,冠军是丁。

【做题要领】P和P∨Q有包含关系,当P为真时,P∨Q也为真。做题时要快速识别出各个条件之间的包含关系,才能方便做出判断。包含关系是现在真假话推理常考的知识点。

2. 【答案】A。

【考点分析】形式逻辑——真假话推理

【解析】题干可以化简为:

(1)张:不会所有人都不及格,即有的人及格了。(特称肯定命题)

(2)李:有人没及格。(特称否定命题)

(3)王:班长及格∧学习委员及格。

本题已经明确三位老师中只有一人的预测正确,所以用归谬法解题。

上述三个命题中,条件(1)和条件(2)是下反对关系,必有一真,因此,下反对命题之外的命题,即条件(3)是假命题,即¬(班长及格∧学习委员及格)=班长不及格∨学习委员不及格。

由"班长和学习委员中至少有一个不及格"可得,有人没及格,所以条件(2)为真,即李老师的预测正确。因为三位老师中只有一人的预测正确,所以,张老师的预测不正确。由张老师的预测不正确可得,张老师观点的否命题成立,即所有人都不及格。

根据从属关系,既然"所有人都不及格",那么班里的每一个人都不及格,因此,选项A一定为真,入选。

【做题要领】找出每句话之间的逻辑关系,张和李的话是下反对关系,同真不同假,至少有一真,因此王的话必假;将假话转换为真话后,再做最终判断。

3. 【答案】C。

【考点分析】形式逻辑——真假话推理

【解析】题干可以化简为:

(1)有些考生通过了初试;(特称肯定命题)

(2)有些考生没有通过初试;(特称否定命题)

(3)何梅和方宁没有通过初试。(单称否定命题)

由"何梅和方宁没有通过初试"可知"有些考生没有通过初试"。如果条件(3)为真,则条件(2)也为真,但题干只有一个断定为真,因此条件(3)为假,即"何梅通过初试∨方宁通过初试",即"有些考生通过了初试",由此可知,条件(1)为真,因此条件(2)为假,即"所有考生都通过了初试"。选项C入选。

4. 【答案】E。

【考点分析】形式逻辑——真假话推理

【解析】题干可以化简为:

(1)所有选项都需支付游戏币;(全称肯定命题)
(2)第二个选项可以得到额外游戏奖励;
(3)第三个选项游戏不会继续;
(4)有的选项不需支付游戏币。(特称否定命题)

条件(1)(4)是矛盾关系,必定一真一假,因此,其他两个命题必为假。由条件(3)为假可得,选择第三个选项后游戏能继续进行下去。选项 E 入选。

【做题要领】要熟练掌握归谬法在真假话推理中的应用。"所有 A 都是 B"和"有的 A 不是 B"属于矛盾关系,必定一真一假。

5.【答案】C。

【考点分析】形式逻辑——真假话推理

【解析】题干可以化简为:

甲:¬ 李→¬ 张 = 李∨¬ 张。

乙:张∧¬ 李。

丙:王→¬ 赵 = ¬ 王∨¬ 赵。

丁:¬ 王∧¬ 李。

由四位教练的话可知,甲和乙的话矛盾,必有一真一假,故丙和丁的话都正确。由此可知,王未进决赛,李未进决赛,而其余人的具体情况都无法判断。因此,选项 C 正确,选项 A、B 无法判断,选项 D、E 错误。

【做题要领】真假话题首先应寻找题干中的矛盾关系,从矛盾关系入手,判断其余情况的真假,从而推知实际的情况。

6.【答案】B。

【考点分析】形式逻辑——真假话推理

【解析】题干可以化简为:

(1)冰箱部门经理:手机赢利。

(2)彩电部门经理:冰箱赢利→彩电不赢利 = 冰箱不赢利∨彩电不赢利。

(3)电脑部门经理:手机不赢利→电脑不赢利 = 手机赢利∨电脑不赢利。

(4)手机部门经理:冰箱赢利∧彩电赢利。

条件(2)和条件(4)是一对矛盾命题,必有一真一假,由于题干只有一真,则条件(1)(3)必为假,由此可以推出,手机没赢利∧电脑赢利。选项 B 入选。

【做题要领】遇到多个命题中只有一个为真(或假)时,通常先找矛盾命题,矛盾的两个命题必为一真一假,再根据题干对其他命题判断;注意区分矛盾关系的命题和反对关系的命题。

7.【答案】D。

【考点分析】形式逻辑——真假话推理

【解析】题干可以化简为：
(1)临西第三→江北第四=¬临西第三∨江北第四；
(2)江南第二→¬临西第一=¬江南第二∨¬临西第一；
(3)¬江南第二；
(4)江北第四。

条件(2)和条件(3)是从属关系,如果条件(3)为真,那么条件(2)为真,和题干的"只有一位局长的预测符合事实"矛盾,因此条件(3)为假,即江南第二。

条件(1)和条件(4)是从属关系,如果条件(4)为真,那么条件(1)为真,和题干的"只有一位局长的预测符合事实"矛盾,因此条件(4)为假,由此可知,江北不是第四,即江北是第一或第三。

假设条件(1)为真,条件(2)为假,可以推知,江南第二∧临西第一,因此,江北第三,临东第四。

假设条件(2)为真,条件(1)为假可以推知,临西第三∧¬江北第四,因此,江北第一,临东第四。

综上可知,临东第四。选项 D 入选。

【做题要领】A→B=¬A∨B,假言命题与相容选言命题可以等价互换。

8.【答案】C。

【考点分析】形式逻辑——真假话推理

【解析】题干可以化简为：
(1)山南∨江北；
(2)¬山北∧¬江南；
(3)江南；
(4)¬山南。

如果条件(1)为真,则条件(2)为真,违反题干条件。因此条件(1)为假,可得,¬山南∧¬江北。因此,条件(4)为真,其余条件均为假。由条件(2)为假可得,山北∨江南。由条件(3)为假可得,¬江南。因此,冠军队是山北。

9.【答案】E。

【考点分析】形式逻辑——真假话推理

【解析】题干可以化简为：
甲:¬乙→¬甲=乙∨¬甲。
乙:¬乙∧丙。
丙:甲∨乙。
丁:乙∨丙。

因为四人中只有一人说了真话,观察四句命题,如果乙是窃贼,则甲、丙和丁说的都是真话,真话有三句,违反题干条件,由此可得,乙不是窃贼。

如果丙是窃贼,则乙、丁说的是真话,违反题干条件,由此可得,丙不是窃贼。

综上可得,乙和丙都不是窃贼,因此,丁说的是假话,选项 E 一定为假。

【做题要领】真假话题一般使用归谬法,先化简,再寻找矛盾关系,如果题干中没有矛盾关系,则要特别注意是否有包含关系。在化简的过程中,将假言命题等值置换为选言命题的形式,可以很方便地看出命题之间的关系,这样的化简方式是值得借鉴和积累的。

10. 【答案】D。

【考点分析】形式逻辑——真假话推理

【解析】方法一:把条件(2)改写为"丙∨¬丁"的等价形式,然后分别对甲、乙、丙为冠军时的情况进行归谬,无论甲、乙、丙谁为冠军都不会出现只有一真的情况。因此只能丁是冠军。

方法二:条件(1)(3)不同假,无论谁是冠军都会导致条件(1)(3)中有一个为真。此时条件(2)必为假,然后找条件(2)的否命题即可。

11. 【答案】A。

【考点分析】形式逻辑——真假话推理

【解析】题目补充条件:上述三句话两真一假。由题干可知,如果条件(1)为假,则条件(3)为假,违反"两真一假"的要求,因此,条件(1)一定为真,即至少有 5 名青年教师是女性。由此得:青年教师至少有 5 名。选项 A 入选。

【做题要领】本题有两个问题需要注意:
(1)"青年女教师"和"女青年教师"是否一样?"青年女教师"中划分的母项是"女教师","女青年教师"中划分的母项是"青年教师",但是实际上划分出来的子项是一样的。
(2)"至少 5 名"和"至少 7 名"同真的时候,到底是"5 名"还是"7 名"?很显然,"≥7"的时候一定也满足"≥5",但是"≥5"的时候不一定满足"≥7"(比如"6"满足"≥5"但是不满足"≥7")。

12. 【答案】C。

【考点分析】形式逻辑——真假话推理

【解析】先对题干进行化简,再运用归谬法寻找矛盾,然后绕开矛盾,在矛盾之外寻找突破口。

题干可以化简为:

(1)陈安:我们4人都没有送您来医院。(全称否定命题)

(2)李康:我们4人中有人送您来医院。(特称肯定命题)

(3)张幸:李康和汪福至少有一人没有送您来医院。(¬李∨¬汪)

(4)汪福:送您来医院的人不是我。(¬汪)

已知上述4人中有两人说真话,有两人说假话。根据化简结果可知,条件(1)(2)互为矛盾关系,必然一真一假,因此,条件(3)(4)也是一真一假。条件(4)是条件(3)的一个分支,如果条件(4)为真,则条件(3)也为真,和前述推断矛盾,因此,条件(4)为假而条件(3)为真。由此可以得出,是汪福送郝大爷来医院,不是李康。进一步推理可知,条件(2)为真而条件(1)为假,因此,说真话的是李康和张幸,选项C入选。

13.【答案】D。

【考点分析】形式逻辑——真假话推理

【解析】明确题干命题的真假个数。题干5位老师中只有1人说的话符合真实情况,可以考虑将选项代入题干。假设做这件好事的人是甲,此时3真2假,和题干要求不符,排除。除了选项D之外,其余选项代入均会出现说真话的人不止一个的情况,不符合题目要求,排除。

【做题要领】在真假话题中,当题干条件没有明显的矛盾关系时,可以考虑将选项代入题干来解题。

14.【答案】C。

【考点分析】形式逻辑——真假话推理

【解析】题干可以化简为:

甲:经济→管理=¬ 经济∨管理。

乙:管理∧经济。

丙:管理→经济=¬ 管理∨经济。

丁:¬ 管理→¬ 经济=经济→管理=¬ 经济∨管理。

戊:¬ 经济→¬ 管理=管理→经济=¬ 管理∨经济。

将提高企业经济效益的情况与建立健全企业管理制度的情况分别进行讨论,若董事会最终决定提高企业经济效益或建立健全企业管理制度,则记为"1",反之则记为"0"。然后将题干化简后的情况列表如下。

经济	管理	甲	乙	丙	丁(同甲)	戊(同丙)	结果
		¬ 经济∨管理	管理∧经济	¬ 管理∨经济	¬ 经济∨管理	¬ 管理∨经济	
1	1	1	1	1	1	1	5真
1	0	0	0	1	0	1	2真
0	1	1	0	0	1	0	2真
0	0	1	0	1	1	1	4真

观察选项发现,只有2真的情况符合,选项C入选。

考查点5 性质命题对当关系

1.【答案】C。

【考点分析】形式逻辑——性质命题对当关系

【解析】题干可以化简为:

(1)所有员工都得到年终奖金→(该部门)所有员工都考评合格;

(2)财务部有些员工考评合格;
(3)综合部所有员工都得到了年终奖金;
(4)行政部的赵强考评合格。

由条件(2)可得,"财务部员工都考评合格了"真假不定,即复选项Ⅰ可能为真。

由条件(1)(4)可得,"赵强得到了年终奖金"可能为真,因此复选项Ⅱ可能为真。

由条件(1)(3)可得,"综合部所有员工都考评合格"为真,因此复选项Ⅲ为假。

复选项Ⅳ可能为真。所以,选项C入选。

2.【答案】E。

【考点分析】形式逻辑——性质命题对当关系

【解析】由题干信息可知:有些同学对自己的职业定位还不够准确。(特称否定命题)

复选项Ⅰ,等价于,有些人对自己的职业定位不够准确,与题干一致。

复选项Ⅱ,等价于,有些人对自己的职业定位准确,和题干互为下反对关系。已知题干为真,该项的真假无法判断,不一定为真。

复选项Ⅲ,同复选项Ⅱ,真假无法判断,不一定为真。

复选项Ⅳ,是全称否定命题,和题干互为从属关系,已知题干为真,复选项Ⅳ真假不定,不一定为真。

由此可知,复选项Ⅱ、Ⅲ和Ⅳ不一定为真,选项E入选。

【做题要领】将复选项中的命题根据对当关系进行转换后再与题干进行对比,从而得出答案。

3.【答案】B。

【考点分析】形式逻辑——性质命题对当关系

【解析】"并不是所有流感患者均需接受达菲等抗病毒药物的治疗"等价于"有些流感患者不需要接受达菲等抗病毒药物的治疗",即有的S不是P。

复选项Ⅰ,"有的S不是P"与"有的S是P"构成下反对关系,若"有的S不是P"为真,则"有的S是P"真假不确定。

复选项Ⅱ,等价于"所有S都是P",与"有的S不是P"互为矛盾关系,必然为假。

复选项Ⅲ,"医生建议"与"需不需要"概念不同,无法判断真假。

因此,只有复选项Ⅱ一定为假,选项B入选。

【做题要领】注意,"医生建议"与"需不需要"之间的区别。

4.【答案】E。

【考点分析】形式逻辑——性质命题对当关系

【解析】题干可以化简为:

(1)青年女教师≥5;

(2)中年女教师≥6;

(3)青年女教师≥7。

由条件(1)(3)可知,青年女教师至少有7名;由条件(2)可知,中年女教师至少有6名,因此,女教师至少有13名。选项E入选。

由条件(1)可知,有些青年教师是女性,与选项A构成下反对关系,已知其中的一个命题为真,另一个命题真假不定。

同理,由条件(3)也无法得出选项B的真假。

由条件(1)(3)可知,青年教师至少有7名,选项C不足以得出。

由条件(1)(3)可知,女青年至少有7名,而选项D为"至多",无法得出。

考查点6　模态命题

1. 【答案】E。

【考点分析】形式逻辑——模态命题

【解析】题干可以化简为:

(1)所有错误决策都不可能不付出代价=所有错误决策都必然付出代价;

(2)有的错误决策可能不造成严重后果=有的错误决策不一定造成严重后果。

选项A、C,题干未提及"正确决策",排除。

选项B、D,后半句中,由题干中"有的错误决策"不能推及"所有的错误决策",排除。

选项E,与题干一致,入选。

【做题要领】将题干中的信息进行转化,再与选项内容进行比对。

2. 【答案】D。

【考点分析】形式逻辑——模态命题

【解析】题干可以化简为:除非每个工作日都出勤,否则任何员工都不可能既获得当月的绩效工资,又获得奖励工资=每个工作日都出勤←不是任何员工都不可能既获得当月的绩效工资,又获得奖励工资=有的员工可能(绩效工资∧奖励工资)→每个工作日都出勤=¬每个工作日都出勤→¬有的员工可能(绩效工资∧奖励工资)=¬每个工作日都出勤→必然有的员工(¬绩效工资∨¬奖励工资)。

选项A、B、E,"所有工作日不缺勤"等价于"每个工作日都出勤",肯定了题干的后件,属于无效推理,排除。

选项C,肯定了题干的前件,但不满足题干的后件,排除。

选项D,与题干一致,入选。

【做题要领】除非Q,否则不P:¬Q→¬P=P→Q。

3. 【答案】D。

【考点分析】形式逻辑——模态命题

【解析】题干可以化简为：不可能所有的应聘者都被录用＝必然有应聘者不被录用。选项D符合，入选。

【做题要领】熟悉模态词（必然、可能）和量词（所有、有的）之间的逻辑关系，基本上每年试卷中都有题目考查模态命题，需要熟悉和积累。

4. 【答案】B。

   【考点分析】形式逻辑——模态命题

   【解析】选项A、C、D、E，"一定就是""一定不是"过于绝对，不符合得结论的题目的要求，排除。

   选项B，"可能不是"的表述相对更合理，入选。

5. 【答案】C。

   【考点分析】形式逻辑——模态命题

   【解析】题干可以化简为：

   (1) 三人行→必有我师；

   (2) 弟子不必不如师＝弟子可能如师；

   (3) 师不必贤于弟子＝师可能不贤于弟子。

   选项A，"有的弟子必然不如师"与条件(2)互为矛盾关系，必然为假，排除。

   选项B，"有的弟子可能不如师"与条件(2)互为下反对关系，真假未知，排除。

   选项C，"有的师可能不贤于弟子"与条件(3)相符，必然为真，入选。

   选项D，"有的师不可能贤于弟子"等价于"有的师必然不贤于弟子"，由条件(3)的"可能不"推不出"必然不"，该项真假不定，排除。

   选项E，偷换概念，排除。

【做题要领】熟识模态关系及其推理之间的四角矩阵。

考查点7 阅读理解得结论

1. 【答案】D。

   【考点分析】阅读理解得结论

   【解析】调查：五分之三的儿童入中学后出现中度以上的近视，而没有机会到正规学校接受教育的父母及祖辈，很少出现近视。

   目标：找可作为上述断定的结论的选项。

   题目需要建立"接受正规教育"和"出现近视"之间的联系。

   当两个现象同时或先后出现，称为"统计相关"。两个现象有因果关系，称为"因果相关"。统计相关，有可能因果相关，但并非一定因果相关。根据题干信息只能说明文化教育的发展和近视现象的出现二者统计相关，但不能得出二者因果相关。

选项 A,"接受文化教育是造成近视的原因"存在把"统计相关"误认为"因果相关"的嫌疑,未必恰当,排除。

选项 B,该项可以化简为,在儿童时期接受正式教育←易于形成近视,与题干不符,排除。

选项 C,"必然"推理过于绝对,不适合作为结论得出,排除。

选项 D,该项能够充分说明二者之间有关系,但是这个关系未必是因果关系,符合题干断定,入选。

选项 E,没有出现近视不等于没有接受正规教育,没有接受正规教育也不等于是文盲,无关选项,排除。

【做题要领】本题需要区分"统计相关"和"因果相关"。

在论证中用了有因有果(有 X,那么有 Y)、无因无果(无 X,那么无 Y)的对照,这样的对照找到的 X 和 Y 之间的相关性是或然的,而非必然的。

2. 【答案】D。

【考点分析】阅读理解得结论

【解析】由题干信息可知:

(1)有人接受理疗,有人接受理疗和药物双重治疗;

(2)两种治疗方式的预期效果一致;

(3)对于接受药物治疗的人来说,药物必不可少。

由条件(1)(3)可知,对于接受双重治疗的患者,药物治疗显然是不可缺少的,复选项Ⅰ可以得出。

由条件(1)(2)可知,对于只接受理疗的患者来说,复选项Ⅱ可以得出。

复选项Ⅲ不一定为真,因为题干只是断定,在接受治疗的腰肌劳损患者中,有人只接受理疗,有人接受理疗与药物双重治疗,但没有断定,这两部分人包括了所有腰肌劳损患者。因此,在接受治疗的腰肌劳损患者中,完全可能有人没有接受理疗,例如有人只接受药物治疗。因此,复选项Ⅲ不一定为真,此项为干扰项。

综上所述,正确答案为选项 D。

【做题要领】"有的"加"有的"不一定等于"所有"。作为得结论的题目,当选项中出现"所有""全部"这样的词时一定要警惕。

3. 【答案】A。

【考点分析】阅读理解得结论

【解析】题干可以化简为:

(1)张珊的观点:这些字无确定所指。

(2)李斯的论证:这些字无确定所指→无意义→应废止。

选项 A,李斯同意张珊的观点,即同意这些字无确定所指,同时他又认为这些字无意义,这说明,李斯认为张珊的断定蕴含的意思是:如果一个字无确定所指,则这个字无意义。即,如果一个字有意义,则这个字有确定所指,等价于,除非一个字无意义,否则一定有确定所指,这就是选项 A 的断定,入选。

选项 B,本项可以化简为,有确定所指→有意义,等价于,无意义→无确定所指,和题干推理方向不同,排除。

选项 C、D,在李斯看来,张珊的断定涉及一个字的所指和意义的关系。至于无意义的字应当在现代汉语中废止,是李斯自己的推断,和张珊的断定无关,排除。

选项 E,"大多数字都有确定所指"和题目中"有的字没有确定所指"之间是下反对关系,和李斯的推断无关,排除。

4. 【答案】B。

【考点分析】阅读理解得结论

【解析】由题干信息可知:张珊承认自己的行为违法,但不知道这一行为事实上不道德。

选项 A,承认违法不等同于实际上违法,排除。

选项 B,题干指出张珊不知道自己的行为事实上是不道德的,说明他的行为本身确实被认定为"不道德",只是他没有这个概念而已,言外之意是"张珊做了某种不道德的事",选项 B 可以推出,入选。

选项 C、D、E,这三项题干均未提到,无关选项,排除。

【做题要领】提取题干中的关键信息,根据关键词排除无关选项。

5. 【答案】D。

【考点分析】阅读理解得结论

【解析】题干可以化简为:

(1)贵族阶级的存在先于封建主义;

(2)贵族的封号和世袭地位受到法律确认←存在严格意义上的贵族阶级。

复选项 I,因为贵族世袭直到 12 世纪才得到法律的确认,所以结合条件(2)的逆否命题可知,8 世纪时,严格意义上的封建主义是不存在的,封建主义在 12 世纪以前的定义是不同的。复选项 I 正确。

复选项 II,"通过法律确认贵族的封号和世袭地位"肯定了条件(2)的后件,无效推理,排除。

复选项 III,因为封建主义早在 8 世纪就存在了,所以在公元 8 世纪到 12 世纪之间存在封建国家,又因为在 12 世纪之前贵族世袭没有受到法律确认,所以 12 世纪之前不存在严格意义上的贵族阶级,二者结合可得出复选项 III。

因此,选项 D 入选。

【做题要领】找准题干中的逻辑关系,将逻辑关系转化为逻辑语言。

6. 【答案】A。

【考点分析】阅读理解得结论

【解析】由题干信息可知:地球将会逐渐升温以致融化,幸亏有一个可以抵消地表吸收的太阳能的因素。

选项 A,因为分散的热能值与吸收的热能值相近,所以地球的温度可以保持不变,入选。

选项 B,该项只能说明季风与洋流对地球赤道的降温有一定的作用,但远达不到"抵消"的程度,排除。

选项 C,理由同选项 B,排除。

选项 D、E,这两项与热能值的"抵消"无关,排除。

【做题要领】题目从"抵消"作用出发,寻找针对"地球吸收的热能值巨大"这一问题的相对因素。

7.【答案】E。

【考点分析】阅读理解得结论

【解析】由题干信息可知:因为"对养鹦鹉的人征税"是不可接受的,因此"对滑雪、汽车、摩托车和竞技降落伞等带有危险性的比赛征税"也是不可接受的。

选项 E,题干反对以征收安全税这种增加成本的方式,来减少人们对滑雪、汽车、摩托车和竞技降落伞等带有危险性的比赛的参与,而该项恰好与题干意思相反,入选。

其余选项均没有与题干意思相悖之处,排除。

【做题要领】寻找最不符合题干的意思,即所选项应当与题干意思相矛盾。明确题干中对于"以征收安全税这种增加成本的方式来减少人们对带有危险性的比赛的参与"持有反对意见,是这道题的关键。

8.【答案】B。

【考点分析】阅读理解得结论

【解析】题干可以化简为:降低某些方面的成本→员工归属感减少→影响企业生产效率。

选项 A,该项只是片面地概括了题干的论据,没有准确表示上述社会学家的结论,排除。

选项 B,该项说明降低成本的结果可能是企业生产效率的降低,反而不利于企业的发展,总结了题干的结论,入选。

选项 C,该项超出了题干谈论的范围,排除。

选项 D,该项与题干论述无关,排除。

选项 E,该项仅仅是重复了题干中的例证,没有准确表示上述社会学家的结论,排除。

【做题要领】应当注意避免以偏概全,即存在有的选项符合题干的意思,也能够从题干中推出,但仅仅涉及题干信息的一部分,并非对整个题干的概括。

9.【答案】E。

【考点分析】阅读理解得结论

【解析】题干可以化简为:X 先生一直被誉为文学大师,但他也存在一系列的问题。

由题干可知,X 先生的文学大师称号有些名不副实。

选项 A,题干中没有提及 X 先生是否承认曾受惠于他的前辈,无法推出,排除。

选项 B,题干中没有提及当代评论家们后续的行为,无法推出,排除。

选项 C,题干中只是说评论家们忽略了 X 先生从前辈文学巨匠得到的受益,无法推出"基本上"效仿前辈,排除。

选项 D,题干中没有提及作家地位是否存在争议,无法推出,排除。

选项 E,题干的主要意思是"但是"之后的内容,即对"但是"之前的内容进行了否定,即 X 先生对西方文学发展的贡献被过分夸大了,入选。

【做题要领】概括结论时应当注意以下四点:(1)避免以偏概全;(2)淘汰无关选项;(3)区分论据与论点;(4)警惕过度推理。

10.【答案】A。

【考点分析】阅读理解得结论

【解析】选项 A,由题干可知,行为出格(吸毒、酗酒)的孩子患抑郁症的风险会增加,而抑郁又会使有不良行为的孩子更加行为出格,故该项合理,入选。

选项 B,由于不知道不吸毒的女孩患抑郁症的可能性是否与不酗酒的男孩患抑郁症的可能性相同,所以无法判断,排除。

选项 C,题干中只是说抑郁会让有不良行为的孩子更加行为出格,但没有涉及"失去生活乐趣"这一话题,因此不正确,排除。

选项 D,题干中没有提及有关"家庭和谐快乐"的问题,故无法判断其与坏习惯的关系,排除。

选项 E,题干中只是说抑郁会让有"上述"不良行为的孩子更加行为出格,所以无法推出"都"会行为出格,排除。

【做题要领】推论题的正确答案应当与题干直接相关,切忌用与题干无关的信息进行推理。此外,推论题的正确选项大多包含题干中的关键词。

11.【答案】D。

【考点分析】阅读理解得结论

【解析】由题干可知,小红与小伟的生日中间相隔两天。星期二和星期五距星期天同样远而且中间相隔两天,所以小红的生日是星期二,小伟的生日是星期五,今天是星期三。因此选项 D 入选。

【做题要领】如果没有思路,也可选择将选项带入题干中进行验证,从而得知正确选项。

12.【答案】E。

【考点分析】阅读理解得结论

【解析】题干可以化简为:通过画面将某些事情与他们喜欢的事情联系起来→人们的态度可能会变得积极。

选项 A、B、C、D,题干中并未提及,排除。

选项 E,该项说明在广告中插入目标顾客喜欢的图片,可以使态度消极的目标顾客变得积极,从而提高广告的效果,入选。

【做题要领】 想要合乎逻辑地完成上述陈述,应当基于前提得出结论,即所得出的结论不应当为前提中未涉及的内容。

13. **【答案】** A。

【考点分析】 阅读理解得结论

【解析】 题干可以化简为:

(1)透明度越高(P),单位价值越高(Q),即越 P 越 Q;

(2)没有单位价值最高的老坑玉。

选项 A,条件(2)可以通过否定 Q 来否定 P,即"没有透明度最高的老坑玉",入选。

选项 B,"水头好"是题干中的"其他条件"之一,不符合题干中"其他条件相同"的假定,排除。

选项 C,"新坑玉"与题干论证无关,排除。

选项 D、E,"加工质量""随着年代的增加"不符合题干中"其他条件相同"的假定,排除。

【做题要领】 注意前提限制条件:在其他条件都相同的情况下。"越……越……"表示假言判断。

14. **【答案】** E。

【考点分析】 阅读理解得结论

【解析】 由题干信息可知:

(1)挪威是世界上居民生活质量最高的国家;

(2)统计的 116 个国家中,莫桑比克的生活质量提高最快;

(3)中国的生活质量指数也提高了很多。

选项 A,题干只说有些发达国家生活质量名列前茅,并未将发展中国家与西方国家两个整体进行比较,排除。

选项 B,由于不知道基数,所以不能根据生活质量指数的提高比例的大小来判断生活质量指数的高低,排除。

选项 C,题干没有日本与中国生活质量指数的具体数据,无法比较,排除。

选项 D,条件(2)中的 116 个国家不一定包括所有的非洲国家,所以该项无法推出,排除。

选项 E,由条件(1)可知,该项正确,入选。

【做题要领】 题干的两个关键概念的内涵不同:生活质量指数=生活质量的高低,生活质量指数上升率=生活质量改善的快慢,两个概念是不同的。

专题一　推出结论型题目

15. **【答案】** A。

    【考点分析】 阅读理解得结论

    【解析】 题干可以化简为：¬违规→冠军＝¬冠军→违规。

    根据题干信息可知,该运动员一定出现了违规问题。

    选项 A,该项不涉及运动员违规,不可能是该运动员与金牌无缘的原因,入选。

    选项 B、C、D、E,这四项均涉及运动员违规,可能是该运动员与金牌无缘的原因,排除。

    > **【做题要领】** 由题干信息即可推出,如果该运动员没有获得冠军,则说明其一定出现了违规问题,因此寻找答案的过程即为寻找何种行为构成运动员违规的过程。

16. **【答案】** E。

    【考点分析】 阅读理解得结论

    【解析】 选项 A,商用车不受题干中限行措施的限制,可能不违反规定,排除。

    选项 B、C、D,这三项均可能不违反规定,排除。

    选项 E,六辆私家车中必有至少两辆在同一天限行,而在这一天不可能满足"有五辆车可开",一定违反规定,入选。

    > **【做题要领】** 在做题的时候通过假设极端情况的方式来寻找是否可能不违反规定,通常可以事半功倍。

17. **【答案】** A。

    【考点分析】 阅读理解得结论

    【解析】 选项 A,如果在选拔赛中 W 的成绩优于 U,那么选拔出的应该是 W,而不是 U,说明比赛并不公平,与题干之意不符,入选。

    选项 B,由于 X 在赛后的违禁药物检验呈阳性,说明 X 违反了比赛的公平原则,即使获得了最优秀的成绩也应当被取消成绩,不违反题干之意,排除。

    选项 C,即使 W 在本赛季创造了最好成绩,但不意味着其在选拔赛中也获得了很好的成绩,不违反题干之意,排除。

    选项 D,U 在 2008 年被禁赛两年,而 2011 年距 2008 年已过去了 3 年,U 被选拔出参加大学生运动会不违反题干之意,排除。

    选项 E,题干中并没有规定参加大学生运动会的年龄限制,所以不违反题干之意,排除。

    > **【做题要领】** 注意题干中四位运动员的排序以及不应违反比赛的"公平、公正、公开"原则。

18. **【答案】** C。

    【考点分析】 阅读理解得结论

    【解析】 实验数据:咀嚼口香糖的考生比不咀嚼口香糖的考生焦虑程度低。

    选项 A、B,题干中没有提到高焦虑状态的考生,排除。

061

选项 C,题干通过对比实验,证明了对于低、中焦虑状态的考生,咀嚼口香糖能够缓解焦虑感,可以从题干中得出,入选。

选项 D,题干通过对比实验,证明了咀嚼口香糖对缓解考试焦虑能够起到一定的作用,排除。

选项 E,题目未提及未咀嚼口香糖的考生焦虑的具体原因,排除。

【做题要领】根据题干得出的结论应当包含题干中的关键信息,而不应涉及题干中未提到的信息,如果涉及题干中未提到的信息,通常都是无关选项。

19.【答案】A。

【考点分析】阅读理解得结论

【解析】结论:被核辐射污染的水有可能被排入大海。

选项 A,首先,被核辐射污染的水不可能在5天内流到万里之外的南极附近;另外,鱼类如果受到核辐射影响,短短几天内脏也未必会受到如此严重的影响,无助于得出结论,入选。

选项 B,说明周围海域已经遭受了核辐射的污染,排除。

选项 C,核电站的防护措施难以发挥作用,说明被核辐射污染的水可能已经排入大海,排除。

选项 D,核电站中高温的水漫延出来,说明被核辐射污染的水可能已经排入大海,排除。

选项 E,核电站的防护壳有裂缝,说明被核辐射污染的水可能已经排入大海,排除。

【做题要领】选项 E 是本题的干扰项,"防护壳有裂缝"证明很有可能泄露已经发生。

20.【答案】B。

【考点分析】阅读理解得结论

【解析】根据题干信息可以推知,张三应当是中了 80 000 元的彩票。

选项 A,张三兑换金额比实际中奖金额少,说明他在兑换彩票时可能确实以为自己中了 8 000 元,排除。

选项 B,李四作为彩票销售者,应当知道彩票中奖机制中不存在 8 000 元的奖项。李四可能明知张三中了 80 000 元,但由于张三以为自己中奖 8 000 元,李四出于少付钱的想法故意隐瞒事实。所以李四不太可能当真认为张三中奖 8 000 元,入选。

选项 C、D,张三中彩票的事实二人应当都不存在质疑,排除。

选项 E,张三误以为自己中了 8 000 元很可能是因为没有仔细刮彩票,即少刮了一个"0",排除。

选项 B 需要结合一些事实进行考虑,李四作为彩票销售站的工作人员,不可能不知道彩票的中奖金额有哪些,不会犯这种低级错误,因此,正确答案为选项 B。

21.【答案】D。

【考点分析】阅读理解得结论

【解析】题干可以化简为:

(1)人在生气时体内会产生一系列的生理反应;
(2)成绩不如意→生气。
由于需要推出"生气"的结论,就须满足前提条件"成绩不如意"。
选项A、B、C,可能除生气外的其他原因也会导致这些症状,所以不能推出张三生气,排除。
选项D,满足条件"成绩不如意",可以推出张三生气的结论,入选。
选项E,题干中所说的应为"学习成绩",而且由于不知道张三的儿子平时的名次,仅由运动会得到第5名不能判定为成绩不如意,因此不能推出张三生气的结论,排除。

【做题要领】根据题干信息可知,问题转化为寻找哪些因素可以满足条件"张三的儿子成绩不如意"。

22.【答案】D。
【考点分析】阅读理解得结论
【解析】选项A,题干未提及影像图传到地球需要多久,排除。
选项B,题干只断定"嫦娥二号"最主要的任务是对月球虹湾地区进行高清晰度的拍摄,并没有断定这是"嫦娥二号"发射的唯一任务,排除。
选项C,由题干可知,该影像图是在距离月面大约18.7千米的地方拍摄的,在圆形轨道运行时无法满足距离要求,排除。
选项D,根据该影像图是在距离月面大约18.7千米的地方拍摄的,可以推出其是在100千米×15千米的椭圆轨道绕月运行时拍摄了月球虹湾地区局部影像图,入选。
选项E,题干未提及该信息,排除。

23.【答案】C。
【考点分析】阅读理解得结论
【解析】选项A,题干提及,此次"嫦娥二号"携带的CCD相机分辨率比"嫦娥一号"携带的提高了很多,可以从题干中推出,排除。
选项B,题干提及,"嫦娥三号"携带的CCD相机,不光可以拍照,还能根据图片自主避开着陆器在软着陆过程中不适宜降落的地点,说明其功能比"嫦娥二号"携带的更强,可以从题干中推出,排除。
选项C,题干只提到,发射"嫦娥二号"最主要的任务是对月球虹湾地区进行高清晰度的拍摄,为今后发射"嫦娥三号"卫星并实施着陆做好前期准备。由此不能得出,"嫦娥二号"为今后要发射的"嫦娥三号"卫星着陆地点做了精确的选择。因此不能由题干推出,入选。
选项D,题干提及,"嫦娥三号"携带的CCD相机可以为着陆器选择适宜降落的平坦表面,可以从题干中推出,排除。
选项E,题干提及,"嫦娥三号"可以根据图片自主避开着陆器在软着陆过程中不适宜降落的地点,说明其在着陆时有自我调节方向的功能,可以从题干中推出,排除。

【做题要领】本题的实质是通过阅读理解得出结论。

24.【答案】E。

【考点分析】阅读理解得结论

【解析】由题干信息可知:小白否定两个都采访到了,可知至少有一个没采访到;小白否定两个都没采访到,可知至少有一个采访到了。因此,小白采访到了一位,但没有采访到另一位。

选项 A,小白否定了采访到两位学者,排除。

选项 B,只能知道采访到了其中一位学者,但具体采访到了谁则无法推出,排除。

选项 C,并非没有去采访两位学者,排除。

选项 D,小白否定了两位采访对象都没有接受采访,排除。

选项 E,由上述分析可知该项为真,入选。

【做题要领】题干中小白说的每一句话都可以得到一个信息,要注意化简。

25.【答案】D。

【考点分析】阅读理解得结论

【解析】由题干信息可知:

(1)蝴蝶是一种昆虫;

(2)蝴蝶翅膀一般色彩鲜艳。

结合信息(1)(2)根据三段论的规则可推出:有的昆虫翅膀色彩鲜艳。故选项 D 入选。

选项 A,题干没有相关信息,排除。

选项 B,最大的蝴蝶是在不同品种的蝴蝶之间比较出来的,不涉及其他昆虫,无法得出与其他昆虫相比的结论,排除。

选项 C,蝴蝶的品种繁多,不能得出各类昆虫的品种繁多,排除。

选项 E,由题干信息可知,蝴蝶是昆虫,因此最小的蝴蝶在体形上一定大于或等于最小的昆虫,该项忽略了相等的情况,排除。

【做题要领】阅读理解得结论也可以叫细节题,选项信息要一一对照题干信息进行比较,不可主观臆断。

26.【答案】B。

【考点分析】阅读理解得结论

【解析】由题干信息可知:

(1)有的国家希望与某些国家结盟;

(2)有三个以上的国家不希望与某些国家结盟;

(3)至少有两个国家希望与每个国家建交;

(4)有的国家不希望与任一国家结盟。

选项 A,判断的是"每个国家都有一些国家希望与之结盟",题干信息(1)为"有的国家希望与某些国家结盟",由题干的特称肯定命题不足以推出选项 A 的全称肯定命题,不符合题干推理,排除。

选项B,由题干信息(3)可知,该项符合题干推理,入选。

选项C、D、E,无法从题干信息中推出建交和结盟的关系,排除。

> 【做题要领】注意结盟和建交都是非对称、非传递的。

27.【答案】A。

【考点分析】阅读理解得结论

【解析】由题干信息可知:

论据:所有男人都有共同的男性祖先"Y染色体亚当",所有女人都有共同的女性祖先"线粒体夏娃"。"Y染色体亚当"形成于15.6万年至12万年前。"线粒体夏娃"形成于14.8万年至9.9万年前。

选项A,由题干信息可知,"Y染色体亚当"和"线粒体夏娃"的形成时间相近,且根据最早形成时间来看,"Y染色体亚当"可能还要早一些。因此,该项可以作为题干的推论,入选。

选项B,按照题干推理,所有男人都有共同的男性祖先"Y染色体亚当",所有女人都有共同的女性祖先"线粒体夏娃",但题干并未断定,在人类发展的漫长时间中,一个男人一定有"Y染色体亚当"或者一个女人一定有"线粒体夏娃"。如果这个断定为真,"Y染色体亚当"和"线粒体夏娃"的形成相距大约一万年,那么在人类发展过程中,至少有一万年只有男人,没有女人,这明显是荒谬的。因此,由题干信息,不能得出选项B成立,排除。

其余选项题干均未涉及,排除。

28.【答案】E。

【考点分析】阅读理解得结论

【解析】选项A不足以得出。题目虽然只谈到了中国和美国制造的超级计算机,但是并不足以证明"世界上只有美国和中国可以制造超级计算机"。同理,排除选项B。

由题干可得,美国和中国的超级计算机运算速度曾经排名世界第一,但不能得出只有美国和中国的超级计算机运算速度曾经排名世界第一,因此选项C不恰当,排除。

题目中谈到了TOP500,但是据此并不能得出全世界现在共计有500台超级计算机,排除选项D。

因为中国的"天河二号"计算速度已经超过了原来排名世界第一的计算机,说明其计算能力目前是世界第一,当然能够证明其计算速度明显领先于其他超级计算机。选项E作为题干的推论显然是恰当的。

29.【答案】C。

【考点分析】阅读理解得结论

【解析】题干中社区老人有的参加了所有养生型的活动,有的参加了所有休闲型的活动。而社区活动只有这两个类型,说明所有的社区活动都有社区老人参加,选项C入选。

30.【答案】D。

【考点分析】阅读理解得结论

【解析】题干可以化简为:三甲(状元、进士)→贡士(会元)→举人(解元)→生员。

选项D,肯定前件,否定后件,不符合张教授的陈述,入选。

其余选项均不与题干矛盾,排除。

31.【答案】D。

【考点分析】阅读理解得结论

【解析】题目要求根据题干陈述,选择可以得出的结论,最简单有效的方法就是排除法。

选项A,因为"十天干"和"十二地支"之间的组合相差两个,六十花甲子就不可能存在甲丑年(相差一个),排除。

选项B,"现代人已不用干支纪年"的结论过于绝对,是得结论的题目中应该首先排除的一类选项。

选项C,干支纪年是否有利于农事无法从题干中推出,涉嫌过度推理,排除。

选项D,根据干支纪年,公元2015年为乙未年,则公元2075年也是乙未年,以此类推,公元2087年为丁未年,入选。

选项E,根据干支纪年,公元2015年为乙未年,则公元2024年为甲辰年,排除。

【做题要领】当题目推理得出的结论较为宽泛的时候,用排除法事实上会更有效率。

32.【答案】D。

【考点分析】阅读理解得结论

【解析】由题干信息可知:

(1)大多数藏书家也会读一些自己收藏的书;

(2)有些藏书家收藏的书很可能没有被阅读;

(3)这些书只要被借去,藏书家就会惋惜。

目标:得出结论。

选项A,有些藏书家将自己的藏书当作友人,题目只是提到了书被友人借去之后藏书家的反应,无法推出该项,无关选项,排除。

选项B,有些藏书家喜欢闲暇时读自己的藏书,选项中的"喜欢"是主观的,从题干断定中无法得出,排除。

选项C,有些藏书家会读遍自己收藏的书,明显和题干所说的"暂时不读"不符,排除。

选项D,有些藏书家不会立即读自己新购的书,和题干信息(2)相匹配,可以由题干推出,入选。

选项E,有些藏书家从不读自己收藏的书,其中的"从不读"表达过于绝对,不符合得结论的题目的基本要求,排除。

【做题要领】得结论的题目先要看清楚题目所给信息的特点,是要通过推理化简的方式来得结论还是通过阅读得结论,虽然面对不同特点的题目解题方法不尽相同,但排除法都是一种很好用的方法,值得学习和积累。

33.【答案】D。

【考点分析】阅读理解得结论

【解析】由题干信息可知:
(1)前三排书橱均放有哲学类新书;
(2)法学类新书都放在第 5 排书橱,这排书橱的左侧也放有经济类新书;
(3)管理类新书放在最后一排书橱。
选项 A,按照题干意思,第 1、2、3 排有哲学类新书,所以选项 A 可以得出,排除。

选项 B,虽然不足以从题干中得出,但是和题干也不矛盾,排除。

选项 C,虽然题干提到前三排均放有哲学类新书,但是不能据此推断其他书橱没有哲学类新书,和题干不矛盾,排除。

选项 D,根据题干信息"法学类新书都放在第 5 排书橱"可知,徐莉不可能在第 5 排之外的地方找到法学类新书,因此选项 D 和题干矛盾,入选。

选项 E,根据题干信息"管理类新书放在最后一排书橱",无法从题干中推断"第 7 排"是否为最后一排,但和题干也不矛盾,排除。

34. 【答案】D。

【考点分析】阅读理解得结论

【解析】由题干信息可知:
①为整段话的主论点。
②"节约可以增加社会保障资源"和④"节约可以减少资源消耗"为并列关系,支持主论点①。
③"我国尚有不少地区的人民生活贫困,亟须更多社会保障资源,但也有一些人浪费严重"支持②"节约可以增加社会保障资源"。
⑤"因为被浪费的任何粮食或者物品都是消耗一定的资源得来的"支持④"节约可以减少资源消耗"。
综上所述,正确答案为选项 D。

【做题要领】(1)主论点一般在一段话的开头或结尾位置;
(2)当句子之间没有明显的逻辑词时,可通过重复的核心词来判断句子之间的关系。

35. 【答案】E。

【考点分析】阅读理解得结论

【解析】题干可以化简为:
甲:(1)上周去医院,给我看病的医生竟然还在抽烟;
(2)是的,不关心他人健康的医生没有医德。我今后再也不会让没有医德的医生给我看病了。
乙:抽烟的医生→不关心自己的健康→不会关心他人的健康。
选项 A,可以由题干推出,给甲看病的医生→抽烟→不关心自己的健康→不会关心他人的健康,排除。

选项 B,甲在第二句话中肯定了乙的观点,即甲同意"抽烟的医生→不关心自己的健康→不会关心他人的健康",结合甲第二句话可得"抽烟的医生→不关心自己的健康→不会关心他人的健康→没有医德"。再结合甲说"今后再也不会让没有医德的医生给我看病了"可推出,甲认为他不会再找抽烟的医生看病。选项 B 一定为真,排除。

选项 C、D,由上一步的分析结果"抽烟的医生→不关心自己的健康→不会关心他人的健康"可以推出这两项,排除。

选项 E,乙的谈话中并没有提到"医德"二字,所以选项 E 不能由题干推出,入选。

【做题要领】得结论题一定要根据题干的具体信息推理,题干没有提到的一定推不出。

36.【答案】E。

【考点分析】阅读理解得结论

【解析】"惑而不从师,其为惑也,终不解矣"可化简为"惑不从师→惑终不解",逆否可得"若解惑,必从师",选项 E 入选。

37.【答案】D。

【考点分析】阅读理解得结论

【解析】由张测试结果均不正确可得,第一题答案不是 A,第二题答案不是 B,第三题答案不是 A,第四题答案不是 B。

由赵测试结果均不正确可得,第一题答案不是 D,第二题答案不是 A,第三题答案不是 A,第四题答案不是 B。

由上述分析可知,第一题正确答案为 B 或 C,观察第一题四人的答案,A、B、C、D 都有人选择,所以第一题一定有人做对,同理,第二题也一定有人做对,所以第一题、第二题做对的人只能是王或李,又因为王和李均只答对 1 题,所以第四题王和李的答案均是错的,所以第四题的答案不是 C、D,又因为张、赵的答案全错,所以第四题的答案也不是 B,所以第四题的答案只能是 A。选项 D 入选。

38.【答案】A。

【考点分析】阅读理解得结论

【解析】题干有补充信息:每道题的正确答案各不相同。

因为第四题的正确答案是 A,第三题的正确答案不是 A、B,只能是 C、D 之一,第二题的正确答案不是 A、B,只能是 C、D 之一,所以第一题的正确答案不是 A、C、D,只能是 B,选项 A 入选。还可以继续推,此时王答对,又因为王只答对一题,所以第二题正确答案不是 D,只能是 C,第三题正确答案是 D。综上,第一题正确答案是 B,第二题正确答案是 C,第三题正确答案是 D,第四题正确答案是 A。

【做题要领】观察四人答案之间的关系是这道题目的突破口,类似的思路在 2021 年的真题里也多次考查过。

39.【答案】A。

【考点分析】阅读理解得结论

【解析】方阵如下图所示。

①	②	③	④	
	自信	道路		制度
理论				道路
制度		自信		
				文化

这种类似于"数独"的题目,应该从缺失最少的行或者列入手。

观察最后一列:最后一列的第一格只有 2 种可能:"理论"或者"自信"。由第 4 行可知,此处只能是"自信",排除选项 C、D。③处不能填"道路",排除选项 E。剩下的选项 A、B,①处都是"道路",③处都是"制度",可知这是确定的填法。

第一列空格不能填"理论""制度",所以"理论""制度"只能在②、③中,排除选项 B,所以答案为选项 A。

40.【答案】C。

【考点分析】阅读理解得结论

【解析】此题用代入排除最简单。分别代入选项验证,仅有选项 C 不与题干矛盾,其余选项均与题干产生矛盾。例如选项 A,类型Ⅲ与之矛盾。

41.【答案】E。

【考点分析】阅读理解得结论

【解析】选项 A 中有"大多数",排除。选项 B 无中生有,排除。选项 C 否定前件,无效推理,排除。选项 D 和题干不符,排除。

考查点 8 数量关系

1.【答案】B。

【考点分析】和数量关系有关的划分

【解析】由"理科学生多于文科学生"可得,理科男生+理科女生>文科男生+文科女生。

由"女生多于男生"可得,理科女生+文科女生>理科男生+文科男生。

上述两个不等式的左项之和显然大于右项之和,即理科男生+理科女生+理科女生+文科女生>文科男生+文科女生+理科男生+文科男生。

整理得:理科女生>文科男生。因此,复选项Ⅲ为真,选项 B 入选。

【做题要领】此类题目可考虑将文字转化为数学算式去解题。假设文科男生 a 人,文科女生 b 人,理科男生 c 人,理科女生 d 人,根据题干条件可得,$c+d>a+b$,$b+d>a+c$。前面两式相加可得,$b+c+2d>b+c+2a$。整理可得,$d>a$,即理科女生>文科男生。

2.【答案】C。

【考点分析】和比例相关的数量问题

【解析】由题干信息可知:各公司上缴利润的比例等于其员工占总员工数的比例,甲公司员工数量增加,但上缴利润的比例却下降了。

甲公司上缴利润的比例下降,意味着甲公司员工增长的比例低于其他三家公司员工总增长的比例。因此,其他三家公司中至少有一家公司员工增长的比例要高于甲公司,否则如果三家公司员工增长的比例都低于甲公司的话,甲公司员工所占比例不可能下降。

选项 A,由题干信息不能得出甲公司员工增长的比例比前一年小,排除。

选项 B,其他三家公司员工增长的比例不一定都要超过甲公司员工增长的比例,排除。

选项 C,其他三家公司中至少有一家公司员工增长的比例要高于甲公司,入选。

选项 D,甲公司的员工增长数不一定是最小的,排除。

选项 E,甲公司员工数量并不一定最少,排除。

> 【做题要领】找到题干中的矛盾关系,即"甲公司员工数量增加,但上缴利润的比例下降",从解决矛盾的角度入手,寻找最恰当的选项。

3. 【答案】E。

【考点分析】和数量关系有关的划分

【解析】题干可以化简为:

(1)总计 60 人;

(2)亚裔学者 31 人,博士 33 人;

(3)非亚裔学者中非博士的 4 人。

设要求解的"亚裔博士"人数为 x,则可得,$31+33-x+4=60$。整理可得,$x=8$。因此,亚裔博士有 8 人。

因此,正确答案为选项 E。

4. 【答案】E。

【考点分析】数字推理

【解析】假设甲、乙两省去年 12 月的 CPI 都为 a。

选项 A,今年 2 月,甲省的 CPI 应为,$a\times(1+0.018)^2$;乙省的 CPI 应为,$a\times(1-0.017)^2$。显然,甲省的 CPI 高于乙省,排除。

选项 B,今年 3 月,甲省的 CPI 应为,$a\times(1+0.018)^3$;乙省的 CPI 应为,$a\times(1-0.017)^3$。显然,甲省的 CPI 高于乙省,排除。

选项 C,今年 4 月,甲省的 CPI 应为,$a\times(1+0.018)^3\times(1-0.017)$;乙省的 CPI 应为,$a\times(1-0.017)^3\times(1+0.018)$。显然,甲省的 CPI 高于乙省,排除。

选项 D,今年 5 月,甲省的 CPI 应为,$a\times(1+0.018)^3\times(1-0.017)^2$;乙省的 CPI 应为,$a\times(1-0.017)^3\times(1+0.018)^2$。显然,甲省的 CPI 高于乙省,排除。

选项 E,今年 6 月,甲省的 CPI 应为,$a\times(1+0.018)^3\times(1-0.017)^3$;乙省的 CPI 应为,$a\times(1-0.017)^3\times(1+0.018)^3$。显然,甲、乙两省的 CPI 相等,选项 E 为假,入选。

> 【做题要领】如果单纯观察数字判断不出正确答案,则可以选择列数学表达式,一般不必计算出表达式的答案,从表达式的形式上就可以判断出该题的正确答案。

5.【答案】A。

【考点分析】和数量关系有关的划分

【解析】题干可以化简为：

(1)三外+非三外=5.7；

(2)三内+非三内=4.3；

(3)三外+三内=4.6；

(4)非三外+非三内=5.4。

根据条件(2)和条件(3)可知，三外−非三内=0.3，因此，投资第三产业的外资大于投资非第三产业的内资，选项A入选，选项B、C、D排除。

选项E，根据题干无法推出投资第三产业的外资的具体数额，排除。我们也可以将选项E的否命题代入，即代入三外≠4.3也是成立的，因此选项E不是一定为真，排除。

【做题要领】将题干信息转化为数学表达式，根据题干中的需求进行加减运算，得出的结论更为直观。

6.【答案】A。

【考点分析】和数量关系有关的划分

【解析】题干可以化简为：

(1)植物分为有花植物和无花植物，有花植物占大多数；

(2)树按叶子形状分为阔叶和非阔叶，阔叶树种超过了半数；

(3)树按品质分为珍稀和一般，珍稀树种超过了一般树种。

设珍稀阔叶树种数量为 a，珍稀非阔叶树种数量为 b，一般阔叶树种数量为 c，一般非阔叶树种数量为 d，列表如下。

品质 \ 叶子形状	阔叶树种	非阔叶树种
珍稀树种	a	b
一般树种	c	d

阔叶树种超过了半数，即①$a+c>b+d$；珍稀树种超过了一般树种，即②$a+b>c+d$。

①+②整理可得，$a>d$，即珍稀阔叶树种超过一般非阔叶树种。

因此，正确答案为选项A。

7.【答案】B。

【考点分析】和数量关系有关的划分

【解析】由题干信息可知：参加高考的385名文、理科考生中，女生189人，文科男生41人，非应届男生28人，应届理科考生256人。

男生=385−189=196(人)；理科男生=196−41=155(人)。又因非应届男生有28人，因此，应届理科男生至少=155−28=127(人)，应届理科女生至多=256−127=129(人)。

综上可得，应届理科女生少于130人。

因此,正确答案为选项 B。

【做题要领】 这是一道较为典型的涉及数量关系的划分的题目,要看清楚母项的划分标准,不同的划分标准划分出的子项不同,要明确它们之间的逻辑关系。

8.【答案】D。

【考点分析】 数字推理

【解析】 题干可以化简为:(按平均售价从高至低排列)

(1)别墅房:甲城、乙城、丙城。

(2)普通商用房:甲城、丙城、乙城。

(3)经济适用房:乙城、甲城、丙城。

由题干条件可知,丙城的别墅、普通商用房和经济适用房的平均售价均低于甲城,因而可得,丙城的居民住房整体平均价格一定低于甲城。因此,选项 D 不可能为真,入选。

9.【答案】D。

【考点分析】 数字推理

【解析】 由上题的推理可知,甲城的居民住房整体平均价格一定高于丙城,因此,要断定甲城的居民住房整体平均价格最高,只需断定甲城居民住房整体平均价格高于乙城。

复选项Ⅰ,该项关心的是"经济适用房面积"和"总在售居民住房面积",和题干信息无关,排除。

复选项Ⅱ,如果复选项Ⅱ成立,则只要确保甲城经济适用房与乙城经济适用房之间的差价,低于甲城别墅房、普通商用房与乙城别墅房、普通商用房之间的差价,就能断定甲城居民住房整体平均价格最高。

复选项Ⅲ,假设了"在售的经济适用房前两名城市的价格差价小于其他类型住房前两名城市的价格差价"。根据上述分析可知,题干断定的成立需要复选项Ⅱ、复选项Ⅲ同时成立。因此,选项 D 入选。

【做题要领】 本题为"数字比例型"试题,有一定难度。

10.【答案】B。

【考点分析】 和比例相关的数量问题

【解析】 由题干信息可知:个人笔记本电脑的销量持续增长,但其增长率低于该公司所有产品总销量的增长率。

选项 A,该项指出,个人笔记本电脑的销量略有增长,销量增长和增长率是两个概念,排除。

选项 B,该项指出,个人笔记本电脑的销量占该公司产品总销量的比例近 10 年来由 68% 上升到 72%。如果分子在增加,分母也在增加,并且分子增加的速度低于分母增加的速度,那么个人笔记本电脑的销量在产品总销量中的占比一定是越来越低的,选项 B 说其越来越高,明显是和题干信息相冲突的,符合题目要求,入选。

选项 C,该项指出,近 10 年来,该公司产品总销量增长率与个人笔记本电脑的销量增长率每年同时增长,符合题干断定,排除。

选项 D,该项指出,近 10 年来,该公司个人笔记本电脑的销量占该公司产品总销量的比例逐年下降,符合题干断定,排除。

选项 E,该项指出,个人笔记本电脑的销量占该公司产品总销量的比例近 10 年来由 64%下降到 49%,符合题干断定,排除。

【做题要领】本题是"数字比例型"题目,考查分子与分母之间的关系。题干断定,近 10 年来,某电脑公司的个人笔记本电脑的销量持续增长。如果这些年来,该公司的个人笔记本电脑的销量占该公司产品总销量的比例保持不变,则二者的增长率相同;如果该比例上升,则其增长率高于该公司产品总销量的增长率;如果该比例下降,则其增长率低于该公司产品总销量的增长率。大家要注意此种题的思考角度。"数字比例型"题目是近几年真题中比较常见的,大家要重视。

11.【答案】E。

【考点分析】和比例相关的数量问题

【解析】题干可以化简为:

(1)比较在校本科生的学生人均经费投入,甲校等于乙校的 86%;

(2)比较所有学生(本科生加上研究生)的人均经费投入,甲校是乙校的 118%;

(3)各校研究生的人均经费投入均高于本科生。

题干断定:本科生的人均经费投入,甲校少于乙校;所有学生(本科生加上研究生)的人均经费投入,甲校高于乙校。可能造成这一结果的原因有两个:第一,甲校研究生的人均经费投入高于乙校;第二,甲校研究生所占的比例高于乙校(因为研究生的人均经费投入高于本科生)。

选项 A、B,题干的前提和结论都只与人均经费投入有关,从中不能得出有关学生人数的结论,因此,这两项不能从题干得出,排除。

选项 C 和选项 D 都只是上述两种可能情况中的一种,选项 E 则包含了上述两种情况。但为什么选项 E 最合理呢?同学们要注意,选项 C 是选项 E 的一个分支,如果选项 C 为真,则选项 E 也为真,此时题目的正确答案就不唯一了,因此,选项 C 不可能是正确答案。同理,选项 D 也不可能是正确答案。

因此,正确答案为选项 E。

【做题要领】数量关系是近几年比较重要的考查点,大家要反复学习和巩固。本题中,选项 C、D、E 之间的关系也是一个重要的考查点,大家要重视。

12.【答案】C。

【考点分析】数量关系中的至多至少

【解析】题干可以化简为:

(1)黄金>1/2→剩余投入国债∧剩余投入股票(不会超过 1/2);

(2)股票<1/3→剩余不能投入外汇∧剩余不能投入国债,等价于,剩余投入外汇∨剩余投入国债→股票≥1/3;

(3)外汇<1/4→剩余投入基金∨剩余投入黄金;

(4)国债不低于1/6,等价于,国债≥1/6。

由条件(4)可知,一定投资国债;再结合条件(2)可知,股票投资比例不低于1/3。

选项A,由条件(4)可知,国债≥1/6,但不能推出国债>1/2,排除。

选项B,由题干条件无法得出外汇投资比例,排除。

选项C,由题干条件可知,股票投资比例不低于1/3,自然不低于1/4,因此,选项C能从题干中得出,入选。

选项D、E,这两项均不能从题干中得出,排除。

【做题要领】本题是基本的分析推理题,难度低,但是其考查的是考生最为薄弱的知识点——数量关系。解答本题最重要的一点是,要将条件(2)中的"不能投入外汇或国债"化简为,不能投入外汇且不能投入国债。这个点几乎在每年的真题中都有所涉及。

13.【答案】D。

【考点分析】和数量关系有关的划分

【解析】由题干信息可知:

(1)一年级学生都能把该书中的名句与诗名及其作者对应起来;

(2)二年级2/3的学生能把该书中的名句与作者对应起来;

(3)三年级1/3的学生不能把该书中的名句与诗名对应起来。

由条件(2)可推出,二年级1/3的学生不能把该书中的名句与作者对应起来;由条件(3)可推出,三年级2/3的学生能把该书中的名句与诗名对应起来。列表如下。

	名句与诗名对应		名句与作者对应	
	能对应	不能对应	能对应	不能对应
一年级	全部	0	全部	0
二年级	?	?	2/3	1/3
三年级	2/3	1/3	?	?

选项A,不能推出,按照题干信息,仅有1/3的二年级学生不能把该书中的名句与作者对应起来,那么不能把该书中的名句与作者对应起来的学生仅占一、二年级学生的1/6。

选项B,不能推出,按照题干信息,有1/3的二年级学生不能把该书中的名句与作者对应起来,有1/3的三年级学生不能把该书中的名句与诗名对应起来,这些人数加起来占硕士生总数的2/9。

选项C,不能推出,因为根据题干信息只能得出一年级学生都能把该书中的名句与诗名及其作者对应起来,得不出其他年级能把该书中的名句与诗名及其作者对应起来的学生的比例。

选项D,能推出,按照题干信息,一年级学生都能把该书中的名句与诗名对应起来,三年级学生中有 2/3 能把该书中的名句与诗名对应起来,因此,2/3 以上的一、三年级学生能把该书中的名句与诗名对应起来。

选项 E,不能推出,按照题干信息,二年级学生中不能把该书中的名句与诗名对应起来的比例未知。

【做题要领】本题为与数量关系相关的题目,注意,要把"名句与诗名对应"和"名句与作者对应"分开。

14. 【答案】A。

【考点分析】和比例相关的数量问题

【解析】题干可以化简为:

论据:在 2014 年同比上升 2.4% 之后,中国卷烟消费量在 2015 年同比下降了 2.4%。

结论:中国卷烟消费量的下降使全球卷烟总消费量同比下降了 2.1%。

选项 A,根据"2015 年中国卷烟消费量仍占全球的 45%,但这一下降对全球卷烟总消费量产生巨大影响,使其同比下降了 2.1%"可得,2015 年世界其他国家卷烟消费量下降比率低于中国,正确。

选项 B、D,根据"在 2014 年同比上升 2.4% 之后,中国卷烟消费量在 2015 年同比下降了 2.4%"可得,2015 年中国卷烟消费量小于 2013 年,排除。

选项 C,根据选项 A 的分析可知,该项排除。

选项 E,题目没有涉及发达国家和发展中国家的对比,排除。

15. 【答案】A。

【考点分析】和数量关系有关的划分

【解析】题干信息列表如下。

设 G 区的常住外来人口为 a,H 区的常住外来人口为 b,G 区的户籍人口为 c,H 区的户籍人口为 d,列表如下。

	G 区	H 区
常住外来人口	a	b
户籍人口	c	d

根据题干可得,① $a+b=200$,② $a+c=240$,③ $b+d=200$。②-①可得,$c-b=40$,因此可得,$c>b$,即 G 区的户籍人口 > H 区的常住外来人口。

因此,正确答案为选项 A。

专题二 削弱型题目

1. 【答案】B。

【考点分析】论证推理——削弱型

【解析】由题干信息可知：

论据：硬币也可用作赌具，禁止学生带硬币进入学校是不可思议的。

结论：学生用扑克赌博，禁止学生带扑克进入学校是荒谬的。

论证方式是类比推理：因为禁止学生带硬币进入学校是不可思议的，所以禁止学生带扑克进入学校也是荒谬的。

目标：找最能削弱上述论证的选项。

选项A，"不能阻止学生在校外赌博"和题目不相干，排除。

选项B，直接说明用于赌博时，硬币和扑克有实质区别。题干的结果是使用类比的方法推出的，类比推理的关键是要保证类比对象必须具有相似性，否则会出现"不当类比"的逻辑谬误。如果选项B为真，则能够证明题干论证犯了"不当类比"的逻辑谬误，有削弱作用，待选。

选项C，和题目不相干，排除。

选项D，说明了禁止学生带扑克以防其赌博的原因，证明禁赌是很有必要的。但是，禁赌有必要和应不应该"禁止学生带扑克进入学校"的概念不同，排除。

选项E，涉及有的学生的情况，基于部分对象的情况即便有削弱作用，力度也不是很强，排除。

因此，正确答案为选项B。

【做题要领】削弱类比推理的方式是直接指出类比对象不具有可比性。对于削弱型的论证，一定要识别题干存在的逻辑谬误，对症下药。大家一定要熟练掌握基础知识中的谬误类型。

2. 【答案】B。

【考点分析】论证推理——削弱型

【解析】选项A，谈到了"全景照片"，但是题干仅仅提及了"照片"，概念不同，排除。

选项B，指出"任何证据只需要反映事实的某个侧面"，也就是说不需要反映全部的真实，所以，如果选项B为真，就直接反驳了题干论证所赖以成立的假设，极为有力地削弱了题干论证。

选项C，不能削弱，因为选项C只能说明有些照片对于法庭审理有参考价值，不能说明其能成为证据，而题干论证的是照片是否能成为证据，排除。

选项D，指出"有些照片是通过技术手段合成或伪造的"，对有些照片的真实性提出质疑，但是和题干不相干,排除。

选项 E,题干中没有涉及"照片的质量",排除。

【做题要领】 对于削弱型题目来说,直接否定假设的削弱力度是比较强的。

3.【答案】C。

【考点分析】论证推理——削弱型

【解析】由题干信息可知:

论据:S 市持有驾驶证的人数较五年前增加了,但交通死亡事故却较五年前明显减少。

结论:S 市驾驶员的驾驶技术熟练程度较五年前有明显的提高。

因:驾驶员的驾驶技术熟练程度提高。果:交通死亡事故明显减少。

目标:找不能削弱上述论证的选项。

选项 A,如果为真,有利于说明 S 市交通死亡事故明显减少的原因可能跟驾驶员的驾驶技术熟练程度无关,而跟驾驶员自觉遵守交通规则有关,存在他因,削弱题干,排除。

选项 B,如果为真,有利于说明 S 市交通死亡事故明显减少的原因可能跟驾驶员的驾驶技术熟练程度无关,而跟交通管理力度明显加强有关,存在他因,削弱题干,排除。

选项 C,提高对新驾驶员的培训标准可以说明驾驶技术提高了,支持了题干论证,不能削弱。

选项 D,说明许多车主开始选择公共交通工具出行,开车的人少了,为交通死亡事故的明显减少找到了他因,削弱题干,排除。

选项 E,说明存在他因,即路况变好导致事故减少,排除。

因此,正确答案为选项 C。

4.【答案】C。

【考点分析】论证推理——削弱型

【解析】由题干信息可知:

论据:2004 年全国糖尿病患者中,年轻人不到 10%,70% 为肥胖者。

结论:肥胖将极大增加患糖尿病的风险。

目标:找严重削弱上述结论的选项。

选项 A,无关选项,该项说的是心血管病,题干说的是糖尿病,不能削弱。

选项 B,肥胖人数增加不能证明肥胖与患糖尿病之间没有直接关系,不能削弱。

选项 C,说明肥胖者在全国中老年人中所占的比例,接近于肥胖的糖尿病患者在整个中老年糖尿病患者中的比例。因此,没有理由认为肥胖会增加患糖尿病的风险,严重削弱了题干中的结论。

选项 D,年轻人中肥胖者所占的比例升高不能削弱题干。

选项 E,未提及肥胖与患糖尿病之间的关系,不能削弱。

【做题要领】 题干论述的是"肥胖者"与"糖尿病患者"之间的关系,想要削弱这个关系,就要从切断关系的角度入手。

5.【答案】C。

【考点分析】论证推理——削弱型

【解析】由题干信息可知:

题干论证:95%的海洛因成瘾者在尝试海洛因前曾吸过大麻→吸大麻的人数减半,海洛因成瘾者将显著减少。

目标:找最能削弱上述论证的选项。

题干论证存在两个明显的漏洞:第一,只凭题干的描述,无法判断出吸大麻和吸海洛因之间存在因果关系;第二,95%吸海洛因的人之前都吸过大麻,并不意味着"先后吸食过大麻和海洛因的人,占了吸大麻者中的绝大多数",如果"只占了很小一部分",那么吸大麻的人减少了,并不一定导致吸海洛因的人也减少。

选项A,加强了题干中的因果关系,排除。

选项B、D,无关选项,"通过积极的治疗而戒毒""大麻和海洛因的获得渠道"与题干论证无关,排除。

选项C,切断了吸大麻与吸海洛因之间的因果关系,削弱了题干论证,入选。

选项E,戒毒方法不同不能证明吸大麻与吸海洛因之间不存在因果关系,与题干论证无关,排除。

【做题要领】找准题干中的因果关系,从切断因果关系的角度入手进行论证,即拆桥。

6.【答案】E。

【考点分析】论证推理——削弱型

【解析】由题干信息可知:

论据:南川岛海底沉积层在公元1000年形成。

结论:此沉船不可能是公元850年开往南川岛的"征服号"沉船。

目标:找最严重地弱化上述论证的选项。

选项A,说明"征服号"很可能沉没,但与题干论证无关,不能削弱。

选项B,说明沉船是在公元800年建造的,不一定是"征服号",不能削弱。

选项C,与题干论证关系不大,不能削弱。

选项D,如果为真,则可以削弱结论,但并不能说明该沉船就是"征服号",且该项并没有针对题干论证进行削弱,力度较弱。

选项E,说明不能仅根据南川岛海底沉积层在公元1000年形成,就得出题干结论,削弱了上述论证,入选。

7.【答案】A。

【考点分析】论证推理——削弱型

【解析】由题干信息可知:

论据:80%的被调查者被查出患有癌症时,希望被告知真相。

结论:人们被查出患有癌症时,大多数都希望被告知真相。

目标:找不能削弱上述论证的选项。

选项A,对题干没有影响,不能削弱题干,入选。
选项B,说明问题的设计有主观诱导作用,削弱题干,排除。
选项C,说明一次调查不应得出普遍性结论,削弱题干,排除。
选项D,说明调查对象具有特殊性,削弱题干,排除。
选项E,直接否定题干结论的可靠性,削弱题干,排除。

8.【答案】A。

【考点分析】论证推理——削弱型

【解析】由题干信息可知:

论据:20个词语的整体误读率接近80%。

结论:当前人们的识字水平并没有提高,甚至有所下降。

题干的论证方式是基于抽样调查的统计推理。

目标:找最能对该实验者的结论构成质疑的选项。

选项A,如果为真,说明这一抽样调查的样本不当,实验内容不具有代表性,是最强的质疑。

选项B,涉及"博士学位",是否获得博士学位和识字水平的高低没有关系,排除。

选项C,指出"20个词语在网络流行语言中不常用",有削弱作用,为大家的误读找到原因,但是这20个词语在其他地方是否也不常用呢?未知,削弱力度不及选项A,排除。

选项D,涉及"呱呱坠地"这个特例,削弱作用有限,排除。

选项E,无关选项,识字水平和大学成绩之间没有关系,排除。

> 【做题要领】对于实验题来说,大家要注意以下三个关键点:
> ①实验的对象是否是实验所需或具有代表性;
> ②实验的方法是否可行;
> ③实验得出结论的过程是否严谨。

9.【答案】E。

【考点分析】论证推理——削弱型

【解析】由题干信息可知:

司机结论是,定期检查只能检查出汽车可能存在问题的一小部分,这样的检查没有意义,浪费了时间和金钱。

目标:找不能削弱司机结论的选项。

题目要求寻找"不能削弱"的选项,应该合理运用排除法,把有削弱作用的选项排除,剩下的即为正确答案。

选项A,证明定期检查是安全保障必需的,说明定期检查有意义,有削弱作用,排除。

选项B,指出定期检查能发现某些主要故障,说明定期检查有意义,有削弱作用,排除。

选项C,证明定期检查是保障汽车正常运行所必需的,说明定期检查有意义,有削弱作用,排除。

选项D,指出没做检查的车行驶到5 100千米时出了问题,说明定期检查有意义,有削弱作用,排除。

选项 E,说明没做定期检查的车安全行驶了 7 000 千米以上,说明定期检查无意义,从事实上支持了题干,不能削弱题干论证,入选。

【做题要领】 题目要求寻找的是"不能削弱"的选项,并不能预先判断"不能削弱"的选项是支持还是无关,所以最保险的做法是运用排除法,把有削弱作用的选项排除,剩下的不管是无关还是支持就是正确答案。

10. **【答案】** D。

【考点分析】 论证推理——削弱型

【解析】 由题干信息可知:

程老师:用于解决数学问题的计算机程序越来越多→基础数学课程可以用其他重要的工程类课程替代。

目标:找能削弱程老师的上述论证的选项。

复选项Ⅰ,指出基础数学课程可以用工程类基础课程替代,支持题干论证,排除。

复选项Ⅱ,指出设计计算机程序需要对基础数学有全面的理解,因此基础数学课程不能用工程类课程替代,有削弱作用,入选。

复选项Ⅲ,指出基础数学课程的重要目标——培养学生的思维能力,对工程设计来说,这种能力很重要,因此基础数学课程不能用工程类课程替代,有削弱作用,入选。

因此,正确答案为选项 D。

11. **【答案】** D。

【考点分析】 论证推理——削弱型

【解析】 由题干信息可知:

论据:夫妻均是本地人,其所生子女的平均智商为 102.45;夫妻是省内异地的,其所生子女的平均智商为 106.17;而隔省婚配的,其所生子女的平均智商则高达 109.35。

结论:异地通婚可提高下一代的智商水平。

题干根据父母异地通婚和所生子女智商较高二者统计相关,断定异地通婚是原因,智商提高是结果。

目标:找最能削弱上述结论的选项。

选项 A,质疑样本量,相当于质疑背景信息,有削弱作用,但是削弱力度较弱,排除。

选项 B、C,都是通过举例来削弱题干结论,力度较弱。且在削弱题中,"一些"的削弱力度是较弱的,排除。

选项 D,因果倒置,证明未必是异地通婚提高了下一代的智商水平,而是智商高才导致异地通婚,因果倒置是削弱力度较强的削弱方式,入选。

选项 E,基因是否接近和智商的高低无关,排除。

【做题要领】 削弱因果关系类题目的方式有很多,如因果倒置、寻找结论的否命题、断开结论的因果关系、存在他因、有因无果、有果无因等。大家要注意区分这几种削弱方式,因果倒置是削弱力度较强的削弱方式。

12. 【答案】A。

    【考点分析】论证推理——削弱型

    【解析】由题干信息可知：人类过度捕杀→剑乳齿象灭绝。

    目标：找最能反驳上述论证的选项。

    选项A，说明不是由于人类过度捕杀，而是由于史前动物之间相互捕杀导致剑乳齿象灭绝，该项是存在他因的削弱，有削弱作用，但是不是最强还要看其他选项的情况，待选。

    选项B，证明真的可能是因为人类过度捕杀而使得剑乳齿象灭绝，对题干有支持作用，排除。

    选项C，指出存在"回迁现象"，但是回迁现象与人类过度捕杀关系不大，无关选项，排除。

    选项D，人类活动可能包括人类捕杀活动，有一定的支持作用，排除。

    选项E，指出牙齿结构简单导致自我生存能力弱，这个有可能是剑乳齿象灭绝的原因，与人类捕杀的相关程度未知，但有削弱作用，待选。

    本题需要比较选项A和选项E的削弱力度，由于选项E中只说到"幼年剑乳齿象"的情况，成年剑乳齿象是不是也存在自我生存能力弱的情况呢？不得而知，故其削弱力度弱于选项A。

13. 【答案】C。

    【考点分析】论证推理——削弱型

    【解析】由题干信息可知：被推荐免试攻读硕士研究生的文科专业学生中，女生占70%→该校本科文科专业的女生比男生优秀。

    选项A，女生在该校本科文科专业学生中占30%以上，一定程度上能削弱题干结论，但力度不强。

    选项B，女生在该校本科文科专业学生中占30%以下，说明女生总体占比低，而被保研的占比高，对结论起到支持作用。

    选项C，男生在该校本科文科专业学生中占30%以下，女生则占70%以上，根据正态分布，保研学生中女生占70%属于正常情况，不能说明女生比男生优秀，削弱结论。

    选项D，女生在该校本科文科专业学生中占70%以下，男生则占30%以上，支持结论。

    选项E，男生在该校本科文科专业学生中占70%以上，女生则占30%以下，则说明女生总体占比低，而被保研的占比高，即女生比男生优秀，支持结论。

14. 【答案】C。

    【考点分析】论证推理——削弱型

    【解析】由题干信息可知：

    论据：目光短浅导致破产。

    结论：应该以长期目标为主，不需过分关注短期目标。

    目标：找最有力地削弱上述论证的选项。

    选项A，短期目标激励效果好不代表就需过分关注短期目标，不能有效削弱上述论证，排除。

    选项B，短期目标易于控制不代表就需过分关注短期目标，不能有效削弱上述论证，排除。

选项C,既然长期目标的实现有赖于短期目标的成功,那么要关注长期目标就必须特别关注短期目标,指出存在其他因素导致结论不成立,最有力地削弱了上述论证,入选。

选项D,指出长期目标和短期目标都重要,都需要关注,排除。

选项E,无关选项,企业的发展受到外部环境的影响与题干论证无关,排除。

> 【做题要领】可以从下列六个角度进行削弱:
> (1)反驳对方的结论;
> (2)指出论证过程存在瑕疵;
> (3)反驳对方的论据;
> (4)指出论据不充分;
> (5)提出反面论据;
> (6)反驳对方论证成立的隐含假设。

15.【答案】C。

【考点分析】论证推理——削弱型

【解析】由题干信息可知:

论点:扩宽摩托车车道→消除抢道现象。

目标:找最能削弱上述论点的选项。

选项A、B、D、E,这四项均未提及扩宽摩托车车道后是否会消除抢道现象,排除。

选项C,说明扩宽摩托车车道并不能起到消除抢道现象的作用,还是会有人抢道行驶,削弱了上述论点,入选。

> 【做题要领】本题的关键在于"扩宽摩托车车道"与"消除抢道现象"之间的关系,可以从"方法无效果"的角度入手进行削弱。

16.【答案】A。

【考点分析】论证推理——削弱型

【解析】由题干信息可知:

妻子的观点:两所学校有生源竞争的利害关系,因此调查结果未必可信。

目标:找最能弱化妻子的推理的选项。

选项A,题干中假设两所学校是竞争关系导致绿水小学的人员诋毁青山小学。但如果撰写报告的人中也有来自青山小学的人员,那么青山小学的人员应当也会诋毁绿水小学,所以报告中绿水小学的教学质量应该也不高,然而结果并非如此。因此,原先的推论是不成立的,可以弱化妻子的推理,入选。

选项B、C、D,均可以说明妻子的推理不够可靠,但是削弱力度不如选项A,排除。

选项E,既不能支持妻子的推理,也不能削弱妻子的推理,排除。

17.【答案】D。

【考点分析】论证推理——削弱型

【解析】由题干信息可知:

论据:登录时间长、心情变好同时出现。

结论:登录时间长导致心情变好。

目标:找最能削弱以上论断的选项。

选项A,10%不具有代表性,不能削弱上述论断,排除。

选项B、C,指出样本代表性不足,削弱力度有限,排除。

选项D,心情不好的人都不登录了,而剩下的坚持登录的人都是心情变好的人,说明题干存在因果倒置的问题,可以削弱上述论断,入选。

选项E,该项未提及心理状态的差异,不能削弱上述论断,排除。

【做题要领】选项D运用了"因果倒置"的削弱思路,即B是造成A的原因,而非A是造成B的原因。在削弱型题目中,一般出现"因果倒置"的选项即为正确答案。

18.【答案】B。

【考点分析】论证推理——削弱型

【解析】由题干信息可知:

论据:60%以上的读者将荷花选为市花。

结论:A市大部分市民赞成将荷花定为市花。

目标:找最能削弱该编辑部的结论的选项。

选项A,反例不能削弱一般性的调查结论,排除。

选项B,说明被调查者不具有代表性,只是调查了收入较高的女性市民,存在以偏概全的错误,入选。

选项C,有些读者并未在调查中发表意见,并不能武断地推知这些读者的态度是支持还是反对,也不能得知这样的读者所占的比例,对题干作用不明,排除。

选项D,决定权与A市大部分市民的意愿无关,排除。

选项E,题干并未说明"将荷花放在十种候选花的首位"对调查结果的影响,排除。

【做题要领】统计调查类的削弱型题目的削弱思路基本可分为以下三种:

(1)样本没有代表性;

(2)调查机构不中立;

(3)数据的分析不严谨。

19.【答案】A。

【考点分析】论证推理——削弱型

【解析】由题干信息可知:

小陈认为:排量大的汽车超速驾驶的可能性高,排量小的汽车超速驾驶的可能性低,是排量大导致超速驾驶。

选项A,指出题干仅依据两个现象之间有联系就推断二者有因果关系,这样的推理是有漏洞的,可以削弱,入选。

选项 B,题干不涉及"狭隘的范例"和"一般结论",排除。

选项 C、D,题干不涉及"充分条件"与"必要条件"的关系,排除。

选项 E,题干不涉及调查研究,排除。

【做题要领】要分清楚是统计相关还是有因果关系。

20.【答案】E。

【考点分析】论证推理——削弱型

【解析】由题干信息可知:

对照实验:微波导致酶活性丧失。

目标:找最能削弱上述论证的选项。

选项 A,题干仅仅讨论加热到 50℃的情况,所以不能削弱题干论证,排除。

选项 B,说明微波确实会导致酶活性丧失,不能削弱题干论证,排除。

选项 C、D,"加热时间""口感"与酶活性无关,不能削弱题干论证,排除。

选项 E,说明将一杯原料奶置于微波炉加热至 50℃时,其内部实际达到的温度会高于 50℃,削弱了题干论证,入选。

【做题要领】本题容易误选选项 A,因为题干比较的是置于微波炉加热至 50℃的原料奶和用传统热源加热至 50℃的原料奶的溶菌酶活性不同,其得出的结论是微波造成酶失活,而不是加热。而选项 A 说的是加热至 100℃时的情况,这时不管用哪种加热方式,酶都失去了活性,不能削弱题干论证。

21.【答案】E。

【考点分析】论证推理——削弱型

【解析】由题干信息可知:

专家的观点:家庭和学校的不适当的教育方法导致了"男孩危机"现象。

因:家庭和学校的教育方法不适当。果:"男孩危机"。

选项 A,指出对独生子女的过度呵护限制了男孩发散思维的拓展等,说明家庭教育不适当是导致"男孩危机"的原因,支持了专家的观点,排除。

选项 B,"绅士"与"男孩危机"没有关系,排除。

选项 C,"大学毕业后"不在题干讨论的范围内,排除。

选项 D,女性充当主要角色不能说明教育方法不适当,排除。

选项 E,指出了导致"男孩危机"现象的另一个原因,这一原因不能归于家庭和学校的教育方法不适当,是他因削弱,入选。

【做题要领】关键词"导致"是因果关系的标志。削弱因果关系的方法有因果倒置、存在他因、有因无果、有果无因等。

22.【答案】E。

【考点分析】论证推理——削弱型

【解析】由题干信息可知：

论据：网络购物非常便捷。

结论(刘教授的观点)：会有更多的网络商店取代实体商店。

目标：找最能削弱刘教授的观点的选项。

选项A、C，均阐述了网络购物的弊端，但是不代表实体商店就不会被取代，削弱力度不强，排除。

选项B、D，指出"有些专卖店"和"特定商品"需要实体商店，削弱力度较弱，排除。

选项E，直接说明实体商店不能被网络商店所取代，是最强削弱，入选。

【做题要领】注意，削弱型题目中，"有些""某个"等特称表达、特例往往力度较弱。多个选项都有削弱作用时，要找削弱力度最强的选项。

23.【答案】A。

【考点分析】论证推理——削弱型

【解析】由题干信息可知：

张先生的理解：甲国的平均婚姻存续时间为8年→淳朴的爱情婚姻观一去不复返了。

选项A，指出"闪婚"这样的极小值存在拉低了整体婚姻存续时间的平均值，所以可能还是存在很多钻石婚等，表明张先生的理解不确切。例如，设想10 000个家庭，其中1 000个是闪婚式家庭，在短短的几年中，结了又离，离了又结，结了再离，这样就大大降低了平均婚姻存续时间，但这并不能说明其余9 000个家庭婚姻是不稳定的。

选项B，题干并未讨论婚姻质量，排除。

选项C，婚恋爱情观与婚姻存续时间没有必然的联系，排除。

选项D，谈恋爱的时间不同于婚姻存续时间，排除。

选项E，无关选项，婚姻与爱情的关系与题干论证无关，排除。

【做题要领】相关数学知识：平均值不能说明整个区间数值的分布，要考虑极大值与极小值的影响，否则就可能出现平均数谬误。

24.【答案】E。

【考点分析】论证推理——削弱型

【解析】由题干信息可知：

演员的担心：未来计算机生成的图像和动画会替代真人表演。

选项A，不能说明对电影来说，演员的表演不可替代，如导演可以通过和电脑工程师的交流，运用电脑技术让图像和动画替代真人表演，不能削弱，排除。

选项B，演员可以跟上时代的发展，不能说明演员不会被替代，不能削弱，排除。

选项C，因为"未来尚不可知"，所以对演员的影响未知，不能削弱，排除。

选项 D,"不喜欢去电影院看 3D 电影"与"图像和动画会替代真人表演"无关,不能削弱,排除。

选项 E,"只能"强调了演员的表演不可替代,减弱了演员的担心,最能削弱,入选。

25.【答案】C。

【考点分析】论证推理——削弱型

【解析】由题干信息可知:

论据:调查表明,双胞胎中,外表年龄差异越大,看起来老的那个就越可能先去世。

结论:长相年轻,则寿命更长。(长相与寿命有因果关系)

目标:找最能反驳该教授调查结论的选项。

选项 A,指出研究对象有问题,是对背景信息的削弱,力度较弱,排除。

选项 B,指出研究人员年轻,也是对背景信息的削弱,力度较弱,排除。

选项 C,否定题干中的因果关系,说明外表年龄是多方因素影响的结果,与生命老化关系不大,能削弱题干论证。

选项 D,生命老化的原因不是题干论证的核心,与题干无关,排除。

选项 E,对生命理解深刻与否与生命是否老化无关,排除。

【做题要领】提炼论据和结论,锁定关键词,根据提示词"越……越……"判定题干为因果关系,找到削弱因果关系的方法。

26.【答案】D。

【考点分析】论证推理——削弱型

【解析】由题干信息可知:有想象力才能进行创造性劳动,即进行创造性劳动→有想象力。P→Q 的矛盾命题为,P∧¬Q,即能进行创造性劳动且没有想象力,选项 D 符合,入选。

27.【答案】D。

【考点分析】论证推理——削弱型

【解析】由题干信息可知:

目的:缓解人们上下班的交通压力。

方法:不同单位可以在不同的时间段上下班。

选项 A,可能是因为采取不同时间段上下班制度使得某些单位改变了上下班时间,从而使得上班时间段与员工的用餐时间冲突,是题干方法带来的结果,属于方法有恶果,有削弱作用,但因为有"有些"这个力度词,削弱力度较弱,排除。

选项 B,指出上班时间段与员工的正常作息时间不协调,工作效率难以保证,属于方法有恶果,有削弱作用,但削弱力度较弱,排除。

选项 C,无关选项,该项说的是许多单位的大部分工作需要集体合作才能完成,与题干说的"不同单位可以在不同的时间段上下班"无关,排除。

选项 D,指出交通拥堵不只在早晚高峰期发生,所以方法无效果,削弱力度最强,入选。

选项 E,"有些单位员工步行"的力度较弱,排除。

【做题要领】针对"方法可行"的削弱思路有：
(1)方法无效果；
(2)方法有恶果；
(3)方法难以施行。

28.【答案】A。

【考点分析】论证推理——削弱型

【解析】由题干信息可知：

张博士的分析：夜报→夜间看→抢占夜间市场。

目标：找能够恰当地指出张博士分析中存在的问题的选项。

选项A，报纸的发行时段和读者的阅读时间可能是不同的，说明发行夜报很可能达不到抢占夜间市场的目的，入选。

选项B，并非所有人夜晚都会在酒吧或影剧院，不能说明发行夜报达不到抢占夜间市场的目的，排除。

选项C、D，说明晚上读报的人少，但不是没有人读报，并不能说明发行夜报达不到占领夜间市场的目的，排除。

选项E，说明夜间通过售报亭发行夜报困难，但并不能证明不可通过其他途径达到占领夜间市场的目的，排除。

【做题要领】措施-目的类削弱型题目的削弱思路一般分为：
(1)措施达不到目的；
(2)措施有恶果；
(3)措施受到外界条件的制约。
一般情况下，(1)的削弱力度大于(2)和(3)。

29.【答案】E。

【考点分析】论证推理——削弱型

【解析】由题干信息可知：

论据：公立学校的教师接受培训的比例和农村学校的教师非常接近。

结论：农村学校教师和城市、市郊以及城镇的学校教师接受培训的概率相当。

目标：找最能反驳上述论证的选项。

选项A，培训的内容与教师接受培训的概率无关，不能削弱题干论证，排除。

选项B，培训的条件和效果与教师接受培训的概率无关，不能削弱题干论证，排除。

选项C，"有些教师"不具有代表性，削弱力度弱，排除。

选项D，培训的时间长短与教师接受培训的概率无关，不能削弱题干论证，排除。

选项E，指出城市、市郊以及城镇的学校并不等同于公立学校，直接说明由论据中的比较不能推出结论中的比较，可以削弱题干论证，入选。

【做题要领】题干的推理过程隐含着把"公立学校"当作了"城市、市郊以及城镇的学校",但是这种隐含假设是不正确的,二者不能简单等同。

30. 【答案】C。

    【考点分析】论证推理——削弱型

    【解析】由题干信息可知:

    论据:南迁的汉族人不断同当地的侗台、南亚和苗瑶语的诸多少数民族融合,从而稀释了北方汉族的血缘特征。

    结论:同姓氏汉族血缘差异大。

    目标:找最能反驳上述论证的选项。

    选项A,没有对"民族融合"进行削弱,排除。

    选项B,构成他因削弱,但由于只是部分人以帝王姓氏敕封,因此削弱力度较弱,排除。

    选项C,构成他因削弱,说明可能是同姓氏但不同祖先导致"同姓氏汉族血缘差异大",入选。

    选项D,未反驳"民族融合",不能构成削弱,排除。

    选项E,题干的论述对象为"同姓氏",该项的论述对象为"不同姓氏",不能削弱,排除。

    【做题要领】这道题主要从"另有他因"的角度对题干信息进行削弱,但注意削弱对象应当为"民族融合导致同姓氏汉族血缘差异大"。

31. 【答案】E。

    【考点分析】论证推理——削弱型

    【解析】由题干信息可知:

    方法:可以用火箭弹等方式将二氧化硫充入大气层,阻挡部分阳光。

    目的:给地球表面降温。

    选项A,"导致航空乘客呼吸不适"的质疑力度弱,排除。

    选项B,即使有其他途径能给地球表面降温,也不能否认原方法的有效性,排除。

    选项C,与题干方法的有效性无关,排除。

    选项D,只能说明上述科学家提议的方法在降温时可能对地球产生其他负面影响,但不能说明此种方式不能有效降温,因此不能质疑科学家提议的有效性,排除。

    选项E,说明上述科学家提议的方法所产生的降温效应只是暂时的,这就对其有效性构成了严重质疑,入选。

    【做题要领】此题要求质疑科学家提议的有效性,就是要求证明该提议不能达到给地球表面降温的目的。

32. 【答案】C。

    【考点分析】论证推理——削弱型

【解析】由题干信息可知,张教授的观点为:

(1)字形与字义的关系有不同的表现;

(2)汉字是象形文字,字形与字义相互关联;

(3)英语是拼音文字,其字形与字义往往关联度不大。

选项A,汉语中的字从字形可以看出字义,而英语中则感觉不到这种形义结合,符合张教授的观点,排除。

选项B,汉语中的字可以组合成其他字,并可以猜测其语义,而英语中则不存在与此类似的结合,符合张教授观点,排除。

选项C,英语中字形与字义表现的方式与汉语类似,不符合张教授的观点,入选。

选项D,只提到了字义,没有提到字形,无法判断是否符合张教授的观点,排除。

选项E,只提到了字义,没有提到字形,无法判断是否符合张教授的观点,排除。

【做题要领】直接抓住张教授的观点,将选项与其进行对比即可。

33.【答案】C。

【考点分析】论证推理——削弱型

【解析】由题干信息可知:医院花瓶养花的水可能含有很多细菌,鲜花会在夜间与病人争夺氧气,还可能影响病房里电子设备的工作,这让医院对鲜花反感。

选项A,鲜花并不比病人身边的餐具等带有更多可能危害病人健康的细菌,可以减轻医院对鲜花的担心,排除。

选项B,鲜花有助于病人康复,说明鲜花对病人的病情有积极作用,可以减轻医院对鲜花的担心,排除。

选项C,鲜花可能导致危险产生,不能减轻医院对鲜花的担心,入选。

选项D,鲜花对病房空气的影响很小,可以忽略不计,可以减轻医院对鲜花的担心,排除。

选项E,鲜花不会影响电子设备工作,可以减轻医院对鲜花的担心,排除。

【做题要领】题干中的态度为:鲜花对病人有影响。大家应从鲜花与病人的关系这个角度入手,寻找正确答案。

34.【答案】C。

【考点分析】论证推理——削弱型

【解析】由题干信息可知:睡眠时间的差异→认知水平的差异。

选项A,睡眠时间不能检测,是对论证背景信息的削弱,力度较弱,排除。

选项B,对题干前提信息的补充,支持论证,排除。

选项C,存在他因削弱,说明不是睡眠时间不同导致认知水平的差异,而是年龄不同导致认知水平的差异,能削弱,入选。

选项D、E,不涉及题干论证的内容,无关选项,排除。

35.【答案】E。

【考点分析】论证推理——削弱型

【解析】由题干信息可知:凡是小产权房均不予确权登记,不受法律保护→河西村的这片新建房屋均不受法律保护。

题干论证的隐含假设是:河西村的这片新建房屋都是小产权房。

选项 A,"相关部门的默许"不等同于"法律保护",不能削弱,排除。

选项 B,是题干论证的隐含假设,支持题干论证,排除。

选项 C、D,房屋是否建在农村集体土地上与是否受法律保护无关,不能削弱,排除。

选项 E,削弱了题干论证的隐含假设,最能削弱题干论证,入选。

【做题要领】注意,标志词"凡"="所有",题干论证隐含假设的形式为,所有 S 都是 P,其矛盾命题为,有的 S 不是 P。矛盾命题是最强削弱。

36.【答案】B。

【考点分析】论证推理——削弱型

【解析】由题干信息可知:中国内地买家购买美国房产的交易额上升→中国有越来越多的富人正在把财产转移到境外。

选项 A,子女赴美留学是购房的目的,可能是在转移财产,支持题干论证,排除。

选项 B,论据是说交易额上升,结论是说交易人数增加,这就需要保证交易的单价不变。该项指出,虽然成交额增长但买家的成交量没有增长,证明交易的单价上升了,削弱了题干的论证,入选。

选项 C、D、E,均有支持题干论证的作用,排除。

【做题要领】注意,交易总金额=交易量×交易单价,这是解题的关键点。

37.【答案】D。

【考点分析】论证推理——削弱型

【解析】由题干信息可知:微波炉加热时食物的分子结构发生了改变,产生了新分子,有些新分子具有毒性,可能致癌→经常吃微波食品的人或动物,体内会发生严重的生理变化,从而造成严重的健康问题。

选项 A,"营养流失"与"有毒""致癌"是不同的概念,排除。

选项 B,"微波炉生产标准"与题干论证无关,排除。

选项 C,发达国家使用与否与健康危害存在与否无关,不能质疑上述观点,排除。

选项 D,说明通过微波炉加热的食物不会产生有毒的新分子,削弱了题干的观点,入选。

选项 E,特例削弱,力度较弱,排除。

38.【答案】A。

【考点分析】论证推理——削弱型

【解析】由题干信息可知:北大学生中干部子女比例增加,成为最大的学生来源→北大学生中干部子女比例近20年来不断攀升,远超其他阶层。

选项A,说明相对于近20年,20世纪80年代北大学生中干部子女比例较低,是由于未把企业干部包括在干部中,而不是由于工人、农民和专业技术人员子女所占的比例相对较高,这就有力地削弱了题干的观点。

选项B、C、D、E,"工农子女""工人子女""社会下层子女"不是题干的论证对象,题干的论证对象为"干部子女",排除。

39. 【答案】C。

【考点分析】论证推理——削弱型

【解析】由题干信息可知:

专家的观点:人牙化石的出现→张口洞早在11万年前就已有人类活动了。

选项A,"学术争议"不能说明专家的观点不正确,排除。

选项B,引用其他专家的观点来否定题干专家的观点,是诉诸权威,削弱力度较弱。

选项C,可能是地壳运动导致化石存在于距今11万年的钙板层之下,所以根据化石推断时间可能不准,是对题干论证隐含假设的削弱,力度较强,入选。

选项D,化石洞穴的堆积物的形成时间不能说明化石的形成时间,排除。

选项E,该项说的是化石发掘者主持完成过众多遗址的发掘,这与他此次的发掘无关,排除。

40. 【答案】E。

【考点分析】论证推理——削弱型

【解析】由题干信息可知:

论据:"办公用品节俭计划"实施后,去年办公支出较前年下降了30%;在未实施该计划的过去5年间,公司年均消耗办公用品10万元。

结论:该计划去年已经为公司节约了不少经费。

目标:找最能质疑总经理推论的选项。

选项A,如果"过去5年"都推广了无纸化办公,那么不能说明为什么唯独去年办公支出下降,排除。

选项B,员工困难补助、交通补贴等开支与题干论证无关,排除。

选项C,指出题干的结论没有进行严谨的数据分析,但只要"办公用品节俭计划"确实和"办公支出下降"有因果关系,即便没有进行严谨的数据分析也没有太大影响,因此,该项没有削弱作用,排除。

选项D,指出另一家与该公司规模及其他基本情况均类似的公司,未实施类似的节俭计划,在过去的5年间年均办公用品消耗额为10万元。选项意在设计一个对照实验组,但是某类似公司,没有实施类似的节俭计划,年均办公用品消耗额为10万元,而本公司以前没有实行节俭计划时,年均办公用品消耗额也为10万元,二者没有形成有效的对比,不能削弱,排除。

选项E,断定某类似公司,未实施类似的节俭计划,但在过去的5年间办公用品人均消耗额越来越低,这有利于说明,"办公用品节俭计划"与"办公支出下降"可能没有因果关系,这构成了对题干的质疑,即"有果无因",入选。

【做题要领】很多同学在做这种题目的时候,会习惯性地认为只要是"其他公司"的情况,一定和题干论证无关,但是这样的思路过于机械了。所以,需要学会识别干扰性选项,并进一步排除。

41.【答案】D。

【考点分析】论证推理——削弱型

【解析】由题干信息可知:

记者的结论:友南是上赛季西海队的核心队员。

目标:找最能质疑该记者的结论的选项。

核心概念:核心队员——核心队员总能在关键场次带领全队赢得比赛。

选项A、C,主观性选项,排除。

选项B,指出上赛季友南缺席且西海队输球的比赛,都是小组赛中西海队已经确定出线后的比赛,也就是说友南缺席且西海队输球的比赛并不是关键场次,不是关键场次的比赛的输赢和友南是不是核心队员的判断无关,排除。

选项D,指出上赛季友南上场且西海队输球的比赛,都是西海队与传统强队对阵的关键场次,即断定上赛季友南上场且输球的比赛都是关键场次,足以说明友南不是核心队员,是最强的削弱,入选。

选项E,只是指出了在友南上阵的情况下,西海队胜率暴跌20%,但是友南上阵的比赛是不是关键场次则没有说明,排除。

【做题要领】"关键场次"是理解此题的关键概念。记者结论的漏洞在于忽视了这一关键概念,仅依据出场的胜败率来推断友南是否为核心队员。

和题干结论"唱反调"是解答削弱型题目的很重要的方法,大家需要积累和熟练。

42.【答案】D。

【考点分析】论证推理——削弱型

【解析】由题干信息可知:

研究人员的观点:长期心跳过快导致了心血管疾病。

目标:找最能质疑研究人员的观点的选项。

题干认为长期心跳过快和心血管疾病之间有关系,想要削弱这个结论,最简单直观的方式就是证明二者之间没有因果关系,或者题干有因果倒置的嫌疑。

选项A、B,仅仅考虑了老年人中长期心跳过快的比例,但是没有说明长期心跳过快和心血管疾病之间的关系,没有削弱作用,排除。

选项C,仅仅指出年轻人心跳较快,没有说明长期心跳过快和心血管疾病之间的关系,没有削弱作用,排除。

选项D,证明是各种心血管疾病导致心跳过快,选项D如果为真,则说明题干研究人员倒置了因果,入选。

选项 E,用野外奔跑的兔子当作论据,但是兔子的情况是否会和人类不同呢?题干没有涉及,无关选项,排除。

【做题要领】 因果倒置是削弱力度较强的削弱方式。在这点上,还要注意如何用"排除因果倒置"来支持题干论证。

43.【答案】C。

【考点分析】论证推理——削弱型

【解析】由题干信息可知:支持者们相信,复活动物有望恢复某些地区被破坏的生态环境。

目标:找最能反驳上述支持者的观点的选项。

选项 A、E,均证明了没必要复活已经消失了的生物,能反驳"人类应该复活灭绝动物"这一观点,但是不能反驳上述支持者的论证,排除。

选项 B,与题干论证无关,题干并不关心能不能复活整个种群,排除。

选项 C,要使题干的观点成立,必须假设灭绝动物原先生存的环境依然存在,而该项指出,适宜它们生长的栖息地或许早已消失,所以,即便复活了动物也不能恢复生态环境,所以这样的计划是徒劳无益的,能反驳上述支持者的观点,入选。

选项 D,只是指出这些动物灭绝的原因,和题干论证无关,排除。

44.【答案】B。

【考点分析】论证推理——削弱型

【解析】由题干信息可知:

论据:利兹鱼和鲸鲨体型相当,但利兹鱼的平均寿命比鲸鲨少 30 年。

结论:利兹鱼的生长速度很可能超过鲸鲨。

目标:找最能反驳上述论证的选项。

选项 A,对题干的论证有一定的削弱作用,但是并不能否定题干的结论。利兹鱼的生长速度超过鲸鲨的生长速度,并不要求二者的生长速度有很大的差异,选项 A 有一定的干扰性。

选项 B,如果为真,则说明利兹鱼的正常体长是 9 米,而与鲸鲨体长相当的最大体长只是个例,不具有代表性,因此,题干的论证有"以偏概全"的嫌疑,有削弱作用。

选项 C、D、E,均与题干论证无关,排除。

【做题要领】 对于削弱型题目和加强型题目,构建好逻辑主干,可以起到事半功倍的效果。

45.【答案】E。

【考点分析】论证推理——削弱型

【解析】由题干信息可知:

论据:年代最久远的智人遗骸在非洲出现,距今大约 20 万年。

结论:人类起源于非洲。

目标:找最能反驳上述科学家的观点的选项。

选项 E,如果为真,则说明在非洲之外的地区有更早的智人遗骸,题干的论据不成立,可以削弱题干,虽然"对论据的削弱"的削弱力度不强,但是其余选项都是无关选项,没有削弱作用,因此,选项 E 入选。

46. 【答案】A。

【考点分析】论证推理——削弱型

【解析】由题干信息可知:

论据:合成氨基酸所用的原材料,在星际分子云中大量存在。宇宙空间也一定存在氨基酸的分子,只要有适当的环境,它们就有可能转变为蛋白质,进一步发展成为有机生命。

结论(推测):地球以外的其他星球也存在生命体,甚至可能是具有高等智慧的生命体。

目标:找最能反驳上述推测的选项。

选项 A,说明由有机分子发展为有机生命需要两个过程:①从有机分子转变为蛋白质;②从蛋白质发展为有机生命。这两个过程有巨大差异。题干只论证了第一个过程,而没有论证第二个过程。因此,选项 A 如果为真,将有力地削弱题干的推测,入选。

选项 B,无关选项,"社会化"和题干无关,排除。

选项 C,指出"由已经存在的星际分子合成出氨基酸分子是一个小概率事件",但是小概率事件只要存在,就有可能因为它的出现推动整体的变化,不能因为其是小概率事件而否认其真实性,排除。

选项 D、E,无关选项,"有些星际分子找不到""火星探测否定火星上存在生命体的猜测"与题干论证无关,排除。

47. 【答案】C。

【考点分析】论证推理——削弱型

【解析】由题干信息可知:

论据:天文观察发现,大多数星系都有红移现象,而且,星系距离地球越远,红移越大。

结论:许多科学家认为宇宙一定在不断膨胀。

目标:找最能反驳上述科学家的观点的选项。

选项 A,个别蓝移的天体不能说明整个宇宙没有膨胀,有削弱作用,但力度不强。

选项 B,想要观察宇宙是否在不断膨胀,和地球是否在宇宙中心无关,排除。

选项 C,证明了观测的样本很少,有"以偏概全"的嫌疑,削弱力度最强,入选。

选项 D、E,对题干有支持作用,排除。

48. 【答案】C。

【考点分析】论证推理——削弱型

【解析】由题干信息可知:全球首例经新一代基因测序技术筛查后的试管婴儿问世,普通人也由此认为,人类或许迎来了"定制宝宝"的时代。

目标:找最能反驳上述普通人的观点的选项。

选项 A,指出"定制宝宝"也许会因为"人工"的基因筛查而有漏洞,有一定的削弱作用,证明不一定能精准实现"定制宝宝",但力度较弱。

选项 B,指出科学技术的发展有可能会偏离人类认知的轨道,范畴过大,排除。

选项 C,指出筛查基因主要是避免生殖缺陷,选项 C 如果为真,则说明题干中"制造"试管婴儿的基因测序技术并不具有普通人所以为的那种"定制宝宝"功能,这就有力地反驳了上述普通人的观点,入选。

选项 D、E,无关选项,"'定制宝宝'尚无尝试""'定制宝宝'时代被取代"与题干论证无关,排除。

49.【答案】D。

【考点分析】论证推理——削弱型

【解析】由题干信息可知:

论据:给患有消化不良的实验者在饭前服用含有辣椒成分的药片,在 5 个星期之后,有 60% 的实验者的不适症状得到了缓解。

结论:辣椒缓解消化不良。

目标:找最能反驳上述实验结论的选项。

选项 A,指出"辣椒素在一定程度上可以对一种神经传递素的分泌起阻碍作用",但是这种"神经传递素"是会缓解还是会加剧消化不良?不得而知,排除。

选项 B,指出"有 5% 的实验者的不适症状有所加重",对题干有一定的削弱作用,但是力度不强,因为样本的大部分对象如果都能够缓解症状的话,小概率的加重症状有可能是个体差异,排除。

选项 C,支持了题干论证,证明不管饭前服用还是饭后服用,该药片都是有用的,排除。

选项 D,指出实验者症状缓解的原因很可能是"注意健康饮食"而并非吃含有辣椒成分的药片,通过他因进行削弱,入选。

选项 E,无关选项,是否告知实验者所服用的药片中含有辣椒成分与题干论证无关,排除。

50.【答案】B。

【考点分析】论证推理——削弱型

【解析】由题干信息可知:

论据:考古学家从该洞穴中挖掘出工具、陶器、黑曜石、银质和铜质器具。

结论:曾经有数百人在该洞穴中生活过。

目标:找最能反驳上述论证的选项。

选项 A、C、D、E,均与上述论证无关,排除。

选项 B,指出"该洞穴其实是古代的墓地和葬礼举办地",证明了即便挖掘出了这些器具,也不能说明有人在这里生活过,可以削弱。

51.【答案】E。

【考点分析】论证推理——削弱型

【解析】由题干信息可知:

论据:像拾金不昧、扶贫急难、见义勇为这样的帖子增加了 50%,而与为非作歹、作恶逃匿、杀人越货有关的帖子却增加了 90%。

结论:社会风气正在迅速恶化。

目标:找最能削弱上述论证的选项。

选项 A,有一定的削弱作用,证明人们更加关注负面新闻而未必是社会风气迅速恶化。

选项 B、C、D,均与上述论证无关,排除。

选项 E,指出"该网络论坛是一个法治论坛",说明题干所做的统计论证样本不当,削弱力度最强,入选。

52.【答案】D。

【考点分析】论证推理——削弱型

【解析】由题干信息可知:

专家的观点:光纤网络将大幅提高人们的生活质量。

目标:找最能质疑该专家的观点的选项。

选项 A,"网络上获得的服务和体验是虚幻的"与题干论证无关,排除。

选项 B,有考生认为这个选项通过"无因有果"的方式削弱了专家观点,这就忽视了一个严重的问题,专家观点的核心词是"大幅提高人们的生活质量","创造高品质的生活"和"大幅提高人们的生活质量"是两个概念,很有可能生活品质已经很高了,但没法大幅提高生活质量,所以其削弱力度大打折扣。

选项 C,无关选项,题干没有涉及"上网费用",排除。

选项 D,指出人们生活质量的提高仅决定于社会生产力的发展水平,也就是说,"人们生活质量的提高"和"光纤网络"没有关系,断开了因果关系,能削弱题干论证。

选项 E,"将大量时间消耗在娱乐上"与题干论证无关,排除。

对比选项 B 和选项 D 不难发现,选项 D 断定,生产力发展水平是决定生活质量的唯一因素,由此得出生产力发展水平较低的国家人们的生活质量不可能大幅提高,这是对题干的严重质疑,入选。

【做题要领】选项 B 是本题的严重干扰项,貌似用"无因有果"的方式削弱专家观点,但是事实上存在偷换概念的问题,偷换概念是命题专家设置干扰项的常用方式,要警惕!

53.【答案】E。

【考点分析】论证推理——削弱型

【解析】由题干信息可知:

论据:番茄红素水平最高的四分之一的人中有 11 人中风,番茄红素水平最低的四分之一的人中有 25 人中风。

结论:番茄红素能降低中风的发生率。

目标:找能对上述研究结论提出质疑的选项。

要削弱题干论证,首先要断开题干的论据和结论之间的关系。

选项 A,题干论证只关心"中风的发生率",不关心中风之后病情的严重程度,无关选项,排除。

选项 B,说明吸烟、高血压和糖尿病等会诱发中风,对题干有削弱作用,证明有可能是吸烟、高血压、糖尿病等诱发了中风,但是该项没有说清楚番茄红素水平最高的四分之一的人和番茄红素水平最低的四分之一的人中,各自吸烟、高血压、糖尿病等的比例有多高,是否具有可比性,排除。

选项C,指出如果调查56岁至65岁之间的人,情况也许不同。但是情况如果不同,是如何变化的?这里企图证明可能是年纪的原因导致中风的发生率的不同,但是又没有说明具体的情况,削弱力度不足,排除。

选项D,指出番茄红素水平高的人约有四分之一喜爱进行适量的体育运动,这个选项似乎是在告诉我们"进行适量的体育运动"可以降低中风的发生率,有削弱题干论证的可能,但是并没有对照另一组中参加体育锻炼的人数及比例有多少,所以削弱力度不足,排除。

选项E,指出被跟踪的另一半人中有50人中风,如果我们把"番茄红素水平最高的四分之一的人"记为一组,"番茄红素水平最低的四分之一的人"记为二组,其余的一半人,即中间的那一半样本记为三组。题干的论证是对比了一组和二组的情况,如果选项E的断定为真,则说明一组中有11人中风,二组中有25人中风,三组中有50人中风,可以理解为"番茄红素水平最高和最低"的那一半样本有36人中风,而"番茄红素水平不是最高或者最低"的那一半样本有50人中风,那么番茄红素水平和中风的发生率之间的关系就不明朗,能够削弱题干论证。该项也可以理解为:将第三组取一半,变作总样本数的四分之一,那么这一组中也有25人中风,说明三组相对于二组,番茄红素水平较高,但中风比例却与二组一样,那就很难说明番茄红素水平和中风的发生率之间有关系,是对题干结论的质疑,入选。

【做题要领】本题考查的是"能削弱",所以正确答案很可能是一个削弱力度不强的选项,而其他选项其实都是支持项或者无关项。

本题在论证中企图通过对照实验得到结论,但是对照实验的关键点在于,需要被测试的样本除了测试点之外,其他相关情况基本相同,选项B、C、D都是企图从这个角度让考生误以为自己才是削弱选项,但是这几个选项都只是设计了某一组的情况,并没有说明其对照组的情况,没有对比就没有意义,因此,这三个选项的质疑力度显然不如选项E。在对照实验中的可比性,是论证推理题中非常重要的切入点之一。

54. 【答案】D。

【考点分析】论证推理——削弱型

【解析】由题干信息可知:

论据:年轻蜘蛛结的网整齐均匀,角度完美;年老蜘蛛结的网可能出现缺口,形状怪异。

结论:科学家认为,动物的大脑也会像人脑一样退化。

目标:找最能质疑科学家的上述论证的选项。

想要削弱科学家的论证,可以证明:

(1)蜘蛛结网的能力和大脑没关系,这样就断开了结网能力和大脑的关系;

(2)蜘蛛和人不一样;

(3)蜘蛛的网结不好另有他因。

选项A、E,"优美的蛛网更受青睐""蛛网的功能"与题干论证无关,排除。

选项B,指出"年老蜘蛛的脑容量明显偏小",但是"脑容量"和"大脑退化"是不是同一概念未知,排除。

选项C,说明年老蜘蛛结网能力下降的原因是运动器官老化,未必是大脑退化,有削弱作用,待选。

选项D,指出蜘蛛结网不受大脑控制,断开了结网能力和大脑的关系,削弱力度比选项C强,入选。

【做题要领】本题考查"相对最好原则",针对选项C、D均有削弱作用的时候,要比较哪个选项是力度相对更强的。选项D是直接断开因果关系,选项C是另有他因,就削弱力度的强弱而言,选项D是强于选项C的。

"相对最好原则"是削弱型题目和加强型题目中的考查重点,要学会运用。

55.【答案】D。

【考点分析】论证推理——削弱型(复合命题的否命题)

【解析】由题干信息可知:

乌克兰观察人士的评论:(承认了这两个所谓"共和国"的特殊地位∧赦免了民兵武装)∧不能够解决冲突。

目标:找上述评论最适合反驳的选项。

评论的观点是一个复合命题,对其最严重的反驳,必然是找到其否命题。其否命题等价于:¬[(承认了这两个所谓"共和国"的特殊地位∧赦免了民兵武装)∧不能够解决冲突] = 不承认这两个所谓"共和国"的特殊地位∨不赦免民兵武装∨能够解决冲突 = 承认了这两个所谓"共和国"的特殊地位∧赦免了民兵武装→能够解决冲突。

选项D为该评论的否命题。

因此,正确答案为选项D。

【做题要领】本题看似是削弱型题目,但事实上题目的根源是找复合命题的否命题。

56.【答案】E。

【考点分析】论证推理——削弱型

【解析】题干观点:人们通过网络购物来满足自己对物质生活的追求。

选项E,说明对物质生活的追求仅仅取决于所在地区的经济发展水平,最强地削弱了题干中网络购物与满足物质生活追求之间的关系,入选。

57.【答案】C。

【考点分析】论证推理——削弱型

【解析】由题干信息可知:

论据:那些情绪积极、在成长过程中对生活感到更满意的人,在达到29岁的年龄时其收入也较高。

结论:快乐的人能挣更多的钱。

选项C,指出因果倒置,说明很可能是因为家庭富裕和良好的职业背景而对生活感到更满意,入选。

58. 【答案】B。

   【考点分析】论证推理——削弱型

   【解析】题干中市政府的决定是利用单、双号限行来解决拥堵现象,选项 B 说明该市私家车拥有者一般都有两辆或两辆以上的私家车,则单、双号限行对他们的出行无影响,质疑了该市政府的决定。

59. 【答案】E。

   【考点分析】论证推理——削弱型

   【解析】题干中老张的建议是通过改变饮水习惯来避免缺乏矿物质,选项 E 说明人们可以从其他食物中得到人体必需的矿物质,是另有他因的削弱方法。

60. 【答案】C。

   【考点分析】论证推理——削弱型

   【解析】题干通过"生活类图书的销售量超过科技类图书的销售量"得出了"生活类图书的受欢迎程度要高于科技类图书"的结论。选项 C 说明生活类图书的种类远远超过科技类图书的种类,说明单纯比较销售量是不能够反映受欢迎程度的。

61. 【答案】A。

   【考点分析】论证推理——削弱型

   【解析】题干通过医疗保健费的增加,得出了"每个人享受到的医疗条件大大改善"的结论。选项 A 说明医疗保健费绝大部分都用在了对高危病人的高技术强化护理上,因此,并不能对每个人享受到的医疗条件进行改善,削弱了题干论证。

62. 【答案】E。

   【考点分析】论证推理——削弱型

   【解析】题干通过跟帖的情况来得出民众赞同的情况。选项 E 说明这些跟帖的人是博主的忠实粉丝,不具有代表性,削弱了题干。选项 B 所提供的内容不能质疑跟帖的人就能够代表民众的情况,和题干论证无关,排除。

63. 【答案】B。

   【考点分析】论证推理——削弱型

   【解析】由题干信息可知:

   论据:每天使用移动电话通话 30 分钟以上的人患神经胶质瘤的风险更大。

   专家建议:尽量使用固定电话通话或使用短信进行沟通以减少电磁辐射的影响。

   目标:找最能削弱专家的建议的选项。

   选项 A,指出大多数手机产生的电磁辐射强度符合国家安全标准,即便手机产生的电磁辐射强度符合国家安全标准,也不能证明电磁辐射对人体无害,更不能判断电磁辐射是否和患神经胶质瘤有关,如果电磁辐射强度符合国家安全标准但电磁辐射真的和患神经胶质瘤有关,那还是应该听从专家的建议,不能削弱,排除。

   选项 B,说明即使不使用手机,人们受到的电磁辐射强度也会超过手机通话产生的电磁辐射强度,因此,就算使用固定电话通话或者使用短信进行沟通也无法解决电磁辐射的问题,而且该项也进一步说明了用移动电话通话和患神经胶质瘤之间很可能仅是统计相关,未必有因果关系,所以专家由这些统计结果所得出的建议未必是有效的,入选。

选项C,说明没有必要听从专家的建议,有削弱作用,但削弱力度不强,排除。

选项D,用特例说明没有必要听从专家的建议,削弱力度很弱,排除。

选项E,只能说明专家列举的安全措施中有不切实际的地方,但是如果使用短信进行沟通不可行,使用固定电话通话可减少电磁辐射,那专家的建议还是可行的,有削弱作用,但削弱力度不强,排除。

选项C、D、E都能在不同程度上削弱专家建议的合理性,但力度均不如选项B。

64.【答案】B。

【考点分析】论证推理——削弱型

【解析】由题干信息可知:

论据:"李祥"这个名字连续4个月中签。

结论:市民认为,有人在抽签过程中作弊,并对主办方提出质疑。

目标:找最能削弱上述市民的质疑的选项。

要求削弱市民的质疑,就要证明即便"李祥"这个名字连续4个月中签,也没有人在抽签过程中作弊。

选项A,"监督"和"作弊"是两个概念,有监督也不代表就没有作弊,如考场上有老师监考,但是依然有人打小抄,排除。

选项B,说明即便"李祥"这个名字连续4个月中签,也不等于某个叫李祥的申请者连续4个月中签,之所以"李祥"这个名字中签率高,不是因为作弊,而是因为在所有的申请者中,"李祥"这个名字本身所占的比例就高,这就有力地削弱了上述市民的质疑,入选。

选项C,无关选项,不同的个体之间没有关系,排除。

选项D,说明曾有一段时间,家长给孩子取名不回避重名,但是并没有进一步说明,"李祥"这个名字连续4个月中签是因为重名的问题,削弱力度不足,排除。

选项E,即便"被赋予一个不重复的编码",也不能排除作弊的可能,题目需要解释的恰恰就是为什么编码不一样,但有的名字的编码中签概率高。选项E不能削弱此种质疑,排除。

65.【答案】C。

【考点分析】论证推理——削弱型

【解析】题干由拥有AA型和AG型基因类型的人都在上午11时之前去世,而拥有GG型基因类型的人几乎都在下午6时左右去世,得出结论:GG型基因类型的人会比其他人平均晚死7个小时。但是,小时的具体量化比起年、月、日来就显得不那么重要,比如,有人虽然是在上午11时去世,可是这个上午11时是很多年后的11时,此种情况下,题目的推理就会存在明显的漏洞。

选项A,谈到拥有GG型基因类型的实验对象容易患上心血管疾病,但是所得的疾病是否和死亡有关,题干并没有涉及,排除。

选项B,无关选项,"有些人"指代不明,不能确定这些人是哪种基因类型的人,排除。

选项C,该项说明比较死亡的具体时刻是没有意义的,最能质疑研究人员的观点,入选。

选项 D,题干结论并不研究平均寿命,而仅仅说的是早死或者晚死的问题,该项和题干论证无关,排除。

选项 E,无关选项,生理节律感应阶段和题干论证无关,排除。

【做题要领】下午 6 时对应上午 11 时,不一定是晚 7 个小时,也可能是早 17 个小时。

66. 【答案】C。

【考点分析】论证推理——削弱型

【解析】题干由"商家以商品已作特价处理、商品已经开封或使用等理由拒绝退货"得出结论:"7 天内无理由退货"这项规定出台后并未得到顺利执行。

目标:找质疑商家阻挠退货的理由的选项,即要找指出商家阻挠退货的理由不成立的选项。

选项 A,质量没有保证也可以 7 天内无理由退货,不能削弱,反倒有支持商家的可能性,排除。

选项 B,证明"开封验货"不能作为阻挠退货的理由,有一定的削弱作用,但是因开封而被拒绝退货仅仅是商家阻挠退货的借口之一,该项并没有涉及其他情况,因此,该项的削弱力度未必是最强的,待选。

选项 C,指出商品一旦开封或使用了,即使不存在问题,消费者也可以选择退货,割裂了开封或使用和退货之间的关系,属于断开因果关系的削弱方式,削弱力度较强,而且选项既涉及了"开封"又涉及了"使用",比选项 B 的削弱更为全面,入选。

选项 D,主观性选项,对题干既不能加强也不能削弱,排除。

选项 E,不符合"7 天内无理由退货"的规定,不能质疑商家阻挠退货的理由,排除。

67. 【答案】C。

【考点分析】论证推理——削弱型

【解析】专家的观点:机器人战争技术的出现可以使人类远离危险,更安全、更有效率地实现战争目标。最有效的削弱思路是,指出机器人战争技术的出现未必会使人类远离危险。

选项 A,无关选项,"人类是否掌控机器人"与题干论证无关,排除。

选项 B,指出机器人战争技术让战争变得更为人道,支持了题干中专家的观点,排除。

选项 C,指出将来战争的发生会更为频繁也更为血腥,证明机器人战争技术的出现未必会使人类远离危险,可以削弱题干中专家的观点,入选。

选项 D,指出机器人战争技术只会让部分国家远离危险,对题干有一定的支持作用,按照该项的说法,还是有一部分国家能远离危险的,排除。

选择 E,指出机器人战争技术要消耗更多资源,破坏生态环境,有恶果,但是和题干中专家的观点无关,排除。

68. 【答案】B。

【考点分析】论证推理——削弱型

【解析】"理性计算"的观点:在拥堵的车流中,只要有"加塞"的,你开的车就一定要让着它;你开着车在路上正常直行,有车不打方向灯在你近旁突然横过来要撞上你,原来它想要变道,这时你也得让着它。

目标:找不能质疑上述"理性计算"的观点的选项。

选项 A,指出"理性计算"会助长歪风邪气,削弱了"理性计算"的观点,排除。

选项 B,说明如果不让会有许多麻烦,也就是说还是需要让的,因此不能削弱,待选。

选项 C,说明有些事很难躲过,因此"理性计算"是没有意义的,有削弱作用,排除。

选项 D,指出"理性计算"会给行车带来极大的危险,有削弱作用,排除。

选项 E,指出即使碰上也有办法解决,因此说明没有必要"理性计算",有削弱作用,排除。

综上所述,选项 B 正确。

【做题要领】要注意问题是"以下除哪项外,均能质疑上述'理性计算'的观点",也就是需要用排除法,把能削弱"理性计算"的观点的选项排除,剩下的选项即为符合题意的答案。

69.【答案】C。

【考点分析】论证推理——削弱型

【解析】由题干信息可知:

论据:伽马射线只用了 4.8 分钟就穿越了黑洞边界,而光需要 25 分钟才能走完这段距离。

结论:天文学家提出,光速不变定律需要修改了。

目标:找最能质疑上述天文学家所做的结论的选项。

题干要求找最能质疑天文学家所做的结论的选项,也就是要证明"光速不变定律不需要修改"。题干的结论来源于某实验,如果能够证明这个实验的结果有误,或者这个实验的结果和题干的结论之间没有逻辑关系,就可以削弱题干论证。

选项 A,指出"光速不变定律已经历过去多次实践检验,没有出现反例",但是,没有出现反例不代表反例不存在,不能质疑,排除。

选项 B,指出"天文观测数据可能存在偏差",但"可能"让该项的削弱力度大打折扣,排除。

选项 C,指出"要么天文学家的观测有误,要么有人篡改了天文观测数据",这两点都可以说明观测数据不可信。如果天文学家的观测有误,那么从错误的论据不能得出题干结论;如果有人篡改了天文观测数据,那么虚假的论据就更不能得出题干结论,入选。

选项 D,指出"或者光速不变定律已经过时,或者天文学家的观测有误",并不能一定推出光速不变定律不需要修改,在选项 D 这个相容选言命题中,如果证明了"天文学家的观测无误"这一命题为真,那么一定能够得出"光速不变定律已经过时",这样不仅不能削弱,还有支持天文学家观点的可能性,排除。

选项 E,指出如果天文学家的观测没有问题,光速不变定律就需要修改,等价于,天文学家的观测有问题∨光速不变定律需要修改,并不能证明光速不变定律不需要修改,排除。

【做题要领】这道题目本身难度不大,但是需要考生认真地化简选项之间的逻辑关系,这种需要化简才能得出正确答案的题目在最近几年的考试中是比较常见的。

专题二 削弱型题目

70. 【答案】D。

【考点分析】论证推理——削弱型

【解析】田先生认为,给老旧的笔记本电脑换装固态硬盘可以大幅提升使用者的游戏体验。

目标:找最能质疑田先生的观点的选项。

要质疑田先生的观点,就要证明"给老旧的笔记本电脑换装固态硬盘未必能大幅提升使用者的游戏体验"。

选项A,有削弱作用,指出电脑运行速度缓慢是因为一些笔记本电脑使用者的使用习惯不好,换了固态硬盘也未必可以解决电脑运行速度慢这个问题,待选。

选项B,"销售固态硬盘的利润"与题干论证无关,排除。

选项C,有削弱作用,给老旧笔记本换装硬盘费用不低,说明计划的可行性受到了质疑,待选。

选项D,指出使用者的游戏体验很大程度上取决于笔记本电脑的显卡,因而和固态硬盘无关,即使换装固态硬盘也无济于事,用了断开因果关系的方法来削弱题干论证,削弱力度最强,入选。

选项E,田先生认为大部分笔记本电脑运行速度慢不是因为CPU性能太差、内存容量太小,而该项指出可能有一些笔记本电脑运行速度慢确实是因为CPU性能差、内存小,该项有可能是基于特例的以偏概全,有削弱作用,但是削弱力度不够,排除。

71. 【答案】C。

【考点分析】论证推理——削弱型

【解析】只有选项C能证明,匿名评审是有必要的,因此不能放弃匿名评审而直接使用新医学信息,入选。

72. 【答案】D。

【考点分析】论证推理——削弱型

【解析】由题干信息可知:

论据:幸福或不幸福并不意味着死亡的风险会相应地变得更低或更高。

结论:不幸福本身并不会对健康状况造成损害。

目标:找最能质疑研究人员的论证的选项。

要质疑研究人员的论证,就要证明"不幸福会对健康状况造成损害"。

选项A,指出准确断定被调查对象的幸福程度有一定的难度,对题干有一定的削弱作用,但是没有明确指出"不幸福"和"健康状况"之间的关系,排除。

选项B,用特例来说明"不幸福也能长寿",对题干有一定的支持作用,排除。

选项C,证明有些健康状况不好的人也很幸福,削弱力度有限,排除。

选项D,题干论证中的论据是"死亡的风险",结论是"健康状况",很显然,题干的论证假设了,死亡风险的高低意味着健康状况的好坏。选项D如果为真,则说明这一假设不成立,因此,有力地质疑了题干的论证,入选。

选项E,该项提及的"少数个体死亡风险的高低难以进行准确评估"不影响整体情况的判断,排除。

【做题要领】削弱的方法有很多种,如削弱结论、削弱论证方式、削弱论据等,本题所采用的方法是削弱题干的隐含假设,使得题干论证的结论无法得出。

73.【答案】A。

【考点分析】论证推理——削弱型

【解析】由题干信息可知:

论据:去医院治疗冠心病、骨质疏松等病症的年轻人越来越多。

结论:该国年轻人中"老年病"发病率有不断增加的趋势。

目标:找最能质疑上述调研结论的选项。

要质疑调研结论,就要证明去医院治疗的人多也未必推出发病率高。

选项A,证明了30～45岁的人在增多,所以即便去医院就诊的年轻人人数增多,在计算发病率时,也要考虑分母的增长,如果分母增长的速度超过分子增长的速度,如以前该国年轻人有10万人,其中有1 000人得"老年病"去医院就诊,现在随着年轻人的增多,年轻人数量增长到30万,其中有2 000人得"老年病"去就诊,那么之前的发病率是1%,现在的发病率是0.7%。可见,就诊人数增多,发病率未必增加,入选。

选项B,无关选项,题干没有提及"医疗保障水平",排除。

选项C、D、E,涉及的均是老年人的情况,和题干无关,排除。

74.【答案】C。

【考点分析】论证推理——削弱型

【解析】由题干信息可知:

专家论断:未来智能导游必然会取代人工导游,传统的导游职业行将消亡。

要质疑专家论断,只需说明未来智能导游不会取代人工导游即可。

选项A,"市场还没有培养出用户的普遍消费习惯"不代表未来不能培养,不能质疑专家论断,排除。

选项B,说明智能导游APP推广还有些问题待解决,但不能说明未来不能解决,不能质疑专家论断,排除。

选项C,指出好的人工导游的一些优势是智能导游APP难以企及的,直接说明智能导游不会取代人工导游,入选。

选项D,指出人工导游退出市场需要一定的时间,说明未来传统的导游职业行将消亡,只是时间问题,一定程度上支持了专家论断,排除。

选项E,指出中国出境游客因为语言和文化上的差异,对智能导游APP的需求比较强烈,一定程度上支持了专家论断,排除。

【做题要领】(1)学会定位。问题要求质疑专家论断,根据结构词"有专家就此提出"可知,结构词后面即为专家论断。

(2)学会分析论证结构及核心词。

专题二 削弱型题目

75.【答案】D。

【考点分析】论证推理——削弱型

【解析】由题干信息可知：

论据:爱笑的老人对自我健康状态的评价往往较高。

结论:爱笑的老人更健康。

目标:找最能质疑上述调查者的观点的选项。

论据指出"爱笑的老人"和"对自我健康状态的评价"之间的关系,结论指出"爱笑的老人"和"健康"之间的关系。因此只需割裂"对自我健康状态的评价"和"健康"之间的关系即可质疑论证。

选项A,搭建的是"病痛"和"对自我健康状态的评价"之间的关系,和论证核心词不匹配,排除。

选项B,搭建的是"良好的家庭氛围"和"健康"之间的关系,和论证核心词不匹配,排除。

选项C,搭建的是"性别"和"爱笑"之间的关系,和论证核心词不匹配,排除。

选项D,直接割裂了"对自我健康状态的评价"和"健康"之间的关系,最能质疑题干论证,入选。

选项E,搭建的是"乐观"和"长寿"之间的关系,和论证核心词不匹配,排除。

【做题要领】(1)学会定位。根据结构词"他们由此认为"便可将论证定位于其前后的两句话。

(2)学会分析论证结构及核心词。

76.【答案】B。

【考点分析】论证推理——削弱型

【解析】由题干信息可知：

方法:大力推广阔叶树,并尽量减少针叶林面积。

目的:降尘。

要削弱题干论证,只要说明方法达不到目的即可。

选项A,治理其他污染物和题干论证的目的无关,排除。

选项B,说明推广阔叶树无法达到降尘的目的,直接说明方法达不到目的,削弱力度最强,入选。

选项C,指出其他方法也可以达到降低城区的PM2.5的目的,但并不能质疑题干的方法,排除。

选项D,阔叶树的养护成本和题干论证无关,只要其能达到降尘的目的即可,排除。

选项E,提及的是针叶树的劣势,无法削弱题干论证,排除。

77.【答案】A。

【考点分析】论证推理——削弱型

【解析】由题干信息可知：

论据:寻路任务中得分较高者其嗅觉也比较灵敏。

结论:一个人空间记忆力好、方向感强,就会使其嗅觉更为灵敏。

目标:找最能质疑该教授的上述推测的选项。

选项A,该项指出是因为嗅觉好才导致方向感强,因果倒置,但是该项的缺点是其提到的是"动物"。

选项E,"玩对方向感要求较高的电脑游戏"未必方向感就好。并且,"食不知味"不管指的是"味觉不好"还是过分投入,对吃东西没有兴趣,都与题干中的"嗅觉"无关。

综上所述,选项A的因果倒置相对最好,入选。

78. 【答案】B。

【考点分析】论证推理——削弱型

【解析】由题干信息可知:

论据:很多老年人仍然习惯传统的现金交易。

结论:移动支付的迅速普及会将老年人阻挡在消费经济之外,从而影响他们晚年的生活质量。

目标:找最能质疑上述专家的论断的选项。

削弱型题目中最强的削弱方式是"唱反调"。

选项B,指出不会移动支付并没有影响老年人晚年的生活幸福,削弱力度最强,入选。

选项D,虽然有老年人学会了移动支付,但是会不会影响其晚年的生活质量不得而知,比如老年人虽然会移动支付,但是支付的时候看不清屏幕、支付的时候没有网络等,那依然可能影响晚年的生活质量,因此选项D的削弱力度不如选项B。

79. 【答案】A。

【考点分析】论证推理——削弱型

【解析】选项A,表明抄袭的情况并不存在,反而是他人抄自己,削弱力度最强,入选。

选项B、C、D、E,都犯了以人为据的逻辑谬误,排除。

80. 【答案】E。

【考点分析】论证推理——削弱型

【解析】由题干信息可知:

论据:某医学专家提出手指自我检测法,即将双手放在眼前,把两个食指的指甲那一面贴在一起,正常情况下,应该看到两个指甲床之间有一个菱形的空间;如果看不到这个空间,则说明手指出现了杵状改变,这是患有某种心脏或肺部疾病的迹象。

结论:人们通过手指自我检测能快速判断自己是否患有心脏或肺部疾病。

要质疑专家的论断,就要证明:人们通过手指自我检测并不能判断自己是否患有心脏或肺部疾病。

选项A,证明杵状改变真的可能和肺部疾病有关,有支持作用,排除。

选项B,只是"有些",削弱力度不足,排除。

选项C,证明专业性不够,有削弱作用。

选项D,说明第一个阶段的畸变不足以判断人体是否有病变,有削弱作用。

选项E,表明杵状改变是过量血液注入导致的,但是原因未知,所以不能用杵状改变来判断是否患有心脏或肺部疾病,削弱力度最强,入选。

81. 【答案】D。

【考点分析】论证推理——削弱型

【解析】专家的观点:多吃猪蹄其实并不能补充胶原蛋白。

削弱型题目中最强的削弱方式是"唱反调",即证明吃猪蹄可以补充胶原蛋白。

选项D,指出吃猪蹄可以补充胶原蛋白,质疑了上述专家的观点,入选。

82. 【答案】C。

【考点分析】论证推理——削弱型

【解析】专家的主张:这类教育影视剧只能贩卖焦虑,进一步激化社会冲突,对实现教育公平于事无补。

削弱型题目中最强的削弱方式是"唱反调"。

选项C,说明教育影视剧可能影响国家教育政策,并不是一无是处,入选。

83. 【答案】E。

【考点分析】论证推理——削弱型

【解析】科学家的观点:如果将延长线虫寿命的科学方法应用于人类,人活到500岁就会成为可能。

削弱型题目中最强的削弱方式是"唱反调",本题只需要证明,即使将延长线虫寿命的科学方法应用于人类,人类也活不到500岁。本题指出人类和线虫的区别,或者实验方法不可行都可以削弱。

选项E,说明人类至多只能活到200岁,200岁以后寿命基本不可能再延长,质疑了上述科学家的观点,入选。

 加强型题目

考查点 1 加强

1. 【答案】C。
   【考点分析】论证推理——加强型(加强)
   【解析】由题干信息可知：
   问题中的"上述观点"，即文理分科导致自然科学与人文社会科学的割裂→科普类图书的读者市场没有真正形成→国外一些畅销科普读物在国内并不畅销。
   选项A，提及"有些"，论证作用不强，一般不作为支持或削弱题干的选项，排除。
   选项B、D、E，都没有涉及"文理分科"的问题，排除。
   选项C，该项中的"缺乏理科背景"正是对"文理分科"的佐证，说明正是因为"文理分科"，导致非自然科学工作者对科学不感兴趣，加强了上述观点，入选。

2. 【答案】E。
   【考点分析】论证推理——加强型(加强)
   【解析】由题干信息可知：
   张教授的观点：古遗址有许多未解之谜待破译→先保护起来，暂不宜修复和进行旅游开发。
   目标：找最能加强上述张教授的观点的选项。
   选项A，只说明了什么样的人才能参与修复古遗址，但并未提及古遗址是否应当修复，不能加强张教授的观点，排除。
   选项B、C，与题干论证不密切，不能加强张教授的观点，排除。
   选项D，可以加强张教授的观点，但无助于具体说明为什么不宜修复古遗址和进行旅游开发，排除。
   选项E，意在说明在缺乏研究的情况下匆忙修复古遗址，可能会造成不可弥补的破坏，因此应该将古遗址先保护起来，而不是修复，加强了张教授的观点，入选。

   【做题要领】张教授的出发点是保护古遗址，所以应当从保护古遗址的角度入手，寻找支持先保护而并非先修复的选项。

3. 【答案】E。
   【考点分析】论证推理——加强型(加强)
   【解析】由题干信息可知：
   结论：乘飞机出行越来越安全。
   选项A，指出"死里逃生"的概率比以前提高了，能够加强上述结论，排除。

选项 B,指出"航空公司加强对机组人员的安全培训",表明机组人员防范和处置安全风险的能力提升,能够加强上述结论,排除。

选项 C,指出"空中交通控制系统更加完善",表明飞行技术更好,意味着遇到危险,飞行员可能处理得更好,从而能降低事故发生率,能够加强上述结论,排除。

选项 D,指出"避免'机鸟相撞'的技术与措施日臻完善",能够减少事故发生,能够加强上述结论,排除。

选项 E,题干提及的是"飞机出行"自身的纵向比较,而非"飞机和汽车"的横向比较,"越来越安全"强调的是自身的发展,故不能加强上述结论,入选。

4. 【答案】E。

【考点分析】论证推理——加强型(加强)

【解析】由题干信息可知:

结论:小庄打算参加研究生入学考试,所以,小庄一定得参加英语辅导班。

"一定"说的是无之不可,也就是说参加英语辅导班是必要条件。

选项 A,断定参加英语辅导班是通过研究生入学考试的充分条件,对题干论证的加强力度不如必要条件强,排除。

选项 B,参加英语辅导班→参加研究生入学考试,与题干不一致,排除。

选项 C,对参加英语辅导班加以否定,是对题干论证的削弱,排除。

选项 D,对参加英语辅导班进行了否定,是对题干论证的削弱,排除。

选项 E,断定参加英语辅导班是通过研究生入学考试的必要条件,对题干论证的加强力度最大,入选。

【做题要领】区分"必要条件"和"充分条件",将命题转化并进行判断。

5. 【答案】A。

【考点分析】论证推理——加强型(加强)

【解析】选项 A,该项可刻画为,拥有名校的博士学位∧在海外研究机构有超过一年的研究经历→高校教师。题干中王刚的特点是拥有名校的博士学位∧在海外某研究机构有超过一年的研究经历,因此,由假言命题推理规则中的"肯定前件可以推知后件"可知,他一定是高校教师。

6. 【答案】B。

【考点分析】论证推理——加强型(加强)

【解析】题干条件可联立为:(¬故障∧¬劫持)→被导弹击落→被卫星发现→向媒体公布。要想得到"飞机被恐怖组织劫持了"这一结论,根据假言命题的推理规则可知,需补充的条件为,¬向媒体公布∧¬客机故障。

7. 【答案】A。

【考点分析】论证推理——加强型(加强)

【解析】题干中的推理为三段论推理,需要补充一个前提。题干中需要补充的两个概念分别为,高校教师和具有很高的水平,排除选项 D、E。由三段论的推理规则可知,需要补充的是一个全称肯定命题,排除选项 B、C。

因此,正确答案为选项 A。

8. 【答案】E。

【考点分析】论证推理——预设

【解析】由题干信息可知:

论据:人类有直觉、多层次抽象等独特智能,计算机已经具备一定的学习能力,但完全的自我学习能力还有待进一步发展。

结论:计算机要达到甚至超过人类的智能水平是不可能的。

目标:找上述论证的预设。

选项 A,无关选项,题干没有提及计算机是否能够理解人类的感情,排除。

选项 B,"人类复杂的社会关系"题干中没有涉及,该项与题干论证无关,排除。

选项 C,说明计算机如果具备完全的自我学习能力,就有可能达到甚至超过人类的智能水平,削弱了题干的论证,不可能是题干论证的预设,排除。

选项 D,指出"计算机可以形成自然进化能力",如果选项 D 为真,那么计算机就有可能达到甚至超过人类的智能水平,和题干的观点相悖,排除。

选项 E,断定直觉、多层次抽象等这些人类的独特智能无法通过学习获得。因此,尽管现代计算机已经具备了一定的学习能力,并且能发展此种能力,也不可能达到或超过人类的智能水平。选项 E 如果为真,则由题干的论据就能推出其结论,因此,选项 E 最可能是题干论证的预设。

【做题要领】这道题是近年考试中比较少见的,要做这道题目,首先要明白什么是预设。预设通常指命题中的"隐含判断",是可以从题干中合理推断的,也就是交际过程中双方共同接受的东西。预设可以是某一个判断、某一个推理、某一个论证有意义的前提。如果没有某预设,那么某判断、某推理、某论证无意义。对于命题而言,预设的真假是其能否成立的前提条件。大家一定要看清楚题目要求找的是"预设"还是"假设"!

9. 【答案】A。

【考点分析】论证推理——预设

【解析】由题干信息可知:

论据:生物燃料可以替代由石油制取的汽油和柴油,许多国家日益重视生物燃料的发展。

结论:应该大力开发和利用生物燃料。

目标:找张教授论证的预设。

选项 A,张教授断定,许多国家日益重视生物燃料的发展,其目的之一是应对世界石油资源短缺,这显然预设了,发展生物燃料可有效降低人类对石油等化石燃料的消耗。因此,选项 A 最可能是张教授论证的预设。

选项 B、D,均指出发展生物燃料的恶果,削弱了张教授的论证,排除。

选项 C,指出生物燃料是现代社会能源供给体系的适当补充,但是"适当补充"是否能够得出"发展生物燃料可有效降低人类对石油等化石燃料的消耗"未知,排除。

选项 E,指出目前我国生物燃料的开发和利用已经取得很大成绩,这依然不能推知是否可以"有效降低人类对石油等化石燃料的消耗",排除。

10. 【答案】C。

【考点分析】论证推理——加强型(加强)

【解析】由题干信息可知:

论据:(1)未来 10 年,美国、加拿大、德国等主要发达国家对高层次人才的争夺将进一步加剧;(2)发展中国家的高层次人才紧缺状况更甚于发达国家。

结论:我国高层次人才引进工作急需进一步加强。

目标:找最能加强上述专家论证的选项。

要加强上述专家论证,就要建立我国和发展中国家的关系。

选项 C,如果为真,则说明我国是发展中国家,结合论据(2)可以说明,我国的高层次人才紧缺状况更甚于发达国家,支持"我国高层次人才引进工作急需进一步加强"的结论。

选项 E,指出我国近年来引进的领军人才数量不及美国等发达国家,"领军人才"不等同于"高层次人才",说明不了我国高层次人才紧缺,所以加强力度不如选项 C,排除。

【做题要领】一定要警惕核心概念被偷换。

考查点 2 假设

1. 【答案】A。

【考点分析】论证推理——加强型(假设)

【解析】由题干信息可知:

论据:日常生活必需品平均价格增长了 30%,但是购买日常生活必需品的开支占家庭平均月收入的比例并未发生变化。

结论:过去三年家庭平均收入一定也增长了 30%。

目标:找上述论证的假设。

选项 A,认为"在过去的三年中,平均每个家庭购买的日常生活必需品数量和质量没有变化"。如果选项 A 不成立,则实际情况可能是:过去三年家庭平均收入没有增长,购买日常生活必需品的开支占家庭平均月收入的比例也未发生变化,但为了应对日常生活必需品平均价格的增长,家庭不得不减少所购买的日常生活必需品的数量,或者降低所购买的日常生活必需品的质量。在上述情况下,题干的论证不成立。因此,为使题干的论证有说服力,选项 A 是需要假设的。

选项 B、C、D、E,均不是题干论证的假设,排除。

【做题要领】寻找假设,需要找出论据和结论之间的桥梁。

本题涉及比例问题,要梳理题干中比例的分子和分母,分子(日常生活必需品的数量×必需品价格)增大,分母(家庭收入)增大的同时要保证分值不变,价格和收入增加,就需其他部分(日常生活必需品数量占比)也不能变。

2.【答案】A。

【考点分析】论证推理——加强型(假设)

【解析】由题干信息可知:

论据:照片总是反映物体某个侧面的真实而不反映全部的真实。

结论:在目前的技术条件下,以照片作为证据是不恰当的,特别是在法庭上。

目标:找上述论证的假设。

要使题干的论证成立,显然需要假设:不完全反映全部真实的东西不能成为恰当的证据。因此,正确答案是选项A。

【做题要领】在论据和结论之间建立联系,属于"搭桥",能在题干信息之间建立联系即可。

3.【答案】C。

【考点分析】论证推理——加强型(假设)

【解析】由题干信息可知:

(1)一周工作五天,除非这周内有法定休假日,可以化简为,这周内有法定休假日←一周不工作五天,等价于,这周内没有法定休假日→一周工作五天;

(2)周五在志愿者协会上班,其余四天肖群都在大平保险公司上班;

(3)上周没有法定休假日。

由条件(3)和条件(1)可推出,肖群上周上了五天班;再结合条件(2)可推出,上周肖群有四天在大平保险公司上班,但不能推出这四天分别是周几。要推出"上周的周一、周二、周三和周四肖群一定在大平保险公司上班"这一结论,还必须假设上周的周六和周日肖群没有上班,即选项C。

4.【答案】E。

【考点分析】论证推理——加强型(假设)

【解析】由题干信息可知:

论据:以前做的海鸟标本的羽毛中,汞的含量仅为目前同一品种活鸟的羽毛汞含量的一半,且海鸟羽毛中汞的累积是海鸟吃鱼所导致。

结论:现在海鱼中汞的含量比100多年前要高。

目标:找上述论证的假设。

题干的推理明显存在漏洞,即有可能存在别的原因导致保存了100多年的海鸟标本的羽毛中汞含量降低,如果这样的话,题干的结论便不能得出。

选项 A,是否处于相同的年龄段对题干结论影响不大,排除。

选项 B,海鱼的汞含量取决于什么对题干论证影响不大,排除。

选项 C,如果为真,则题干结论推不出,排除。

选项 D,如果为真,则说明现在海鸟羽毛中汞含量更高的原因可能是吃的海鱼更多,削弱了题干结论,排除。

选项 E,说明没有他因导致保存了 100 多年的海鸟标本的羽毛中汞含量降低,即题干中的因是唯一的因,应当假设,入选。

5.【答案】A。

【考点分析】论证推理——加强型(假设)

【解析】由题干信息可知:

论据:发达国家和不发达国家工业垃圾掩埋带来的污染问题少。

结论:H 国是中等发达国家,它目前面临的由工业垃圾掩埋带来的污染在五年后会有实质性的改变。

选项 A,建立了联系,即在五年内成为发达国家,则工业垃圾掩埋带来的污染问题会有实质性的改变,入选。

选项 B、D,要想使推理成立就必须建立因果关系,即 H 国要么退回到不发达状态,要么变成发达国家,因此选项 B、D 排除。

选项 C、E,分别说明了发达国家解决垃圾问题的两种可能性中的一种,而这种可能性是可以不出现的,因此选项 C、E 不必要假设。

【做题要领】首先,寻找题干中的论据与结论;其次,在选项中寻找可以在论据与结论之间建立联系的选项。

6.【答案】C。

【考点分析】论证推理——加强型(假设)

【解析】由题干信息可知:

论据:大部分中国儿童把牛和青草归为一类,把鸡归为另一类;大部分美国儿童则把牛和鸡归为一类,把青草归为另一类。

结论:中国儿童习惯于按照事物之间的关系来分类,美国儿童则习惯于把事物按照各自所属的"实体"范畴进行分类。

要根据"大部分美国儿童把牛和鸡归为一类,把青草归为另一类",得出结论"美国儿童习惯于把事物按照各自所属的'实体'范畴进行分类",必须假设"美国儿童只要把牛和鸡归为一类,就是习惯于按照各自所属的'实体'范畴进行分类"。因此,选项 C 必须假设。

选项 D 不是必须假设的,因为题干并没有断定美国儿童不习惯于按照事物之间的关系来分类,也没有断定,如果习惯于按照各自所属的"实体"范畴进行分类,就不习惯于按照事物之间的关系来分类。同理,选项 E 也不是必须假设的。

选项 A,题干没有提及该项中的"马",如果将"马"改成"牛",则也是题干必须假设的。

选项 B,"鸭""鸡蛋"与题干论证无关,排除。

7.【答案】E。

【考点分析】论证推理——加强型(假设)

【解析】由题干信息可知:黑脉金蝴蝶幼虫就是采用"先折断含毒液的乳草属植物的叶脉,使毒液外流,再食入整片叶子"的方式以有毒的乳草属植物为食物来源,直到它们发育成熟。

选项 A,"有毒植物是多种幼虫的食物来源"与题干论证无关,排除。

选项 B,不必须假设,即使乳草属植物不适合其他幼虫食用,也不能说明黑脉金蝴蝶幼虫就会以乳草属植物为食,排除。

选项 C,不必须假设,因为即使黑脉金蝴蝶幼虫能以其他有毒植物为食物来源,题干结论仍然可以成立。

选项 D,不必须假设,因为即使黑脉金蝴蝶幼虫能以其他有毒植物为食物来源,题干结论仍然可以成立。

选项 E,必须假设,否则黑脉金蝴蝶幼虫不能采用这种方式以有毒的乳草属植物为食物来源,题干结论将不能成立,入选。

【做题要领】解假设题可以通过"加非验证"的方式,如果不假设,结论依旧可以成立,那么为不必须假设;如果不假设,结论就不能成立,则为必须假设。

8.【答案】A。

【考点分析】论证推理——加强型(假设)

【解析】由题干信息可知:马家村施用粪肥→马家村获得了良好效果。

选项 A,说明有足够的粪肥来源用于农田施用,否则"施用粪肥"就无法实施,因此必须假设,入选。

选项 B、C、D,"马家村更善于田间管理""马家村学习降低生产成本的经验""马家村用污水软泥代替化肥"与题干论证无关,不必须假设,排除。

选项 E,加强了结论,但即使该项为假,题干论证也可以成立,不必须假设,排除。

9.【答案】B。

【考点分析】论证推理——加强型(假设)

【解析】由题干信息可知:

论据:1979 年之前,摩西地区没有发现大象进入山洞;1979 年,摩西地区发现有一只大象进入山洞;到 2006 年,整个大象群在洞穴内或附近度过其大部分冬季。

结论:大象能够接受和传授新的行为,而这并不只是由遗传基因所决定的。

目标:找上述论证的假设。

选项 A、C、E,与题干论证无关,不必须假设,排除。

选项 B,如果不假设,则说明大象群在数十年出现的新的行为可能是由遗传基因所决定的,那么就不能推出结论,因此必须假设,入选。

选项 D,过度假设,并不需要假设群体行为都不受遗传影响,只要有些群体行为没有受到遗传影响而且是在接受和传授新的行为即可,排除。

【做题要领】这道题需要认真辨析选项 D。大象的群体行为可以受遗传影响,但是只要题干中提到的行为不是受遗传影响,就可以证明大象能够接受和传授新的行为,而这并不只是由遗传基因所决定的。过度假设的选项一般不是正确答案。

10. 【答案】E。

【考点分析】论证推理——加强型(假设)

【解析】题干包括两个论证。

论证 1:

论据:①知识符合逻辑,而想象力无章可循;②知识的本质是科学,想象力的特征是荒诞。

结论:人在获得知识的过程中,想象力会消失。(知识和想象力不相容)

论证 2:

论据:①想象力和知识是天敌;②有想象力才能进行创造性劳动。

结论:上学(获得知识)后,大多数人不能进行创造性劳动。

题干论证结构如下图所示。

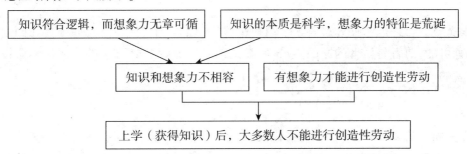

复选项Ⅰ,需要假设,否则就不可能根据"知识的本质是科学,想象力的特征是荒诞"得出"知识和想象力不相容"。

复选项Ⅱ,需要假设,否则就不能根据"知识符合逻辑,而想象力无章可循"得出"知识和想象力不相容"。

复选项Ⅲ,需要假设,如果大脑被知识占据后消失的想象力可以重新恢复,题干的结论就不能成立。

因此,正确答案为选项 E。

11. 【答案】B。

【考点分析】论证推理——加强型(假设)

【解析】由题干信息可知:

论据:我(总裁)不喜欢被前任总裁批评的感觉。

结论:我(总裁)不会批评我的继任者。

搭桥:只有继任者喜欢被批评的感觉,才会批评继任者。

选项 A,指出当遇到该总裁的批评时,他的继任者和他的感觉不完全一致,如果感觉不完全一致,那就无法从我的感受推及继任者的感受,不能加强题干论证,排除。

选项 B,在论据和结论之间搭桥,入选。

选项 C、D、E,都没有在论据和结论之间搭桥,排除。

12. 【答案】D。

 【考点分析】论证推理——加强型(假设)

 【解析】由题干信息可知:

 论据:行为痴呆症患者大脑组织中往往含有过量的铝,硅化合物可以吸收铝。

 结论:硅化合物可以用来治疗行为痴呆症。

 选项 A,强调含铝量高,但具体数量不发生变化,并未涉及论证关系,没有支持作用,排除。

 选项 B,指出硅化合物不会产生副作用,事实上,就算其会产生副作用,但是如果副作用比行为痴呆症病症轻,则仍然可以用,有支持作用,但未必是无之必不可的假设,待选。

 选项 C,硅化合物的具体数量与行为痴呆症患者年龄的关系与题干论证无关,排除。

 选项 D,假设过量的铝是导致行为痴呆症的原因,保证了因果关系成立,才能说明硅化合物吸收铝可以治疗行为痴呆症,相当于通过排除因果倒置来支持,支持力度很强,入选。

 选项 E,若是过量的铝导致了行为痴呆症,只要保证其能治疗即可,病情严重程度与铝含量之间的关系不必假设,排除。

 【做题要领】行为痴呆症和患者大脑组织中含铝量高两个现象并存,如果存在因果关系,有两种可能:前者是后者的原因,或者后者是前者的原因。陈医生的论证显然假设:后者是前者的原因,前者是后者的结果。

13. 【答案】D。

 【考点分析】论证推理——加强型(假设)

 【解析】由题干信息可知:

 论据:在苏格兰的岩石中发现了一种可能生活在约 12 亿年前的细菌化石→地球上的氧气浓度增加到人类进化所需的程度这一重大事件发生在 12 亿年前,比科学家以前认为的要早 4 亿年。

 结论:让科学家重新理解地球大气以及依靠其为生的生命演化的时间表。

 目标:找科学家上述发现的假设。

 选项 A,题干只是说"氧气浓度增加到人类进化所需的程度大约在 8 亿年前",并不是说人类进化发生在大约 8 亿年前,排除。

 选项 B、C,与题干论证无关,排除。

 选项 D,该项化简为,细菌生存→大气中的氧气浓度增加到一个关键点,与题干逻辑关系一致,搭建了因果关系,入选。

 选项 E,该项化简为,¬ 细菌→¬ 人类=人类→细菌,与题干逻辑关系不一致,排除。

 【做题要领】本题需要在"发现细菌化石"与"氧气浓度增加"以及"时间表"之间建立因果关系。

14.【答案】C。

【考点分析】论证推理——加强型(假设)

【解析】由题干信息可知:限制农村人口进入大城市→仅靠发展大城市实际上无法实现城市化。

"仅靠……无法实现……"表示必要条件,即吸纳农村人口是实现城市化的必要条件,这需要假设:要实现城市化,就必须让城市充分吸纳农村人口。

因此,正确答案为选项C。

【做题要领】注意关键词的化简,而且要知道"必要条件"的关键词都有哪些。

15.【答案】D。

【考点分析】论证推理——加强型(假设)

【解析】由题干信息可知:研究人员发现,丘脑枕负责将外界的刺激信息分类整理,将人的注意力放在对行为与生存最重要的信息上→为缺乏注意力而导致的紊乱类疾病带来新疗法。

选项A,说明这一发现无法治疗不是由于缺乏注意力而导致的精神分裂症,而能否有新疗法未知,排除。

选项B,"视觉信息"不等同于"外界的刺激信息",核心概念不同,排除。

选项C,"视觉皮层区和丘脑枕区的通信"不等同于"外界的刺激信息",核心概念不同,排除。

选项D,说明了题干提及的丘脑枕对于人集中注意力的作用,丘脑枕是大脑处理信息时不可缺少的。显然,为使题干的论证有说服力,这是必须假设的,入选。

选项E,丘脑枕确保了信息通过不同神经集丛的一致性和行为相关性,与题干论证无关,排除。

【做题要领】要抓住"视觉信息"不等同于"外界的刺激信息"这一点,核心概念不同可快速排除一些选项,提高做题效率。

16.【答案】A。

【考点分析】论证推理——加强型(假设)

【解析】由题干信息可知:

论据:海水颜色能够让飓风改变方向。

结论:科学家可以根据海水的"脸色"判断哪些地区将被飓风袭击,哪些地区会幸免于难。

目标:找科学家做出判断所依赖的前提,也就是证明海水颜色和飓风方向之间真的有因果关系。

选项A,指出海水颜色与飓风移动路径之间存在某种相对确定的联系,搭桥法,说明确实能够通过海水颜色判断飓风方向,对题干有加强作用,待选。

选项B,指出海水温度升高会导致生成的飓风数量增加,但是没有建立海水颜色与飓风方向之间的关系,排除。

选项C,指出海水温度变化会导致海水改变颜色,但是不知海水改变颜色和飓风方向之间是否有关联,排除。

选项D,指出海水温度变化与海水颜色变化之间的联系尚不明朗,即使海水温度变化和海水颜色变化之间的联系明朗,也不知海水颜色和飓风方向之间的关系,排除。

选项E,指出全球气候变暖是最近几年飓风频发的重要原因之一。题干提及的是海水颜色与飓风方向之间的关系,不是和飓风频发的关系。而且题干断定全球气候变暖和海水变色有关,至多说明全球气候变暖和飓风方向有关,不能说明其和飓风频发有关,排除。

综上所述,如果选项A不成立,则海水颜色与飓风方向二者之间很可能仅是一种统计相关,事实上没有因果关系。因此,选项A最可能是科学家做出判断所依赖的前提。

【做题要领】假设题首选解题方法是要按照加强题去做,而加强题中最重要的思路就是"搭桥"。

17.【答案】A。

【考点分析】论证推理——加强型(假设)

【解析】由题干信息可知:

论据:行星内部含有放射性元素越多,其内部温度就会越高,这在一定程度上有助于行星的板块运动,而板块运动有助于维系行星表面的水体。

结论:板块运动可被视为行星存在宜居环境的标志之一。

目标:找科学家的假设。

题干的结论是"板块运动可被视为行星存在宜居环境的标志之一"。论据是"板块运动有助于维系行星表面的水体"。这一论证显然需要假设:行星如果能维系水体,就可能存在生命。因此,选项A是题干的假设,建立了题干论据和结论之间的关系,入选。

选项B,指出行星板块运动都是由放射性元素钍和铀驱动的。但是题干已经说明,放射性元素钍和铀有利于行星的板块运动,这一断定不必假设,排除。

选项C,指出行星内部温度越高,越有助于它的板块运动。但是题干已经指出,行星内部温度的提高,在一定程度上有助于行星的板块运动,这一关系已经存在,不必假设,排除。

选项D,如果没有水的行星也可能存在生命,那就没必要通过放射性元素去寻找水,继而寻找宜居星球,和题干推理不符,排除。

选项E,无关选项,"地外生命一定存在"与题干论证无关,排除。

18.【答案】D。

【考点分析】论证推理——加强型(假设)

【解析】题干根据食品支出占家庭月收入比例及食品价格的变化得出了关于收入的结论,选项D说明,过去的五年中,每个家庭年购买的食品数量没有变化,食品价格乘以数量才与支出相关,才能与收入建立因果关系,该项是题干论证的假设。

19.【答案】A。

【考点分析】论证推理——加强型(假设)

【解析】由题干信息可知:每次只从会议论文中挑选10%的论文作为会议交流论文,从而保证大会交流论文的质量。

选项A,如果为假,则收到的会议论文可能质量都不高,则不能通过从会议论文中挑选出10%的论文作为会议交流论文来保证大会交流论文的质量,入选。

选项D,是题干论证成立的一个假设,但假设过大,且与"从会议论文中挑选出10%的论文作为会议交流论文来保证大会交流论文的质量"无关,排除。

20.【答案】E。

【考点分析】论证推理——加强型(假设)

【解析】由题干信息可知:

论据:美国扁桃仁和"美国大杏仁"是两种完全不同的产品。尽管我国林果专家一再努力澄清,但学界的声音很难传达到相关企业和普通大众。

结论:必须制定林果的统一行业标准,这样才能还相关产品以本来面目。

目标:找上述论证的假设。

选项A,"美国扁桃仁和中国大杏仁外形相似"与题干论证无关,排除。

选项B,存在过度推理的嫌疑,因为题干没有提到"会扰乱我国企业正常的对外贸易活动",排除。

选项C,题干所讨论的问题和销量无关,排除。

选项D,主观性选项,排除。

选项E,如果不成立,则题干结论中的"必须制定林果的统一行业标准"这一陈述就没有意义,入选。

21.【答案】B。

【考点分析】论证推理——加强型(假设)

【解析】题干的假设通常会对题干起到加强作用,所以,做假设题的方法是先构建题目的逻辑主干。由题干信息可知:

牛师傅的看法:消费者在超市购买水果后,一定要清洗干净方能食用。

目标:找牛师傅看法所依赖的假设。

选项A,谈到了其他水果的情况,但是没有涉及题干中的"清洗"这个核心词,不足以加强题干论证,排除。

选项B,指出超市里销售的水果并未得到彻底清洗,如果超市里销售的水果确实没有得到彻底清洗,那清洗干净再食用就是有意义、有必要的,入选。

选项C,题干只是说到了在超市中购买回来的水果需要清洗,但是并未涉及什么样的农药才可能被清洗掉,该项提供的说法会支持一种可能,即没留下痕迹的农药清洗也没有用,那这个说法实际上就变成了对清洗的必要性的削弱,排除。

选项D,主观性选项,消费者是否在意属于主观想法,对题干既没有加强作用也没有削弱作用,排除。

选项E,理由同选项C,排除。

【做题要领】本题五个选项中,只有一个选项具有加强作用,所以本题是假设题中较为简单的。要注意如果选项中有不止一个具有加强作用的选项,那还要仔细区分这些选项中到底哪个选项才是题目的假设。

22.【答案】A。

【考点分析】论证推理——加强型(假设)

【解析】由题干信息可知:

钟医生的论证:如果研究者能放弃匿名评审的等待时间而事先公开其成果,我们的公共卫生水平就可以伴随着医学发现更快获得提高。因为新医学信息的及时公布将允许人们利用这些信息提高他们的健康水平。

目标:找钟医生论证所依赖的假设。

选项A,有加强作用,指出没有在杂志发表的信息依然会被人们使用,所以放弃等待时间确实可以使得新发现被及早使用,待选。

选项B,无关选项,"医学研究者不愿成为论文评审者"与题干论证无关,排除。

选项C,有削弱作用,如果首次发表于匿名评审杂志的新医学信息无法引起公众的注意,那是否放弃等待时间都不会使得新发现被及早使用,排除。

选项D,无关选项,"论文评审者本身并不是医学研究专家"与题干论证无关,排除。

选项E,仅谈到了部分医学研究者的情况,即便有加强作用,其力度也不是五个选项中最强的,排除。

因此,正确答案为选项A。

23.【答案】B。

【考点分析】论证推理——加强型(假设)

【解析】由题干信息可知:

论据:婴儿是地球上最有效率的学习者。

科学家的观点:设计出能像婴儿那样不费力气学习的机器人。

目标:找上述科学家观点的假设。

选项A,指出婴儿的大脑与其他动物幼崽不同,但这与题干的"机器人"无关,排除。

选项B,说明通过触碰、玩耍和观察等方式来学习是地球上最有效率的学习方式。而题干已经说明了婴儿的学习方式,即婴儿通过触碰、玩耍和观察等方式来学习,题干又说明了婴儿是地球上最有效率的学习者,选项B可以搭建起二者之间的逻辑关系,待选。

选项C,指出机器人的学习能力无法超过婴儿学习者,那也就是说无法设计出像婴儿那样不费力气学习的机器人,和题干论证不同,排除。

选项D,断言机器人智能有可能超过人类,无关选项,排除。

选项E,谈到了成年人和机器人都不能像婴儿那样毫不费力地学习,说明无法设计出像婴儿那样不费力气学习的机器人,和题干论证不同,排除。

在五个选项中,只有选项B对题干具有加强作用,入选。

【做题要领】本题较为简单,是送分题,直接搭桥即可。题目要求寻找假设,假设至少应该能够加强题干论证,在本题中,仅有一个选项具有加强作用,毫无疑问,不需要再做其他推断也能够断定这个唯一具有加强作用的选项即为题目要求的假设。

24.【答案】C。

【考点分析】论证推理——加强型(假设)

【解析】由题干信息可知:

论据:猫的大脑皮层神经细胞的数量只有普通金毛犬的一半。

结论:狗比猫更聪明。

很明显,论据说的是猫和狗的大脑皮层神经细胞的数量,结论说的是猫和狗的聪明程度。正确答案应该是同时提到论据和结论的核心词,即"大脑皮层神经细胞的数量"和"聪明程度"的选项。

选项A,该项说的是"脑神经细胞数量"和"爱交际"之间的关系,和论证核心词不匹配,排除。

选项B,并未提到论证核心词"大脑皮层神经细胞的数量"和"聪明程度",排除。

选项C,直接支持了题干论证,指出"大脑皮层神经细胞的数量"和"聪明程度"之间呈正相关,入选。

选项D,该项说的是在"对人类的贡献"这一方面猫和狗的比较,和论证核心词不匹配,排除。

选项E,该项提到的核心词是"脑容量"和"脑神经细胞数量",和论证核心词不匹配,排除。

【做题要领】(1)学会定位。根据结构词"由此……得出结论……"便可将论证定位于其前后的两句话。

(2)学会分析题干论证结构及核心词。

25.【答案】C。

【考点分析】论证推理——加强型(假设)

【解析】由题干信息可知:

论据:得道者多助,多助之至,天下顺之。

结论:君子有不战,战必胜矣。

论据为得道者战必胜,结论为君子战必胜,所以需要搭建"君子"和"得道者"之间的关系。

选项A、B、D、E,均未提到结论中的"君子",没有针对题干论证结构,排除。

选项C,搭建了"君子"和"得道者"之间的关系,入选。

【做题要领】(1)学会定位。根据结构词"故"可以快速找到题干的论据和结论。

(2)学会分析题干论证结构及核心词。

26. 【答案】C。

【考点分析】论证推理——加强型(假设)

【解析】由题干信息可知:

论据:医生是既崇高又辛苦的职业,要有足够的爱心和兴趣才能做好。

结论:宁可招不满,也不要招收调剂生。

如果要使得题干论证成立,就需要在论据和结论之间建立联系。

选项C,在调剂生和兴趣之间建立联系,是上述专家论断的假设,入选。

27. 【答案】C。

【考点分析】论证推理——加强型(假设)

【解析】由题干信息可知:

论据:黄土高原现在千沟万壑,不见树木,这是植被遭破坏后水流冲刷大地造成的惨痛结果。

结论:因为这里的黄土其实都是生土,所以现在黄土高原不长植物。

目标:找上述专家推断的假设。

选项C,建立了论据与结论之间的联系,说明水土流失→生土→没营养→不长植物,最可能是专家推断的假设,入选。

28. 【答案】C。

【考点分析】论证推理——加强型(假设)

【解析】由题干信息可知:

论据:在艺术家的心灵世界里,审美需求和情感表达是创造性劳动不可或缺的重要引擎;人工智能没有自我意识。

结论:人工智能永远不能取代艺术家的创造性劳动。

选项C,表明不具备自我意识,就不能具有审美需求和情感表达,从而不可能具有创造性劳动,该项建立了"自我意识"与"审美需求和情感表达"之间的联系,进而建立了"自我意识"与"创造性劳动"之间的联系。且题干中出现了"不能"这样的绝对说法,选项C中的"只有……才……"与之相匹配,入选。

考查点 3 支持

1. 【答案】A。

【考点分析】论证推理——加强型(支持)

【解析】题干要解释的现象:为什么鸽子走路时,脖子往前一探,然后,头部保持静止。题干提出了一种假设:暂时静止的头部有利于鸽子获得稳定的视野,看清周围的食物。

目标:找支持上述假设的选项。

选项A,如果为真,最能支持此种假设,用的是"无因无果"的方式,入选。

选项B,该项涉及的是伸脖子的幅度和步伐之间的关系,与题干论证无关,且"鸟类"不等同于"鸽子",排除。

选项C,该项涉及的是伸脖子和行走速度之间的关系,与题干论证无关,排除。

选项 D、E,涉及的是伸脖子和行走方式之间的关系,均和题干论证无关,排除。

2. 【答案】D。

【考点分析】论证推理——加强型(支持)

【解析】由题干信息可知:

S 市环保负责人的看法:采取控制大气污染的措施→空气质量改善。

目标:找不能支持上述 S 市环保负责人的看法的选项。

选项 A,指出开展了环保宣传,认为是环保宣传使得空气质量改善,环保宣传属于控制大气污染的措施,能支持,排除。

选项 B,指出排放不达标的燃煤锅炉停止运行,这属于控制大气污染的措施,能支持,排除。

选项 C,指出执行机动车排放国Ⅳ标准,这属于控制大气污染的措施,能支持,排除。

选项 D,"着手制定"是准备制定的意思,不代表采取了控制大气污染的措施,不能支持,入选。

选项 E,指出加快污染重、能耗高的企业的退出,这是控制大气污染的措施的执行,能支持,排除。

3. 【答案】B。

【考点分析】论证推理——加强型(支持)

【解析】由题干信息可知:

论据:收到的垃圾邮件多。

结论:制定限制各种垃圾邮件的规则并研究反垃圾邮件的有效方法。

目标:找最能支持上述论证的选项。

要支持上述论证,就要证明上述举措确实可以减少垃圾邮件。

选项 A,只能说明垃圾邮件多,但对于是否需要制定限制规则和研究更加有效的方法没有涉及,不能支持上述论证,排除。

选项 B,说明现在的防范软件和措施软弱无力,需要研究更加有效的方法,起到使题干措施可行的作用,支持上述论证,入选。

选项 C,电脑性能与题干论证无关,排除。

选项 D,只能说明垃圾邮件是现代人的主要烦恼,但对于是否需要制定限制规则和研究更加有效的方法没有涉及,不能支持上述论证,排除。

选项 E,只能说明被认真看过的广告少,对于是否需要制定限制规则和研究更加有效的方法没有涉及,不能支持上述论证,排除。

4. 【答案】A。

【考点分析】论证推理——加强型(支持)

【解析】由题干信息可知:
(1)抚仙湖虫是泥盆纪澄江动物群中特有的一种;
(2)抚仙湖虫是昆虫的远祖;
(3)抚仙湖虫是食泥的动物。
题干中隐含的信息:昆虫的远祖→食泥动物。

选项 A,是对隐含信息的一个反驳,因而削弱了题干论证,入选。

选项 B,支持"抚仙湖虫化石与直虾类化石类似"这一题干信息,能支持题干论证,排除。

选项 C,结合"抚仙湖虫化石与直虾类化石类似"可推出"抚仙湖虫是昆虫的远祖",能支持题干论证,排除。

选项 D,支持"抚仙湖虫是昆虫的远祖",能支持题干论证,排除。

选项 E,保证无他因,支持"抚仙湖虫是食泥的动物",能支持题干论证,排除。

5. 【答案】B。

【考点分析】论证推理——加强型(支持)

【解析】由题干信息可知:

论据:不是故意的行为。

结论:不应被判违规。

不是故意的行为→不应被判违规 = 被判违规→是故意的行为 = 只有是故意的行为,才应判违规。

选项 A,别人的行为是不是干扰了陈华和裁判对陈华行为的判定无关,排除。

选项 B,符合题干论证,入选。

选项 C,对手本人没有提出抗议不能代表陈华的行为就没有违规,排除。

选项 D、E,主观性选项,排除。

6. 【答案】C。

【考点分析】论证推理——加强型(支持)

【解析】由题干信息可知:题干通过将自然语言和形式语言的关系与肉眼和显微镜的关系做类比,强调形式语言和自然语言结合起来使用的必要性。

选项 A、D,仅说明了形式语言的重要性,不能支持,排除。

选项 B,仅说明了自然语言的重要性,不能支持,排除。

选项 C,说明了形式语言和自然语言结合起来使用的必要性,能支持,入选。

选项 E,对两者的重要性加以否定,不能支持,排除。

【做题要领】抓住关键词"结合"即可快速解题。该关键词说明题干要强调的是二者缺一不可。

7. 【答案】D。

【考点分析】论证推理——加强型(支持)

【解析】由题干信息可知:

李教授的观点:无糖饮料尽管卡里路含量低,但不意味着不会导致体重增加。

选项 A,题干论证的关键词是"无糖饮料",该项的关键词是"茶",排除。

选项 B,"有些瘦子"是对论证的削弱,排除。

选项 C,无法通过"爱吃甜食"判断其对"无糖饮料"的偏好,排除。

选项 D,胖子经常喝无糖饮料,说明无糖饮料可以导致体重增加,且"不少"的支持力度相对较强,入选。

选项E,"健身运动"属于他因削弱,排除。

8.【答案】B。

【考点分析】论证推理——加强型(支持)

【解析】由题干信息可知:

学者的观点:稳定物价、把经济增速的回落控制在可以承受的范围内→实施好稳健的货币政策、保持必要的政策力度。

选项A,保持必要的政策力度→¬ 放宽货币政策,不能支持学者的观点,排除。

选项B,稳定物价→实施好稳健的货币政策,支持学者的观点,入选。

选项C,实施好稳健的货币政策→经济增速回落,不能支持学者的观点,排除。

选项D,把经济增速的回落控制在可以承受的范围内→稳定物价,不能支持学者的观点,排除。

选项E,放宽货币政策→保持经济的高速增长,不能支持学者的观点,排除。

【做题要领】题干中的推理过程具有跳跃性,若想支持学者的观点,就需在跳跃的逻辑中建立相互之间的联系,这就是搭桥的思想。

9.【答案】E。

【考点分析】论证推理——加强型(支持)

【解析】由题干信息可知:

学者的推测:在光合作用中能固定二氧化碳的酶最为丰富→对这种酶进行编码的基因也应当是最丰富的。

目标:找最能支持该学者的推测的选项。

选项A,"转座子的基本功能"与题干论证无关,不能支持题干,排除。

选项B,指出同样一种酶,有时用不同的基因进行编码,能支持题干,只是"有时"的力度较弱,排除。

选项C,可能进行编码的基因是有限的,不能支持题干,排除。

选项D,与题干论证无关,不能支持题干,排除。

选项E,不同的酶需要不同的基因进行编码,如果这一断定为真,自然能依据"能固定二氧化碳的酶最为丰富"推定"对这种酶进行编码的基因也应当是最丰富的"。这就有力地支持了学者的推测,入选。

【做题要领】注意,题干中需要支持的论证,与其大篇幅陈述的"转座子"无关。

10.【答案】C。

【考点分析】论证推理——加强型(支持)

【解析】由题干信息可知:

研究人员的发现:蜜蜂和果蝇食用新鲜蜂王浆中的"royalactin"后表现相同→这一蛋白质对生物特征的影响是跨物种的。

目标:找支持上述研究人员的发现的选项。

选项 A、D、E,与题干论证没有直接关系,排除。

选项 B,削弱了"跨物种"结论,排除。

选项 C,说明了为什么只有新鲜蜂王浆才具有上述功能,已经存放了 30 天的蜂王浆,其中的"royalactin"已经分解,自然不具有促进幼虫成为蜂王的功能,入选。

【做题要领】涉及因果关系的支持题的解题思路通常有以下四种:
(1)因果相关(搭桥);
(2)排除他因;
(3)无因无果、有因有果;
(4)排除因果倒置。

11.【答案】D。

【考点分析】论证推理——加强型(支持)

【解析】由题干信息可知:

结论:味蕾对甜味敏感度下降→吃更多的糖→肥胖。

目标:找不能支持上述论证的选项。

选项 A,只有饮料甜度的评估等级有标准,才能构成题干中的论证关系,可以支持上述论证,排除。

选项 B,只有志愿者可以比较准确地对饮料甜度做出评估,才能构成题干中的论证关系,可以支持上述论证,排除。

选项 C,加剧了题干中的恶性循环,可以支持上述论证,排除。

选项 D,题干中,甜味满足感下降是由食用的糖过多引起的,满足感下降导致潜意识里要求吃更多的糖,这说明满足感并不是由潜意识支配,而是由食用的糖过多引起的,入选。

选项 E,加剧了题干中的恶性循环,可以支持上述论证,排除。

12.【答案】B。

【考点分析】论证推理——加强型(支持)

【解析】由题干信息可知:

论据:X 光扫描发现真足蛇化石的另一只脚在岩石中发生异化。

结论:真足蛇的足部在当时已呈现出退化的趋势。

目标:找最能支持上述学者的观点的选项。

选项 A,该项说的是从无足动物向有脚蜥蜴的进化,与题干相反,排除。

选项 B,从有脚动物到无足动物的过程是真足蛇脚的退化过程,但是这个退化过程恰恰是动物的进化过程,符合,入选。

选项 C,该项说的是从无足动物到有脚蜥蜴的退化,与题干相反,排除。

选项 D,蛇类从有脚动物到无足动物是进化而不是退化,其表现是脚在退化,不符合题干,排除。

选项 E,从"有脚蛇"到"无足蛇"是进化而不是退化,不能支持学者的观点,排除。

【做题要领】这道题需要区分的是,真足蛇的表现是脚在退化,但是,这个过程体现在动物的发展中,恰恰是在进化。

13.【答案】D。

【考点分析】论证推理——加强型(支持)

【解析】由题干信息可知:

论据:在马坑的中间还放置了一个牛角。

结论:该马坑可能和祭祀有关。

目标:找最能支持上述推测的选项。

选项A、B、C,这三项即使为真,也可能存在放置牛角但和祭祀无关的情况,因此不是最能支持上述推测的选项,排除。

选项D,牛角→祭祀,与题干论述一致,最能支持上述推测,入选。

选项E,马骨杂乱→祭祀时场面混乱,与牛角无关,不能支持上述推测,排除。

【做题要领】在这道题中,选项D通过一个必要条件表达了牛角与祭祀之间的因果关系。

14.【答案】E。

【考点分析】论证推理——加强型(支持)

【解析】由题干信息可知:

论据:土卫二喷射出的微粒中含有钠盐。

结论:土卫二上存在液态水,甚至可能存在"地下海"。

目标:找最能支持上述推测的选项。

选项A,地质喷发活动→"地下海",与题干论述不一致,不能支持题干,排除。

选项B,土卫二上的液态水→"地下海",与题干论述不一致,不能支持题干,排除。

选项C,¬地质喷发活动→¬钠盐=钠盐→地质喷发活动,与题干论述不一致,不能支持题干,排除。

选项D,该项并未针对论据与结论之间的论证关系,支持力度不如选项E,排除。

选项E,钠盐微粒→存在液态水,与题干论述完全一致,入选。

【做题要领】化简!化简!这道题的关键在于将题干中的信息都转化为逻辑语言,寻找与题干论述一致的选项,这样的选项可支持题干。

15.【答案】E。

【考点分析】论证推理——加强型(支持)

【解析】由题干信息可知:

论据:发现了经过加工的鹿角饰品。

结论:当时的人已经有了一些仪式性的活动。

目标:找最能支持上述观点的选项。

选项A、B、C、D,均与题干中想要支持的观点无关,排除。

选项E,出现经过加工的鹿角饰品→举行仪式性的活动,与题干论述一致,建立了因果关系,可以支持上述观点,入选。

【做题要领】 对比2011年10月第47题来看,两道题的考查形式基本一致。

16. **【答案】** D。

    【考点分析】 论证推理——加强型(支持)

    【解析】 由题干信息可知:

    论据:在获得5票的人当中,独生子女出现的比例与他们在这一年龄段人口中的比例一致。

    结论:独生子女与非独生子女的社交能力没有明显差别。

    目标:找最能支持上述研究发现的选项。

    在上述调查中,得票越少,说明社交能力越差;得票越多,说明社交能力越强。题干只能说明,在社交能力强的人中,独生子女与非独生子女的比例差不多。

    选项A,可能由于独生子女总体基数大于非独生子女,不能支持题干,排除。

    选项B,选项只说获得了选票,但未提及具体的票数情况,因此不能很好地支持题干,排除。

    选项C,获得1票,即便有削弱作用,也可能是以偏概全的特例,力度很低,排除。

    选项D,说明在社交能力强的人中(前500名),独生子女与非独生子女的比例差不多,有力地支持了题干,入选。

    选项E,"没能列举"与"获得选票"概念不一致,不能支持题干,排除。

17. **【答案】** B。

    【考点分析】 论证推理——加强型(支持)

    【解析】 由题干信息可知:服用白藜芦醇→防止骨质疏松和肌肉萎缩。

    选项A,有可能是葡萄酒中含有的除了白藜芦醇之外的抗氧化剂对防止骨质疏松和肌肉萎缩起了作用,未必一定是白藜芦醇的作用,排除。

    选项B,通过类比法证明服用白藜芦醇确实对骨头和肌肉密度的保持起作用,支持题干研究的推断,入选。

    选项C,题干说的是"防止",而该项说的是"改善",二者不同,排除。

    选项D、E,与题干论证无关,排除。

【做题要领】 由于葡萄酒中含有白藜芦醇和类黄酮等抗氧化剂,因此要证明是白藜芦醇起到了作用,就需排除其他成分的影响。

18. **【答案】** D。

    【考点分析】 论证推理——加强型(支持)

    【解析】 由题干信息可知:

    专家的观点:荷叶有助于减肥。

    选项A,"促进胃肠蠕动"不等于"减肥",核心概念不同,排除。

选项 B,荷叶的其他优点与专家的观点无关,排除。

选项 C,"对胃的刺激较大"不等于"减肥",核心概念不同,排除。

选项 D,"阻止脂肪的吸收"可以理解为"减肥",支持专家的观点,入选。

选项 E,荷叶的其他优点与专家的观点无关,排除。

> 【做题要领】选项 D 在设计的时候,本身存在偷换概念的问题,荷叶和荷叶制品并不能简单同一,所以要注意这一点,但是当其他选项都不能支持专家的观点时,选项 D 就是正确答案。

19.【答案】E。

【考点分析】论证推理——加强型(支持)

【解析】由题干信息可知:

结论:鸟类利用右眼"查看"地球磁场。

要确定哪项支持这一发现,首先要关注实验结果。

选项 A,该项结果是右眼戴眼罩的鸟顺利飞了出去,即屏蔽右眼的鸟依然可以导航,不能支持题干,排除。

选项 B,该项没有区分左眼还是右眼对导航的作用,只是证明不带眼罩就能飞出去,建立的是有无眼罩对飞行的影响,排除。

选项 C,该项评价的是戴眼罩和不带眼罩的区别,结论应该是,戴眼罩的鸟能飞出去,不带眼罩的鸟未必能飞出去,和题干结论不符,排除。

选项 D,该项得出的结论应该是鸟类是利用左眼"查看"地球磁场的,不能支持题干,排除。

选项 E,该项说明有的右眼戴眼罩的鸟没飞出去,即无法导航,能支持题干,入选。

> 【做题要领】遇到支持题先判断方向:
> (1)选项支持题干,即为加强型题目;
> (2)题干支持选项,即为推出结论型题目。
> 本题是加强型题目。
> 判断完方向后,确定逻辑主干,题目需要证明鸟类用右眼"查看"地球磁场,那么题目设计的实验必须要能够充分说明这一点,而且仅能说明这一点。选项 B 说明左眼戴眼罩和右眼戴眼罩都有影响,而选项 E 说明只有右眼戴眼罩有影响,所以选项 E 最能支持研究人员的发现。
> 注意在做题过程中"相对最好原则"的应用。

20.【答案】A。

【考点分析】论证推理——加强型(支持)

【解析】由题干信息可知:

论据:在河南信阳息县淮河河滩上发掘出的独木舟的选材和云南热带地区所产的木头一样。

结论:3 000多年前的古代,河南的气候和现在热带的气候很相似。

目标:找最能支持以上论证的选项。

选项A,只有河南被发掘出的独木舟的原料出自本地,而不是从云南原始森林运来的才能够证明河南的气候和现在热带的气候很相似。选项A恰好说明了这一点,因此,最能支持题干论证,入选。

选项B、C、D,这三项与题干信息无关,排除。

选项E,这些热带植物是不是能做独木舟的大树不得而知,支持作用有限,排除。

21.【答案】C。

【考点分析】论证推理——加强型(支持)

【解析】由题干信息可知:

论据:经过脑部微电击的测试组成员的数学运算能力明显高于对照组成员。

结论:脑部微电击可提高大脑运算能力。

题干的论证要成立,必须假设,在实验之前,两组对象的数学运算能力基本相同,否则,如果是测试组成员的数学运算能力本来就高于对照组成员,那么测试结果很有可能和接受的脑部微电击无关。

选项A,该项谈到这种方式成本低廉且没有痛苦,为实验方法的可行性提供了支持,但是和实验结果的可靠性无关,排除。

选项B,该项解释了实验带给大脑的变化,但是不能证明实验结果可靠,排除。

选项C,说明两个组的学生数学运算能力基本相同,唯一区别就是脑部微电击的差异,最能支持题干,入选。

选项D,在脑部微电击之外,为结果的差异找到他因,对题干有削弱作用,排除。

选项E,只是指出两组实验对象人数相当,但是其他方面的情况一无所知,如果两组本身的数学成绩就有巨大的差异,并不能形成有效的对比实验,排除。

【做题要领】题干论证用了探求因果联系的"穆勒五法"中的"求异法",在运用求异法时需要提前设定:除了对照点之外,测试组和对照组其他情况均相同,具有可比性。

22.【答案】B。

【考点分析】论证推理——加强型(支持)

【解析】由题干信息可知:

结论:氧气含量的多少可以决定昆虫的形体大小。

目标:找最能支持上述论证的选项。

选项A,"无脊椎动物"是否和"昆虫"完全一致不得而知,排除。

选项B,该项直接支持了题干的结论,证明含氧量越高,昆虫体型越大,入选。

选项C,该项比较的是"小蝗虫"和"成年蝗虫"在不同含氧量环境下的生存状况,与题干无关,排除。

选项D,该项列了氧气含量高、气压高两个条件,因此很难确定果蝇身体尺寸的变化是因为氧气含量高还是因为气压高,排除。

选项E,首先,该项并未提到氧气含量;其次,"动物"的范畴也大于"昆虫",排除。

23. 【答案】D。

    【考点分析】论证推理——加强型(支持)

    【解析】由题干信息可知:

    论据:"阿喀琉斯基猴"有许多类人猿的特征,它的眼眶较小。

    结论:"阿喀琉斯基猴"与早期类人猿的祖先一样,是在白天活动的。

    目标:找最能支持上述科学家的推测的选项。

    选项A,"善于在树丛中跳跃捕食"与题干论证无关,排除。

    选项B,该项只是在讨论视力与眼眶大小的关系,不能证明"阿喀琉斯基猴"在白天活动,排除。

    选项C,"类人猿与其他灵长类动物分开的时间"与题干论证无关,排除。

    选项D,说明以夜间活动为主的动物,一般眼眶较大,而"阿喀琉斯基猴"的眼眶较小,说明其不是在夜间活动的,是在白天活动的,有力地支持了科学家的推测,入选。

    选项E,即便能证明"阿喀琉斯基猴"和类人猿是近亲,也不能证明它们生活习性完全一致,无关选项,排除。

24. 【答案】C。

    【考点分析】论证推理——加强型(支持)

    【解析】由题干信息可知:

    论据:研究人员在某地区的地层里发现了约2亿年前的陨石成分,该岩石的黏土层中含有高浓度的铱和铂等元素,这处岩石中还含有白垩纪末期地层中的特殊矿物,地层上下还含有海洋浮游生物化石。

    结论:可以确定撞击时期是在约2.15亿年前。

    目标:找最能支持上述研究发现的选项,也就是要证明这些发现真的能够佐证撞击的时期。

    选项A、B、D、E,均与撞击时期无关,排除。

    选项C,能证明铱和铂这些元素确实来自陨石,但是撞击的具体时间尚未确定,但该项是选项中唯一具有支持作用的,入选。

25. 【答案】A。

    【考点分析】论证推理——加强型(支持)

    【解析】由题干信息可知:在超过200字的陈述理由的博文中,有半数左右同意逐步延长退休年龄,以减轻人口老龄化带来的社会保障压力;在所有博文中,有80%左右反对延长退休年龄,主要是担心由此产生的对青年就业带来的负面影响。

    目标:找最能支持逐步延长退休年龄的主张的选项。

    选项A,若该项为真,说明即便不延迟退休也并不完全意味着会空出就业机会给年轻人,所以延迟退休也就不存在对青年就业的影响,反驳了反对者的理由,从而支持了逐步延长退休年龄的主张,入选。

    选项B,主观性选项,排除。

    选项C,说明青年人的就业问题和延不延迟退休没有关系,因此不能用就业问题批评延迟退休,但是也不能说明就要支持逐步延长退休年龄的主张,排除。

选项D,谈到了"中国老龄化问题",中国老龄化问题自然也包括社会保障的压力,能支持逐步延长退休年龄的主张,但是由于选项A直接针对了论证的核心,故该项不如选项A,排除。

选项E,说明青年的就业观念有问题,所以青年就业难和延长退休年龄没有关系,能支持逐步延长退休年龄的主张,但是由于选项A直接针对了论证的核心,故该项不如选项A,排除。

26.【答案】C。

【考点分析】论证推理——加强型(支持)

【解析】由题干信息可知:

论据:最新研究发现,恐龙腿骨化石都有一定的弯曲度,以前根据其腿骨为圆柱形来计算动物体重,会使得计算结果比实际体重高出1.42倍。

结论:过去那种计算方式高估了恐龙腿部所能承受的最大身体重量。

目标:找最能支持上述科学家的观点的选项。

题干假定恐龙腿骨为圆柱形会高估恐龙的实际体重,而恐龙腿骨实际有一定的弯曲度,需要建立二者的联系。

选项A,题干认为以前的算法高估了恐龙的实际体重,那就说明恐龙腿骨所能承受的重量应该比之前人们所认为的要小,该项与其相反,排除。

选项B,该项并没有说明腿骨形状和承受重量之间的关系,排除。

选项C,该项指出圆柱形腿骨能承受的重量比弯曲的腿骨大,说明以前的算法确实高估了恐龙的实际体重,支持了科学家的观点,入选。

选项D,题干中没有涉及肌肉的作用,排除。

选项E,该项对照的是翼龙和其他恐龙的情况,和题干中的腿骨形状与承受重量之间的关系无关,排除。

> **【做题要领】**支持题判断清楚方向后,如果是选项支持题干,一般都是按照加强题的思路去做,而"搭桥"是加强题中最常用的方法之一。
> 本题还需要辨清选项A和选项C哪个才是符合题干推理的,需要一定的阅读理解能力和逻辑推理能力。

27.【答案】E。

【考点分析】论证推理——加强型(支持)

【解析】由题干信息可知:

论据:科研人员检测了156名新生儿脐带血中维生素D的含量,维生素D缺乏的孩子感染呼吸道合胞病毒的比例远高于维生素D正常的孩子。

结论:孕妇适当补充维生素D可降低新生儿感染呼吸道合胞病毒的风险。

目标:找最能对科研人员的上述发现提供支持的选项。

选项A,该项指出了维生素D的防病健体功能,其中包括预防新生儿呼吸道病毒感染等,有一定的支持作用,但是并不能直接推断补充维生素 D 可降低新生儿感染呼吸道合胞病毒的风险,待选。

选项 B,"流感病毒"与题干无关,排除。

选项 C,该项指出补充了维生素 D 的孕妇所生的新生儿仍然有感染呼吸道合胞病毒的风险,对题干有削弱作用,排除。

选项 D,该项指出实验所选择的样本未必具有代表性,对题干有削弱作用,排除。

选项 E,该项构建了"新生儿维生素 D 缺乏"和"母亲在妊娠期间没有补充足够的维生素 D"之间的逻辑关系。选项 E 如果为真,对这一发现的支持是明显的、直接的。选项 A 虽然对题干论证有支持作用,但力度不如选项 E。

【做题要领】相对最好原则依然是削弱型题目和加强型题目中重要的考查点,需要进行积累并熟练运用。

28.【答案】D。

【考点分析】论证推理——加强型(支持)

【解析】由题干信息可知:

结论:在嘈杂环境中准确找出声音来源的能力,男性要胜过女性。

目标:找最能支持研究中心的结论的选项。

选项 A、B,这两项只是说明有些声音是女性熟悉的或者是男性不熟悉的,但是熟悉不熟悉这些声音和确定声音来源的能力之间是否有关系,是熟悉了更能准确判断还是不熟悉才能准确判断,这些结果都未知,排除。

选项 C,该项不涉及嘈杂环境中的表现,因此与题干无关,排除。

选择 D,该项指出在嘈杂的环境中,男性注意力更易集中,所以男性准确找出声音来源的能力强于女性,对题干有支持作用,入选。

选项 E,该项对比的是"在安静的环境中"和"在嘈杂的环境中"人的注意力的变化,而不是对比男性和女性,与题干无关,排除。

【做题要领】通过对照实验来得出结论是论证推理中的重要方式,要看清楚对照对象的差异到底体现在哪里,以防上当。

此类考查点也会出现在评价论点的题目中。

29.【答案】B。

【考点分析】论证推理——加强型(支持)

【解析】司法公正的根本原则是"不放过一个坏人,不冤枉一个好人",也就是既没有肯定性误判也没有否定性误判,如果只需要看肯定性误判率是否足够低,这说明有两种可能:要么否定性误判不存在,要么各个法院的否定性误判率大致相当。选项 B 入选。

30.【答案】D。

【考点分析】论证推理——加强型(支持)

【解析】题干条件的逻辑推理关系为,有骗子存在∧某些人心中有贪念→有人会被骗=没有人会被骗→没有骗子存在∨所有的人心中没有贪念。如果社会进步到了没有一个人被骗,则要想得到"人们必定普遍地消除了贪念"的结论,就要补充前提"有骗子存在"。

31. 【答案】C。

    【考点分析】论证推理——加强型(支持)

    【解析】由题干信息可知:

    论据:实验鼠体内神经连接蛋白的蛋白质如果合成过多,会导致自闭症。

    结论:自闭症与神经连接蛋白的蛋白质合成量有重要关联。

    目标:找最能支持上述观点的选项。

    选项A、B,未涉及神经连接蛋白的蛋白质,排除。

    选项C,抑制神经连接蛋白的蛋白质合成可缓解实验鼠的自闭症状,这显然有力地支持了题干观点,入选。

    选项D,未涉及自闭症,不能支持题干观点,排除。

    选项E,该项断定的是神经连接蛋白正常,而不是神经连接蛋白的蛋白质合成量正常,不能支持题干观点,排除。

32. 【答案】B。

    【考点分析】论证推理——加强型(支持)

    【解析】由题干信息可知:

    论据:通过对照实验发现,实验组受试者的血液中酒精浓度只有酒驾法定值的一半,但是其行为已经受到了酒精的影响。

    结论:应该让立法者重新界定酒驾法定值。

    目标:找最能支持上述专家的观点的选项。

    选项A、E,削弱专家的观点,排除。

    选项B,说明确实可能需要根据实验结果重新界定酒驾法定值,最能支持专家的观点,入选。

    选项C,"饮酒过量"和题干核心概念不同,排除。

    选项D,该项和是否应该重新界定酒驾法定值无关。

33. 【答案】D。

    【考点分析】论证推理——加强型(支持)

    【解析】题干的实验结论有两个要点:

    (1)个体的智商变化确实存在;

    (2)个体的智商变化与其脑部灰质变化有关。

    目标:找不能支持上述实验结论的选项。

    选项A,支持了第二个要点,排除。

    选项B,支持了第一个要点,排除。

    选项C,支持了第二个要点,排除。

    选项D,该项说的是学生的在校表现和其智商的相关性,不能说明个体的智商变化确实存在,也不能说明个体的智商变化与其脑部灰质变化有关,因此,不能支持题干,入选。

选项 E,支持了第二个要点,排除。

34. 【答案】D。

【考点分析】论证推理——加强型(支持)

【解析】由题干信息可知:

论据:那件仰韶文化晚期的土坯砖边缘整齐,并且没有切割痕迹,应当是使用木质模具压制成型的;其他 5 件由土坯砖经过烧制而成的烧结砖,经检测其当时的烧制温度为 850~900℃。

结论:当时的砖是先使用模具将黏土做成土坯,然后再经过高温烧制而成的。

目标:找最能支持上述考古学家的推测的选项。

选项 A,"高温冶炼"和砖的"高温烧制"并不是同一个概念,排除。

选项 B,关于仰韶文化晚期的年代的确定和题干无关,排除。

选项 C,仅谈到了烧制而没有说明模具的应用,排除。

选项 D,无因无果,可以支持题干结论,入选。

选项 E,和题干话题不相关,排除。

【做题要领】运用"有因有果"和"无因无果"的组合,能够很好地支持题干论证,在做题中要注意"无因无果"的适度变形。

35. 【答案】D。

【考点分析】论证推理——加强型(支持)

【解析】题目要求寻找"最能支持上述建立'城市风道'的设想"的选项,"城市风道"的设想的目的是要提高风速,促进城市空气的更新循环。

选项 A,指出"城市风道"未必能够提高风速,促进城市空气的更新循环,对题干有削弱作用,排除。

选项 B,该项只是说有些城市已拥有建立"城市风道"的天然基础,但是没有涉及"城市风道"是否能够提高风速,促进城市空气的更新循环,无关选项,排除。

选项 C,说明"城市风道"未必具有可行性,对题干有削弱作用,排除。

选项 D,指出"城市风道"确实有利于解决雾霾天气和热岛效应的问题,为其有效性提供了支持,入选。

选项 E,指出"城市风道"无恶果,有一定的支持作用,但是力度弱于选项 D,排除。

36. 【答案】A。

【考点分析】论证推理——加强型(支持)

【解析】儿童教育专家指出:父母应该抽时间陪孩子一起阅读纸质图书,在交流中促进其心灵的成长。

选项 A,指出电子学习机使得父母与孩子的日常交流减少,能够支持题干论证,待选。

选项 B,指出电子学习机有恶果,但并不能支持专家的观点,无关选项,排除。

选项 C、E,无关选项,排除。

选项 D,指出了纸质图书的好处,但是没有从加强父母与孩子的交流这一点入手,支持作用有限,排除。

37.【答案】D。

【考点分析】论证推理——加强型(支持)

【解析】由题干信息可知:

论据:海外代购让政府损失了税收收入。

专家的观点:政府应该严厉打击海外代购的行为。

目标:找最能支持专家的观点的选项。

选项 A,"空乘服务员因海外代购被定罪"的例子对题干论证有一定的支持作用,但是基于特例的选项支持力度不大,排除。

选项 B,与题干无关,排除。

选项 C,指出了海外代购的好处,削弱了专家的观点,排除。

选项 D,说明去年我国的奢侈品海外代购让政府损失了大量的税收收入,有力地支持了论据,进而有力地支持了专家的观点,入选。

选项 E,与题干无关,排除。

【做题要领】本题是较为简单的论证推理题。支持题,先判断题目类型,如果是选项支持题干,一般按照加强题的思路去做,"搭桥"是最常用的方法之一。

38.【答案】E。

【考点分析】论证推理——加强型(支持)

【解析】由题干信息可知:

论据:因为儿童家长对区教育局根据"就近入学原则"所做的安排有意见,遂将区教育局告上法院,要求撤销原来安排,让其孩子就近入学。

结论:法院做出判决,驳回原告请求。

目标:找最能支持法院的判决的选项。

选项 A,就近入学 ≠ 最近入学,家长理解的核心概念和政策的理解不同,不构成削弱,排除。

选项 B,"中心位置"和题干论证无关,排除。

选项 C、D,这两项均为主观性选项,排除。

选项 E,原告提及的离家 300 米的学校,如果并不在其孩子户籍所在施教区,则原告孩子确实需要去离家 2 千米外的学校就读,并不违反"就近入学原则",能够支持法院的判决,入选。

【做题要领】本题的重心是要分辨清楚法院的判决依据是"就近入学原则",证明教育局的做法没有违反"就近入学原则",即可支持法院的判决。选项 A 谈到的是"就近入学原则"的划分依据,而不是"就近入学原则"本身,是干扰性比较强的选项,所以,大家在做题的过程中要先确定题目的重心,这是很关键的一步。

39.【答案】E。

【考点分析】论证推理——加强型(支持)

【解析】由题干信息可知：

论据：通识教育重在帮助学生掌握尽可能全面的基础知识，即帮助学生了解各个学科领域的基本常识；人文教育重在培育学生了解生活世界的意义，并对自己及他人行为的价值和意义做出合理的判断，形成"智识"。

结论：人文教育对个人未来生活的影响会更大一些。

目标：找最能支持上述专家的断言的选项。

选项A，人文教育不仅仅指大学开设的人文教育课程，排除。

选项B，该项认为"知识"和"智识"两者不能相互替代，那就不能得出"人文教育对个人未来生活的影响会更大一些"的结论，排除。

选项C，该项虽然建立了论据和结论的关系，但是有弱化词"可能"，所以力度较弱，待选。

选项D，该项没有提及通识教育，故不能证明人文教育的影响更大，排除。

选项E，该项说明对人来说，"价值和意义的追求"比"知识"更重要，即人文教育比通识教育重要，最能支持专家的断言，入选。

【做题要领】本题是较为简单的论证推理题，这种通过阅读寻找答案的题目，运用排除法可以迅速找到答案。

40.【答案】A。

【考点分析】论证推理——加强型(支持)

【解析】由题干信息可知：

论据：调查显示，持续接触高浓度污染物会直接导致10%至15%的人患有眼睛慢性炎症或干眼症。

结论：如果不采取紧急措施改善空气质量，这些疾病的发病率和相关的并发症将会增加。

目标：找最能支持上述专家的观点的选项。

选项A，指出了污染空气中的有毒颗粒物是导致眼疾的具体原因，支持了上述专家的观点，待选。

选项B，证明空气污染问题短期内无法解决，和专家的观点之间没有逻辑关系，排除。

选项C，说明出现病症的时间是在花粉季，而题干调查的时段是冬季，因此二者之间不相关，不能支持题干，排除。

选项D，该项针对题干的调查样本，但是并没有说明这样的样本是否具有代表性，无关选项，排除。

选项E，说明通过其他方式也能预防干眼症等眼疾，削弱了专家的观点，排除。

上述五个选项中，只有选项A可以支持专家的观点，入选。

【做题要领】加强型题目，"搭桥"是最基本的方法。

41.【答案】D。

【考点分析】论证推理——加强型(支持)

【解析】由题干信息可知:

论据:黄金纳米粒子很容易被人体癌细胞吸收,可作为"运输工具",将化疗药物准确地投放到癌细胞中。

结论:微小的黄金纳米粒子能提升癌症化疗的效果,并能降低化疗的副作用。

目标:找支持上述科学家所做出的论断的选项。

要找支持上述科学家所做出的论断的选项,就要将选项加入题干证明上述论据和结论之间有逻辑关系。

选项A,如果疗效有待临床检验,则该项有一定的削弱作用,排除。

选项B,这样的治疗效果到底是归因于"黄金纳米粒子"还是"体外红外线加热"未知,无法支持科学家的论断,排除。

选项C,该项只能证明"黄金纳米粒子"是稳定的,但是并未涉及其对化疗效果的影响,排除。

选项D,证明"黄金纳米粒子"提升癌症化疗的效果是可行的,有支持作用,入选。

选项E,该项指出医生可以判定黄金纳米粒子是否已投放到癌细胞中,但是黄金纳米粒子是否能精准投放到癌细胞中？能不能提升化疗效果？该项均没有提到,排除。

【做题要领】较为简单的论证推理题,直接搭桥即可。

42.【答案】A。

【考点分析】论证推理——加强型(支持)

【解析】由题干信息可知:

论据:许多人已不喜欢看配过音的外国影视剧,觉得还是听原汁原味的声音才感觉到位。

结论:配音已失去观众,必将退出历史舞台。

目标:找不能支持上述专家的观点的选项。

选项A,该项对专家的观点有削弱作用,入选。

选项B,说明有的人觉得配音妨碍了他们对原剧的欣赏,有支持作用,排除。

选项C,说明许多中国人观赏外国原版影视剧不存在语言困难,且边看中文字幕边听原声也不影响理解剧情,所以配音没有必要,有支持作用,排除。

选项D,说明配音的过程太慢,有的国人等不及,有支持作用,排除。

选项E,说明配音有不足之处,观众不接受,有支持作用,排除。

【做题要领】对于要找不能支持题干的题目,善用排除法,几乎没有难度。

43.【答案】D。

【考点分析】论证推理——加强型(支持)

【解析】由题干信息可知:

结论:人们似乎从晚睡中得到了快乐,但这种快乐其实隐藏着某种烦恼。
目标:找最能支持上述专家的结论的选项。
选项A、B、C、E,这四项均没有提及是否隐藏着某种"烦恼",故均不能支持专家的结论,排除。
选项D,证明晚睡有烦恼,能支持专家的结论,入选。

44.【答案】B。
【考点分析】论证推理——加强型(支持)
【解析】由题干信息可知:
结论:分心驾驶已成为我国道路交通事故的罪魁祸首。
目标:找最能支持上述专家的观点的选项。
选项A、E,这两项只是说明分心驾驶会让司机的反应时间延长或注意力下降,但是不能证明其是交通事故的罪魁祸首,排除。
选项B,直接指出"我国由分心驾驶导致的交通事故占比最高",支持专家所说的"罪魁祸首"的观点,入选。
选项C,该项涉及的是美国的情况,未必和我国相同,排除。
选项D,该项只能说明使用手机是分心驾驶的主要表现形式,不能证明分心驾驶和交通事故一定有关联,排除。

45.【答案】A。
【考点分析】论证推理——加强型(支持)
【解析】由题干信息可知:
论据:冬季在公路上撒盐除冰,会让本来要成为雌性的青蛙变成雄性。
结论:这会导致相关区域青蛙数量的下降。
目标:找最能支持上述专家的观点的选项。
要支持专家的观点,就要搭桥。
选项A,该项能够说明本来要成为雌性的青蛙变成雄性会导致相关区域青蛙数量下降,入选。
选项B,该项只是说"物种的个体数量就可能受到影响",但是这种影响会使得种群数量变多还是变少未知,排除。
选项C,该项只搭了前半段的桥,证明盐含量的增加确实会使得雌性青蛙的数量不断减少,但是没有进一步证明相关区域青蛙数量会下降,排除。
选项D,该项只是提到盐水流入池塘会影响青蛙的生长发育,但是没有涉及青蛙数量,排除。
选项E,题干没有涉及"其他水生物",无关选项,排除。

46.【答案】D。
【考点分析】论证推理——加强型(支持)
【解析】由题干信息可知:
论据:在许多画面中,人们手持长矛,追逐着前方的猎物。

结论:此时的人类已经居于食物链的顶端。

正确答案应同时提到论据和结论的核心词,即"手持长矛,追逐猎物"和"居于食物链的顶端"。

选项A、B、E,这三项针对的是题干的背景信息,并非题干的论证,排除。

选项C,该项说明人类并未居于食物链的顶端,排除。

选项D,"使用工具"对应论据中的"手持长矛","猎杀其他动物,而不是相反"说明人类确实居于食物链的顶端,入选。

【做题要领】(1)学会定位。根据结构词"由此可以推断"便可将论证定位在其前后的两句话。

(2)学会分析题干论证核心词,并在选项中寻找核心词。

47. 【答案】E。

【考点分析】论证推理——加强型(支持)

【解析】由题干信息可知:

论据:熬夜有损身体健康。

结论:科学家建议,人们应该遵守作息规律。

很明显,科学家建议人们遵守作息规律的依据是"熬夜有损身体健康",要支持科学家的建议,只需要支持"熬夜有损身体健康"即可。

正确答案应同时提到题干论证核心词,即"熬夜"和"有损身体健康"。

选项A,该项说的是"缺乏睡眠"和"暴饮暴食、体重增加"之间的关系,和题干论证核心词不匹配,排除。

选项B,该项说的是"熬夜"和"反应变慢、认知退步等"之间的关系,和题干论证核心词不匹配,排除。

选项C,该项仅表明睡眠是被人类需要的,和题干论证核心词不匹配,排除。

选项D,该项说的是"睡眠"和"面容憔悴等"之间的关系,和题干论证核心词不匹配,排除。

选项E,该项说的是"睡眠不足"和"疾病"之间的关系,分别对应题干论证核心词"熬夜"和"有损身体健康",入选。

【做题要领】(1)学会定位。根据结构词"有科学家据此建议"便可将论证定位于其前后的两句话。

(2)学会分析题干论证核心词,并在选项中寻找核心词。

48. 【答案】B。

【考点分析】论证推理——加强型(支持)

【解析】由题干信息可知:

论据:当母亲与婴儿对视时,双方的脑电波趋于同步,此时婴儿也会发出更多的声音尝试与母亲沟通。

结论:母亲与婴儿对视有助于婴儿的学习与交流。

论据核心词是"母亲与婴儿对视"和"脑电波趋于同步",结论的核心词是"母亲与婴儿对视"和"有助于婴儿的学习与交流"。根据论证结构,只需搭建"脑电波趋于同步"和"有助于婴儿的学习与交流"之间的关系即可支持题干论证。

选项A,并未提到"脑电波趋于同步",排除。

选项B,同时提到了"脑电波趋于同步"和"有助于婴儿的学习与交流",入选。

选项C,未提到"脑电波趋于同步"和"有助于婴儿的学习与交流",排除。

选项D,该项涉及的是两个成年人的交流,和题干对象"母亲与婴儿"不一致,排除。

选项E,该项涉及的是"脑电波趋于同步"和"学习效果"之间的关系,和论证核心词不匹配,排除。

【做题要领】(1)学会定位。根据结构词"他们据此认为"便可将论证定位于其前后的两句话。

(2)学会分析题干论证核心词,并在选项中寻找核心词。

49.【答案】B。

【考点分析】论证推理——加强型(支持)

【解析】由题干信息可知:

专家的论断:家长陪孩子写作业,相当于充当学校老师的助理,让家庭成为课堂的延伸,会对孩子的成长产生不利影响。

要支持专家观点,就要同时提到"家长陪孩子写作业"和"对孩子的成长产生不利影响"两个核心词。

选项A,该项并未提到家长陪孩子写作业会对孩子的成长产生不利影响,排除。

选项B,该项直接说明了家长陪孩子写作业会对孩子的成长产生不利影响,入选。

选项C,强调了家长陪孩子写作业的重要性,削弱了专家的论断,排除。

选项D,该项仅说明家长一般难有精力认真完成学校老师布置的"家长作业",并未提到家长陪孩子写作业会对孩子的成长产生不利影响,排除。

选项E,该项仅说明家长应该怎样做,并未提到家长陪孩子写作业会对孩子的成长产生不利影响,排除。

【做题要领】(1)学会定位。问题要求找最能支持专家论断的选项,根据结构词"有专家对此指出"可知,其后面的话为专家观点。

(2)学会分析题干论证核心词,并在选项中寻找核心词。

50.【答案】C。

【考点分析】论证推理——加强型(支持)

【解析】由题干信息可知:

论据:《淮南子·齐俗训》中有曰,"今屠牛而烹其肉,或以为酸,或以为甘,煎熬燔炙,齐味万方,其本一牛之体。"其中的"熬"便是熬牛肉制汤的意思。这是考证牛肉汤做法的最早文献资料。

结论:牛肉汤的起源不会晚于春秋战国时期。

论据指出《淮南子·齐俗训》是考证牛肉汤做法的最早文献资料,其中有熬牛肉制汤的记录,结论指出牛肉汤的起源不会晚于春秋战国时期。根据论证结构,只需搭建"《淮南子·齐俗训》"和"春秋战国时期"之间的关系即可支持论证。

选项A,《淮南子》的作者和题干论证无关,排除。

选项B,使用耕牛和题干论证无关,排除。

选项C,直接搭建了"《淮南子·齐俗训》"和"春秋战国时期"的关系,入选。

选项D,《淮南子·齐俗训》的完成时间和题干论证无关,排除。

选项E,未提到"《淮南子·齐俗训》",和题干论证核心词不匹配,排除。

51.【答案】C。

【考点分析】论证推理——加强型(支持)

【解析】由题干可知,女员工的绩效都比男员工高,即所有男员工绩效都低于女员工,也就是说绩效最好的男员工的绩效低于绩效最差的女员工,再补充"新入职的员工都是男性",则可得,新入职的员工中绩效最好的员工(男员工)的绩效一定低于绩效最差的女员工,选项C入选。

52.【答案】C。

【考点分析】论证推理——加强型(支持)

【解析】由题干信息可知:

李教授观点:不吃早餐不仅会增加患Ⅱ型糖尿病的风险,还会增加患其他疾病的风险。

目标:找最能支持李教授的观点的选项,即证明不吃早餐真的会患病。

选项C,指出经常不吃早餐容易患上胃溃疡、胆结石等疾病,与李教授的观点最为契合,入选。

53.【答案】C。

【考点分析】论证推理——加强型(支持)

【解析】由题干信息可知:

论据:(1)西藏披毛犀化石的鼻中隔只是一块不完全的硬骨;(2)早先在亚洲北部、西伯利亚等地发现的披毛犀化石的鼻中隔要比西藏披毛犀的"完全"。

结论:西藏披毛犀具有更原始的形态。

论据涉及的是西藏披毛犀化石与亚洲北部、西伯利亚等地发现的披毛犀化石的鼻中隔"不完全"与"完全"的比较,论点讨论的是西藏披毛犀具有更原始的形态,要支持题干论证,就要建立二者之间的关系。

选项C,若该项为真,说明披毛犀的鼻中隔经历了由"不完全"到"完全"的进化过程,可以说明西藏披毛犀具有更原始的形态。

54.【答案】B。

【考点分析】论证推理——加强型(支持)

【解析】由题干信息可知:

专题三 加强型题目

科学家的观点:这项技术开辟了未来新型食物生产的新路,有助于解决全球饥饿问题。

选项A,证明此项技术确实有效,可以支持科学家的观点,排除。

选项B,仅仅指出粮食问题是全球性的难题,既不能证明新技术可以开辟未来新型食物生产的新路,也不能证明其有助于解决全球饥饿问题,入选。

选项C,指出这项技术将彻底改变农业,即的确可以开辟未来新型食物生产的新路,可以支持科学家的观点,排除。

选项D,证明这项技术生成的物质真的有营养价值,可以解决饥饿问题,可以支持科学家的观点,排除。

选项E,说明这项技术可以帮助面临饥荒的地区解决饥饿问题,可以支持科学家的观点,排除。

55.【答案】A。

【考点分析】论证推理——加强型(支持)

【解析】由题干信息可知:

论据:所有买卖的鱼油都需要经过检查,同时缴纳检查费。

结论:陪审团支持原告,即鲸鱼油也要缴纳检查费。

目标:找最能支持陪审团所做的判决的选项。

要支持陪审团所做的判决,只需要证明鲸鱼油是鱼油的其中一种即可。

选项A,说明"鱼油"包括鲸鱼油和其他鱼类的油,则按照规定,商人需要缴纳检查费,支持了陪审团所做的判决。

56.【答案】E。

【考点分析】论证推理——加强型(支持)

【解析】由题干信息可知:

专家的观点:数字阅读具有重要价值,是阅读的未来发展趋势。

选项A,说明数字阅读说不定会在未来某一时刻对自己的生活产生影响,但是这样的情景是否一定出现,这个影响是正面的还是负面的,都不确定,因此其支持力度不大,排除。

选项B、C,说明了数字阅读的弊端,削弱了专家的观点,排除。

选项D,说明了纸质阅读的优点,指出纸质阅读仍然是阅读的主要方式,不能支持专家的观点,排除。

选项E,说明了数字阅读的优点,支持了专家的观点,入选。

57.【答案】D。

【考点分析】论证推理——加强型(支持)

【解析】由题干信息可知:

论据:哲学是在总结各门具体科学知识基础上形成的,并不是一门具体科学。

结论:经验的个案不能反驳哲学。

选项D,建立联系,经验的个案只能反驳具体科学,哲学不是一门具体科学,所以经验的个案不能反驳哲学,入选。

58.【答案】C。

·143·

【考点分析】论证推理——加强型(支持)

【解析】由题干信息可知:

论据:餐前锻炼组燃烧的脂肪比餐后锻炼组多。

结论:肥胖者若持续这样的餐前锻炼,就能在不增加运动强度或时间的情况下改善代谢能力,从而达到减肥效果。

选项C,建立联系,表明餐前锻炼可以更有效地消耗体内的糖分和脂肪,从而达到减肥的效果,入选。

59.【答案】C。

【考点分析】论证推理——加强型(支持)

【解析】由题干信息可知:

论据:目前我们对太阳风的变化及其如何影响地球知之甚少。

结论:为了更好保护地球免受太阳风的影响,必须更新现有的研究模式,另辟蹊径研究太阳风。

选项C,该项充分说明了现有的研究模式得出的结果与实际观测相比误差很大,所以需要更新现有的研究模式,入选。

60.【答案】A。

【考点分析】论证推理——加强型(支持)

【解析】由题干信息可知:

专家观点:饭后喝酸奶不能帮助消化。

选项A,指出人体消化需要消化酶和有规律的肠胃运动,酸奶没有消化酶,也无法纠正无规律的肠胃运动,所以饭后喝酸奶无助于消化,入选。

选项B,"肥胖"和是否帮助消化无关,排除。

选项C,只说明益生菌会维持肠道健康,不知道其是否有助于消化,排除。

选项D,说明帮助消化的物质,一种酸奶中没有,一种酸奶含量不足,但是"含量不足"不能证明一点作用都没有,其力度比选项A小,排除。

选项E,"间接作用"的力度小于选项A,排除。

61.【答案】A。

【考点分析】论证推理——加强型(支持)

【解析】由题干信息可知:

论据:今天的教育质量将决定明天的经济实力,PISA测试中,中国学生的总体表现远超其他国家学生。

结论:该结果意味着中国有一支优秀的后备力量以保障未来经济的发展。

需要建立联系的条件:(1)PISA测试能够反映学生的受教育质量,所以测试成绩好表明教育质量好;(2)教育质量决定经济实力;(3)现在表现突出,将来也会突出。

选项A,由上述分析可知,该项建立了题干论证的联系,入选。

选项B,"其他国际智力测试"和题目无关,排除。

选项C,该项的核心词是"创新",题目没有涉及,排除。

选项D,该项只假设了条件(3),并不是无之必不可的,排除。

选项E,该项没有建立"成绩"和"教育质量"的关系,排除。

62.【答案】B。

【考点分析】论证推理——加强型(支持)

【解析】由题干信息可知:

论据:水产品脂肪含量相对较低,禽肉脂肪含量也比较低,畜肉中瘦肉脂肪含量低于肥肉,瘦肉优于肥肉。

结论:水产品、禽肉对身体更健康。

需要建立"脂肪含量"与"健康"之间的关系,选项B入选。

63.【答案】C。

【考点分析】论证推理——加强型(支持)

【解析】由题干信息可知:

论据:真正的快速阅读要按"之"字形浏览文章。

结论:快速阅读实际上是不可能的。

选项C,建立联系,表明"之"字形浏览无法理解文章,所以快速阅读不可能,入选。

64.【答案】C。

【考点分析】论证推理——加强型(支持)

【解析】由题干信息可知:

论据:进入学校后,孩子好奇心越来越少。

结论:这是由于孩子受到外在的不当激励所造成的。

需要建立"进入学校之后"和"受到外在的不当激励"之间的关系。

选项A、B、D、E,均没有涉及"不当激励",排除。

选项C,"只看考试成绩"可以理解为"不当激励",入选。

65.【答案】E。

【考点分析】论证推理——加强型(支持)

【解析】由题干信息可知:

论据:《夜雨寄北》。

结论:这首诗实际上是寄给友人的。

选项E,通过解释"西窗"的含义搭建了论据与结论的关系,入选。

66.【答案】D。

【考点分析】论证推理——加强型(支持)

【解析】由题干信息可知:

论据:由于各国在新冠肺炎疫情期间采取了封锁和限制措施,汽车使用量下降了一半左右。

结论:2020年全球碳排放量降幅远超以前。

此题只有选项D建立了题干论据与结论之间的关系,入选。

67.【答案】B。

【考点分析】论证推理——加强型(支持)

【解析】由题干信息可知:

论据:默认网络是一组参与内心思考的大脑区域,这些内心思考包括回忆旧事、规划未来、想象等。

结论:大脑默认网络的结构和功能与孤独感存在正相关。

只有选项 B 在论据和结论的核心词之间进行了搭桥,入选。

68.【答案】E。

【考点分析】论证推理——加强型(支持)

【解析】由题干信息可知:

论据:甲型 H1N1 流感毒株出现时,另一种甲型流感毒株消失了。

结论:人体同时感染新冠病毒和流感病毒的可能性应该低于预期。

选项 E,该项说明新冠病毒的感染会防止流感病毒的复制,建立了二者的关系,入选。

69.【答案】E。

【考点分析】论证推理——加强型(支持)

【解析】由题干信息可知:

专家结论:胃底腺息肉与胃癌呈负相关。

选项 E,当有胃底腺息肉时,则没有感染致癌物"幽门螺杆菌",患癌可能性降低,所以该项建立了"胃底腺息肉"和"胃癌"之间的关系,入选。

 解释型题目

1.【答案】E。

【考点分析】论证推理——最能解释

【解析】由题干信息可知：

要解释的现象：大投资巨片的票房收入高，但电影产业的年收入大部分来自中小投资影片。

选项 A，"大投资巨片中不乏精品"加剧了题干的矛盾，排除。

选项 B，"大投资巨片票价高"加剧了题干的矛盾，排除。

选项 C，"不高于"中包含了"相等"的情况，在这种情况下该项并不能解释题干现象，排除。

选项 D，影片质量的评价标准与题干中要解释的现象无关，排除。

选项 E，虽然中小投资影片的票房收入较低，但其在市场中所占比例较大，导致中小投资影片总体的票房收入较高，解释了题干现象，入选。

【做题要领】关注题干中要解释的矛盾是什么，如本题中的矛盾为"大投资巨片的票房收入高，但电影产业的年收入大部分来自中小投资影片"，那么在选择正确答案时，就要注意选项是否针对"票房收入差异"进行解释。

2.【答案】B。

【考点分析】论证推理——最能解释

【解析】由题干信息可知：

要解释的现象：国际原油市场价格的提高大幅度增加了成品油生产商的运营成本，但某国成品油生产商的利润并没有减少，反而增加了。

选项 A，该项加剧了题干的矛盾，排除。

选项 B，该项通过他因来解释题干矛盾，证明是其他原因（政府补贴）导致利润增加，可以解释题干矛盾，入选。

选项 C，该项在一定程度上对题干矛盾有解释作用，但是个别高薪雇员工资的降低对利润的影响远不如政府补贴的影响大，其解释力度弱于选项 B，排除。

选项 D，该项加剧了题干的矛盾，排除。

选项 E，"一部分"的解释力度较弱，排除。

【做题要领】对于解释矛盾的题目，不能去否定其中的任何一方，也不能去单独支持其中的一方。合理的解释应该是能够中和双方的矛盾，这未必是对题干原有信息的否定。

3.【答案】C。

【考点分析】论证推理——最能解释

【解析】由题干信息可知：

结论:孩子看电视时间过长会出现行为问题。

要解释的现象:为什么孩子看电视时间过长会出现行为问题。

选项A、B、D,"电视节目"和"看电视时间过长"不是同一个概念,无关选项,排除。

选项C,说明看电视时间过长,会影响孩子与其他人的交往,久而久之,孩子便会缺乏与他人打交道的经验,能够建立"看电视时间过长"和"行为问题"之间的关系,入选。

选项E,"影响身心健康发展"是否会出现"行为问题"不得而知,排除。

【做题要领】 抓住核心词"看电视时间过长""行为问题",锁定要解释的内容。

4. **【答案】** C。

   【考点分析】 论证推理——最能解释

   【解析】 由题干信息可知:

   要解释的现象:茄红素有防止细胞癌变的作用,但是经常服用茄红素片剂的酗酒者反而比不常服用茄红素片剂的酗酒者更易于患癌症。

   复选项Ⅰ,由于因人而异,所以效果应当是随机的,不应当出现题干中所说的现象,因此不能解释。

   复选项Ⅱ,说明茄红素片剂和酒精两种物质相互作用,生成了致癌物质,导致服用茄红素片剂的人患癌率更高,可以解释。

   复选项Ⅲ,说明茄红素片剂会受其他物质影响而致癌,而自然茄红素则不会,解释了为何茄红素可以防止细胞癌变而茄红素片剂会让服用者患癌。

   因此复选项Ⅱ、Ⅲ正确,选项C入选。

   【做题要领】 寻找题干的矛盾冲突,针对矛盾点寻找恰当的解释。

5. **【答案】** D。

   【考点分析】 论证推理——最不能解释

   【解析】 由题干信息可知:

   要解释的现象:A省的房地产市场低迷,但该省的S市是个例外。

   选项A、B、C、E,这四项均能够说明S市因为其他原因使得房价上涨,成交活跃,可以解释题干矛盾,排除。

   选项D,该项只说明房地产开发商资金充足,与房价和成交量无关,不能解释题干矛盾,入选。

   【做题要领】 解释型题目的解题思路是先寻找被解释对象,再寻找原因。在这道题中,可以先找到题干中的矛盾点,从矛盾点出发寻找可以恰当解释题干现象的选项。

6. **【答案】** C。

   【考点分析】 论证推理——最能解释

   【解析】 由题干信息可知:

要解释的现象:同样受到法国艺术学会的赞助,雕塑缺乏新意,而绘画却有很大程度的创新。

选项A,如果绘画得到的经费支持比雕塑多,则绘画更不应该表现出很大程度的创新,加剧了题干矛盾,排除。

选项B,雕塑家获得的支持经费比画家多了多少不能确定,所以不能解释为何绘画会表现出很大程度的创新,排除。

选项C,表明由于绘画的成本较低,所以其受到经费的制约比较小,更容易进行艺术创新,入选。

选项D、E,无关选项,因为这两项都没有解释雕塑与绘画的差异,排除。

【做题要领】解释型题目的本质是寻找原因。在这道题中,可以先找到题干中的矛盾点,从矛盾点出发寻找原因,从而找到能合理解释题干现象的选项。

7.【答案】D。

【考点分析】论证推理——最能解释

【解析】由题干信息可知:

实验材料差异:巴斯德用的是煮过的培养液;普歇用的是干草浸液。

结果差异:巴斯德的实验结果为,在山顶上,只有1个装了培养液的瓶子长出了微生物;普歇的实验结果为,即使在海拔很高的地方,所有装了培养液的瓶子都很快长出了微生物。

选项A,"有氧气"是二者实验中的相同之处,不能解释结果差异,排除。

选项B,"培养液在加热消毒等过程中会被外界细菌污染"与巴斯德的实验结果"只有1个装了培养液的瓶子长出了微生物"矛盾,排除。

选项C,实验设计都不够严密是二者的相同之处,不能解释结果差异,排除。

选项D,说明干草浸液与巴斯德用的煮过的培养液有不同之处,很好地解释了实验结果的不同,入选。

选项E,该项加剧了题干中二者实验结果有差异的矛盾,排除。

【做题要领】要找到能解释二者实验结果差异的选项,所找选项不能是对二者共性的描述。

8.【答案】D。

【考点分析】论证推理——最能解释

【解析】由题干信息可知:

要解释的现象:物价总水平涨势比较温和,但民众感觉物价涨幅较高,且这种感觉有据可依。

选项A,题干的矛盾数据分别来自"物价总水平"和"部分物价水平",并非"不同来源的统计数据",排除。

选项B,"各种因素"没有涉及题干矛盾,不能解释,排除。

选项C,该项企图通过指出即便有些消费品涨幅很小,但是民众仍然感觉很明显,来说明民众的感觉没有依据,但是题干已经明确指出民众的感觉"有据可依",所以此项不选,排除。

选项 D,通过他因解释了题干中的矛盾,工业消费品权重大且价格走低,拉低了总体物价上涨幅度,能解释,入选。

选项 E,对不同家庭的分析与题干矛盾无关,不能解释,排除。

【做题要领】解释矛盾时,不能支持或否定矛盾的任何一方,通常可以利用"他因"来解释。

9.【答案】C。
【考点分析】论证推理——最不能解释
【解析】由题干信息可知:
要解释的现象:人们很快接受了MP3等新形式,但人们对于电子图书的接受并没有达到专家预期的程度,大部分读者喜欢纸质出版物,纸质书籍在出版业中依然占据重要地位。
选项 A,指出纸质书籍的优点,能够解释人们为什么喜欢纸质书籍,排除。
选项 B、D、E,均说明了电子图书的弊端,可以解释人们为什么喜欢纸质书籍,排除。
选项 C,"经典图书"可以是电子的,也可以是纸质的,无法说明人们是喜欢电子图书还是喜欢纸质书籍,入选。

10.【答案】C。
【考点分析】论证推理——能解释,除了
【解析】由题干信息可知:
要解释的现象:现在文人学子中近视患者的比例越来越高,而古代的文人学子很少患近视。
选项 A,指出古人读书时间少,患近视可能性小,能解释,排除。
选项 B,指出古人运动多,有利于预防近视,能解释,排除。
选项 C,该项讨论的是近视的危害,不能解释为什么古人很少患近视,入选。
选项 D,指出古人读的书少,不容易患近视,能解释,排除。
选项 E,指出古人的书写工具是毛笔,眼睛和字的距离远,有利于预防近视,能解释,排除。

11.【答案】E。
【考点分析】论证推理——最能解释
【解析】由题干信息可知:
要解释的现象:用手机打电话不会对专供飞机通信系统或全球定位系统使用的波段造成干扰,但各大航空公司仍然禁止乘客使用手机等电子设备。
复选项Ⅰ,电子设备可能对地面导航网络造成干扰,可以解释为何禁用电子设备。
复选项Ⅱ,电子设备可能影响机组人员工作,可以解释为何禁用电子设备。
复选项Ⅲ,某些电子设备可能导致自动驾驶仪出现断路或仪器显示发生故障,可以解释为何禁用电子设备。
因此,复选项Ⅰ、Ⅱ和Ⅲ都可以解释题干现象,选项E入选。

【做题要领】解释矛盾时,不能支持也不能反对矛盾的任何一方,最好的方式就是寻找不涉及矛盾双方的其他原因。

专题四 解释型题目

12. 【答案】D。

【考点分析】论证推理——最不能解释

【解析】由题干信息可知：

要解释的现象：一般商品只有在多次流通过程中才能不断增值，但艺术品却可以在一次流通中大幅度增值。

选项A、B、C、E，均解释了艺术品可以大幅度增值的原因，排除。

选项D，因为赝品对艺术品的交易价格没有影响，所以不能解释为什么艺术品可以在一次流通中大幅度增值，入选。

【做题要领】解释型题目的关键在于寻找题干信息中的矛盾。

13. 【答案】E。

【考点分析】论证推理——能解释，除了

【解析】由题干信息可知：

要解释的现象：按正常情况，当这批人中的白领谈婚论嫁时，女性与男性数量应当大致相等。但某市妇联近几年举办的历次大型白领相亲活动中，报名的男女比例约为3∶7，有时甚至达到2∶8。

选项A，指出女性白领要求高，往往只找比自己更优秀的男性，要求越高，满足要求的人数自然越少，可以解释，排除。

选项B，指出出国的男性比出国的女性多，剩下的符合要求的男性白领自然少于女性白领，可以解释，排除。

选项C，说明并不是男性真的少，而是参加相亲会的男性少，可以解释，排除。

选项D，指出白领相亲活动中女性居多的原因是，外地优秀女性多于外地优秀男性，可以解释，排除。

选项E，此项无助于解释题干的矛盾，因为题干中并没有说明这样的相亲会设定了诸如长相身高、家庭条件等筛选条件，入选。

【做题要领】首先要注意题目的提问方式是"以下除哪项外，都有助于解释……"，也就是要寻找"能解释，除了"的选项，需要用排除法，把能够解释的选项都排除，剩下的选项即为正确答案。除此之外，还要注意"最不能解释"的题目的考查。

14. 【答案】D。

【考点分析】论证推理——最能解释

【解析】由题干信息可知：

要解释的分歧：女权主义代表认为，女性应聘者受到了某种歧视，理由是男性录用率总体高于女性。该大学认为，女性应聘者未受到歧视，理由是每个学院的女性录用率都高于男性。该大学的理由看似和女权主义代表的理由对立，实际上并不对立，因为每个学院的女性录用率和整体录用率是不同的，也即各个局部都具有的性质在整体上未必具有。

选项 A,指出整体并不是局部的简单相加,看上去也涉及了题干中的问题,待选。

选项 B,题干并没有用数学规则解释社会现象,而是表明女权主义代表的计算结果和该大学的计算结果有出入,不能解释,排除。

选项 C、E,主观性选项,不能解释,排除。

选项 D,能恰当地解释女权主义代表和该大学之间的分歧。各个局部都具有的性质整体一定具有,是"集合体性质误用"的逻辑谬误。选项 D 准确地指出了这一谬误,能解释,待选。

本题需要区分选项 D 和选项 A,题干中的"集合体性质误用"这一逻辑谬误,涉及的是整体和部分的质的关系,而不是量的关系。选项 A 涉及的是量,不是质,无助于说明题干存在"集合体性质误用"的逻辑谬误,所以排除。

【做题要领】要能够识别题干犯了"集合体性质误用"这一逻辑谬误。

15.【答案】B。

【考点分析】论证推理——最能解释

【解析】由题干信息可知:

论据:小酒馆采取客人吃饭付费"随便给"的做法,"随便给"的酒馆比其他酒馆利润高。

结论:老板认为"随便给"的营销策略很成功。

目标:解释老板的营销策略为什么能成功,即为什么"随便给"的酒馆利润更高。

选项 A,仅说明部分顾客愿意掏足够甚至更多的钱,但是这部分顾客占多大的比例,是否能够弥补其他顾客少给费用所造成的损失,不得而知,排除。

选项 B,指出如果客人所付低于成本价格,就会受到提醒而补足差价。客人"随便给"的付费,只可能有两种情况:(1)高于或等于成本价格;(2)低于成本价格。所以该项如果为真,说明此种营销只可能赚钱,不可能赔钱,能解释,入选。

选项 C,指出了另外四家酒馆利润不如这家"随便给"酒馆的原因是地理位置不好,这点可以解释利润的差异,但是不能解释为什么"随便给"的营销策略是成功的,排除。

选项 D,不能解释老板营销策略的成功,排除。

选项 E,说明对于过分吝啬的顾客,酒馆老板常常也无可奈何,那么"随便给"的营销策略很有可能会失败,不能解释,排除。

【做题要领】在解释型题目中,一定要看清楚解释的内容,否则就容易上当,找错重心。

16.【答案】C。

【考点分析】论证推理——最能解释

【解析】由题干信息可知:

要解释的现象:全球变暖造成南北极地区的冰川加速融化,但近几年来,北半球许多地区冬季却超常寒冷。

选项 A,指出"平均温度接近常年",有诉诸平均数的嫌疑。"平均温度接近常年"不能解释北半球的超常寒冷,也不能解释全球变暖的问题,排除。

选项B,试图用"全球夏季的平均气温"来解释现象,但这和题干中的"冬季"不符,排除。

选项C,指出全球变暖造成两极附近海水温度升高中断或减弱了原来影响北半球某些地区的暖流,而这些地区正是近年超常寒冷的地区,使得"全球变暖"和"极寒天气"之间产生了关联,解释了题干看似矛盾的现象。

选项D,要注意两个问题,首先,"赤道附近海水温度升高"和"全球变暖"是两个概念;其次,"洋流增强了",但是经历严寒冬季的地区又不是"原来寒流影响的主要区域",那洋流增强会对气候产生什么影响不得而知,排除。

选项E,指出"近年来冬季极地寒流南侵比较频繁",但是这个变化是否和"全球变暖"有关,不能确定,排除。

因此,正确答案为选项C。

【做题要领】对于这道题,很多同学最大的问题是读不懂题目!其实读懂题目并不是做对逻辑题的必要条件,只要知道题干要求解释的现象是什么,能够串联起现象中不同元素的选项必然是有一定的解释作用的。如何在做题的过程中克服阅读理解的困难也是备考过程中需要重视的问题。

17.【答案】A。

【考点分析】论证推理——最能解释

【解析】由题干信息可知:

要解释的现象:严查酒驾的城市和不严查酒驾的城市,交通事故发生率实际上是差不多的。然而专家认为,严查酒驾确实能减少交通事故的发生。

目标:找能够消除这种不一致的选项,即能够解释题干中矛盾的选项。

选项A,指出严查酒驾的城市交通事故发生率曾经都很高,说明严查酒驾之后交通事故发生率降低了,降低到和其他不严查酒驾的城市基本相当的程度,因此严查酒驾可以减少交通事故的发生,合理地解释了题干中的矛盾现象。

选项B,"消除酒驾"和"减少交通事故的发生"概念不同,排除。

选项C,"提高司机的交通安全意识"和"严查酒驾"无关,排除。

选项D,虽然制止其他交通违章对交通事故的发生有影响,但本题只关心"严查酒驾对交通事故的发生的影响",所以,选项D没有对题干中的推理进行解释,排除。

选项E,"小城市和大城市"与题干中"严查酒驾的城市和不严查酒驾的城市"不同,排除。

18.【答案】D。

【考点分析】论证推理——最能解释

【解析】由题干信息可知:

要解释的现象:我们可以看到自身不发光但可以反射附近恒星光的行星,但太阳系外的行星大多无法用现有的光学望远镜"看到"。

目标:找最能解释上述现象的选项。

选项A,解释的是能"看到"的天体,但是题目要求解释的是为什么太阳系外的有些行星无法看到,不能解释,排除。

选项B,该项说的是有些恒星没有被"看到",不能解释为什么太阳系外的有些行星无法看到,排除。

选项C,根据题干信息可知,行星之所以能被看到是因为反射了恒星光,和其体积未必有关,不能解释,排除。

选项D,指出"太阳系外的行星因距离太远很少能反射恒星的光",对题干现象提供了一个合理的解释,入选。

选项E,题目要求解释的主体是"太阳系外的行星",该项说的是"太阳系内的行星",无关选项,排除。

19. 【答案】A。

【考点分析】论证推理——能解释,除了

【解析】先找到题目中要求解释的对象,再寻找解释项。

要解释的现象:既然"APEC治理模式"能取得良好效果,为什么不将"APEC治理模式"长期坚持下去。

选项A,指出"如果不除雾霾,就会影响国家形象",并未解释为什么不将"APEC治理模式"长期坚持下去,不能解释,待选。

选项B,指出"APEC治理模式"常态化后会影响地方经济和社会的发展,所以不能长期坚持下去,能解释,排除。

选项C,指出实施"APEC治理模式"有可能付出的代价超出了收益,所以不能长期坚持下去,能解释,排除。

选项D,指出"APEC治理模式"已产生很多难以解决的实际困难,所以不能长期坚持下去,能解释,排除。

选项E,指出大气污染治理需从长计议,所以"APEC治理模式"不能长期坚持下去,能解释,排除。

【做题要领】注意问题中的"除"字,本题实际上就是要找不能解释的选项。

20. 【答案】A。

【考点分析】论证推理——最能解释

【解析】要解释的现象:贴着"眼睛"的那一周,收款箱里的钱远远超过贴其他图片的情形。

选项A,指出了贴"眼睛"图片时对职员的特殊影响,能解释题干的实验现象,待选。

选项B,如果在该公司工作的职员自律能力超过社会中的其他人,那在不同情况下收款箱里的钱应该不会有太大差异,也就不会出现题干中的现象,不能解释,排除。

选项C,只提及看着"花朵"图片时,心情容易变得愉快,但是心情愉快和付钱之间的关系未知,不能解释,排除。

选项D,题干并没有涉及感动和付钱之间的关系,不能解释,排除。

选项E,如果在无人监督的情况下,大部分人缺乏自律能力,也就是说,无论装饰图片是什么,大家都不会付钱,也就不会出现题干中的现象,不能解释,排除。

21. 【答案】C。

　　【考点分析】论证推理——最能解释

　　【解析】题目要求寻找最能解释的选项,需要先找到需要解释的现象或者矛盾。

　　由题干可知,题干的结论是:一个乐于助人、和他人相处融洽的人,其平均寿命长于一般人;心怀恶意、损人利己、和他人相处不融洽的人70岁之前的死亡率比正常人高出1.5~2倍。也就是说,要解释乐于助人等品质和寿命相关这个现象。

　　选项A,提及"身心健康",而题干涉及的概念是"平均寿命",寿命长和身心健康并不是同一个概念,排除。

　　选项B,仅比较了男性和女性的平均寿命,与要解释的现象无关,排除。

　　选项C,建立了乐于助人等品质和身体健康之间的关系,待选。

　　选项D,仅涉及多数心存善念、思想豁达的人的情况,没有涉及心怀恶意的人的情况,解释力度不如选项C,排除。

　　选项E,题干没有提到"自我优越感比较强的人",无关选项,排除。

【做题要领】解释型题目在2016年考查得比较多,注意,无论是解释现象还是解释矛盾,都要先找到解释的对象。

22. 【答案】C。

　　【考点分析】论证推理——最能解释

　　【解析】由题干信息可知:

　　要解释的现象:为什么相当多长期在寒冷环境中生活的北方居民,到南方过冬时怕冷程度远超过当地人。

　　仔细研读不难发现,要解释的是为什么北方人在南方环境下更怕冷。

　　选项A,指出是"一些北方人对保暖工作做得不够充分"才不耐寒,能解释,但由于有"一些人"这个词,所以未必是最能解释的选项,排除。

　　选项B,说明不好忍受的是"南方地区的极端低温的天气",解释力度不足,排除。

　　选项C,说明为什么北方地区比南方地区更好过冬,也就解释了为什么北方人在南方环境下更怕冷,能解释,待选。

　　选项D,仍然是基于"一些人"的解释,解释力度不足,排除。

　　选项E,指出北方人在南方环境下更怕冷是因为南方地区感觉更冷,能解释,待选。

　　此题是有争议的试题,选项C和选项E都能解释,有人认为答案是选项E,但主流依然认为选项C的解释力度比选项E大。理由是:如果选项E不成立,仅选项C成立,仍能有力地解释题干现象;但如果选项C不成立,仅选项E成立,则几乎不能解释题干现象。难以想象一个长年生活在零下40摄氏度且没有供暖设备的北方人,到零度左右但湿度较大的南方,会比当地人觉得更冷。还有一点,选项E涉及主观感受,解释力度也要弱一些。

【做题要领】对于有争议的真题,要明晰争议点在哪里。对于"最能解释"这样的题目,由于理解不同,有时候确实比较难区分哪个选项是相对最好的,如果选项本身在设计的时候就存在歧义,那就会给考生的选择造成困难。一般情况下,在设计这种"最能解释"的题目选项时,通常采用的方式是,有真正能解释的选项,也有陷阱,比如时间陷阱、概念偷换等,用来迷惑考生,考生要在做题的过程中识别陷阱。

23. 【答案】A。

【考点分析】论证推理——最能解释

【解析】由题干信息可知:

前提:降水量减少,河流水位会下降,流速会减缓,河流中的水草总量通常也会随之增加。

现象:去年该地区经历了一次极端干旱之后,某河流的流速十分缓慢,但水草总量并未随之增加。

目标:找最能解释上述看似矛盾的现象的选项。

要解释的现象:河流的流速缓慢,为什么水草总量却没有增加。

选项A可以解释,说明极端干旱之后,有可能水生物包括水草都死掉了,数量自然不会增加。但是有同学可能会疑虑,题干的核心概念是"水草",选项却是"水生物",会不会核心概念不一致? 所以,这个选项可以解释,但是不一定最能解释,待选。

选项B,题干没有提到其他物种,无关项,排除。

选项C,只解释了地表河水流速慢的原因,没有解释水草总量没有增加的问题,排除。

选项D,加剧了矛盾,不能解释,排除。

选项E,以水草为食物的水生动物数量减少,则水草数量应该增加,该项加剧了题干的矛盾,排除。

五个选项中,除了选项A可以解释之外,其余各项均不能解释,因此,正确答案为选项A。

24. 【答案】A。

【考点分析】论证推理——最能解释

【解析】题目主要要求解释为什么实测气温与人实际的冷暖感受存在差异。

选项A,表明体感温度受气温、风速、空气湿度的综合影响,所以实测气温与实际冷暖感受会存在一定的差异。

25. 【答案】B。

【考点分析】论证推理——最能解释

【解析】要解释的现象:长期噪声组的鱼比其他两组鱼更早死亡。

选项B,解释了为什么长期噪声组的鱼死得早,入选。

26. 【答案】C。

【考点分析】论证推理——最能解释

【解析】要解释的现象:种植了金盏草的花坛,玫瑰长得很繁茂;而未种植金盏草的花坛,玫瑰却呈现病态,很快就枯萎了。

选项A,该项与题干无关,排除。

选项 B,该项提到"土壤湿度",但是题干中并未提及玫瑰是否喜欢湿润的土壤环境,如果玫瑰喜欢干燥的土壤环境,那金盏草对玫瑰的生长就是不利的,排除。

选项 C,该项明确了金盏草对玫瑰生长有利(杀死可能侵害玫瑰的害虫),最能解释题干现象,入选。

选项 D,"奇特的作用"并不明确,这种作用对玫瑰生长是有益还是有害未知,排除。

选项 E,题干中指出,没有种植金盏草的花坛,玫瑰会呈现病态,而该项中的"施肥偏少"并不足以导致玫瑰呈现病态,排除。

专题五 评价型题目

考查点1 评价论点

1.【答案】A。

【考点分析】论证推理——评价论点

【解析】由题干信息可知：

论据:狗在地震前行为异常。

结论:人们可以通过动物的异常行为来预测地震。

目标:评价上述论证。

要评价上述论证,需要找到一个选项,对这个选项做肯定性回答或者否定性回答时,其中一个回答能够加强题干论证,另一个回答能够削弱题干论证,那么这个选项就是对题干论证的评价。

选项A,关心不同类型的动物的异常行为是否相同,但其实只要出现异常行为即可,不需要它们的异常行为类似。该项没有削弱作用也没有加强作用,和题干无关。

选项B,如果这种异常行为在平时也出现,就说明这种异常行为与地震无关,对题干论证有削弱作用;如果这种异常行为在平时不会出现,就说明这种异常行为可能与地震有关,对题干论证有加强作用。该项是题干论证的评价,排除。

选项C,如果地震时出现这种异常行为的动物比例很低,与不地震时的比例大致相同,就可以说明这个异常行为与地震无关,对题干论证有削弱作用;如果比例很高,那就能证明和地震有关,对题干论证有加强作用,可以评价,排除。

选项D,如果未被注意的比例很低,则说明这种异常行为并不会引起人们的太多关注,加强了题干论证;如果未被注意的比例很高,则说明这种异常行为可以引起人们的关注,削弱了题干论证,可以评价,排除。

选项E,如果同一种动物在两次地震前的反应不相似,则说明两种异常行为并不是同一个原因造成的,对题干论证有削弱作用;如果同一种动物在两次地震前的反应相似,那确实说明可以预测地震,对题干论证有加强作用,可以评价,排除。

【做题要领】将选项结合题干中的论证关系从而考虑是否相关。

2.【答案】B。

【考点分析】论证推理——评价论点

【解析】由题干信息可知：

论据:许多孕妇都出现了维生素缺乏的症状。

结论：由于腹内婴儿的生长使她们比其他人对维生素有更高的需求。

选项 A，检测的是"不缺乏维生素的孕妇的日常饮食"，日常饮食中是否缺乏维生素和孕妇本身是否缺乏维生素不同，有可能日常饮食中维生素足够，但是孕妇对维生素吸收能力不同，相同的日常饮食，有的孕妇不缺乏维生素，有的孕妇依然缺乏，所以，这样的检测不能证明是"腹内婴儿的生长使她们比其他人对维生素有更高的需求"，排除。

选项 B，对日常饮食中维生素足量的孕妇和其他妇女进行检测，并分别确定她们是否缺乏维生素。如果仅孕妇缺乏维生素就能够证明是"腹内婴儿的生长使她们比其他人对维生素有更高的需求"，本项最能评价上述结论，入选。

选项 C，研究对象"日常饮食中维生素不足量"，那就不能确定缺乏维生素的原因是维生素摄入不够还是"腹内婴儿的生长"，不能评价，排除。

选项 D，同选项 A，排除。

选项 E，该项研究的是"孕妇的科学食谱"，而题干中要研究的是"是否是由于腹内婴儿的生长使孕妇出现维生素缺乏的症状"，无关选项，排除。

【做题要领】要求对论点进行评价的题目要抓住其评价的核心，也就是结论，然后对结论进行削弱和加强。

3.【答案】E。

【考点分析】论证推理——评价论点

【解析】由题干信息可知：

结论：有规律的工作会增加人们的体重。

要评价上述结论，需要寻找一个选项，对选项进行肯定性回答和否定性回答时，其中一个回答可以加强题干论证，另一个回答可以削弱题干论证，那么该项即是对题干结论的评价。

选项 A，评价的是"从事有规律的工作且经常进行体育锻炼的人"，与题干中的情况无关，排除。

选项 B，问的是"该组调查对象的体重在 8 年后是否会继续增加"，与"是否从事有规律的工作"无关，排除。

选项 C，是特殊疑问句，不符合评价论点的题目的要求，排除。

选项 D，评价的是调查对象中男性和女性的体重增加的差异，与题干中的情况无关，排除。

选项 E，评价的是和该组调查对象其他情况相仿但"没有从事有规律工作的人"，如果"没有从事有规律工作的人"在同样的 8 年中，体重也在增加，甚至其增加的幅度超过了"从事有规律工作的人"，则削弱了题干论证；如果"没有从事有规律工作的人"在同样的 8 年中，体重没有增加，或者增加的幅度小于"从事有规律工作的人"，则加强了题干论证，即选项 E 是对结论的评价，入选。

【做题要领】熟悉评价论点类题目的特征。本题是《逻辑 25 讲》中的原题，是送分题。

考查点 2　评价论证方法

1. 【答案】C。
   【考点分析】论证推理——论证评价(判断论证方法)
   【解析】由题干信息可知:
   李经理:调高营销业绩奖励比例,使汽车销售数量增加了16%,得出奖励比例调高是导致汽车销量增长的原因。
   陈副经理:竞争对手没有调整奖励比例,也出现了类似的增长。
   两人的冲突点在于前提不同,但结论相同。
   陈副经理的质疑方法是运用反例来质疑李经理的结论。李经理的结论是针对本店的,并不是一般性的,因此,选项 A 不成立。
   李经理的论据是:第一,去年经纬汽车专卖店调高了营销人员的营销业绩奖励比例;第二,去年该店的汽车销售数量较前年增加了16%。陈副经理的反例并没有说明这些论据不符合事实,因此,选项 B 不成立。
   陈副经理的反例显然有利于说明,李经理的论据即使成立,也不足以推出结论。因此,选项 C 最为恰当。
   选项 D,指出李经理的论证存在"混淆概念"的逻辑谬误,和题干不符,排除。
   选项 E,指出李经理的论证存在"自相矛盾"的逻辑谬误,但是"自相矛盾"是指两个相互矛盾的两个命题同时为真,和题干不符,排除。

2. 【答案】A。
   【考点分析】论证推理——论证评价(判断论证方法)
   【解析】由题干信息可知:松鼠的目标是水或糖分。因为树木周边并不缺少水源,松鼠不必费那么大劲打洞取水。因此,松鼠打洞的目的是摄取糖分。
   题干是在相容选言命题的两个选言支中,通过否定其中的一支,来肯定另一支。
   选项 A,与上述分析一致,入选。
   选项 B,题干没有涉及"特例"和"一般性结论",排除。
   选项 C,不存在"已知现象"与"未知现象"的类比,排除。
   选项 D,不涉及"通过反例否定一般性结论",排除。
   选项 E,不涉及"否定必要条件",排除。

   【做题要领】归纳和总结题干的论证思路,在选项中选择符合题干信息的选项。

3. 【答案】B。
   【考点分析】论证推理——论证评价(判断论证方法)
   【解析】由题干信息可知:
   正方:戒烟后体重增加→吸烟有利于减肥。
   反方:紧张情绪→吸烟,身体消瘦。

选项 A,并非引用论据,排除。

选项 B,反方提出了另一套因果关系,说明吸烟与减肥之间不存在因果关系,入选。

选项 C,并非依赖科学知识,排除。

选项 D,并非提出因果倒置,而是提出了另一套因果关系,排除。

选项 E,常识正确与否与题干无关,排除。

【做题要领】将题干信息化简后寻找其中的逻辑关系,进而推断出应用了哪项辩论策略。

考查点3 评价论证过程是否存在漏洞

1. 【答案】B。

   【考点分析】论证推理——论证评价(类比论证)

   【解析】由题干信息可知:

   前提:所有的灰狼都是狼。

   结论:所有的疑似 SARS 病例都是 SARS 病例。

   灰狼确实都是狼,因为灰狼是狼中的一种,但疑似 SARS 病例不都是 SARS 病例。灰狼与狼的关系不同于疑似 SARS 病例与 SARS 病例的关系。题干的漏洞在于忽略了这两种关系的区别。

   从概念外延的关系来看,"灰狼"和"狼"是种属关系,"疑似 SARS 病例"和"SARS 病例"是交叉关系,这是两种不同的关系。

2. 【答案】E。

   【考点分析】论证推理——论证评价

   【解析】由题干信息可知:

   前提:违法必究,但违反道德的行为没有受到惩治,这会导致道德失控进而威胁社会稳定。

   结论:为了维护社会的稳定,任何违反道德的行为都不能不受惩治。

   题干由否定"违反道德的行为都不受惩治",只能得出结论"有些违反道德的行为要受惩治",不能得出结论"违反道德的行为都要受惩治"。选项 E 指出了这一点,入选。

3. 【答案】C。

   【考点分析】论证推理——论证评价

   【解析】由题干信息可知:

   张先生:常年吸烟可能有害健康。

   李女士:祖父吸烟且活到 96 岁→吸烟无害。

   目标:寻找李女士反驳中存在的漏洞。

   题干中张先生断定的是一个可能性命题,李女士以一个反例来加以驳斥,不当。

   选项 A,张先生提出的结论是一个可能性结论,排除。

   选项 B,并非在不相关的现象之间建立因果联系,排除。

选项C,该项的描述符合上述分析,入选。

选项D,李女士的论证不是"个人经验",排除。

选项E,不能用一种可能性来反驳一个可能性结论,排除。

【做题要领】反例可以用来反驳一个全称命题或必然性命题,但是其反驳或然性结论的削弱力度就会"打折扣"。

4.【答案】C。

【考点分析】论证推理——论证评价

【解析】由题干信息可知:

论据:太阳系八大行星中,存在生命的占了1/8。

结论:宇宙中有生命的天体数量一定极其巨大。

目标:寻找论证中的漏洞。

选项A、B、D、E,与题干论证无关,排除。

选项C,如果为假,则指出了推理的漏洞,即太阳系存在生命的行星占1/8并不意味着其他星系都与太阳系类似,也就得不出结论,入选。

5.【答案】D。

【考点分析】论证推理——论证评价

【解析】由题干信息可知:

论据:严重失眠者90%爱喝浓茶。老张爱喝浓茶。

结论:老张很可能严重失眠。

目标:寻找论证中的漏洞。

题干把"严重失眠者中90%爱喝浓茶"混淆为"爱喝浓茶的人90%为严重失眠者"。

选项A、B,未准确指出论证漏洞的关键,排除。

选项C,喝浓茶的其他不良后果与题干论证无关,排除。

选项D,"严重失眠者中爱喝浓茶的比例高"并不意味着"爱喝浓茶者中失眠的比例高"。因此,虽然知道老张爱喝浓茶,但其失眠的可能性有多高不得而知,入选。

选项E,低估严重失眠对健康的危害与题干论证无关,排除。

【做题要领】题干论证的漏洞在于句意的混淆,明确题干论证的漏洞后再寻找恰当指出题干问题所在的选项。

6.【答案】B。

【考点分析】论证推理——论证评价

【解析】由题干信息可知:

文具供应商的结论:循环再利用纸张不一定是劣质的。

文具供应商的论据:最初的纸张就是用可回收材料制造的,19世纪50年代,由于碎屑原料供不应求,才使用木纤维作为造纸原料。

目标:概括文具供应商的反驳中存在的漏洞。

文具供应商要证明的结论是:循环再利用纸张不一定是劣质的。但其论据是:最初的纸张就是用可回收材料制造的。这一论据既不能支持,也不能削弱结论。因此,其对结论来说是不相关事实。

选项A,存在诉诸人身的问题,不是反驳中存在的漏洞。

选项B,较为恰当地概括了反驳中存在的漏洞,入选。

选项C,办公室主任是否了解纸张的制造工艺与纸张是否劣质无关,不是反驳中存在的漏洞。

选项D,诉诸法律,不是反驳中存在的漏洞。

选项E,是否忽视了环保与纸张是否劣质无关,不是反驳中存在的漏洞。

【做题要领】首先寻找到题干中的漏洞所在,然后根据选项内容寻找与漏洞相关的信息,再判断是否与题干漏洞一致。

7.【答案】E。

【考点分析】论证推理——论证评价

【解析】由题干信息可知:

张林:增加产量→全球紫水晶价格下降→利润减少。

选项A、D,无关选项,"混淆长期需要与短期需要""生产目标与财务目标是否一致"与题干论证无关,排除。

选项B,张林的逻辑推断与加工前及加工后的紫水晶价格无关,排除。

选项C,即使紧密联系,2%的产量百分比也无法直接影响到全球紫水晶的价格,排除。

选项E,由于奇美公司每年生产的紫水晶只占全世界紫水晶产品的2%,比例并不高,所以"增加产量→全球紫水晶价格下降"的推理难以成立,故选项E正确。

8.【答案】D。

【考点分析】论证推理——论证评价

【解析】由题干信息可知:

(1)规模农场→规模市场→人口多的城市;

(2)¬规模农场→¬人口多的城市。

选项A,结论并非对前提中断定的简单重复,排除。

选项B,关键概念的界定前后一致,排除。

选项C,不存在带有歧义的断定,排除。

选项D,根据题干可知,条件(2)针对条件(1)进行了否前,即否定了逻辑推理中的充分条件,从而得出了否定推理中的必要条件。而在逻辑推理中,否定前件并不能推出确定结论,因此题干中把某种情况的不存在,作为了证明此种情况必要条件也不存在的证据,该项与前述分析的描述一致,入选。

选项E,并非作为此类情况不可能发生的根据,排除。

【做题要领】将题干信息转化为传递性的推理结构,从已有逻辑知识出发寻找题干中的推理漏洞。

9.【答案】A。

【考点分析】论证推理——论证评价(集合体性质误用)

【解析】由题干信息可知:

前提:公达律师事务所以为刑事案件的被告辩护而著称。

结论:老余以为离婚案件的当事人辩护而著称,其不可能是公达律师事务所的成员。

选项A,指出整体拥有的特征个体不一定具有,指出了论证漏洞所在,入选。

选项B、C,辩护的成功率不是题干论证的问题所在,排除。

选项D,"数据来源"是对论证背景信息的削弱,削弱力度较弱。

选项E,题干是从整体推个体,该项是从个体推整体,二者不同,排除。

【做题要领】集合体具有的性质,组成集合体的个体不一定具有。根据集合体具有某种性质,不当地推断组成集合体的个体也一定具有此种性质,此种谬误,称为"集合体性质误用"。

10.【答案】D。

【考点分析】论证推理——论证评价

【解析】题目由"不理解自己的人是不可能理解别人的"得出结论:那些缺乏自我理解的人是不会理解别人的。

题干论据化简为:不理解自己→不可能理解别人。题干结论化简为:不能自我理解→不会理解别人。

在梳理逻辑主干的过程中不难发现,题干的论据和结论是同一个命题,只有选项D指出了题干论证的漏洞,入选。

【做题要领】对于需要评价、分析和描述题干论证的逻辑谬误的题目,最有效的解题方法就是先梳理题干论证过程,再寻找其中的漏洞。

11.【答案】D。

【考点分析】论证推理——论证评价

【解析】贾某找到易某协商的问题是易家的空调如此安装是否合适,易某并没有回答这个问题,而是转移了论题。

专题六 相似比较型题目

考查点1 论证推理结构的相似比较型

1. 【答案】D。

   【考点分析】相似比较型——论证推理结构

   【解析】由题干信息可知：

   题干的论证结构是：甲离不开乙,乙离不开丙,丙具有某种性质。因此,甲也具有此种性质。

   选项A,可以化简为,甲离不开乙,乙离不开丙。因此,要有甲必须要有丙,该项与题干论证结构不同,排除。

   选项B,可以化简为,甲离不开乙,乙离不开丙。不是所有人都能有丙。因此,不是所有人都能有甲,该项与题干论证结构。不同,排除。

   选项C,用了"允许"这个主观词,该项与题干论证结构,不同,排除。

   选项D,可以化简为,乙离不开丙,甲离不开乙,丙具有某种性质。因此,甲也具有此种性质。选项D与题干论证结构最为类似。

   选项E,可以化简为,甲离不开乙,乙离不开丙;丙需要丁。因此,不丁是不甲的开始,该项与题干论证结构不同,排除。

   【做题要领】相似比较型题目在五个选项的论证结构与题干均不完全一致的情况下,也可以退而求其次,可适当调换题干语句的先后顺序再看其论证结构与题干是否相同。

2. 【答案】B。

   【考点分析】相似比较型——论证推理结构

   【解析】由题干信息可知：

   题干的论证过程是：如果A,那么B(省略了不可能B,但是可以由常识得出),所以不可能A。

   选项A,结构看上去和题干相似,但是"湖面怎么不结冰"是特殊疑问句,不能依据常规得出否定的结论,与题干论证方式不同,排除。

   选项B,与题干论证方式最相似,入选。

   选项C,将草木与人类比,是类比的推理方式,与题干论证方式不同,排除。

   选项D,假如把"如果你不相信这一点"换成"如果天上会掉馅饼",结构就基本和题干相似了,但是其结论并非必然为假,与题干论证方式不同,排除。

   选项E,后半段不必然为假,所以推出的结论也不必然为假,与题干论证方式不同,排除。

3.【答案】D。

【考点分析】相似比较型——论证推理结构

【解析】由题干信息可知：

学生：A 和 B 哪个更重要？

学长：关于 A 和 B 的书哪类畅销，哪类就更重要。

选项 A，指出"哪个更受欢迎，我们反其道而行"，和题干不同，排除。

选项 B，只关注了其中一个的受欢迎程度，和题干不同，排除。

选项 C，没有做出相应的比较，和题干不同，排除。

选项 D，问答方式与题干最为类似，入选。

选项 E，没有"做练习"和"理解内容"的比较，和题干不同，排除。

4.【答案】C。

【考点分析】相似比较型——论证推理结构

【解析】题干论证：有些人宁可忍受寒冷也要时尚，所以有些人为了仪表牺牲舒适感。换句话说，冬服重要的是御寒，有些人为取时尚而舍御寒。

选项 A，与题干中的取舍关系不一致，排除。

选项 B，得不出为取新潮而舍安全，所挑选的新潮冰鞋，完全可能是安全的，即使还有冰鞋更安全，排除。

选项 C，作为饮料，葡萄酒重要的是味道，为取价格（印象）而舍味道，与题干论证一致，入选。

选项 D、E，不存在取舍关系，排除。

【做题要领】观察题干论证：舍去最重要的，取次要的。从这个角度入手，寻找正确答案。

5.【答案】C。

【考点分析】相似比较型——论证推理结构

【解析】题干推理的形式：所有 A 都是 B，有些 B 是 C，D 不是 C。所以，D 不是 A。

除选项 C 外，其余各项的推理都具有与题干推理类似的形式。

【做题要领】提炼题干推理的形式，然后将选项与题干进行对比，从而得出答案。注意题干推理中核心词的位置及推理形式。

6.【答案】D。

【考点分析】相似比较型——论证推理结构

【解析】由题干信息可知：

(1)前提：所有 726 车间生产的产品都是合格的，即所有的 P 都是 Q。

(2)结论：所有不合格的产品都不是 726 车间生产的，即¬Q 都¬P。

选项 A，所有 P 都是 Q（前提），¬P 都¬Q（结论），推理结构与题干不同，排除。

选项 B，所有 P 都是 Q（前提），所有 Q 都是 P（结论），推理结构与题干不同，排除。

选项 C,所有 P 都是 Q(前提),所有 Q 都是 P(结论),推理结构与题干不同,排除。
选项 D,所有 P 都是 Q(前提),¬Q 都¬P(结论),推理结构与题干相同,入选。
选项 E,所有 P 都是 Q(前提),Q 都是 P(结论),推理结构与题干不同,排除。

【做题要领】对比化简后的结构是否与题干一致。

7.【答案】E。
【考点分析】相似比较型——论证推理结构
【解析】题干的推理可整理为:有些高分者不是人才,你高分,因此你可能不是人才。其推理形式是:有些 A 不是 B。你是 A,因此你可能不是 B。
选项 A,符合题干推理形式的应该是,有些名利双收者并不开心,张立名利双收,所以可能张立并不开心。但是选项 A 断定,名利都是浮云。这一断定的意思是,名利带来的开心是暂时的,这不等于断定"有些名利双收者并不开心",因此,该项和题干的推理形式不同,排除。
选项 B,完全不符合题干的推理形式,排除。
选项 C,符合题干推理形式的应该是,有些歌手不是演员,某人是歌手,因此,某人可能不是演员,该项和题干的推理形式不同,排除。
选项 D,符合题目推理形式的应该是:有些公司管理者不是聪明人,陈然是公司管理者,所以陈然可能不是聪明人,该项和题干的推理形式不同,排除。
选项 E,和题干推理形式相同,入选。

【做题要领】本题考查推理形式的相似性,可以尝试着修改选项直至和题干推理形式相同,如果选项需要修改才能和题干推理形式相同,那么选项本身肯定和题干推理形式不同。
本题还要注意题干中用了"可能"这个模态词,命题专家有可能会在选项中设计一个形式相同,但是没有模态词的干扰性选项。

8.【答案】B。
【考点分析】相似比较型——论证推理结构
【解析】题干论证方式是:如果 A,则 B,B,所以 A。
这是个肯定后件肯定前件的无效推理形式。
选项 A,可以化简为,A←B,B,所以 A,是肯定前件肯定后件的有效推理形式,和题干不同,排除。
选项 B,可以化简为,A→B,B,所以 A。该项的推理形式和题干相同,入选。
选项 C,可以化简为,A→B,¬B,所以¬A,是否定后件否定前件的有效推理形式,和题干不同,排除。
选项 D,可以化简为,A→B,¬A,所以¬B,是否定前件否定后件的无效推理形式,和题干不同,排除。
选项 E,可以化简为,A∧¬B,所以 A,那么¬B。该项的推理形式和题干不同,排除。

【做题要领】最为基础的相似比较型题目,大家可以尝试化简题干,化简后就能看出推理形式的差异。

9.【答案】E。

【考点分析】相似比较型——论证推理结构

【解析】题干的结构是:所有 A 都是 B,C 不是 B,因此,C 不是 A。
在诸选项中,只有选项 E 和题干的结构相同。

10.【答案】D。

【考点分析】相似比较型——论证推理结构

【解析】题干中张老师的推理结构为:我们班的学生→通过摸底考试,所以,没通过摸底考试的,则不是我们班的学生。题目要求找到一个推理最为相似的选项。只有选项 D 与之相似:英雄→经得起考验;经不起考验,则不是英雄。选项 D 与题干一样,均是假言命题的否定后件式推理。

11.【答案】E。

【考点分析】相似比较型——论证推理结构

【解析】题干中的推理为:精制糖含量高的食物→导致人的肥胖→后天性糖尿病。因此否定了精制糖含量高的食物不会引起后天性糖尿病的说法。只有选项 E 与题干推理一致。

12.【答案】C。

【考点分析】相似比较型——论证推理结构

【解析】题目逻辑主干化简为:注重对孩子的自然教育→释放天性,激发潜能;缺乏(等价于不注重)自然教育→发展受到影响。其逻辑结构大致为:P→Q,¬P→¬Q。

选项 A,没有涉及前件和后件之间的逻辑关系,排除。

选项 B,逻辑结构不符合题干,排除。

选项 C,逻辑结构和题干一致,入选。

选项 D,没有涉及前件和后件之间的逻辑关系,逻辑结构不符合题干,排除。

选项 E,只提供了 P→Q 的关系推理,没有涉及¬P→¬Q 的逻辑关系,和题目不相符,排除。

【做题要领】相似比较型题目是近几年真题中考查相当密集的考点。想要快速准确地破解题目,需要熟练掌握解题技巧。

13.【答案】B。

【考点分析】相似比较型——论证推理结构

【解析】题干的对话方式是:

甲:如果¬A,则¬B。

乙:我反对,如果 A,则 B。

选项 A,对话方式是,甲:因为……所以……。乙:我反对,……。不匹配,排除。

选项 B,对话方式与题干最为类似,入选。

选项 C,对话方式是,甲:如果¬A,则 B。乙:我反对,A 且 B。不匹配,排除。

选项 D,对话方式是,甲:如果¬A,则¬B。乙:我反对,如果 A,则 C。甲的"谋其政"不同于乙的"行其政",有偷换概念的嫌疑,排除。

选项 E,对话方式是,甲:如果¬A,则¬B。乙:我反对,如果 B,则 A。不匹配,排除。

【做题要领】这道相似比较型题目是送分题,只需要按照推理形式排除不符合的选项即可。

14.【答案】E。

【考点分析】相似比较型——论证推理结构

【解析】题干的结构是:C,如果 A∧B,则 C。

选项 A,结构可化简为:E,如果¬A,则¬B∧¬(C∧D)。

选项 B,结构可化简为:A,如果 A,则 B∧C∧D。

选项 C,结构可化简为:C,只有 A,才 B。

选项 D,结构可化简为:D,如果¬(A∧B∧C),则¬D。

选项 E,结构可化简为:C,如果 A∧B,则 C。

选项 E 结构和题干最为类似,入选。其余选项的结构均和题干不同,排除。

【做题要领】本题是相似比较型题目非常基本的考查。解相似比较型题目一般只需要抽取题目逻辑主干即可。

15.【答案】B。

【考点分析】相似比较型——论证推理结构

【解析】题干的对话方式是:

甲:只有 A,才 B。

乙:我不同意。如果过分 A,则¬B。

选项 A,对话方式是,妻子:只有 A,才 B。丈夫:也不尽然。如果 A∧¬C,则可能¬B。和题干论证方式不同,排除。

选项 B,对话方式是,母亲:只有 A,才 B。孩子:老妈你错了。如果只 A,则¬B。和题干论证方式类似,入选。

选项 C,对话方式是,老板:只有 A,才 B。员工:不对呀。A∧¬B。和题干论证方式不同,排除。

选项 D,对话方式是,老师:只有 A,才 B。学生:我觉得不是这样。¬A 那么更 B。和题干论证方式不同,排除。

选项 E,对话方式是,顾客:只有 A,才 B。商人:不可能。如果 A,那么 C。和题干论证方式不同,排除。

【做题要领】这道相似比较型题目是送分题。相似比较型题目在最近几年真题中的比例还是比较高的,要重视。

16. **【答案】** E。

    【考点分析】 相似比较型——论证推理结构

    【解析】 题干的推理结构可以化简为:P→Q,R→S,¬S→¬P。

    选项A,推理结构可以化简为:P→Q,R→S,¬S→¬P。看上去和题干一样,但是注意,按照题干的结构形式,应该是"金无足赤,人无完人。所以,如果你想做完人,就应该有足金",本题中"真金"和"足金"概念不同,排除。

    选项B,按照题干的结构形式,应该是"有志不在年高,无志空活百岁。所以,如果你不想空活百岁,就应该有志",选项B中的"立志"和"有志"概念不同,排除。

    选项C,符合题意的结构形式应该是"妆未梳成不见客,不到火候不揭锅。所以,如果揭了锅,就应该是妆梳成了",不相似,排除。

    选项D,符合题意的结构形式应该是"兵在精而不在多,将在谋而不在勇。所以,如果将在勇,那么兵在多",不相似,排除。

    选项E,相似,入选。

【做题要领】在相似比较型题目中,除了要注意结构的相似性之外,还要警惕偷换概念的干扰性选项。

17. **【答案】** C。

    【考点分析】 相似比较型——论证推理结构

    【解析】 题干结构可概括为:

    甲:A 最重要的是 B。

    乙:反对。A 最重要的是 C。如果¬C,¬A。

    选项A,甲:A 最重要的是 B。乙:A 最重要的是 C。所有的 A 都来源于 C。和题干结构不同,排除。

    选项B,甲:A 最重要的是 B。乙:A 最重要的是 C。如果¬C,¬B。和题干结构不同,排除。

    选项C,和题干结构一致,入选。

    选项D,甲:A 最重要的是 B。乙:A 最重要的是 C。只有C,才B。和题干结构不同,排除。

    选项E,甲:A 最重要的是 B。乙:A 最重要的是 C。如果¬C,¬B。和题干结构不同,排除。

18. **【答案】** E。

    【考点分析】 相似比较型——论证推理结构

    【解析】 题干结构可概括为:

    甲:A 难 B 易,A 然后 B。

乙：不对。A 易 B 难，B 然后 A。

选项 A、B，均不是"A 难 B 易"这样的结构，排除。

选项 C，甲：A 易 B 难，B 比 A 更重要。和题干结构不同，排除。

选项 D，甲：A 易 B 难；先 A 后 B。和题干结构不同，排除。

选项 E，和题干结构完全一致，入选。

19. 【答案】C。

    【考点分析】相似比较型——论证推理结构

    【解析】题干结构可概括为：A∧B→C。因此，如果 A∧¬C→¬B。只有选项 C 与题干结构完全一致。

20. 【答案】B。

    【考点分析】相似比较型——论证推理结构

    【解析】题干结构可以化简为：B,A→¬B，因此，¬A。

    题干的结论是否定表述"不应该"，所以可以排除选项 A、C、D。而选项 E"历史包含必然性。但是如果坚信历史只包含必然性……"与题干结构不同，排除。

    选项 B 结构：B,A→¬B，因此，¬A。与题干结构最为相似，入选。

考查点2 逻辑谬误的相似比较型

1. 【答案】A。

    【考点分析】相似比较型——逻辑谬误

    【解析】题干推理形式：¬A→¬B，然而 A∧¬B，因此，¬A→¬B 为假。

    题干的上述谬误也存在于选项 A 中，选项 A 指出"大张认识到赌博是有害的（A）∧改不掉（¬B）"。因此，"不认识错误就不能改正错误（¬A→¬B）"这一断定是不成立的。推理形式与题干一致，入选。

    选项 B 用的方法是：通过肯定造成矿难的一种原因（操作失误）去否定其他原因（设备老化、年久失修）。推理形式与题干不一致，排除。

    其余各项的推理形式与题干都相差较大，很容易排除。

> 【做题要领】这个题目表面上看是考查漏洞的相似性，实则还是论证推理形式的相似比较型。解相似比较型题目一定要认真比较，保证推理结构与题干一致；推理结论是否正确也要与题干一致。

2. 【答案】E。

    【考点分析】相似比较型——逻辑谬误(两不可)

    【解析】成功与不成功这两个观点互为矛盾关系，必有一真，必有一假，题干对二者都加以否定，此种谬误称为"模棱两可"，也称为"两不可"。

    选项 A，题干论证推理中存在漏洞，排除。

选项 B,"完全反映了民意"和"一点也没有反映民意(完全不反映民意)"之间互为反对关系,和题干谬误不同,排除。

选项 C,"完全成功"和"彻底失败(完全不成功)"之间互为反对关系,和题干谬误不同,排除。

选项 D,"科学结论"和"伪科学结论"并不是互为矛盾的,"科学"的否命题是"不科学"而并非"伪科学","科学结论"和"伪科学结论"之间也是反对关系,和题干谬误不同,排除。

选项 E,"一定能进入前四名"和"可能进不了前四名"互为矛盾关系,选项同时否定上述两个断定,因此,该项存在和题干相同的谬误,入选。

【做题要领】谬误识别——模棱两可。要注意"模棱两可"是针对两个矛盾命题的同时否定,要区别矛盾关系和反对关系。本题中选项 B、C、D 也都含有两个否定,但所否定的两个命题并不互相矛盾,均属于反对关系,与题干不同。

3. 【答案】D。

【考点分析】相似比较型——逻辑谬误(非黑即白)

【解析】题干主持人提问方式的不当在于:要求被提问者在两个并不互相矛盾的选项中选择其中之一。此种谬误称为"非黑即白"。

选项 A,"社会主义的低速度"与"资本主义的高速度"属于反对关系,还有诸如社会主义的高速度等其他可能,相似,排除。

选项 B,"牺牲环境发展"与"不牺牲环境不发展"属于反对关系,还有不牺牲环境发展等其他可能,相似,排除。

选项 C,"人都自私"与"人都不自私"属于反对关系,还有有人自私,也有人不自私等其他可能,相似,排除。

选项 D,无不当,因为"必然发生"和"有可能避免"互相矛盾,没有第三种可能,入选。

选项 E,"必然夺冠"与"不可能夺冠"属于反对关系,还有有可能夺冠等其他可能,相似,排除。

【做题要领】谬误识别——非黑即白。区分矛盾关系与反对关系的方法:不是 A 就是 B,说明是矛盾关系;不是 A 也可能不是 B,说明是反对关系。

4. 【答案】D。

【考点分析】相似比较型——逻辑谬误(偷换概念)

【解析】由题干信息可知:题干中"明星"北极熊特指克鲁特,北极熊则指整体,显然前后偷换了概念。

选项 A,"祖国的花朵"前面指儿童这一群体,后面指小雅,偷换概念,排除。

选项 B,"鲁迅的作品"前面指所有作品,后面指《祝福》这一部作品,偷换概念,排除。

选项 C,"中国人"前面指国人全体,后面指"我"一个人,偷换概念,排除。

选项 D,康怡花园是清水街的一部分建筑,因此属于违章建筑,不存在逻辑谬误,入选。

选项E,"外语"前面指西班牙语,后面指所有非本国的语言,偷换概念,排除。

【做题要领】谬误识别——偷换概念。首先要掌握逻辑谬误的基本含义,其次要与题干谬误做对比。注意本题要求找除了相似谬误以外的选项,即找不同,这种情况运用排除法又快又准。

5.【答案】A。

【考点分析】相似比较型——逻辑谬误

【解析】由题干信息可知:(论据)无法判定有质量问题→(结论)没有质量问题。
题干中工作人员的陈述存在的谬误为"诉诸无知",即把缺少证据证明某种情况存在,作为充分性证据证明该种情况不存在。

选项A,犯了"诉诸无知"的错误,与题干一致,入选。

选项B,由于没有论坛规范,因此管理员没有使用权力的依据,由前提可以推出结论,与题干不一致,排除。

选项C,事主认为没有责任,可能存在充分的证据证明其没有责任,与题干不一致,排除。

选项D,并非外星人不存在,即外星人存在,与题干不一致,排除。

选项E,不属于商业管理范围,说明有充分证据证明相关部门无法处罚,与题干不一致,排除。

【做题要领】首先应找到题干中漏洞的特征,然后在选项中寻找与之一致的漏洞。

6.【答案】D。

【考点分析】相似比较型——逻辑谬误(集合体性质误用)

【解析】由题干信息可知:绿地属于小区所有人,小李属于小区所有人,所以绿地属于小李。
题干中小李的错误为"集合体性质误用"。集合体具有的性质,组成集合体的个体不一定具有。小区的所有人构成了一个集合体。集合体拥有护栏边的公共绿地的所有权,不等于每个个体都单独拥有此种所有权。

选项A,该论证过程不存在问题,排除。

选项B,所有的兰花都被订购一空并不能推出李阳买的花就是兰花,该项前后不存在论证关系,与题干错误类型不一致,排除。

选项C,前后二者间不存在递推关系,与题干错误类型不一致,排除。

选项D,存在的错误也是"集合体性质误用"。莫尔碧骑士组成的军队集合体是不可战胜的,不等于翼雅王作为这个集合体中的一个个体也是不可战胜的,入选。

选项E,偷换了"当今世界的所有知识"与"当今世界的知识"的概念,但是偷换的是概念的内涵,与题干错误类型不一致,排除。

【做题要领】集体具有的特征个体不一定具有,个体具有的特征集体也不一定具有。

7.【答案】C。

【考点分析】相似比较型——逻辑谬误

【解析】由题干信息可知:题干中李栋的论证存在的错误是偷换了中间项概念的内涵。在他的论证中,"数字87654321"和"陈梅家的电话号码87654321"内涵不同,所以要寻找与李栋论证中所犯的逻辑错误最为类似的选项,也需要选项中存在这样的问题。

选项A,中间项是"中国人",但是"中国人是勤劳勇敢的"这个命题中的"中国人"是集合的概念,"李岚是中国人"中的"中国人"是非集合的概念,二者并不是同一个概念,和题干的逻辑错误不一样,排除。

选项B,两个"原子"也是不同概念,排除。

选项C,两个"晨星"内涵不同,和题干类似,入选。

选项D、E,论证形式都不是三段论,排除。

【做题要领】注意在一个推理中,如果某个概念出现两次或者两次以上,首先要考虑这个概念是否保持前后一致,这个前后一致既包括内涵的前后一致,也包括外延的前后一致,有些题目只需要检查是否偷换概念,而有些题目就需要细细检查是偷换内涵还是偷换外延,甚至有些题目还要纠结是偷换自己的概念,还是偷换论证对方的概念。总之,偷换概念是逻辑推理中最重要的逻辑谬误之一,不仅在逻辑题中,在写作的论证有效性分析题目中,偷换概念也是需要认真对待的一个考点。

8.【答案】A。

【考点分析】相似比较型——逻辑谬误

【解析】由题干信息可知:

论据:赵博士到现在连副教授都没评上。

结论:他的观点(低碳生活、节能减排)不能令人信服。

题干由赵博士到现在连副教授都没评上,进一步推出他的观点不能令人信服,所犯的错误为诉诸人身。

选项A,由张某年轻、级别低,提出的观点有利于自己的利益,进一步推出她的观点不正确,和题干所犯的错误一致,同为诉诸人身,入选。

选项B、C、D、E,均不涉及对某个人的攻击,排除。

【做题要领】诉诸人身是以攻击对方的人格、处境或与自身相矛盾的言行代替对对方观点的反驳。

考查点3 论证推理方法的相似比较型

1.【答案】D。

【考点分析】相似比较型——论证推理的方法(探求因果五法)

【解析】题干运用的是探求因果联系方法中的求异法。

选项 A,同一化妆品只有价格变化,其他不变,说明价格是导致销量变化的原因,用的是共变法,排除。

选项 B,两组中纯轴的放射性强度相同,某一组放射性强度更高,必然是有其他元素放射性强度更高,用的是剩余法,排除。

选项 C,只有年纪变化一个原因,其他原因不变或是不考虑,得到"岁月是勇敢的腐蚀剂"的结论,用的是共变法,排除。

选项 D,对象相同,实验过程不同,结果不同,说明是过程中实验方法不同导致了结果不同,用的是求异法,与题干一致,入选。

选项 E,选取的样本对象不具有代表性,所用方法也不具有科学性,排除。

【做题要领】需要考生对探求因果联系的五种方法掌握扎实,清楚每种方法的运用原理及各种方法之间的差异,懂得辨析。

2.【答案】B。

【考点分析】相似比较型——论证推理的方法

【解析】由题干信息可知:

前提:中国人有喝茶的习惯而外国人没有。结果:中国人之外的人都得了败血症。

结论:喝茶是未得败血症的原因。

运用的是探求因果联系方法中的求异法。

选项 A,排除已知的因素进而得出结论,用的是剩余法,和题干运用的方法不同,排除。

选项 B,前提差:是否加氮肥。结果差:产量不同。得出结论:氮肥是产量高的原因。与题干运用的方法相同,入选。

选项 C,"打"或"不打"都不可行,最后两不选,是二难推理,和题干运用的方法不同,排除。

选项 D,运用剩余法推出结论,和题干运用的方法不同,排除。

选项 E,通过相关性说明一个是另一个的原因,和题干运用的方法不同,排除。

【做题要领】熟悉并掌握探求因果五法,然后进行推理比较,找出结构类似的选项。

3.【答案】E。

【考点分析】相似比较型——论证推理的方法

【解析】由题干信息可知:(论据)松辽平原的地质结构与中亚细亚极其相似,中亚细亚蕴藏大量石油→(结论)松辽平原也蕴藏着大量的石油。

题干中李四光的推断方式是类比,论据是松辽平原的地质结构与中亚细亚极其相似,而地质结构和石油的蕴藏实质相关。因此,李四光的类比是有说服力的。

选项 A,没有类比前提,不符合题干论证,排除。

选项 B,类比结论不恰当,不符合题干论证,排除。

选项 C,未提及论据的相似之处,没有进行类比论证,不符合题干论证,排除。

选项 D,对论据进行了类比,但没有类比结论,不符合题干论证,排除。

选项 E,乌兹别克地区与塔里木河流域气候条件相似,乌兹别克地区盛产长绒棉,由此推断可将长绒棉移植到塔里木河流域,并获得了成功,符合题干论证,入选。

【做题要领】(论据)两个事物的主要属性相似,一个事物具有某种特征,(结论)另一个事物也拥有相似的特征→类比恰当,推论正确。

4. 【答案】B。

【考点分析】相似比较型——论证推理的方法

【解析】由题干信息可知:

实验方法:分为实验组和对照组。注射了化合物的,兔子的角膜感觉神经已经复合;未注射化合物的,其角膜感觉神经都没有复合。

结论:该化合物可以使兔子断裂的角膜感觉神经复合。

目标:找与研究人员得出结论的方式最为类似的选项。

题干的论证方法是探求因果联系方法中最基本的求异法:基于对照实验,有原因的地方有结果,没原因的地方没结果。

选项 A,论证方法是类比,排除。

选项 B,论证方法和题干的最为类似。实验组在光照充足的环境下能茁壮成长,对照组在光照不足的环境下只能缓慢生长,入选。

选项 C,论证方法是相容选言命题中,否定其中一支,去肯定另一支,排除。

选项 D,论证方法是三段论,排除。

选项 E,涉及的是老王戴上老花眼镜后看书的变化,按照求异法,得出的结论应该是:老王看书的时候要戴老花眼镜。和选项中的结论不符,排除。

【做题要领】要熟悉论证推理中的各种方法,比如:完全归纳法、不完全归纳法、类比、对比、演绎、探求因果联系等。

考查点4 概念、定义的相似比较型

1. 【答案】E。

【考点分析】相似比较型——概念(定义)

【解析】题干可以化简为:

(1)善的行为有好动机∧有好效果;

(2)恶的行为其特点是:(有意伤害他人∨无意伤害他人)∧伤害的可能性是可以预见的∧已造成伤害。

选项 A,P 先生的行为事实上并没有造成伤害,不符合题干的条件(2),不能断定其行为是恶的,排除。

选项 B,J 先生的行为不是善的行为,因为他没有好的动机,其动机是为了升职,不符合条件(1),排除。

选项 C,M 女士的行为不能算是恶的行为,因为这种伤害的可能性是不能预见的,不符合条件(2),排除。

选项 D,T 先生的行为因为造成了坏的结果,所以不符合善的行为的定义,排除。

选项 E,S 女士对于小孩受到的伤害虽然是无意的,但这种伤害的可能性是可以预见的,因此,她的行为是恶的,符合题干的断定,入选。

2. 【答案】B。

【考点分析】相似比较型——概念(定义)

【解析】由题干信息可知:

尚左数:左边的数字都比它大(或无数字)∧右边的数字都比它小(或无数字)。

依据"尚左数"的定义,选项 A 中的 4、5、9 不属于"尚左数",排除。

选项 C、D、E 中的 8 不属于"尚左数",排除。

只有选项 B 符合,入选。

【做题要领】对于一种新定义的规则或者新描述的定义,不管其是否合理,只要比照定义的描述去选择适合的对象即可,不可代入自己的主观经验。

3. 【答案】A。

【考点分析】相似比较型——概念(定义)

【解析】选项 A,存在有的国画既属于人物画,又属于工笔画,概念间为交叉关系,入选。

选项 B,《盗梦空间》有可能包含于最佳影片,并非交叉关系,排除。

选项 C,食堂总经理 30 岁,而洛邑小学的学生们不可能 30 岁,并非交叉关系,排除。

选项 D,微波炉清洁剂与漂白剂并非交叉关系,排除。

选项 E,教授与高校教师为包含关系,并非交叉关系,排除。

【做题要领】注意交叉关系与包含关系的区别。

4. 【答案】C。

【考点分析】相似比较型——概念(定义)

【解析】此题是语义理解题,需要区分两个概念——原始动机和习得动机。原始动机是与生俱来的动机,是以人的本能需要为基础的,其核心词是"与生俱来""以本能需要为基础"。习得动机是指后天获得的各种动机,即经过学习产生和发展起来的各种动机,其核心词是"后天获得的""经过学习产生和发展起来的"。在各个选项中,"窈窕淑女,君子好逑"最可能是以人的本能需要为基础的、与生俱来的动机,选项 C 入选。其他选项均要通过学习才能获得,不符合,排除。

5. 【答案】C。

【考点分析】相似比较型——概念(定义)

【解析】"自我陶醉人格"的特点是过分重视自己。

除选项 C 外,其余各项均能体现题干中"自我陶醉人格"的部分具体特征。

【做题要领】本题考查概念、定义的相似比较型,需要快速阅读寻找概念的核心词,再把选项和核心词相比较,即可找到正确答案。注意本题考查的是"能体现,除了",善用排除法,一分钟搞定!

6.【答案】A。

【考点分析】相似比较型——概念(定义)

【解析】题干可以化简为:

(1)无涵义语词+有涵义语词+无涵义语词=有涵义语词,简化为,无+有+无=有;

(2)有+有=有;

(3)有+无+有=合法语句,隐含条件:有=有。

观察发现,选项是充分的,用代入选项的方法解题最简单。

选项 A,由条件(1)可以写成:有+无+有+有。由条件(2)可以进一步写成:有+无+有。根据条件(3)可得,它为合法语句,入选。

其余选项均不是合法语句,排除。

【做题要领】本题实际上是一道考查定义的题。

专题七 对话辩论型题目

1.【答案】B。
   【考点分析】论证推理——对话辩论(争论焦点)
   【解析】由题干信息可知:
   (1)考古学家认为:在南美洲发现的史前木质工具是其祖先从西伯利亚迁徙到阿拉斯加的人群使用的。
   (2)张教授的结论是:考古学家的这一观点不能成立。张教授的论据是:从阿拉斯加到南美洲之间,从未发现史前木质工具。
   (3)李研究员认为:在北美没有发现史前木质工具不等于没有,因为北美的土壤不同于南美,史前木质工具在其中早就腐烂化解了。
   选项A,对这一问题,张教授持否定的观点,但李研究员对此的观点不能确定,所以该项并非二者意见分歧的焦点,排除。
   选项B,由题干信息可知,李研究员认为,张教授的论据不能推翻考古学家的结论,而张教授认为自己的观点可以推翻考古学家的结论,因此,该项所提及的问题,辩论双方都有明确的观点,并且辩论双方在这一问题上的观点对立,作为焦点问题最为恰当,入选。
   选项C,和题干信息无关,排除。
   选项D,仅对李研究员的论据提出质疑,对张教授的观点没有影响,不满足焦点问题的要求,排除。
   选项E,仅对论据的真实性提出质疑,并不是辩论双方的意见分歧,排除。

   【做题要领】对话辩论型题目,最容易考的题型就是"双方意见分歧的焦点",能确定为"双方意见分歧的焦点"的那个问题,一定要满足两个要求:
   (1)辩论双方对此都有明确的观点;
   (2)辩论双方在这一点上的观点对立。
   只有同时满足上述要求的选项才是意见分歧的焦点。

2.【答案】D。
   【考点分析】论证推理——对话辩论
   【解析】张教授的论据隐含的假设是:如果在北美从未发现史前木质工具,则说明北美不存在史前木质工具。李研究员的陈述是对这一假设的质疑,选项D符合。
   选项A,想要证明论据违背事实,需要提出与事实有关的论据,并指出张教授的论证与之矛盾,显然李研究员没有用这种方式反驳,排除。
   选项B,题目中没有引用权威性研究成果,排除。
   选项C、E,均不是李研究员应对时所使用的方法,排除。

3. 【答案】E。

【考点分析】论证推理——对话辩论

【解析】由题干信息可知：

贾女士：长子有首先继承权。

陈先生反驳：布朗夫人继承了。

题干中的关键问题在于是否只有长子有继承权。

选项A，布朗夫人并不是长子，不构成反例，排除。

选项B、C，无关选项，排除。

选项D，即使对布朗夫人继承遗产的合法性给予论证也不能构成反驳，排除。

选项E，指出了题干中的矛盾在于是否只有长子有继承权，入选。

【做题要领】找准题干中的矛盾在于是否只有长子有继承权，针对该矛盾选择可对其进行解释的正确答案。

4. 【答案】C。

【考点分析】论证推理——对话辩论

【解析】由题干信息可知：

张教授：在西方经济萧条时期，开车上班的人大大减少了，因此，由汽车尾气造成的空气污染状况会大大改善。

李工程师：在萧条时期买新车的人大大减少，而车越老，排放的超标尾气造成的污染越严重。

李工程师承认萧条时期的新车购买量会大大减少，但同时指出，经济萧条会导致汽车使用年限延长，从而导致污染加剧。

选项A，李工程师是基于张教授论据的基础上提出一种考虑，并非提出一个反例，排除。

选项B，李工程师的断定与张教授的结论并非非此即彼的关系，所以不会由一个不成立推出另一个成立，排除。

选项C，李工程师在张教授论据的基础上提出一种考虑，即除此之外还存在其他可能性，削弱了这一论据对其结论的支持，入选。

选项D，李工程师的见解削弱了张教授的论证对结论的支持，排除。

选项E，并不会得出荒谬的推论，排除。

【做题要领】对话辩论型题目不管如何考查，都要明确双方的观点。

5. 【答案】D。

【考点分析】论证推理——加强型(假设)

【解析】由题干信息可知：

张教授：开车上班的人大大减少→汽车尾气造成的空气污染得到改善。

目标：找张教授观点的假设。

选项A，不一定需要保证只有就业人员才开车，只需要建立"开车的人少，污染确实会少"的前提,排除。

选项B,就算不使用公共交通工具,也可能存在使用除开车外的其他各种交通工具的情况,排除。

选项C,过度假设,排除。

选项D,张教授的推理过程中隐含这样的假设:开车上班的人减少,一定会导致总的汽车行驶里程数的减少。否则即便开车上班的人减少了,但是每个人的行驶里程数增加,可能还是会导致总的排放量增加,入选。

选项E,与失业率无关,排除。

6.【答案】C。

【考点分析】论证推理——对话辩论(争论焦点)

【解析】由题干信息可知:

总经理:为了增加利润,应当用电子方式处理客户订单。

董事长:用电子方式处理订单一定会赔钱。

选项A,总经理没有提到电子方式和人情味的关系,因此并非两人争论的焦点,排除。

选项B,董事长未提到电子方式是否更加快速和准确,因此并非两人争论的焦点,排除。

选项C,总经理认为电子方式可以增加利润,而董事长反对,争论焦点为电子方式与利润之间的关系,是二者意见分歧的焦点,入选。

选项D,两人讨论的是电子方式,不是"快速而准确的运作方式",排除。

选项E,总经理没有提及客户的喜好,排除。

【做题要领】确定焦点问题,争论双方必须对此有明确观点,并且观点对立。要将两个人的叙述都考虑到,当某人没有提及这个问题时,不能认为此人就是持反对意见的。

7.【答案】D。

【考点分析】论证推理——对话辩论(争论焦点)

【解析】由题干信息可知:

陈先生:未经许可侵入别人电脑只是在虚拟世界捣乱,性质没有偷车撞人严重。

林女士:非法侵入电脑同样会造成伤害,性质一样严重。

两人争论的焦点是两种犯罪行为的性质严重程度是否相同。

选项A,陈没有对是否危及生命进行讨论,不是争论的焦点,排除。

选项B,陈、林两人都认为两种行为是犯罪行为,不是争论的焦点,排除。

选项C,陈、林两人并未对犯罪性质是否相同进行争论,不是争论的焦点,排除。

选项D,是否"一样严重"即严重程度,是二者争论的焦点,入选。

选项E,陈、林两人均未讨论如何才构成犯罪,不是争论的焦点,排除。

8.【答案】B。

【考点分析】论证推理——对话辩论(争论焦点)

【解析】由题干信息可知:

甲:互联网可以获得想要的信息,因此不需要听取专家的意见。

乙：知识的增加会导致对专家的需求也增加。

选项A，只有甲提到了互联网对于信息传播的作用，而乙没有提到，因此并非争论的焦点，排除。

选项B，甲认为有了互联网就不需要专家，而乙认为互联网增加了对专家的需求，因此二者争论的焦点在于互联网是否能增加人们对专家的需求，入选。

选项C，只有甲提到了互联网对于获得资料的作用，而乙没有提到，因此并非争论的焦点，排除。

选项D，两人都未提及专家对于互联网的需求，因此并非争论的焦点，排除。

选项E，两人都未提及二者重要性的问题，因此并非争论的焦点，排除。

【做题要领】争论的焦点必须为二者都明确表态，但观点对立(不同)的选项。

9.【答案】A。

【考点分析】论证推理——对话辩论(争论焦点)

【解析】解决争论焦点题目最关键的是要先找到双方各自的观点是什么，再看二者在什么地方有分歧。

赵明的观点是"要选拔喜爱辩论的人"。王洪的观点是"要招募能打硬仗的辩手"。所以两人争论的焦点只能是选项A。

选项B，题目没有谈到理想和现实的问题，排除。

选项C，题目没有谈到集体荣誉和个人爱好的问题，排除。

选项D，题目没有谈到是为了培养新人还是赢得比赛的问题，排除。

选项E，"研究辩论规律"不符合题目的表述，排除。

【做题要领】本题算是对话辩论题中较为简单、清晰明了的一道。两人争论的焦点一般出现在三个地方：第一人的首句和末句，以及第二人的首句。这道题的争论焦点很明显就是两人的首句。

10.【答案】D。

【考点分析】论证推理——对话辩论(争论焦点)

【解析】对话辩论型题目最重要的就是要明确双方各自的观点。

王研究员的观点：对于创业者来说，最重要的是需要一种坚持精神。

李教授的观点：对于创业者来说，最重要的是要敢于尝试新技术。

选项D最为恰当地指出了王研究员和李教授的分歧。其余各项所论述的内容，题干均未涉及，排除。

【做题要领】在以往刷题的过程中，大家总觉得对话辩论型题目很难，事实上，对话辩论型题目不管如何考查都需要先找到双方各自的观点。本题与前几年的对话辩论型题目相比较为简单，依然是送分题。

专题八 分析推理型题目

考查点1 排序题(排队题)

1.【答案】 B。

【考点分析】 分析推理——排列

【解析】 题干可以化简为:

(1)刘强(118)>周梅;

(2)蒋明>王丽;

(3)(张华+刘强)>(蒋明+王丽);

(4)120分以上为优秀;

(5)五人之中有两人没有达到优秀。

由条件(1)(4)可得:刘强和周梅不是优秀。

由条件(5)可得:其余三人优秀。

由条件(3)结合"刘强在四人中得分最低"可得:张华得分最高。

再结合条件(2)可得,得分由高到低的排列是:张华、蒋明、王丽、刘强、周梅。选项B入选。

2.【答案】 A。

【考点分析】 分析推理——排列

【解析】 由题干信息可知:

(1)由"行政服务区在文化区的西南方向"得:文化区不可能位于西或南。

(2)由"文化区在休闲区的东南方向"得:文化区不可能位于西或北。

(3)综合(1)和(2)得:文化区位于东。

(4)由(3)和"行政服务区在文化区的西南方向"得:行政服务区位于南。

因此,市民公园在行政服务区的北面,选项A入选。列表如下。

	东	西	南	北
文化区	√(3)	×(1)	×(1)	×(2)
休闲区				
商业区				
行政服务区			√(4)	

3.【答案】 A。

【考点分析】 分析推理——排列

【解析】 由题干信息可知:

(1)由"坐在24岁右边的两人"可得:左边的人是24岁。由"坐在20岁左边的两人"可得:

右边的人是 20 岁。由"坐在会计左边的两人"可得:右边的人是会计。由"坐在销售员右边的两人"可得:左边的人是销售员。

(2)由"坐在 20 岁左边的两人中也恰好有一人是 20 岁"和"左边的人是 24 岁"可得:中间的人是 20 岁。由"坐在销售员右边的两人中也恰好有一人是销售员"和"右边的人是会计"可得:中间的人是销售员。

综上可得,三人从左至右依次为,24 岁的销售员、20 岁的销售员、20 岁的会计,与选项 A 一致。

4. 【答案】C。

【考点分析】分析推理——排列

【解析】题干条件如下:

假设自西向东五个站点分别为 1、2、3、4、5,由题干可知,灏韵站不可能是 4 或 5,也不可能是 2,只可能是 1 或 3。因此,可能的排列情况是以下 6 种。

可能 1:灏韵站、扶夷站、胡瑶站、韭上站、银岭站。
可能 2:灏韵站、扶夷站、胡瑶站、银岭站、韭上站。
可能 3:灏韵站、韭上站、银岭站、扶夷站、胡瑶站。
可能 4:灏韵站、银岭站、韭上站、扶夷站、胡瑶站。
可能 5:银岭站、韭上站、灏韵站、扶夷站、胡瑶站。
可能 6:韭上站、银岭站、灏韵站、扶夷站、胡瑶站。

选项 C 是可能 4,其余选项均不可能。

5. 【答案】A。

【考点分析】分析推理——排列

【解析】由上述第 4 题分析可知,韭上站与灏韵站相邻并且在灏韵站之东是可能 3,可以得出:胡瑶站在最东面。

6. 【答案】B。

【考点分析】分析推理——排列

【解析】由上述第 4 题分析可知,灏韵站在韭上站之东是可能 5 或可能 6,在这两种情况下都可以得出:灏韵站与扶夷站相邻并且在扶夷站之西。

7. 【答案】E。

【考点分析】分析推理——排列

【解析】由上述第 4 题分析可知,灏韵站与银岭站相邻是可能 4 或可能 6,在这两种情况下都可以得出:韭上站在扶夷站之西。

8. 【答案】B。

【考点分析】分析推理——排列

【解析】由上述第 4 题分析可知,假如灏韵站位于最西面,则可能 1、可能 2、可能 3、可能 4 符合要求,即有 4 种可能。

【做题要领】对于排列题,一般需要画图或者列表,根据题目已知条件对位置进行固定或选择,再结合每道题的附加条件进行排序。根据题目的情况,可以适当用排除法、列举法进行解题,细心即可。

9. 【答案】D。

   【考点分析】分析推理——排列

   【解析】由题干信息可知:

   (1)王某和郑某仅有三个月同时当选,即王和郑重合3个月;

   (2)郑某和吴某仅有三个月同时当选,即郑和吴重合3个月;

   (3)王某和周某不曾在同一个月当选,即王和周当选月份完全不同,二人一共占据8个月的位置;

   (4)仅有2人在7月同时当选,即7月有2个人,王、周2人中只能有一个;

   (5)至少有1人在1月当选,即1月当选的人数≥1;

   (6)每个人都在连续的4个月中当选。

   本题要求选择有3人同时当选"月度之星"的月份,除了选项D,其余各项都违反条件(4),排除。选项D入选。

10. 【答案】D。

    【考点分析】分析推理——排列

    【解析】由条件(1)和条件(2)可得:王某、郑某和吴某当选的月份连续,并且三人当选的月份的区间不超过6,所以,王某、郑某和吴某都不可能在1月当选,否则违反条件(4)。因此,周某在1月当选,即周某当选的月份是1—4月。由此可得王某当选的月份或是5—8月,或是6—9月,或是7—10月,选项A、B、C均可排除。王某不可能是7—10月当选,否则若郑某是6—9月当选,则吴某是7—10月或5—8月当选,违反条件(4),选项E排除。选项D不违反条件,入选。

    【做题要领】"一拖二"的分析推理中,第一题依然是比较简单和基本的题型,第二题从题干信息能够推出选项D不违反已知条件,但是仅不违反条件尚不充分,还须排除王某是7—10月的情况,才能够真正得出结论。但是,在实际解题过程中,有时候不需要严格推出相应的结果,如果能排除其他选项,即可确定正确答案。这一点也是其他分析推理题中应该掌握的技巧。

11. 【答案】B。

    【考点分析】分析推理——排列

    【解析】由题干信息可知:

    (1)李丽坐在4号位置;

    (2)陈露所坐的位置不与李丽相邻,即陈露坐在第一排;

    (3)陈露所坐的位置也不与邓强相邻,即邓强坐在第二排;

(4)张霞不坐在与陈露直接相对的位置上。

根据题干信息,可以化简为下表。

1(陈露)	2(陈露)	
3(邓强)	4 李丽	5(邓强)

如果陈露坐在 1 号位,按照题意,张霞可以坐在 2 号位、5 号位;

如果陈露坐在 2 号位,按照题意,张霞可以坐在 1 号位、3 号位和 5 号位。

所以,张霞一共有 4 种可能的选择。

【做题要领】在这种基础的排列组合题目中,当需要分情况讨论时,考虑所有因素的能力就显得极为重要。虽然分情况讨论并不是分析推理中最重要的方法,但是这种基本的讨论方式还是要熟悉的。

12.【答案】A。

【考点分析】分析推理——排列

【解析】由条件(2)(3)可知:

自下而上的排序方式为:财务部、企划部、行政部、人力资源部。由此可知,财务部的上面至少有三层,因此财务部不可能在第 4 层、第 5 层、第 6 层。

企划部下面至少有一层,因此,企划部不可能在第 1 层。

企划部上面至少有两层,因此企划部不可能在第 5 层和第 6 层。

行政部、人力资源部同理,综合以上信息列表如下。

	1	2	3	4	5	6
财务部				×	×	×
企划部	×				×	×
行政部	×	×				×
销售部						
人力资源部	×	×	×			
研发部						

选项 B、E 违反条件(1),排除;选项 D 违反条件(3),排除;选项 C 违反条件(2),排除。选项 A 不与题干条件矛盾,入选。

13.【答案】B。

【考点分析】分析推理——排列

【解析】如果人力资源部不在行政部的上一层,则人力资源部和行政部之间至少还有一个部门,由条件(2)和(3)可知,人力资源部的下面已有财务部、企划部和行政部。因此,人力资源部只可能在第 5 层或第 6 层。因此,结合条件(1)可知,销售部不可能在第 5 层或第 6 层。

因为财务部、企划部、行政部均不可能在第 5 层或第 6 层,因此,第 6 层只可能是人力资源部或研发部。因此,选项 A 和选项 E 不可能为真,排除。

选项 B,可能为真,财务部在第 1 层,企划部在第 2 层,行政部在第 3 层,销售部在第 4 层,人力资源部和研发部分别在第 5 层和第 6 层。

选项 C,直接违反了条件(2),排除。

如果销售部在第 2 层,则财务部和企划部只可能在第 3、4 层,由题干和本题条件可知,财务部上面至少有 4 个部门,因此,财务部不可能在第 3 层。同理,企划部也不可能在第 4 层。选项 D,不可能为真,排除。

14.【答案】D。

【考点分析】分析推理——排列

【解析】由"人力资源部不在最上层"可得:人力资源部只可能在第 4 层或第 5 层。由此可得:销售部不可能在第 4 层或第 5 层。研发部不可能在第 3 层,否则财务部和企划部在第 1 层和第 2 层,销售部在第 6 层,人力资源部在第 4 层,行政部在第 5 层,而由题干和本题条件可知,行政部上面至少有 2 个部门,不可能在第 5 层。因此,选项 A 和选项 B 不成立,排除。

研发部不可能在第 4 层,否则财务部和企划部在第 1 层和第 2 层,行政部在第 3 层,人力资源部在第 5 层,销售部在第 6 层,违反条件(1)。因此,排除选项 C 和选项 E。

研发部在第 5 层或第 6 层不违反条件,选项 D 入选。

15.【答案】B。

【考点分析】分析推理——排列

【解析】本题补充条件:财务部在第 3 层。

由"财务部在第 3 层"可得,企划部在第 4 层,行政部在第 5 层,人力资源部在第 6 层。因此,销售部或研发部分别在第 1 层或第 2 层。所以,选项 A、C、D、E 均不可能为真,排除。选项 B 可能为真,入选。

16.【答案】C。

【考点分析】分析推理——排列

【解析】研发部、销售部分别在第 1 层、第 2 层不违反条件。

选项 A、B、D,违反条件(2),排除。

因为行政部楼下有财务部和企划部,所以行政部不可能在第 2 层,选项 E 不可能为真,排除。

17.【答案】B。

【考点分析】分析推理——排列

【解析】由题干信息可知:

(1)晨桦是软件工程师,他坐在建国的左手边,嘉媛坐在建国对面,所以向明只能坐在建国右手边。又由"向明坐在高校教师的右手边"可知,建国是高校教师。

(2)嘉媛不是邮递员,也不可能是软件工程师和高校教师,所以只能是园艺师。

(3)向明只能是邮递员。

四人的位置如下图所示。

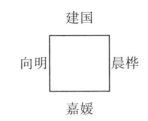

对应职业列表如下。

	高校教师	软件工程师	园艺师	邮递员
晨桦	×	√	×	×
建国	√(1)	×	×(1)	×(1)
向明	×(1)	×	×(2)	√(3)
嘉媛	×(1)	×	√(2)	×

选项 B 符合,入选。

18.【答案】D。

【考点分析】分析推理——排列

【解析】由题干信息可知:

(1)正六边形每边各坐一人;

(2)甲与乙正面相对;

(3)丙与丁不相邻,也不正面相对,即丙和丁分别在甲或乙两侧;

(4)己与乙不相邻,即己在甲的一侧。

代入验证:

如果甲与戊相邻,为了满足条件(3),则丁与己不一定是正面相对的,排除选项 A。

如果六人的排列方式顺时针依次为,甲、己、丁、乙、丙、戊,此时既满足题干条件,又不能得出"甲与丁相邻",排除选项 B。同理,也不能得出"戊与己相邻",排除选项 C。此时也不能得出"己与乙正面相对",排除选项 E。

如果丙与戊不相邻,六人的排列方式顺时针依次为,甲、己、丙、乙、丁、戊,可以得出"丙与己相邻",选项 D 入选。

【做题要领】题目要求找一定为真的选项,找到不必然为真的选项就可以排除。

19.【答案】D。

【考点分析】分析推理——排列

【解析】题目要求找出哪个庭院可能是"日"字庭院,因此,最有效的方法是运用代入法和排除法,把不可能的选项排除,剩下的即为正确答案。

题干可以化简为:

(1)"日"字庭院不是最前面的那个庭院;

(2)"火"字庭院和"土"字庭院相邻,即将"火""土"捆绑,占据相邻两个位置,有"火土""土火"两种可能;

(3)"金""月"两庭院间隔的庭院数与"木""水"两庭院间隔的庭院数相同,这个条件有三种可能:

①"金""月"相邻,"木""水"相邻;

②"金""月"中间隔一个庭院,"木""水"中间隔一个庭院;

③"金""月"中间隔两个庭院,"木""水"中间隔两个庭院,这种情况下,"金""月"和"木""水"两组庭院之间位置会有交叉。

以上三种情况均要注意"金""月"和"木""水"之间的位置可变。

代入选项验证上述化简条件。

选项A,和条件(1)矛盾,排除。

选项B、C、E,当条件(3)成立时,无法使得"火""土"相邻,排除。

选项D,如果"日"是第五个庭院,则可以是"金月火土日水木"这样的组合,可以满足所有条件,入选。

20.【答案】E。

【考点分析】分析推理——排列

【解析】本题补充条件:第二个庭院是"土"字庭院。

选项A,第七个庭院可以是"木""水""金""月""日"字庭院,排除。

选项B,第五个庭院可以是"木""水""金""月""日"字庭院,排除。

选项C,第四个庭院可以是"木""水""金""月""日"字庭院,排除。

选项D,第三个庭院可以是"木""水""金""月""日"字庭院,排除。

选项E,无论如何排列,为满足题干条件,第一个庭院只能是"火"字庭院,入选。

21.【答案】C。

【考点分析】分析推理——排列

【解析】(1)江西1或者江西7。

(2)排列方式是:安徽、___、浙江,___处是湖南、湖北、江苏三选二。

(3)调研福建省的时间安排在调研浙江省之前或刚好调研完浙江省之后。

(4)江苏3。

若要同时满足上述条件,则排列方式可能是:

①福建、安徽、江苏、___、浙江、___、江西;

②江西、安徽、江苏、___、浙江、福建、___;

③安徽、___、江苏、浙江、福建、___、江西。

由本题条件"首先调研安徽"可知,满足排列条件的是③,由此得出第五个调研福建省。选项C入选。

22.【答案】C。

【考点分析】分析推理——排列

【解析】根据上题的分析,由本题条件"第二个调研安徽省",满足排列条件的是①和②,均能得出第五个调研浙江省。选项C入选。

【做题要领】对于非常基本的条件排序题目,画图是对付这种题目最简单、最直观、最有效的方法,需要注意排列组合题目在真题中的考查倾向。

23.【答案】D。

【考点分析】分析推理——排列

【解析】由题干信息可知:

(1)"猴子观海"在先,"妙笔生花"在后;

(2)"阳关三叠"在先,"仙人晒靴"在后;

(3)"妙笔生花"在先,"美人梳妆"在后;

(4)"禅心向天"应第4个游览,"仙人晒靴"在后。

选项D,如果第5个游览"妙笔生花",按照条件(3)可知,"美人梳妆"在后,"美人梳妆"应安排在第6个,但是按照条件(4)可知,"仙人晒靴"应该安排在第5或第6个,矛盾,入选。其余选项均不与题干条件矛盾。

【做题要领】本题是简单的分析推理型题目,再次证明代入法的重要性。本题唯一的难点是"只有……才……"不能机械地处理为"←"。

24.【答案】A。

【考点分析】分析推理——排列

【解析】由题干信息可知:

(1)周四排2部科幻片,其余6天每天放映的两部电影都属于不同的类型;

(2)爱情片安排在周日;

(3)科幻片或武侠片没有安排在同一天;(科幻片和武侠片分隔)

(4)警匪片和战争片没有安排在同一天。(警匪片和战争片分隔)

如果无法从题目的条件直接推出答案,可以尝试以不变应万变的代入法。

将选项A代入,假设警匪片和爱情片在同一天(周日)放映,则周日不可能放映其他电影,则除了周日和周四(放映2部科幻片),其余5天必须放映3部科幻片和3部武侠片,即至少有一天必须同时放映科幻片和武侠片,违反条件(3)。因此爱情片和警匪片不可能安排在同一天放映,入选。

25.【答案】C。

【考点分析】分析推理——排列

【解析】由条件可知,选项A不成立,因为如果科幻片和警匪片在周六放映,根据本题条件"同类影片放映日期连续"可得,在周四放映2部科幻片的情况下,周日也放映科幻片和警匪片;再由条件(2)可得,周日放映三部电影,违反题干条件。

同理,选项B也不成立。

科幻片和战争片可以在周六放映(周一至周三每天放映武侠片和警匪片,周五和周六放映科幻片和战争片,周日放映科幻片和爱情片),故选项C成立,入选。

选项 D 违反条件(3),不成立,排除。

选项 E 违反条件(4),不成立,排除。

【做题要领】 代入法对分析推理型题目来说是很重要的解题方法。

26. **【答案】** E。

    【考点分析】 分析推理——排列

    【解析】 题干可以化简为:

    (1)乙二∨乙六;

    (2)甲一→丙三∧戊五,等价于"¬丙三∨¬戊五→¬甲一";

    (3)¬甲一→己四∧庚五,等价于"¬己四∨¬庚五→甲一";

    (4)乙二→己六,等价于"¬己六→¬乙二"。

    本题补充条件:丙周日值日,即丙不是周三值日。

    由"丙不是周三值日"和条件(2)可得"¬甲一"。

    再由条件(3)可得"己四∧庚五"。

    由"己四"和条件(4)可得"¬乙二"。

    再由条件(1)得"乙六",选项 E 入选。

27. **【答案】** E。

    【考点分析】 分析推理——排列

    【解析】 本题补充条件:庚周四值日。

    由条件(3)可得"甲一"。

    由条件(2)可得"丙三∧戊五",所以选项 E 为假,入选。

28. **【答案】** B。

    【考点分析】 分析推理——排列

    【解析】 选项信息充分,故用代入法解题。

    问题中提到了按照由低到高排列,而题干中只有条件(1)和条件(4)提到了高低,故看这两个条件即可。

    根据条件(4)"山地草甸的海拔不比高寒草甸高"可以判断,选项 B 一定为假。

考查点 2　对应题

1. **【答案】** A。

    【考点分析】 分析推理——对应

    【解析】 由题干信息可知:

    (1)5 辆车的颜色与 5 个人名字的最后一个字谐音的颜色不同;

    (2)李赫买的是蓝色雪铁龙。

    本题要求判断张岚、林宏、何柏、邱辉所买的车。

选项 A,灰色奥迪、白色宝马、灰色奔驰、红色桑塔纳,符合题干信息,入选。
选项 B,林宏没有买红色的车,排除。
选项 C,何柏没有买白色的车,排除。
选项 D,邱辉没有买灰色的车,排除。
选项 E,何柏没有买白色的车,排除。

【做题要领】 本题是核对条件题,代入排除可快速解题。

2. **【答案】** B。

   【考点分析】 分析推理——对应

   【解析】 由题干信息可知:

   (1)小强坐最靠近走廊的座位;

   (2)小丽挨着小明;

   (3)小红不挨着小丽;

   (4)小梅挨着小丽,不挨着小强或小明。

   由条件(2)可排除选项 A、D、E;由条件(3)可排除选项 C。选项 B 入选。

   【做题要领】 此类题型"正难反易",可用题干所给条件对选项进行排除。直接推理比较困难的时候,可以用排除法。

3. **【答案】** C。

   【考点分析】 分析推理——对应

   【解析】 由题干信息可知:

   (1)刮风∨下雨;

   (2)刮风→张火车;

   (3)下雨→王火车;

   (4)¬ 李火车∧¬ 赵火车→¬ 李飞机∧¬ 李汽车∧¬ 王飞机∧¬ 王汽车。

   由条件(1)(2)(3)可知,张火车∨王火车,所以李和赵都不能选择火车出行;根据条件(4)可知,李和王都没有选择飞机或汽车。因此可推知,李选择轮船出行,王选择火车出行。具体情况如下表所示。

	飞机	汽车	轮船	火车
张			×	×
王	×	×	×	√
李	×	×	√	×
赵			×	×

   综上可知,选项 A、B、D 无法推出,选项 C 正确,选项 E 错误。

   【做题要领】 分析推理型题目借助画图或列表的方式来解决会更加直观。

4. 【答案】D。

　　【考点分析】分析推理——对应

　　【解析】题干可以化简为：

　　(1)哲学录用北清→管理录用西京；

　　(2)管理录用南山→哲学录用南山；

　　(3)经济录用北清∨经济录用西京→管理录用北清。

　　选项A、E违反条件(3)，排除。选项B、C违反条件(1)，排除。选项D满足题干要求，入选。

　　【做题要领】符合李先生预测，即不违反题干中李先生做出的预测。

5. 【答案】B。

　　【考点分析】分析推理——对应

　　【解析】选项A、C、D、E不违反条件，不能表明预测错误。

　　如果哲学学院录用西京大学的候选人，由条件(2)可知，管理学院不得录用南山大学的候选人，选项B违反了条件(2)，因此可以表明李先生的预测错误，入选。

　　【做题要领】将题干代入前提条件中寻找答案。

6. 【答案】B。

　　【考点分析】分析推理——对应

　　【解析】本题补充条件：三个学院最终录用的候选人来自不同的大学。

　　选项A、E违反条件(3)，排除。选项B不违反题干条件，入选。选项C违反条件(1)，排除。选项D违反条件(2)，排除。

　　【做题要领】将各个选项代入题干条件中寻找违反题干条件的选项。

7. 【答案】B。

　　【考点分析】分析推理——对应

　　【解析】由题干可得：历史系≠办公室，哲学系≠人力资源部，中文系≠人力资源部。

　　(1)由"哲学系≠人力资源部，中文系≠人力资源部"可得：历史系=人力资源部。

　　(2)年龄方面，根据"人力资源部(历史系)>办公室，中文系>人力资源部(历史系)"可得：中文系≠办公室。

　　(3)由(1)和(2)得：中文系=行政部，哲学系=办公室。

　　列表如下。

	行政	人力资源	办公室
哲学		×	√(3)
中文	√(3)	×	×(2)
历史		√(1)	×

故年龄排序为:行政部(中文系)>人力资源部(历史系)>办公室(哲学系)。选项B入选。

8. 【答案】B。

【考点分析】分析推理——对应

【解析】由题干信息可知:

(1)每个人只会说原籍的一种方言;

(2)福建人会说闽南方言;

(3)山东人学历最高且会说中原官话;

(4)王佳比福建人学历低;

(5)李英会说徽州话且和来自江苏的同事是同学;

(6)陈蕊不懂闽南方言。

由条件(1)(2)(6)可得:陈蕊不是福建人。

由条件(3)(4)可得:王佳不是山东人,也不是福建人。

由条件(1)(2)(5)可得:李英不是福建人、江苏人和山东人,因此李英是安徽人。

由上述分析可得:张明是福建人。

由"张明是福建人"和条件(2)可得:张明会说闽南方言。选项B入选。

推导结果见下表。

	江苏	安徽	福建	山东
张明	×	×	√	×
李英	×	√	×	×
王佳	√	×	×	×
陈蕊	×	×	×	√

9. 【答案】A。

【考点分析】分析推理——对应

【解析】由题干信息可知:

(1)每处景点都有二日游、三日游、四日游三种路线;

(2)每处景点李明、王刚、张波三个人都选择了不同的路线;

(3)李明赴东湖的计划天数与王刚赴西岛的计划天数相同;

(4)李明赴南山的计划是三日游,王刚赴南山的计划是四日游;

(5)共9天,各景点三人的天数都不同。

根据以上陈述,可以得出如下表所示逻辑关系。

	东湖	西岛	南山
李明	X		3
王刚		X	4
张波			

此题可有两种思考方式:推断思考和排除思考。

(1)推断思考：

分析：X=？

显然：X≠4,否则王刚游东湖的天数是1,违反条件(1)。

假设：X=3,则李明和王刚游西岛的天数都是3,违反条件(5)。

因此,X=2。

(2)排除思考：

将各项的断定代入上表。除选项A,其余各项均违反条件。

【做题要领】对应题是分析推理型题目里面比较简单的题目,这类题目的分值一定要拿到。对应题最重要的推理规则就是"推断和排除"。比如本题中,一共三种选择：2天、3天和4天。如何推断条件(3)中的天数？根据条件(4)可知,不能是3天也不能是4天,就只有2天这一个方案。进而可知,"李明"那一行,李明去西岛的计划只能是4天的,"西岛"那一列,张波去西岛的计划只能是3天的。这类对应题是逻辑考试中比较基础也比较重要的,要熟练掌握。

10.【答案】C。

【考点分析】分析推理——对应

【解析】由条件(1)(2)可知,甲不是化学学院的选手。

由条件(3)(5)可知,乙不是管理学院的选手,也不是哲学学院和数学学院的选手,乙只能是化学学院或经济学院的选手。

由条件(4)可知,丙不是哲学学院的选手。

由条件(2)(5)(6)可知,丁不是化学学院的选手,也不是管理学院、哲学学院、数学学院的选手,因此丁只能是经济学院的选手,所以,乙只能是化学学院的选手。

目前丙只能在管理学院和数学学院中二选一,如下表所示。

	经济学院	管理学院	哲学学院	数学学院	化学学院
甲	×				×
乙	×	×	×	×	√
丙	×		×		×
丁	√	×	×	×	×
戊	×				×

继续推理：

因为乙没有和管理学院的选手对阵过,则化学学院的选手(乙)要和经济学院、哲学学院、数学学院的选手对阵。如果甲是哲学学院或数学学院的,则甲必须和包括化学学院选手在内的3个选手对阵,违反条件(1),所以甲是管理学院的选手,进而推知,丙是数学学院的选手,戊是哲学学院的选手。

结果如下表所示。

	经济学院	管理学院	哲学学院	数学学院	化学学院
甲	×	√	×	×	×
乙	×	×	×	×	√
丙	×	×	×	√	×
丁	√	×	×	×	×
戊	×	×	√	×	×

【做题要领】本题是一道较为复杂的分析推理型题目,大家在做题的过程中依然要注意选择和排除,本题的难点在于甲所属学院的确定,可能需要分情况讨论。

11.【答案】A。

【考点分析】分析推理——对应

【解析】题干可以化简为:

(1) 东银杏∨南银杏→¬北(龙柏∨乌柏),等价于,东银杏∨南银杏→¬北龙柏∧¬北乌柏;还等价于,北龙柏∨北乌柏→¬东银杏∧¬南银杏。

(2) 北水杉∨北银杏∨东水杉∨东银杏。

本题补充条件:北龙柏。

根据条件(1)可得:¬东银杏∧¬南银杏。由此可以得出:西银杏。

由"西银杏"结合本题补充条件及条件(2)可得:东水杉。

此时已知北龙柏、西银杏、东水杉,可得:南乌柏。选项A入选。

12.【答案】A。

【考点分析】分析推理——对应

【解析】由"水杉必须种植于西区或者南区"可得,北区和东区都不种植水杉;结合条件(2)可得,北区或东区种植银杏。

再根据条件(1)可知,如果东区种植银杏,则北区不种植龙柏、乌柏,此时北区无树可种。因此,东区不种植银杏。由此可得:北区种植银杏。选项A入选。

【做题要领】此类分析推理是真题中考查概率极高的题型,做题时一定要警惕,任何一个假言命题都有它的等价逆否关系,一定要化简并且用到这个隐含条件。

13.【答案】B。

【考点分析】分析推理——对应

【解析】考试结果表明,每位考生都至少答对其中1道题,因此,最简单的做法就是把选项代入每个考生的回答中,如果遇到没有一个正确的即可排除。

选项A,考生6的三个答案都错,违反题干条件,排除。

选项B,每一位考生都至少有一个答案正确,符合条件。

选项C,考生1的三个答案都错,违反题干条件,排除。

选项 D,考生 2 的三个答案都错,违反题干条件,排除。
选项 E,考生 1 的三个答案都错,违反题干条件,排除。
解题的思路如下表所示,核对条件即可。

	考生 1	考生 2	考生 3	考生 4	考生 5	考生 6
A	√××	××√	×√√	√××	×√×	×××(排除)
B	××√	×√×	√××	×√×	××√	√√×
C	×××(排除)					
D	√√×	×××(排除)				
E	×××(排除)					

【做题要领】此题是 CHECK 题型,即核对条件题,不要与逻辑推断题混同,此类题只需要仔细地核对条件是否满足即可。一旦找到不满足题干要求的选项则立即排除,不必再代入后面的条件,这样可以节约解题时间。但是,在找到符合条件的选项后,为慎重起见,剩余选项还是要代入验证,以防粗心出错。

14.【答案】C。

【考点分析】分析推理——对应

【解析】分别代入题干做验证,如果赵义是经办人,则孙智的断定为假,那么赵义就是出纳,和代入的假设"经办人是赵义"矛盾,排除选项 A。

同理,选项 B、D 代入题干都是矛盾的,因此赵义、钱仁礼、李信都不是经办人,所以,经办人是孙智,选项 C 入选。

15.【答案】D。

【考点分析】分析推理——对应

【解析】由上题中钱仁礼、李信、赵义都不是经办人可得:四人的回答均为真。由赵义、李信的回答为真可得:钱仁礼是出纳。再由钱仁礼的回答为真可得:李信是审批领导。最终得出:赵义是复核。选项 D 入选。

16.【答案】D。

【考点分析】分析推理——对应

【解析】题干可以化简为:

(1)第一支部没有选择"管理学"和"逻辑";

(2)第二支部没有选择"行政学"和"国际政治";

(3)只有第三支部选择了"科学前沿",等价于,其他支部都没有选择"科学前沿";

(4)任意两个支部所选课程均不完全相同。

逻辑关系如下表所示。

	行政学	管理学	科学前沿	逻辑	国际政治
第一支部	√	×(1)	×(3)	×(1)	√
第二支部	×(2)	√	×(3)	√	×(2)
第三支部			√(3)		
第四支部			×(3)		

由上述条件可得:第一支部选择"行政学"和"国际政治";第二支部选择"管理学"和"逻辑"。

如果第四支部没有选择"管理学",也没有选择"逻辑",则第四支部选择"行政学"和"国际政治",与第一支部所选课程完全相同,违反条件(4)。因此,第四支部要在"管理学"和"逻辑"中选择一个,即没有选择"管理学",则一定选择"逻辑"。选项 D 入选。

本题也可以用代入法,将选项化简,代入验证即可。

选项 A,化简为,¬ 行政学→管理学,则如果第四支部选择"逻辑",会和第二支部的课程相同,排除。

选项 B,化简为,¬ 管理学→国际政治,则如果第四支部选择"行政学",会和第一支部的课程相同,排除。

选项 C,化简为,¬ 行政学→逻辑,则如果第四支部选择"管理学",会和第二支部的课程相同,排除。

选项 D,化简为,¬ 管理学→逻辑,则无论第四支部选择"行政学"还是"国际政治",都不会和其他支部的课程相同,入选。

选项 E,化简为,¬ 国际政治→逻辑,则如果第四支部选择"管理学",会和第二支部的课程相同,排除。

【做题要领】选择的同时注意排除,适当的代入验证对做这类题目是大有裨益的。

17.【答案】D。

【考点分析】分析推理——对应

【解析】由"原本负责后勤的文珊接替了孔瑞的文秘工作,由110室调到了111室"可得,后勤办公室的号码是110,文秘办公室的号码是111,因此,网络办公室的号码是112,见下表。

	110(后勤)	111(文秘)	112(网络)
文珊		√	
孔瑞			
姚薇			

孔瑞或者调任后勤,或者调任网络。如果孔瑞调任后勤,则是和文珊对调,则姚薇不做调动,违反条件。因此,孔瑞调任网络,调到了112室;姚薇调任后勤,调到了110室。列表如下。

	110(后勤)	111(文秘)	112(网络)
文珊		√	
孔瑞			√
姚薇	√		

【做题要领】送分题,列下表是不是超级简单!

18. 【答案】E。

【考点分析】分析推理——对应

【解析】题干可以化简为:

(1)两人参加围棋比赛,两人参加中国象棋比赛,两人参加国际象棋比赛,每位选手只能参加一个比赛项目;

(2)孔智围棋↔庄聪中国象棋∧孟睿中国象棋;

(3)¬韩敏国际象棋→墨灵中国象棋,等价于,¬墨灵中国象棋→韩敏国际象棋;

(4)荀慧中国象棋→¬庄聪中国象棋,等价于,庄聪中国象棋→¬荀慧中国象棋;

(5)¬荀慧中国象棋∨¬墨灵中国象棋。

①由本题补充条件"荀慧参加中国象棋比赛"结合条件(4)可得,¬庄聪中国象棋;再由条件(2)可得,¬孔智围棋;再由本题条件及条件(5)可得,¬墨灵中国象棋。

②由"¬墨灵中国象棋"及条件(3)可得:韩敏国际象棋。选项E入选。

结果如下表所示。

	围棋(2人)	中国象棋(2人)	国际象棋(2人)
孔智	×①		
孟睿			
荀慧		√(本题补充条件)	
庄聪		×①	
墨灵		×①	
韩敏			√②

19. 【答案】D。

【考点分析】分析推理——对应

【解析】①由本题补充条件"庄聪和孔智参加相同的比赛项目,且孟睿参加中国象棋比赛"及条件(1)可得:庄聪和孔智都不参加中国象棋比赛。

②由"庄聪不参加中国象棋比赛"结合条件(2)可得:孔智不参加围棋比赛。那么,孔智参加国际象棋。

③由"庄聪和孔智参加相同的比赛项目"可得:庄聪参加国际象棋比赛且不参加围棋比赛。

④由"庄聪和孔智参加国际象棋比赛"可得:荀慧、墨灵、韩敏都不参加国际象棋比赛。

⑤由"韩敏不参加国际象棋比赛"及条件(3)可得:墨灵参加中国象棋比赛且不参加围棋

比赛。

⑥由"孔智、孟睿、庄聪、墨灵均不参加围棋比赛"可得：荀慧和韩敏参加围棋比赛。因此，选项 D 入选。

	围棋(2人)	中国象棋(2人)	国际象棋(2人)
孔智	×②	×①	√②
孟睿	×(本题补充条件)	√(本题补充条件)	×(本题补充条件)
荀慧	√⑥		×④
庄聪	×③	×①	√③
墨灵	×⑤	√⑤	×④
韩敏	√⑥		×④

20.【答案】D。

【考点分析】分析推理——对应

【解析】选项 A，不可能为真，由"庄聪和韩敏参加中国象棋比赛"可得，韩敏不参加国际象棋比赛；再由条件(3)可得，墨灵参加中国象棋比赛。这样就有三人参加中国象棋比赛，违反条件(1)，排除。

选项 B，不可能为真，理由同选项 A，排除。

选项 C，不可能为真，违反条件(2)，排除。

选项 D，不违反题干条件，可能为真。

选项 E，不可能为真，由"孔智参加围棋比赛"及条件(2)可得，庄敏和孟睿参加中国象棋比赛。由"韩敏参加围棋比赛"可得，韩敏不参加国际象棋比赛。结合条件(3)可得，墨灵参加中国象棋比赛。此时有三人参加中国象棋比赛，违反条件(1)，排除。

21.【答案】E。

【考点分析】分析推理——对应

【解析】题干可以化简为：

(1)招聘化学→招聘数学；

(2)怡和招聘→风云招聘；

(3)只有一家公司招聘文秘∧¬招聘物理；

(4)怡和管理→怡和文秘；

(5)¬宏宇文秘→怡和文秘。

推理可得：

①由条件(2)(3)可得：¬怡和文秘。

②由"¬怡和文秘"和条件(4)可得：¬怡和管理。

③由"¬怡和文秘"和条件(5)可得：宏宇文秘。

④由"宏宇文秘"和条件(3)可得：¬风云文秘∧¬宏宇物理。

根据上述条件可以列表如下。

	数学	物理	化学	管理	文秘	法学
怡和				×②	×①	
风云					×④	
宏宇		×④			√③	

本题的补充条件是"只有一家公司招聘物理专业",则能招聘物理专业的只有怡和和风云其中之一。

讨论一下:如果怡和招聘物理专业,则由条件(2)可得,风云也招聘物理,违反本题条件。因此,风云招聘物理。选项 E 入选。列表如下。

	数学	物理	化学	管理	文秘	法学
怡和		×		×②	×①	
风云		√			×④	
宏宇		×④			√③	

22.【答案】A。

【考点分析】分析推理——对应

【解析】本题的补充条件是:三家公司都招聘3个专业的若干毕业生。

如果怡和不招聘数学专业,则由条件(1)得"怡和不招聘化学专业",根据之前的推理可知,怡和不招聘管理专业且不招聘文秘专业,则怡和至多招聘2个专业,违反本题条件。因此,怡和招聘数学专业。

再由条件(2)可得:风云招聘数学专业。选项 A 入选。列表如下。

	数学	物理	化学	管理	文秘	法学
怡和	√			×②	×①	
风云	√				×④	
宏宇		×④			√③	

23.【答案】B。

【考点分析】分析推理——对应

【解析】由题干信息可知:

(1)装绿茶和红茶的盒子在壹、贰、叁号范围之内;

(2)装红茶和花茶的盒子在贰、叁、肆号范围之内;

(3)装白茶的盒子在壹、叁号范围之内。

具体的排列方式如下表所示。

	壹	贰	叁	肆
绿茶	√	√	√	
红茶	√	√□	√□	□
花茶		□	□	□
白茶	△		△	

因为白茶、绿茶、红茶都不在肆号盒子内,所以花茶只能在肆号盒子中,选项B入选。

24.【答案】C。

【考点分析】分析推理——对应

【解析】题干可以化简为:

(1)水仙选金针菇→金粲不选水蜜桃;

(2)木心选金针菇∨木心选土豆→木心选木耳,等价于,木心不选木耳→木心不选金针菇∧木心不选土豆;

(3)火珊选水蜜桃→火珊选木耳和土豆;

(4)木心选火腿→火珊不选金针菇,等价于,木心不选火腿∨火珊不选金针菇;

(5)每种食材只能有2人选用,每人只能选用2种食材,并且每人所选食材名称的第一个字与自己的姓氏均不相同。

①根据条件(2)可知,如果木心选金针菇或土豆,则她也须选木耳,而根据题意,木心不能选木耳,所以可得,木心不选金针菇∧木心不选土豆,那么木心选水蜜桃和火腿。

②根据条件(3)可知,如果火珊选水蜜桃,则她也须选木耳和土豆,但是由条件(5)可知,一人只能选用2种食材,所以火珊不选水蜜桃。

③根据①中的"木心选火腿"和条件(4)可得,火珊不选金针菇,所以金针菇只能由水仙和土润选。

④由"水仙选金针菇"和条件(1)得,金粲不选水蜜桃。

⑤由于水仙、火珊、金粲都不选水蜜桃,所以土润选水蜜桃。

⑥由于火珊不选金针菇、水蜜桃、火腿,所以火珊选木耳、土豆。

相关信息列表如下。

	金针菇	木耳	水蜜桃	火腿	土豆
金粲	×条件(5)		×④		
木心	×①	×条件(5)	√①	√①	×①
水仙	√③		×条件(5)		
火珊	×③	√⑥	×②	×条件(5)	√⑥
土润	√③		√⑤		×条件(5)

根据上述信息可以得出,土润选金针菇、水蜜桃,选项C入选。

25.【答案】B。

【考点分析】分析推理——对应

【解析】本题补充条件:水仙选用土豆。

①"土豆"那一列:根据本题补充条件,土豆已经有2人选用,则金粲不选土豆。

②"金粲"那一行:根据"金粲不选土豆"可知,金粲只能选木耳、火腿。

③"木耳"那一列:木耳已有2人选用,则水仙和土润都不选木耳。

④"火腿"那一列:火腿已有2人选用,则水仙和土润都不选火腿。

组合关系如下表所示。

	金针菇	木耳	水蜜桃	火腿	土豆
金粲	×	√②	×	√②	×①
木心	×	×	√	√	×
水仙	√	×③	×	×④	√(本题补充条件)
火珊	×	√	×	×	√
土润	√	×③	√	×④	×

选项B符合,入选。

【做题要领】 在选择的同时一定要记得排除,这种题目考查频率比较高,一定要熟练掌握。

26.【答案】 B。

【考点分析】 分析推理——对应

【解析】 题干可以化简为:

(1)明(橙)→芳(蓝);

(2)¬雷(红)→¬芳(蓝),等价于,芳(蓝)→雷(红);

(3)¬刚(黄)→¬花(紫),等价于,花(紫)→刚(黄);

(4)¬(黄∧绿),等价于,¬黄∨¬绿;

(5)明(仅橙)∧花(仅紫);

(6)每份礼物只能由一人获得,每人最多获得两份礼物。

根据条件(5)可知,小明和小花都只收到了一份礼物,所以排除选项A、C、D、E,故选项B入选。

27.【答案】 D。

【考点分析】 分析推理——对应

【解析】 由条件(5)(1)可得:芳(蓝)。

由"芳(蓝)"和条件(2)可得:雷(红)。

由条件(5)(3)可得:刚(黄)。

由"刚(黄)"和条件(4)可得:刚(¬绿)。

已知在红、橙、黄、绿、青、蓝、紫7份礼物中,小刚的选择为,¬橙、¬紫、¬绿、¬蓝、¬红,则可以得出,刚(青),即小刚收到黄色和青色两份礼物,选项D入选。

【做题要领】 正常难度的分析推理题,化简题干信息后根据题干信息即可推出结果。

28.【答案】 C。

【考点分析】 分析推理——对应

【解析】 题干可以化简为:

(1)他们4人选修的课程各不相同;

(2)喜爱诗词的赵珊珊选修的是诗词类课程,等价于,赵选"《诗经》鉴赏"∨"唐诗鉴赏"∨

"宋词选读";

(3)李晓明选修的不是"《诗经》鉴赏"就是"唐诗鉴赏",等价于,李不选"《诗经》鉴赏"→李选"唐诗鉴赏"=李选"《诗经》鉴赏"∨"唐诗鉴赏"。

题目要确定赵修的是"宋词选读",由条件(2)可知,需要排除掉赵选"唐诗鉴赏"和"《诗经》鉴赏"的可能,换句话说,"唐诗鉴赏"和"《诗经》鉴赏"需要有别人选。

条件(3)化简为,李选"《诗经》鉴赏"∨"唐诗鉴赏",那么选项中如果有人选了"《诗经》鉴赏"和"唐诗鉴赏"其中之一,就可以满足要求。选项C入选。

【做题要领】 在相容选言命题中,想要肯定一支的唯一方法是否定对应的其他分支,这是最基本的考点。

29.**【答案】** A。

【考点分析】 分析推理——对应

【解析】 题干可以化简为:

(1)东松∨东菊→¬南竹,等价于,南竹→¬东松∧¬东菊;

(2)¬南竹→¬北兰,等价于,北兰→南竹;

(3)菊中→¬菊兰相邻,等价于,菊兰相邻→¬菊中;

(4)菊兰相邻。

由条件(4)(3)可得,菊园不在园林的中心,选择A入选。

【做题要领】 有确定信息(4),将其代入题干最简单。

30.**【答案】** A。

【考点分析】 分析推理——对应

【解析】 本题补充条件为"北门位于兰园",根据条件(2)可得"南竹";再由条件(1)可得"¬东松∧¬东菊",则东门只能位于梅园。选项A入选。

31.**【答案】** D。

【考点分析】 分析推理——对应

【解析】 由题干信息可知:

(1)张芳跟吕伟对弈,杨虹在4号桌比赛,王玉的比赛桌在李龙比赛桌的右边;

(2)1号桌的比赛至少有一局是和局,4号桌双方的总积分不是4:2;

(3)赵虎前三局总积分并不领先他的对手,他们也没有下成过和局;

(4)李龙已连输三局,范勇在前三局总积分上领先他的对手;

(5)四位女生为施琳、张芳、王玉、杨虹,四位男生为范勇、吕伟、赵虎、李龙。

由条件(1)(2)可知:李龙的对手不是王玉、张芳。

因为王玉的比赛桌在李龙比赛桌的右边,所以李龙不可能在4号桌,所以李龙的对手也不是杨虹,则其对手只能是施琳。

再由条件(4)"李龙已连输三局"可知,其对手总积分最高。选项D入选。

32.【答案】B。

【考点分析】分析推理——对应

【解析】根据上一题分析可知,施琳和李龙的比分为6∶0,排除选项D。

由条件(4)排除选项A。

由条件(2)可知,1号桌不是施琳和李龙;结合条件(1)(2)可知,施琳和李龙在2号桌,王玉在3号桌,张芳和吕伟在1号桌,所以4∶2的比分是王玉组的,排除选项E。

再根据条件(3)可知,赵虎与王玉对阵,因此范勇和杨虹对阵,双方没有下成和局,排除选项C,因此符合题意的是选项B。

33.【答案】E。

【考点分析】分析推理——对应

【解析】题干可以化简为:

(1)爱好王维的诗→爱好辛弃疾的词;

(2)爱好刘禹锡的诗→爱好岳飞的词;

(3)爱好杜甫的诗→爱好苏轼的词;

(4)4人各喜爱4位唐朝诗人中的其中一位,且每人喜爱的唐诗作者不与自己同姓。

将"李诗不爱好苏轼的词"代入条件(3)可得,李诗不爱好杜甫的诗;将"李诗不爱好辛弃疾的词"代入条件(1)可得,李诗不爱好王维的诗。

根据题干"每人喜爱的唐诗作者不与自己同姓"可知,李诗不爱好李白的诗,所以李诗只能爱好刘禹锡的诗。

将"李诗爱好刘禹锡的诗"代入条件(2)可得,李诗爱好岳飞的词,选项E入选。

【做题要领】从题干确定信息入手,熟练运用假言命题的推理规则。

34.【答案】E。

【考点分析】分析推理——对应

【解析】结合条件"每人只选择一种岗位应聘,且每种岗位都有其中一人应聘"和条件(3)可知,乙不应聘保洁。

将"乙不应聘保洁"代入条件(2)可得,甲应聘保洁且丙应聘销售。

将"甲应聘保洁"代入条件(1)可得,丁不应聘网管。

综上可知:甲应聘保洁,乙应聘网管,丙应聘销售,丁应聘物业。

【做题要领】找到入手点很重要,在严谨的一一对应的题目中,类似条件(3)的句子往往是突破口,在真题中出现过多次,要格外注意。

35.【答案】E。

【考点分析】分析推理——对应

【解析】根据条件(2)可知,乙和丁只会在《论语》和《史记》中选一本,所以,戊一定不会选《史记》。

将"戊不选《史记》"代入条件(3)可得,乙不选《论语》,进一步可推出,乙只能选《史记》,丁只能选《论语》。

> 【做题要领】从题干相对确定的信息入手解题。

36.【答案】D。

【考点分析】分析推理——对应

【解析】由条件(1)可得,甲和乙不会喜欢菊花茶、红茶、绿茶以外的任何茶;丙、丁、戊共享两次咖啡、两次大麦茶、一次红茶、一次绿茶。

由条件(2)可得,丙和戊分别喜欢咖啡和大麦茶中的一种,则两人一定还喜欢绿茶或红茶中的一种,丁只会喜欢大麦茶和咖啡。

37.【答案】B。

【考点分析】分析推理——对应

【解析】题目中有确定信息,则由确定信息入手最简单。

由条件(2)可知,条件(4)后件不成立。按照假言命题的性质——否定后件否定前件,可推出"立夏"对应"清明风"且"立春"对应"条风"。

将"'立夏'对应'清明风'"代入条件(3)可得,"夏至"对应"条风"或者"立冬"对应"不周风";由之前的推理可知"立春"对应"条风",则可推出"立冬"对应"不周风",选项B入选。

38.【答案】E。

【考点分析】分析推理——对应

【解析】由条件(1)结合本题的补充条件及上一题的分析可得,"夏至"只能对应剩余的"景风",选项E入选。

> 【做题要领】做对应关系类的题目不一定要列表格,不要忘记"剩余"的思想。

39.【答案】E。

【考点分析】分析推理——对应

【解析】根据条件(3)可知,丁和乙去了英国、法国,排除选项B、D;结合条件(1)的逆否命题可得,甲不去韩国,排除选项A。所以,只能是丙、戊一起去韩国,正确答案在选项C和选项E中。

假设丙去了英国,结合条件(2)及上述分析可知,丙、戊、乙、丁都去了英国,与题干中每个国家只有2~3人去旅游相矛盾,所以选项E入选。

> 【做题要领】"自上而下"和"自下而上"的配合会让这个题目的求解更加便捷。

40.【答案】A。

【考点分析】分析推理——对应

【解析】如果去欧洲国家旅游的总人次和去亚洲国家的一样多,根据每个人去两个国家旅游,则一共产生的旅游人次是10。

由上题可知,丁和乙去英国和法国,丙和戊去日本和韩国,甲不去韩国,所以为了满足本题条件,甲必须去日本。

41.【答案】B。
【考点分析】分析推理——对应
【解析】观察题干信息发现,3人在预测前三位的时候答案均不同,但是后三位中都有2个重复,所以应该是后三位里各猜对了2个,前三位里各猜对了1个,可推知后三位的顺序应该是:4甲、5戊、6丙。排除出现甲、戊、丙的选项A、C、D、E。

42.【答案】A。
【考点分析】分析推理——对应
【解析】题干可以化简为:
(1)"施米特"→阿根廷∨卢森堡;
(2)"施米特"是阿根廷→"冈萨雷斯"是爱尔兰;
(3)"埃尔南德斯"∨"墨菲"是卢森堡→"冈萨雷斯"是墨西哥。
由条件(2)(3)传递可得,施阿→冈爱→¬冈墨→¬埃卢∧¬墨卢,此时卢森堡没有对应的对象,矛盾。所以可得,¬施阿;结合条件(1)可得,施卢。
此题是一一对应类的题目,也可以考虑列表格。

	卢森堡	阿根廷	墨西哥	爱尔兰
冈萨雷斯	×	×	×	√
埃尔南德斯	×	×		×
施米特	×	如果√	×	×
墨菲	×		×	×

43.【答案】E。
【考点分析】分析推理——对应
【解析】题干可以化简为:
(1)选择陆老师的人数>选择张老师的人数;
(2)丙∨丁选择张老师→乙选择陈老师;
(3)甲∨丙∨丁选择陆老师→只有戊选择陈老师。
5个人分配给3个教授,分配的数量情况是:2、2、1。由条件(1)可得,选择张老师的人数是1,那么选择陈老师和陆老师的人数都是2,否定了条件(3)的后件。
由条件(3)的逆否命题可知,如果不只有戊选择陈老师,则甲、丙和丁都没有选择陆老师,所以乙和戊选择陆老师,此时乙没有选择陈老师。结合条件(2)的逆否命题可得,丙和丁都没有选择张老师,由此可知甲选择张老师,丙和丁选择陈老师。
列表如下。

	甲	乙	丙	丁	戊
张	√	×	×	×	×
陆	×	√	×	×	√
陈	×	×	√	√	×

44. 【答案】E。

【考点分析】分析推理——对应

【解析】题干可以简化为：

(1)张→刘；

(2)庄→孙；

(3)刘∨孙→李；

(4)5 选 3。

根据条件(3)可知,如果李不报名,刘和孙也不报名,人数达不到 3 个,所以可得,李一定要报名。

45. 【答案】C。

【考点分析】分析推理——对应

【解析】本题补充条件:刘→庄。

"刘→庄"结合条件(1)(2)(3)可得,张→刘→庄→孙→李,要满足 5 选 3,可得,李、孙和庄都要报名。

46. 【答案】B。

【考点分析】分析推理——对应

【解析】题干可以简化为：

(1)¬ 甲沛公→乙项王；

(2)丙张良∨己张良→丁范增；

(3)¬ 乙项王→丙张良；

(4)¬ 丁樊哙→庚沛公∨戊沛公。

由条件(3)(2)得,¬ 乙项王→丙张良→丁范增;再结合条件(4)得,¬ 丁樊哙→庚沛公∨戊沛公;再结合条件(1)得,¬ 甲沛公→乙项王,与条件(3)的前件矛盾,所以证明乙扮演项王。

47. 【答案】D。

【考点分析】分析推理——对应

【解析】本题有确定信息"甲沛公∧庚项庄",结合条件(4)的逆否命题可知,丁樊哙;再结合条件(2)的逆否命题可知,¬ 丙张良∧¬ 己张良。由此推知,戊扮演张良。

【做题要领】本题是个"7×7"的对应题,但是遇到这么大的矩阵时,反倒应该想到,也许不需要画表格也可以解决,2020 年的第 32 题同理。

48. 【答案】A。

【考点分析】分析推理——对应

【解析】题干可以简化为：

(1)乙北∨丙北→乙东∧丙东；

(2)丁北→丙中∧丁中∧戊中；

(3)甲、乙、丙至少 2 趟车在"东沟"停靠→甲西∧乙西∧丙西。

因为甲和乙停靠的站均不同,故它们不能都在"西山"停靠;结合条件(3)的逆否命题可知,甲、乙、丙中至多有 1 趟车在"东沟"停靠;再结合条件(1)的逆否命题可知,乙、丙均不在"北阳"停靠。

因为每站均有 3 趟车停靠,故结合上述结果可知,甲、丁、戊均在"北阳"停靠。根据丁在"北阳"停靠,结合条件(2)可知,丙、丁、戊均在"中丘"停靠。此时"中丘"已经满员,故甲不在"中丘"停靠。选项 A 入选。

49. 【答案】C。

【考点分析】分析推理——对应

【解析】根据目前已知的情况,没有车在每站都停靠,而甲、乙停靠的站不能相同,所以丁和戊分别不在"南镇"停靠或者不在"西山"停靠,甲、乙分别不在"南镇"停靠或者不在"西山"停靠,于是可知,丙必须在"南镇"和"西山"停靠,才能满足每个车站恰有 3 趟车停靠,选项 C 入选。

50. 【答案】B。

【考点分析】分析推理——对应

【解析】条件(3)是确定信息,考虑代入确定信息。条件(3)结合条件(1)的逆否命题可知,周二、周五不放映悬疑片。条件(3)结合条件(2)的逆否命题可知,周四、周六不放映悬疑片。因此,悬疑片只能在周日放映,选项 B 入选。

51. 【答案】C。

【考点分析】分析推理——对应

【解析】问题补充信息为 3 个元素的相邻条件,故需要寻找 3 个连续的位置。目前仅余下周四、周五、周六这 3 个位置是连续的,因此,历史片、纪录片、科幻片在这 3 天放映。因此,周二只能放映动作片,选项 C 入选。

52. 【答案】D。

【考点分析】分析推理——对应

【解析】本题可采用代入选项否命题的方式解题。将选项 D 的否命题代入,如果丁不爱好诗歌,那么丁能创作诗歌,则其他人不能创作诗歌,根据条件(1)"李爱好小说",那么李就不能创作小说,再根据条件(2)否定后件否定前件,王创作诗歌,和之前的假设矛盾,所以选项 D 一定为真。

53. 【答案】A。

【考点分析】分析推理——对应

【解析】本题有确定信息"丁创作散文",则丁不爱好散文。关于创作的情况可列表如下。

	诗歌	散文	戏剧	小说
王		×		
李		×		
周		×		
丁	×	√	×	×

如果王没有创作诗歌,根据条件(1)(2)可得,李既爱好小说又创作小说,与题干信息矛盾,

所以王只能创作诗歌。此时,根据条件(3)可得,李爱好小说且周爱好散文,即李不创作小说且周不创作散文,此时李不能创作诗歌、散文、小说,所以李只能创作戏剧,周只能创作小说。表格更新如下。

	诗歌	散文	戏剧	小说
王	√	×	×	×
李	×	×	√	×
周	×	×	×	√
丁	×	√	×	×

因此选项 A 可以得出,入选。

54. 【答案】D。

【考点分析】分析推理——对应

【解析】题干可以化简为:

(1)甲观演∨乙观演∨甲工业∨乙工业→乙观演∧丙观演∧乙工业∧丙工业;

(2)乙观演∨丁观演∨乙会堂∨丁会堂→乙纪念∧丁纪念∧戊纪念∧乙工业∧丁工业∧戊工业;

(3)丁纪念∨丁商业→甲、己入选的项目均在纪念建筑、观演建筑和商业建筑之中。

因为每个建筑师只有2个项目入选,每个门类只有2~3个项目入选,因此依次代入选项进行验证。

代入选项 A,则根据条件(1)可得,乙观演∧丙观演∧乙工业∧丙工业;再由条件(2)可知,乙纪念∧丁纪念∧戊纪念∧乙工业∧丁工业∧戊工业,此时工业建筑入选的项目数量超过3个,所以与题干条件矛盾,排除。代入选项 B、C、E 均会和题干条件矛盾,排除。

55. 【答案】A。

【考点分析】分析推理——对应

【解析】根据上一题的信息及本题补充条件可列表如下。

	纪念	观演	会堂	商业	工业
甲		×			
乙					
丙					×
丁				×	
戊			√		
己	×			√	

根据上表可知,由于每位建筑师只有2个项目入选,所以"戊纪念"或"戊工业"必有一个不成立;进而结合条件(2)的逆否命题可得,¬乙观演∧¬丁观演∧¬乙会堂∧¬丁会堂;再由条件(1)可得,¬甲观演∧¬乙观演∧¬甲工业∧¬乙工业,则乙纪念∧乙商业,因为每位建筑师入选2个项目,因此条件(3)的前件无论如何都会满足,则甲、己入选的项目均在

纪念建筑、观演建筑和商业建筑之中,由上表可知,已没有项目入选纪念建筑,所以己必定有项目入选观演建筑和商业建筑,选项 A 入选。

考查点3 分组题

1. 【答案】E。

   【考点分析】分析推理——分组

   【解析】由题干信息可知:
   (1)7人的最高学历分别是本科和博士,其中博士3人,女性3人;
   (2)甲、乙、丙学历层次相同,己、庚学历层次不同;
   (3)戊、己、庚性别相同,甲、丁性别不同;
   (4)最终录用一名女博士。
   由条件(2)可知,己、庚中必有一人和甲、乙、丙的学历层次相同,由此可得,甲、乙、丙是本科毕业,不可能被录用。由条件(3)可知,甲、丁中必有一人和戊、己、庚的性别相同,由此可得,戊、己、庚是男性,不可能被录用。因此,被录用的是丁。因为最终录用的是一名女博士,因此,丁是女博士。

2. 【答案】E。

   【考点分析】分析推理——分组

   【解析】由条件(2)(3)可得,彭友文、宋文凯、裴志节和唐晓华四位男生中四选二,有两人未入选,根据题干,五名男生中要选三人,因此,任向阳一定入选。

3. 【答案】D。

   【考点分析】分析推理——分组

   【解析】本题补充条件为"郭嫣然入选",则由条件(1)可得,唐晓华不入选。假设裴志节未入选,则彭友文和宋文凯都入选,与条件(2)矛盾,因此,裴志节入选。

4. 【答案】A。

   【考点分析】分析推理——分组

   【解析】本题补充条件为"何之莲未入选",则根据条件"三名女生中选拔两人"可知,方如芬、郭嫣然都入选。由"郭嫣然入选"和条件(1)可知,唐晓华不入选。

5. 【答案】E。

   【考点分析】分析推理——分组

   【解析】本题补充条件为"唐晓华入选",根据条件(1)可知,郭嫣然未入选,再根据条件"三名女生中选拔两人"可知,方如芬和何之莲都入选。

6. 【答案】D。

   【考点分析】分析推理——分组

   【解析】选项A,根据条件(2)(3)可知,李和赵没有被同一家单位录用,而刘和赵被同一家单位录用,则李和刘没有被同一家单位录用,排除。
   选项B,若王、赵、刘都被天机录用,则由条件(4)可知,张没有被天璇录用,这样会导致天璇没有录用任何一人,与题干矛盾,排除。

选项C,由条件(3)可知,刘和赵被同一家单位录用,排除。

选项D,该项不与任何条件矛盾,可能正确,入选。

选项E,如果天枢录用了其中的3个人,这3个人中又不能包括刘和赵,这会导致有一家单位无人录用,排除。

7. 【答案】C。

   【考点分析】分析推理——分组

   【解析】由上题推理可以得出。

8. 【答案】B。

   【考点分析】分析推理——分组

   【解析】若张被天璇录用,则根据条件(4)可知,王也被天璇录用。而题干中已知李被天枢录用,且赵和刘与李的录用单位不同,则赵和刘只能被天璇或天机录用。而题干中已知每个单位至少录用一名,则可知赵和刘只能被天机录用,因此可以确定每个毕业生的录用单位。

9. 【答案】E。

   【考点分析】分析推理——分组

   【解析】若刘被天璇录用,则由条件(3)可知,赵也被天璇录用。这时如果张被天璇录用,则根据条件(4)可知,王也被天璇录用,此时天机则无可录用的毕业生,这说明这种情况不符合题干条件。

10. 【答案】E。

    【考点分析】分析推理——分组

    【解析】由题干信息可知:

    (1)选派两名研究生、三名本科生,最终人选将在研究生赵婷、唐玲、殷倩3人和本科生周艳、李环、文琴、徐昂、朱敏5人中产生;

    (2)同一学院或者同一社团至多选派一人;

    (3)唐玲和朱敏均来自数学学院,也即,唐玲和朱敏只能选一人;

    (4)周艳和徐昂均来自文学学院,也即,周艳和徐昂只能选一人;

    (5)李环和朱敏均来自辩论协会,也即,李环和朱敏只能选一人。

    由上述条件可知,五名本科生中选派三人,周艳和徐昂中选派一人,李环和朱敏中选派一人,因此,文琴必定入选。选项E入选。

11. 【答案】A。

    【考点分析】分析推理——分组

    【解析】由本题补充条件"唐玲入选"结合条件(3)可以推出,朱敏不入选。又因为要在李环和朱敏中选派一人,因此,李环必定入选。选项A入选。

【做题要领】最基本的组合题,注意小分组,即谁是研究生谁是本科生,两个人选中只能选择一个的情况,可以考虑将两个人选打包成一个,先选择其他的人选,最后再从这两个人选中二选一即可。

12.【答案】D。

【考点分析】分析推理——分组

【解析】题干可以化简为：

(1)己二；

(2)¬戊一∨¬丙一；

(3)甲和丙不在同一编队；

(4)乙一→丁一，等价于，¬丁一→¬乙一；

(5)第一编队编列3艘舰艇，第二编队编列4艘舰艇。

本题补充条件为"甲在第二编队"，由条件(3)可知，如果甲在第二编队，则丙在第一编队，结合条件(2)可知，戊一定在第二编队，选项D入选。

13.【答案】D。

【考点分析】分析推理——分组

【解析】方法一：

本题补充条件为"丁和庚在同一编队"。先观察题干条件，条件(4)和丁有关，优先分析条件(4)。如果乙在第一编队，根据条件(4)，丁也在第一编队，丁和庚又要在同一编队，那么第一编队已经有3艘舰艇，其余的舰艇必须全部分在第二编队，这样甲和丙都会在第二编队，和条件(3)矛盾，因此乙不能在第一编队，即乙必须在第二编队。

由条件(1)可知，此时第二编队有乙和己，如果丁和庚同在第二编队，又会导致甲和丙都在第一编队，和条件(3)矛盾，因此丁和庚同在第一编队。

此时第一编队有丁、庚及甲和丙其中之一，第二编队有乙、己及甲和丙其中之一，又因为第二编队需要有4艘舰艇，因此戊一定在第二编队，选项D入选。

方法二：

代入选项验证，当代入选项D时，则丁和庚在第一编队，甲、丙两个编队各分一个，符合题意，入选，其他选项均不符合。

【做题要领】做分析推理型题目有两种方法：自上而下(方法一)和自下而上(方法二)。自上而下的方法对考生的逻辑思维要求较高，但是如果你的备考时间较长或者你是需要考高分的考生，还是要学习，并且要掌握，这可以极大地提高做题效率。

自下而上的方法以不变应万变，对于较为复杂的分析推理型题目，代入法反倒是比较简单的做法，也应该熟练掌握。

14.【答案】D。

【考点分析】分析推理——分组

【解析】结合条件(2)"芹菜不能在黄椒那一组"和条件(4)可得，芹菜与豇豆不在同一组。

【做题要领】抓住题干中重复出现的信息。

15. 【答案】D。

    【考点分析】分析推理——分组

    【解析】如果韭菜、青椒与黄瓜在同一组,结合条件(1)(2)可得,芹菜和红椒在同一组。根据剩余思想进一步可以推出,菠菜和黄椒在同一组;结合条件(4)可知,菠菜、黄椒与豇豆在同一组。

    【做题要领】 注意剩余思想在分组题中的应用。

16. 【答案】C。

    【考点分析】分析推理——分组

    【解析】根据条件(2)(3)可知,格子1和格子5为同一品种的花,格子3和格子4为同一品种的花,格子2和格子6为同一品种的花。

    若格子5中是红色的花(要么是玫瑰,要么是兰花),则格子1和格子5一样,要么是玫瑰,要么是兰花。所以选项C一定为假。

17. 【答案】D。

    【考点分析】分析推理——分组

    【解析】若格子5是红色玫瑰,则格子2、3、4、6不能再是红色的花,所以,红色兰花一定不能入选,则只能栽种白色兰花和黄色兰花。

    格子3是黄色的花,有两种可能,黄色菊花或者黄色兰花。若格子3是黄色菊花,则格子1、2、5、6不能是黄色的花,而黄色兰花又只能放在格子2或格子6,和题干矛盾,故格子3只能是黄色兰花。

    根据格子3和格子4为同一品种的花可知,格子4为白色兰花。

18. 【答案】A。

    【考点分析】分析推理——分组

    【解析】题目有确定信息,可以由此入手。

    如果③和④安排在第2天,根据条件(2)可知,③④⑤均安排在第2天。

    再根据条件(3)可知,②安排在第1天,休息安排在第3天。

    根据题干可知,6件事需要在两天做完;再根据条件(1)"每天至少做两件事"可知,①⑥中至少有一个安排在第1天,如果⑥安排在第1天,①可以安排在第2天,所以选项A入选。

19. 【答案】C。

    【考点分析】分析推理——分组

    【解析】如果假期第2天只做⑥等3件事,则完成6件事的两天,每天做3件事。

    根据条件(3)可知,有以下两种可能性。

	第1天	第2天	第3天
情况一	②④⑤	①③⑥	休息
情况二	休息	①②⑥	③④⑤

    第一种情况,②安排在第1天,③安排在第2天,第2天已经确定③⑥2件事。根据条件

(2),④和⑤只能安排在第一天,即②④⑤安排在第1天,①③⑥都安排在第2天。

第二种情况,②安排在第2天,③安排在第3天,第2天已经确定②⑥2件事。根据条件(2),④和⑤只能安排在第3天,即①②⑥安排在第2天,③④⑤都安排在第3天。

综合以上分析,选项C入选。

20. 【答案】E。

【考点分析】分析推理——分组

【解析】题干中有确定信息,由此入手最简单。

将已知条件"种植银杏"代入条件(3)可得,不种植枣树;再根据条件(1)可得,种植椿树;再根据条件(2)可得,种植楝树但不种植雪松。题干要求6选4,由前面分析已知不种植枣树和雪松,则剩余的树都要种植,因而桃树也要种植,所以只有选项E是不可能的。

【做题要领】在分组题中,要注意应用剩余的思想。有同学会有疑虑:这个题目不是复合命题得结论吗?为什么要分类到"分组题"?事实上,本题就是分了一个"入选组"和"不入选组"。

21. 【答案】C。

【考点分析】分析推理——分组

【解析】由条件(1)可得,甲、丙、己、壬、癸来自同一个国家,5个外援来自4个国家,排除选项A。

由条件(2)可得,乙、丁、辛3人分属两个国家,其排列情况为:①乙丁,辛;②乙辛,丁;③乙,丁辛。所以选项B、D都不一定为真,排除。

因为乙、丁、辛来自两个国家,所以剩下的戊和庚也分别来自另外两个国家,排除选项E。

【做题要领】分组题怎么能够忘记剩余的思想呢?

22. 【答案】A。

【考点分析】分析推理——分组

【解析】题干可以化简为:

(1)甲、丙、壬、癸4人中如果有一个不是数学专业,则丁、庚、辛3人都是化学专业;

(2)乙、戊、己3人中如果有一个不是哲学专业,则甲、丙、庚、辛4人专业各不相同。

代入选项A的否命题,如果乙、戊、己专业不同,则根据条件(2)可知,甲、丙、庚、辛4人专业各不相同;再根据条件(1)可知,丁、庚、辛3人都是化学专业,和条件(2)的推理结论矛盾,因此选项A一定为真。

23. 【答案】D。

【考点分析】分析推理——分组

【解析】选项罗列信息,最简单的解题方法就是代入法。

选项A、C代入后和条件(1)矛盾,排除;选项B、E代入后和条件(2)矛盾,排除。

24. 【答案】A。

【考点分析】分析推理——分组

【解析】因为 4 年要选修 8 门课程,而每年只能选修 1~3 门课程;再结合条件(1)可知,后 3 个学年选修的课程数量应该是 1、2、3(顺序不确定)。因此,第 1 学年应该选修 2 门课程,故结合条件(2)可知,丙、己、辛和丁课程不安排在第 1 学年;再结合条件(3)可知,甲、丙、丁课程均不安排在第 4 学年;再结合条件(2)的顺序关系可知,只能是丙、己、辛课程安排在第 2 学年,丁课程安排在第 3 学年;再结合本题补充信息可知,乙课程安排在第 1 学年。选项 A 入选。

25. **【答案】** A。

【考点分析】分析推理——分组

【解析】根据上题的解析,已经确定的信息是,丙、己、辛在第 2 学年选修,丁在第 3 学年选修。所以结合本题补充信息,可以直接得出甲、庚都在第 4 学年选修。因此,乙、戊课程都只能在第 1 学年选修,选项 A 入选。

启航经管书课包系列

管理类与经济类综合能力
逻辑历年真题全解

『题型分类版』

一试题册一

主编 郭子仪

北京理工大学出版社

版权专有　侵权必究

图书在版编目（CIP）数据

MBA MPA MPAcc MEM 管理类与经济类综合能力逻辑历年真题全解：题型分类版．试题册 / 郭子仪主编．— 北京：北京理工大学出版社，2022.7
　ISBN 978-7-5763-1459-5

Ⅰ. ①M… Ⅱ. ①郭… Ⅲ. ①逻辑-研究生-入学考试-题解 Ⅳ. ① B81-44

中国版本图书馆 CIP 数据核字 (2022) 第 117594 号

出版发行 /	北京理工大学出版社有限责任公司
社　　址 /	北京市海淀区中关村南大街 5 号
邮　　编 /	100081
电　　话 /	（010）68914775（总编室）
	（010）82562903（教材售后服务热线）
	（010）68944723（其他图书服务热线）
网　　址 /	http://www.bitpress.com.cn
经　　销 /	全国各地新华书店
印　　刷 /	三河市文阁印刷有限公司
开　　本 /	787 毫米 × 1092 毫米　1/16
印　　张 /	13.25
字　　数 /	331 千字
版　　次 /	2022 年 7 月第 1 版　2022 年 7 月第 1 次印刷
定　　价 /	119.80 元

责任编辑 / 高　芳
文案编辑 / 胡　莹
责任校对 / 刘亚男
责任印制 / 李志强

图书出现印装质量问题，请拨打售后服务热线，本社负责调换

前言

有考生觉得,真题都是考过的东西了,为什么还要研究真题呢?

事实上,综合能力考试真题对整个大纲中的知识点,既进行了全面的概括,又突出了重点和难点。研究综合能力考试真题能让考生全面有效地掌握知识点,有的放矢地对重点、难点进行突破,并有助于考生理解命题专家的出题思路,避免陷入复习中的误区。用综合能力考试真题做练习还能提高考试技巧,积累应试实战经验,并能检查复习效果,加强解题的技巧性和规范化。具体理由如下:

(1)综合能力考试真题对知识点覆盖全面,重点突出。

每年的真题在知识点覆盖、不同难度题目搭配等方面都进行了充分的考虑,因此可以毫不夸张地说,最近10年的真题基本上能够把考试中所涉及的知识点、题型等都包括进去。虽然每年题目会有变化,有些年份会有少量的新题型,但万变不离其宗。即使有变化,也是在原来的题型上,制造障碍或者添枝加叶。

其实,"每年的题目都不重复"只是表面现象,综合能力考试的题目都有继承性:题目的复杂程度、难度和高频考点都有重复性。举例来说,考生们比较关心逻辑考试的重点在哪里,如何备考才能事半功倍。这里的"重点"的含义是,这个知识点在考试中很容易遇到,而且一旦掌握了这个知识点,可以快速、高效地拿到分数,且对应的分值还不低。仔细研究与练习综合能力考试真题对掌握"重点"内容是大有裨益的。研究和归纳哪些内容在综合能力考试中出现的频率高,可以一目了然地知道哪些内容是重点。除此之外,重点内容因为出现的频率高,通过对真题的学习和研读巩固强化的次数就会更多,考生就会掌握得更好,做题就会更有效率,也减少了很多考生"会的没考,考的不会"这样的无奈。

(2)综合能力考试真题是权威、高质量的练习题,有助于避开押题误区。

考试的目的是为国家选拔出合格的人才,命题专家通过将"必考点"和"易考点"结合起来命题,能比较准确地检验学生的真实能力。综合能力考试真题均紧扣《考试大纲》命题,原则上不出怪题、偏题,更不回避"必考点",但能在命题角度、方法、题型上下功夫。因此要检验自己的复习效果,真题是最好的工具。

(3)理解命题专家的出题思路,提高考试技巧。

选拔性的考试实际上是通过题目的设计,抓住多数学生在某一知识点上的短处,让优秀的学生脱颖而出。这种命题思路总体上来说是有利于人才的选拔的,但也会使有些基础扎实的同学因为不了解命题专家的思路而误入"陷阱",导致考试成绩比自己的真实水平低很多。

作为考生,要充分理解命题专家的命题思路,在考试中展现出自己的真实水平,就需要加强对真题的研究与练习。命题专家在命题时会根据考生的惯性思维和做题习惯设计"陷阱"，如果不仔细研究真题，很多题目都非常容易做错。因此，一定要加强真题的研究与练习，在做真题的过程中不断地总结和体会，理解命题专家的命题思路，知道他们是怎样设置"陷阱"的。如果把真题吃透，融会贯通，无论在掌握知识方面还是在提升做题技巧方面，都会起到立竿见影的效果。

(4) 检验复习效果，积累应试实战经验。

在基础知识复习完之后，深入研究真题之前，做第一遍真题的时候应该严格按照考试时间进行。一方面，可以对前面的复习效果进行全面检验；另一方面，可以提前体验考场的氛围，提高应试实战经验。

在复习效果的检验方面，因为真题在题量、题型、难度等方面均经过精心设计，因此可谓是最好的检验题目。考生们应该珍惜每次真题的检验机会，充分挖掘题目考查的知识点，梳理自己知识体系中的疏漏，及时查漏补缺，争取做到每做一套真题，都有一个大的提高。

在积累应试实战经验方面，要注意对时间的把握以及对解题方法等的灵活运用。举例来说，在时间方面，做题要先易后难，防止在某些难度大的题目上消耗过多的时间，做到速度与准确率兼顾。在解题方法方面，考试与平时做题不同，平时做题要深入理解知识点，不能"投机取巧"；但真正考试时要有"只问结果，不计手段"的观念。一个题目只要能确定答案，"排除法""反例法""极值法""赋值法"等都可以用，不管使用什么方法，能在最短时间内得出准确答案的就是好方法。

所以，考生们应该高度重视综合能力考试真题，加强对真题的研究并反复练习。建议在做第一遍真题时，使用本书附赠的《管理类综合能力逻辑真题套卷（2018—2022）》，完全模拟考试的真实氛围，检验自己的复习效果，提高自己的实战水平。后续的练习则通过分类真题去逐项突破、提高，总结出题规律，深入理解命题专家的命题思路，巩固已经掌握的知识点，彻底解决以前没有掌握的知识点，提高应试技巧。真诚地建议大家试着按此思路实践一下，对成绩提升一定会有帮助。

对于经济类综合能力考试，2021年该考试才改革为由教育部考试中心组织命题，所以只有2021年和2022年经济类综合能力逻辑真题具有参考价值，我也为大家汇总了这两年的题目并撰写了解析，大家可以扫描前言第1页的二维码关注公众号，回复"真题"领取。对于备考经济类综合能力考试的考生来说，本书也完全适用。

郭子仪

逻辑题目的类型

管理类与经济类综合能力考试中的逻辑题为单项选择题。每一道题目实际上都是一个具体的论证，题目都是围绕论证的具体要求来提问的，因此，都应该包括论点、论据和论证方式。有的题目是题干给出论点、论证方式以及部分论据，需要补充论据（如削弱型题目、加强型题目等）；有的题目是题干给出论据和论证方式，需要得到论点（如推出结论型题目等）；有的题目是题干给出论点和论据，需要说明论证方式（如解释型题目、评价型题目、相似比较型题目等）。逻辑题目具体可以分为以下几类：

1. 推出结论型题目（得结论）

推出结论型题目是指题干中给出几个前提或条件，要求从选项中选出题干可以推出的结论的题目。这种题目可以是严格的逻辑推论，也可以是一般的抽象和概括。考生需要做的就是在全面和系统地把握题干的基础上，通过比较、分析、综合、抽象、概括、归纳，最后得出一个最合理的结论。

推出结论型题目的解题思路：

做该类题目需要运用各种解题技巧和方法，包括代入法、计算法、列表法等。做此类题时，如果没有严格依据题干信息推理而是单凭想象，往往会导致思路混乱，难以理清头绪，进而导致得出错误答案。

此类题目在真题中占比最大，考查最为广泛，需要重点掌握。

2. 削弱型题目

削弱型题目是指，题干中给出一个完整的论证来表达某种观点（论点），要求找到最能反驳、削弱、质疑、批评题干论证的选项的题目。削弱型题目包括削弱结论型题目、削弱题干型题目和削弱论据型题目。这类题目虽然在最近几年的考试中所占的比例不大，但是因为削弱型题目和加强型题目的对应关系，其重要性不言而喻。

（1）削弱结论型题目的解题思路：

一个论证成立，要求其论点、论据都是真实的，其论证方式是正确的。那么，一个论证不成立，则或者是论点不真实，或者是论据不真实，或者是论证方式不正确。因此，削弱一个论证有三种方法。

①直接否定论点（直接在选项中寻找与题干论点相矛盾的命题来否定题干论证）；

②直接否定论据（通过在选项中寻找与题干论据相矛盾的命题来表明该论证缺乏论据支持，以此说明题干论证的真实性值得怀疑）；

③直接否定论证方式（通过否定论证方式来说明题干论点的真实性是没有得到严格论证

的。直接否定论证方式有两种方法：是非判断方法和程度比较方法）。

作为一个论证，论点比论据重要，因此在上述三种方法中，直接否定论点即结论的方法最有效、最直接、最有力。后两种方法的有效性较弱，因为否定了论据和论证方式，并不等于否定了对方的结论，对方完全可以更换论据或论证方式去重新论证该结论。当然，否定了论据或论证方式，也就说明题干的论点是没有得到论证的，从而也就削弱了题干的结论。

（2）削弱题干型题目的解题思路：

所谓削弱题干，也就是要与题干"唱反调"。一般来说，削弱题干有两种方法。

①截断题干中的论据与论点的逻辑关系，称为"断桥"，也叫截断关系法；

②弱化题干中的论据，称为弱化论据法或釜底抽薪法。所谓弱化论据法，就是指所要寻找的选项能够起到将题干的论据抽掉或者使题干的论据的支持作用减弱，继而使题干中的论点不成立或者使题干中的论点得不到充分的论证。

不论是采用截断关系法还是采用弱化论据法，最终目的都是削弱题干中的论点。

（3）削弱论据型题目考的比较少，与削弱结论型题目的解题思路基本一致，此处不再赘述。在解题的过程中，有时可能会发现，有些选项好像是在反对题干，但由于和题干的论点没有密切关系，从而失去了削弱作用。

因此，解答这类题目的关键，首先应该梳理题干论证结构，明确题干中的论据、结论，然后在此基础上考虑是否定论点、论据还是否定论证方式。

3. 加强型题目

加强型题目是指，题干中给出一个既有前提又有结论的推理或者一个既有论据又有论点的论证，但由于前提的条件不够充分，不足以合乎逻辑地推出结论，或者由于论证的论据不够全面，不足以证明论点真实，需要用某个选项去补充其前提或论据，使推理或论证成立的可能性增大的题目。

加强型题目的解题思路：

解答此类题目需要注意的是，只要某一选项放在题干论证的论据和论点之间，对题干论证的成立有加强作用，使题干论证成立的可能性增大，那么这个选项就是能够加强题干的。

此外，补充前提类题目也可以归为加强型题目。

补充前提类题目是指，在题干中给出结论和部分前提，要求从选项中找到另一部分前提来将论证补充完整的题目。

补充前提类题目的主要表现形式是：

（1）题干中给出了一些前提和一个结论，需要补充前提，以得到一个有效的逻辑推理；

（2）以题干的结论为已知条件，要求从选项中找到能推出题干结论的前提条件。这个前提条件往往是题干结论成立的必要条件，即有了这个条件，题干结论未必成立，但没有这个条件，题干结论一定不成立。

因此，这类题目的解题思路其实就是建立前提和结论之间的关系。解题的关键还是应该先梳理题干论证结构，明确题干中的结论和已知前提，在此基础上考虑是通过搭桥还是通过加非验证来找到答案。

加强型题目在真题中大约有 7~9 题,其与削弱型题目是综合能力考试中论证推理部分的主要考查题型。

4. 解释型题目

解释型题目是指,题干给出关于某些事实或现象的客观描述,通常是给出一个似乎矛盾,实际上并不矛盾的现象,要求找到能够解释题干现象的选项的题目。

解释型题目的解题思路:

这类题目在题干中描述了事物现象之间表面上的矛盾或差异,需要缓解矛盾或者解释差异,但本质上这种矛盾或差异是不存在的。这种表面上的矛盾或差异或者是同一个事物的两个不同方面;或者所探讨的是两个不同的对象。但是,为何题干中又显得很矛盾呢?原因可能是有某些方面的细节没有考虑到。所以,在解题时,首先要确定需要解释的关键概念,并用之来定位正确答案。

5. 评价型题目

评价型题目是指,要求对题干的论证效果(包括论证的可靠性、正确性、恰当性)、论证方式和方法、论证意图和目的等进行评价和说明的题目。

评价型题目的解题思路:

该类题目的答案一般是针对题干论证的隐含假设。因此,在阅读该类题目时要注意体会题干论证的隐含假设,尽可能寻找对题干推理起到正、反两方面作用的选项。当选项为一般疑问句时,对这个问句通常有"是"和"否"两方面的回答。如果回答"是",则对题干起到了支持作用;如果回答"否",则对题干起到了削弱作用。那么,这个问句就对题干论证具有评价作用。

对逻辑谬误与推理缺陷的评价是评价型题目的一个分支。

这类题目是指,要求指出题干中所包含的某种逻辑谬误或推理缺陷的题目。解答这类题目的关键,是先看从前提到结论是否缺少必要的条件,如果缺少某些条件,缺少的内容即为缺陷所在。如果论证中没有缺少内容,则需要运用逻辑基本知识,去辨析题干是否违反了逻辑中的某些规则,继而存在逻辑谬误。

6. 相似比较型题目

相似比较型题目是指,在题干中构造了一种思维的形式结构(推理、论证方法或者逻辑谬误),选项也各自具有一定的形式结构,通过比较,要求确定哪个选项的形式结构与题干的相同或相似的题目。这类题目与逻辑基本知识紧密相关,主要测试考生的逻辑抽象能力。

相似比较型题目的解题思路:

解答这类题目的关键,是需要从具有不同具体内容的思维过程中抽象出其形式结构。命题专家主要是针对逻辑谬误出题,容易考到的知识点有定义、概念、划分、三段论、假言命题的推理、谬误、类比、归纳等。在抽象出形式结构的过程中,应该注意,对于不同的思维过程,尽管它们的具体思维内容是完全不同的,却可以有相同的形式结构。同时,不必考虑题干和选项中的命题是否为真、推理是否正确、论证是否成立,只需比较两个思维过程的形式结构是否相同或者相似。

7. 对话辩论型题目

此类题目的题干是基于两个人的对话,但问题可能从各个角度发问,因此其推理思路是对前面几类论证推理题的综合运用。因为对话辩论型题目是对前面所述的削弱型题目、加强型题目、评价型题目等的综合运用,所以其是相对较难的题目。但在最近几年的真题中,此类题目的题量较少,且考查的都是比较基础的知识,考试时可以根据自己对分值的要求,决定时间和精力的分配。

对话辩论型题目的解题思路:

(1) 明确双方各自的观点;

(2) 抓住对话双方意思的差异;

(3) 注意对话或论辩双方的语气,从而明确问题的方向。

8. 分析推理型题目

分析推理型题目是近几年的考查热点之一,也是令不少同学感到很难掌握的模块。事实上,分析推理型题目的难度并不大,但为什么考生视其为洪水猛兽?究其原因,主要是对每种类型题目的熟练程度不够,浪费了大量有效的时间,时间不够才是考生得分不高的主要原因。

分析推理型题目既可以出得非常难,也可以出得非常简单。截至目前,所有的分析推理型题目的出题思路还是比较简单、固定的,所以,对于这一类题目,应当有意识地根据题目特点选用解题方法,通过适度练习来提高做题速度。

有别于性质命题、联言命题、选言命题、假言命题等,分析推理型题目的解题难点并不在于规则的记忆与应用,而在于多重关系的寻找、挖掘与推导,因此这种类型的题目对考生综合的逻辑分析能力要求更高。

此类题目看似千变万化,实则有章可循。其解题的突破口就是弄清楚多个已知条件之间的关系,做题时要依据这些看似复杂混乱的关系,推出相应的结论。由于此类题目的已知条件及所求的结论的变形较多,因此解题方法也需因题而异,要具体问题具体分析。但无论形式如何变化,我们都要掌握一个最为关键的解题思路:快速寻找突破口,理清各项条件关系。

解题的切入点一般存在于题干比较特殊的条件中。在题干给出的若干条件中,如果有一个条件被反复提及,出现频率明显高于其他条件,或者能够直接肯定或否定某些选项,那么这就是解题的切入点。

分析推理型题目的解题思路:

(1) 观察题干条件中是否有确定信息,如果存在确定信息,则确定信息会是一个很好的切入点;

(2) 如果不存在确定信息,则观察选项是否是充分的,如果"选项一大片",也即选项是充分的,那可以考虑自下而上的代入法;

(3) 如果以上两个方法都得不出正确答案,则需要观察不同条件中是否有共同的关键点

和矛盾点,从这一关键点或矛盾点入手,进一步寻找其和其他已知条件的关系;

(4)在推导过程中要时刻注意题干已知条件,确保条件的使用无遗漏;

(5)如果所有的条件都已经使用,还不能得出正确答案,则可用排除法。

以上是管理类与经济类综合能力考试中逻辑题的类型。当然,考生在学习的过程中,可能会有这样的疑虑——这个题目到底是分到"推出结论"还是"分析推理"？事实上,分类的目的是让大家有一个横向比较,加强突破,有些题目本身涉及多个知识点,所以分类的时候不必过于苛刻。

过关攻略

考生在解答逻辑题的时候,一定要遵守以下原则:

(1)不能受限于题干的具体内容。逻辑题目的具体内容涉及自然科学、社会科学等各个领域,但并不考查考生相关领域的专业知识,而是考查考生对各种信息的理解、分析、综合,以及相应的判断、推理、论证等逻辑思维能力,强调的是对逻辑关系的正确把握。考生在解答题目时,不要质疑题目本身的真实性与合理性,而是应该根据题目所给的内容去思考,要抓住题干和选项之间的逻辑关系,摆脱晦涩文字的干扰。

(2)不能依靠题目以外的信息和常识进行推理,只能以题目本身所给的信息为依据。

(3)寻找最佳、最可能的选项,不一定非得找到具有必然性的选项。在给出的5个选项中,一般有3个选项是容易排除掉的,只需在剩下的2个选项中找到最可能的即可。一定要认真辨别正确选项和严重干扰项。

目录

专题一　推出结论型题目 ································· 001
　　考查点1　复合命题 ····································· 001
　　考查点2　否命题 ······································· 028
　　考查点3　三段论和欧拉图 ······························· 034
　　考查点4　真假话 ······································· 040
　　考查点5　性质命题对当关系 ····························· 045
　　考查点6　模态命题 ····································· 047
　　考查点7　阅读理解得结论 ······························· 050
　　考查点8　数量关系 ····································· 063

专题二　削弱型题目 ····································· 068

专题三　加强型题目 ····································· 095
　　考查点1　加强 ··· 095
　　考查点2　假设 ··· 098
　　考查点3　支持 ··· 109

专题四　解释型题目 ····································· 134

专题五　评价型题目 ····································· 143
　　考查点1　评价论点 ····································· 143
　　考查点2　评价论证方法 ································· 144
　　考查点3　评价论证过程是否存在漏洞 ····················· 146

专题六　相似比较型题目 ································· 151
　　考查点1　论证推理结构的相似比较型 ····················· 151
　　考查点2　逻辑谬误的相似比较型 ························· 158

考查点3　论证推理方法的相似比较型 ··· 161
　　　考查点4　概念、定义的相似比较型 ·· 163

专题七　对话辩论型题目 ·· 166

专题八　分析推理型题目 ·· 170
　　　考查点1　排序题(排队题) ·· 170
　　　考查点2　对应题 ·· 176
　　　考查点3　分组题 ·· 191

 **推出结论型题目**

推出结论型题目所包括的范围比较广,形式逻辑、论证推理中的阅读理解得结论甚至分析推理的题目,归根结底都是推出结论型题目。

考查点1 复合命题①

知识点梳理

要高效地解答复合命题的推理的题,首先要熟练掌握复合命题的判别依据、推理规则和取值规则。

复合命题是简单命题通过逻辑联结词组合而成的,它由支命题和联结词两部分构成,联结词决定复合命题的逻辑性质。根据联结项的不同性质,复合命题分为否命题、联言命题、选言命题以及假言命题。

历年真题

1. (2009-1-28) 除非年龄在50岁以下,并且能持续游泳3 000米以上,否则不能参加下个月举行的横渡长江活动。同时,高血压和心脏病患者不能参加。老黄能持续游泳3 000米以上,但没有被批准参加这项活动。

   以上断定能推出以下哪项结论?

   Ⅰ. 老黄的年龄至少50岁。

   Ⅱ. 老黄患有高血压。

   Ⅲ. 老黄患有心脏病。

   A. 只有Ⅰ。 B. 只有Ⅱ。

   C. 只有Ⅲ。 D. Ⅰ、Ⅱ和Ⅲ至少有一个。

   E. Ⅰ、Ⅱ和Ⅲ都不能从题干中推出。

2. (2009-1-30) 小李考上了清华,或者小孙没考上北大。

   增加以下哪项条件,能推出小李考上了清华?

   A. 小张和小孙至少有一人未考上北大。

   B. 小张和小李至少有一人未考上清华。

   C. 小张和小孙都考上了北大。

---

① 此点在真题中考查得比较密集。

D. 小张和小李都未考上清华。

E. 小张和小孙都未考上北大。

3. (2009-1-31) 大李和小王是某报新闻部的编辑。该报总编计划从新闻部抽调人员到经济部。总编决定：未经大李和小王本人同意，将不调用两人。大李告诉总编："我不同意调用，除非我知道小王已经调用。"小王说："除非我知道大李已经调用，否则我不同意调用。"

如果上述三人坚持各自的决定，则可推出以下哪项结论？

A. 两人都不可能调用。

B. 两人都可能调用。

C. 两人至少一人可能调用，但不可两人都调用。

D. 要么两人都调用，要么两人都不调用。

E. 题干的条件推不出关于两人调用的确定结论。

4. (2009-1-42) 如果一个学校的大多数学生都具备足够的文学欣赏水平和道德自律意识，那么，像《红粉梦》和《演艺十八钗》这样的出版物就不可能成为在该校学生中销量最多的书。去年在H学院的学生中，《演艺十八钗》的销量仅次于《红粉梦》。

如果上述断定为真，则以下哪项一定为真？

Ⅰ. 去年H学院的大多数学生都购买了《红粉梦》或《演艺十八钗》。

Ⅱ. H学院的大多数学生既不具备足够的文学欣赏水平，也不具备足够的道德自律意识。

Ⅲ. H学院至少有些学生不具备足够的文学欣赏水平，或者不具备足够的道德自律意识。

A. 只有Ⅰ。　　B. 只有Ⅱ。　　C. 只有Ⅲ。　　D. Ⅱ和Ⅲ。　　E. Ⅰ、Ⅱ和Ⅲ。

5. (2009-1-50) 中国要有一流的国家实力，必须有一流的教育。只有拥有一流的国家实力，中国才能做出应有的国际贡献。

以下各项都符合题干意思，除了：

A. 中国难以做出应有的国际贡献，除非拥有一流的教育。

B. 只要中国拥有一流的教育，就能做出应有的国际贡献。

C. 如果中国拥有一流的国家实力，就不会没有一流的教育。

D. 不能设想中国做出了应有的国际贡献，但缺乏一流的教育。

E. 中国面临选择：或者放弃应尽的国际义务，或者创造一流的教育。

6. (2009-10-27) 林斌一周工作五天，除非这周内有法定休假日。上周林斌工作了六天。

如果上述断定为真，则以下哪项一定为真？

A. 上周可能有也可能没有法定休假日。

B. 上周林斌至少有一天在法定工作日上班。

C. 上周一定有法定休假日。

D. 上周一定没有法定休假日。

E. 以上各项都不一定为真。

7.（2009-10-30）小李考上了清华,或者小孙未考上北大。如果小张考上了北大,则小孙也考上了北大;如果小张未考上北大,则小李考上了清华。

如果上述断定为真,则以下哪项一定为真?

A. 小李考上了清华。　　　　　　　　B. 小张考上了北大。

C. 小李未考上清华。　　　　　　　　D. 小张未考上北大。

E. 以上断定都不一定为真。

8.（2009-10-34）董事长:如果提拔小李,就不提拔小孙。

以下哪项符合董事长的意思?

A. 如果不提拔小孙,就要提拔小李。　　B. 不能小李和小孙都提拔。

C. 不能小李和小孙都不提拔。　　　　D. 除非提拔小李,否则不提拔小孙。

E. 只有提拔小孙,才提拔小李。

9.（2009-10-40）在报考研究生的应届考生中,除非学习成绩名列前三位,并且有两位教授推荐,否则不能成为免试推荐生。

以下哪项如果为真,说明上述决定没有得到贯彻?

Ⅰ. 余涌学习成绩名列第一,并且有两位教授推荐,但未能成为免试推荐生。

Ⅱ. 方宁成为免试推荐生,但只有一位教授推荐。

Ⅲ. 王宜成为免试推荐生,但学习成绩不在前三名。

A. 只有Ⅰ。　　B. 只有Ⅰ和Ⅱ。　　C. 只有Ⅱ和Ⅲ。　　D. Ⅰ、Ⅱ和Ⅲ。　　E. 以上都不是。

10.（2009-10-47）任何国家,只有稳定,才能发展。

以下各项都符合题干的条件,除了:

A. 任何国家,如果得到发展,则一定稳定。　　B. 任何国家,除非稳定,否则不能发展。

C. 任何国家,不可能稳定但不发展。　　　　D. 任何国家,或者稳定,或者不发展。

E. 任何国家,不可能发展但不稳定。

11.（2010-1-26）针对威胁人类健康的甲型H1N1流感,研究人员研制出了相应的疫苗,尽管这些疫苗是有效的,但某大学研究人员发现,阿司匹林、羟苯基乙酰胺等抑制某些酶的药物会影响疫苗的效果。一位研究人员指出:"如果你服用了阿司匹林或者对乙酰氨基酚,那么你注射疫苗后就必然不会产生良好的抗体反应。"

如果小张注射疫苗后产生了良好的抗体反应,那么根据上述研究结果可以得出以下哪项结论?

A. 小张服用了阿司匹林,但没有服用对乙酰氨基酚。

B. 小张没有服用阿司匹林,但感染了H1N1流感病毒。

C. 小张服用了阿司匹林,但没有感染H1N1流感病毒。

D. 小张没有服用阿司匹林,也没有服用对乙酰氨基酚。

E. 小张服用了对乙酰氨基酚,但没有服用羟苯基乙酰胺。

12. （2010-1-28）域控制器存储了域内的账户、密码和属于这个域的计算机三项信息。当计算机接入网络时,域控制器首先要鉴别这台计算机是否属于这个域,用户使用的登录账户是否存在,密码是否正确。如果三项信息均正确,则允许登录;如果以上信息有一项不正确,那么域控制器就会拒绝这个用户从这台计算机登录。小张的登录账号是正确的,但是域控制器拒绝小张的计算机登录。

基于以上的陈述能得出以下哪项结论?

A. 小张输入的密码是错误的。

B. 小张的计算机不属于这个域。

C. 如果小张的计算机属于这个域,那么他输入的密码是错误的。

D. 只有小张输入的密码是正确的,他的计算机才属于这个域。

E. 如果小张输入的密码是正确的,那么他的计算机属于这个域。

13. （2010-1-33）蟋蟀是一种非常有趣的小动物,宁静的夏夜,草丛中传来阵阵清脆悦耳的鸣叫声,那是蟋蟀在唱歌。蟋蟀优美动听的歌声并不是出自它的好嗓子,而是来自它的翅膀。左右两翅一张一合,相互摩擦,就可以发出悦耳的声响了。蟋蟀还是建筑专家,与它那柔软的挖掘工具相比,蟋蟀的住宅真可以算得上是伟大的工程了。在其住宅门口,有一个收拾得非常舒适的平台。夏夜,除非下雨或者刮风,否则蟋蟀肯定会在这个平台上唱歌。

根据以上陈述,以下哪项是蟋蟀在无雨的夏夜所做的?

A. 修建住宅。　　　　　　　　　　B. 收拾平台。

C. 在平台上唱歌。　　　　　　　　D. 如果没有刮风,它就在抢修工程。

E. 如果没有刮风,它就在平台上唱歌。

14. （2010-1-36）太阳风中的一部分带电粒子可以到达 M 星表面,将足够的能量传递给 M 星表面粒子,使后者脱离 M 星表面,逃逸到 M 星大气中。为了判定那些逃逸的粒子,科学家们通过三个实验获得了如下信息:

实验一:或者是 X 粒子,或者是 Y 粒子。

实验二:或者不是 Y 粒子,或者不是 Z 粒子。

实验三:如果不是 Z 粒子,就不是 Y 粒子。

根据上述三个实验,以下哪项一定为真?

A. 这种粒子是 X 粒子。　　　　　　B. 这种粒子是 Y 粒子。

C. 这种粒子是 Z 粒子。　　　　　　D. 这种粒子不是 X 粒子。

E. 这种粒子不是 Z 粒子。

15. （2010-1-39）奥尔特星云浮游在太阳系边缘,极易受附近星体引力作用的影响。据研究人员计算,有时这些力量会将彗星从奥尔特星云拖出。这样,它们更有可能靠近太阳。两位研究人员据此分别做出了以下两种有所不同的断定:一、木星的引力要么将它们推至更小的轨道,要么将它们逐出太阳系;二、木星的引力或者将它们推至更小的轨道,或者将它们逐出太阳系。

如果上述两种断定只有一种为真,可以推出以下哪项结论?

A. 木星的引力将它们推至更小的轨道,并且将它们逐出太阳系。

B. 木星的引力没有将它们推至更小的轨道,但是将它们逐出太阳系。

C. 木星的引力将它们推至更小的轨道,但是没有将它们逐出太阳系。

D. 木星的引力既没有将它们推至更小的轨道,也没有将它们逐出太阳系。

E. 木星的引力如果将它们推至更小的轨道,就不会将它们逐出太阳系。

16. (2010-1-46) 相互尊重是相互理解的基础,相互理解是相互信任的前提;在人与人的相互交往中,自重、自信也是非常重要的,没有一个人尊重不自重的人,没有一个人信任他所不尊重的人。

以上陈述可以推出以下哪项结论?

A. 不自重的人也不被任何人信任。 B. 相互信任才能相互尊重。

C. 不自信的人也不自重。 D. 不自信的人也不被任何人信任。

E. 不自信的人也不受任何人尊重。

17. (2010-1-50) 在本年度篮球联赛中,长江队主教练发现,黄河队五名主力队员之间的上场配置有如下规律:

(1)若甲上场,则乙也要上场;

(2)只有甲不上场,丙才不上场;

(3)要么丙不上场,要么乙和戊中有人不上场;

(4)或者丁上场,或者乙上场。

若乙不上场,则以下哪项配置合乎上述规律?

A. 甲、丙、丁同时上场。 B. 丙不上场,丁、戊同时上场。

C. 甲不上场,丙、丁都上场。 D. 甲、丁都上场,戊不上场。

E. 甲、丁、戊都不上场。

18. (2010-1-55) 某中药配方有如下要求:

(1)如果有甲药材,那么也要有乙药材;

(2)如果没有丙药材,那么必须有丁药材;

(3)人参和天麻不能都有;

(4)如果没有甲药材而有丙药材,则需要有人参。

如果含有天麻,则关于该配方的断定哪项为真?

A. 含有甲药材。 B. 含有丙药材。

C. 没有丙药材。 D. 没有乙药材和丁药材。

E. 含有乙药材或丁药材。

19. (2010-10-29) 如果面粉价格继续上涨,佳食面包店的面包成本必将大幅度增加。在这种情况下,佳食面包店将会考虑以扩大饮料的经营来弥补面包销售利润的下降。但是,佳食面包店只有保证面包销售利润不下降,才可避免整体收益明显减少。

以下哪项陈述可从上文合乎逻辑地得出?

A. 如果佳食面包店的整体收益减少,它购买面粉的成本将继续增加。

B. 如果佳食面包店的整体收益减少,要么扩大饮料的经营,要么减少面包的销售。

C. 如果面粉的价格继续上涨,佳食面包店的整体收益将明显减少。

D. 即使佳食面包店的整体收益不减少,购买面粉的成本也不会降低。

E. 要么购买面粉的成本将继续增加,要么佳食面包店的面包销售量将增加。

20.（2010-10-38）某山区发生了较大面积的森林病虫害。在讨论农药的使用时,老许提出:"要么使用甲胺磷等化学农药,要么使用生物农药。前者过去曾用过,价钱便宜,杀虫效果好,但毒性大;后者未曾使用过,效果不确定,价格贵。"

从老许的提议中,不可能推出的结论是:

A. 如果使用化学农药,那么就不使用生物农药。

B. 或者使用化学农药,或者使用生物农药,两者必居其一。

C. 如果不使用化学农药,那么就使用生物农药。

D. 化学农药比生物农药好,应该优先考虑使用。

E. 化学农药和生物农药是两类不同的农药,两类农药不要同时使用。

21.（2011-1-27）张教授的所有初中同学都不是博士,通过张教授而认识其哲学研究所同事的都是博士,张教授的一个初中同学通过张教授认识了王研究员。

以下哪项能作为结论从上述断定中推出?

A. 王研究员是张教授的哲学研究所同事。

B. 王研究员不是张教授的哲学研究所同事。

C. 王研究员是博士。

D. 王研究员不是博士。

E. 王研究员不是张教授的初中同学。

22.（2011-1-44）近日,某集团高层领导研究了发展方向问题。王总经理认为:既要发展纳米技术,也要发展生物医药技术。赵副总经理认为:只有发展智能技术,才能发展生物医药技术。李副总经理认为:如果发展纳米技术和生物医药技术,那么也要发展智能技术。最后经过董事会研究,只有其中一位的意见被采纳。

根据以上陈述,以下哪项符合董事会的研究决定?

A. 发展纳米技术和智能技术,但是不发展生物医药技术。

B. 发展生物医药技术和纳米技术,但是不发展智能技术。

C. 发展智能技术和生物医药技术,但是不发展纳米技术。

D. 发展智能技术,但是不发展纳米技术和生物医药技术。

E. 发展生物医药技术、智能技术和纳米技术。

专题一 推出结论型题目

23. (2011-10-33) 如果欧洲部分国家的财政危机可以平稳度过,世界经济今年就会走出低谷。以下哪项最准确地表达了上述断定?

    Ⅰ. 如果世界经济今年走出低谷,则西方国家的财政危机可以平稳度过。

    Ⅱ. 如果世界经济今年未能走出低谷,则有的西方国家财政危机没能平稳度过。

    A. 只有Ⅰ。　　　　　　B. 只有Ⅱ。　　　　　　C. Ⅰ和Ⅱ。

    D. Ⅰ或Ⅱ。　　　　　　E. Ⅰ和Ⅱ都不对。

24. (2011-10-51) 2009年年底,我国卫生部的调查结果显示,整体具备健康素养的群众只占6.48%,其中具备慢性病预防素养的人只占4.66%。这说明国民对疾病的认识还非常匮乏。只有国民素质得到根本性的提高,李一、张悟本们的谬论才不会有那么多人盲从。

    由以上陈述可以得出以下哪项结论?

    A. 对疾病缺乏认识是国民素质有待根本性提高的表现之一。

    B. 如果国民素质不能得到根本性的提高,李一等人的谬论还会有许多人盲从。

    C. 国民缺乏基本的医学知识是江湖医生屡屡得逞的根本原因。

    D. 只有国民提高对疾病的认识,国民的健康才能得到保障。

    E. 国民医学知识的缺乏是由某些部门的功能缺位造成的。

25. (2012-1-29) 王涛和周波是理科(1)班同学,他们是无话不说的好朋友。他们发现班里每一个人或者喜欢物理,或者喜欢化学。王涛喜欢物理,周波不喜欢化学。

    根据以上陈述,以下哪项必定为真?

    Ⅰ. 周波喜欢物理。

    Ⅱ. 王涛不喜欢化学。

    Ⅲ. 理科(1)班不喜欢物理的人喜欢化学。

    Ⅳ. 理科(1)班一半人喜欢物理,一半人喜欢化学。

    A. 仅Ⅰ。　　　　　　B. 仅Ⅲ。　　　　　　C. 仅Ⅰ、Ⅱ。

    D. 仅Ⅰ、Ⅲ。　　　　　E. 仅Ⅱ、Ⅲ、Ⅳ。

26. (2012-1-30) 李明、王兵、马云三位股民对股票A和股票B分别做了如下预测:

    李明:只有股票A不上涨,股票B才不上涨。

    王兵:股票A和股票B至少有一个不上涨。

    马云:股票A上涨当且仅当股票B上涨。

    若三人的预测都为真,则以下哪项符合他们的预测?

    A. 股票A上涨,股票B不上涨。

    B. 股票A不上涨,股票B上涨。

    C. 股票A和股票B均上涨。

    D. 股票A和股票B均不上涨。

    E. 只有股票A上涨,股票B才上涨。

27.（2012-1-34）只有通过身份认证的人才允许上公司内网,如果没有良好的业绩就不可能通过身份认证,张辉有良好的业绩而王纬没有良好的业绩。

如果上述断定为真,则以下哪项一定为真?

A. 允许张辉上公司内网。

B. 不允许王纬上公司内网。

C. 张辉通过身份认证。

D. 有良好的业绩,就允许上公司内网。

E. 没有通过身份认证,就说明没有良好的业绩。

28.（2012-1-38）经理说:"有了自信不一定赢。"董事长回应说:"但是没有自信一定会输。"

以下哪项与董事长的意思最为接近?

A. 不输即赢,不赢即输。　　　　　　B. 如果自信,则一定会赢。

C. 只有自信,才可能不输。　　　　　D. 除非自信,否则不可能输。

E. 只有赢了,才可能更自信。

29.（2012-1-44）如果他勇于承担责任,那么他就一定会直面媒体,而不是选择逃避;如果他没有责任,那么他就一定会聘请律师,捍卫自己的尊严。可是事实上,他不仅没有聘请律师,现在逃得连人影都不见了。

根据以上陈述,可以得出以下哪项结论?

A. 即使他没有责任,也不应该选择逃避。

B. 虽然选择了逃避,但是他可能没有责任。

C. 如果他有责任,那么他应该勇于承担责任。

D. 如果他不敢承担责任,那么说明他责任很大。

E. 他不仅有责任,而且他没有勇气承担责任。

30.（2012-10-27）信仰乃道德之本,没有信仰的道德,是无源之水、无本之木。没有信仰的人是没有道德底线的;而一个人一旦没有了道德底线,那么法律对于他也是没有约束力的。法律、道德、信仰是社会和谐运行的基本保障,而信仰是社会和谐运行的基石。

根据以上陈述,可以得出以下哪项?

A. 道德是社会和谐运行的基石之一。

B. 如果一个人有信仰,法律就能对他产生约束力。

C. 只有社会和谐运行,才能产生道德和信仰的基础。

D. 法律只对有信仰的人具有约束力。

E. 没有道德也就没有信仰。

31.（2012-10-29）尊重他人是一种高尚的美德,是个人内在修养的外在表现;受人尊重是一种享受,更是一种幸福。人都渴望得到他人的尊重,但只有尊重他人才能赢得他人的尊重。

根据以上陈述,可以得出以下哪项?

A. 只有具有高尚的美德才能赢得幸福。
B. 只有加强内在修养才能赢得他人的尊重。
C. 不具备任何高尚的美德就不能赢得他人的尊重。
D. 尊重总是双方的,单方面的尊重是不存在的。
E. 如果你不尊重他人,就不可能得到幸福。

32. (2012-10-37) 某中药制剂中,人参或者党参至少必须有一种,同时还需满足以下条件:
(1) 如果有党参,就必须有白术;
(2) 白术、人参至多只能有一种;
(3) 若有人参,就必须有首乌;
(4) 有首乌,就必须有白术。
如果以上为真,该中药制剂一定包含以下哪两种药物?
A. 人参和白术。 B. 党参和白术。 C. 首乌和党参。 D. 白术和首乌。 E. 党参和人参。

33. (2012-10-39) 某单位进行年终考评,经过民主投票,确定了甲、乙、丙、丁、戊五人作为一等奖的候选人。在五进四的选拔中,需要综合考虑如下三个因素:
(1) 丙、丁至少有一人入选;
(2) 如果戊入选,那么甲、乙也入选;
(3) 甲、乙、丁三人至多有两人入选。
根据以上陈述,可以得出没有进前四的是谁?
A. 甲。 B. 乙。 C. 丙。 D. 丁。 E. 戊。

34. (2013-1-29) 国际足联一直坚称,世界杯冠军队所获得的"大力神"杯是实心的纯金奖杯,某教授经过精密测量和计算认为,世界杯冠军奖杯——实心的"大力神"杯不可能是纯金制成的,否则球员根本不可能将它举过头顶并随意挥舞。
以下哪项与这位教授的意思最为接近?
A. 若球员能够将"大力神"杯举过头顶并自由挥舞,则它很可能是空心的纯金杯。
B. 若"大力神"杯是实心的纯金杯,则球员不可能把它举过头顶并随意挥舞。
C. 若"大力神"杯是纯金制成的,则它肯定是空心的。
D. 只有"大力神"杯是实心的,它才可能是纯金的。
E. 只有球员能够将"大力神"杯举过头顶并自由挥舞,它才由纯金制成,并且不是实心的。

35~36题基于以下题干:
互联网好比一个复杂多样的虚拟世界,每台联网主机上的信息又构成一个微观虚拟世界。若在某主机上可以访问本主机的信息,则称该主机相通于自身;若主机 x 能通过互联网访问主机 y 的信息,则称 x 相通于 y。已知代号分别为甲、乙、丙、丁的四台联网主机有如下信息:
(1) 甲主机相通于任一不相通于丙的主机;

(2) 丁主机不相通于丙；

(3) 丙主机相通于任一相通于甲的主机。

35. （2013-1-31）若丙主机不相通于自身，则以下哪项一定为真？

A. 甲主机相通于乙，乙主机相通于丙。

B. 甲主机相通于丁，也相通于丙。

C. 丙主机不相通于丁，但相通于乙。

D. 若丁主机相通于乙，则乙主机相通于甲。

E. 只有甲主机不相通于丙，丁主机才相通于乙。

36. （2013-1-32）若丙主机不相通于任何主机，则以下哪项一定为假？

A. 甲主机相通于乙。

B. 乙主机相通于自身。

C. 丁主机不相通于甲。

D. 若丁主机不相通于甲，则乙主机相通于甲。

E. 若丁主机相通于甲，则乙主机相通于甲。

37. （2014-1-42）这两个《通知》或者属于规章或者属于规范性文件，任何人均无权依据这两个《通知》将本来属于当事人选择公证的事项规定为强制公证的事项。

根据以上信息，可以得出以下哪项？

A. 规章或者规范性文件既不是法律，也不是行政法规。

B. 规章或规范性文件或者不是法律，或者不是行政法规。

C. 这两个《通知》如果一个属于规章，那么另一个属于规范性文件。

D. 这两个《通知》如果都不属于规范性文件，那么就属于规章。

E. 将本来属于当事人选择公证的事项规定为强制公证的事项属于违法行为。

38. （2014-1-43）若一个管理者是某领域优秀的专家学者，则他也一定会管理好公司的基本事务；一位品行端正的管理者可以得到下属的尊重；但是对所有领域都一知半解的人一定不会得到下属的尊重。浩瀚公司董事会只会解除那些没有管理好公司基本事务者的职务。

根据以上信息，可以得出以下哪项？

A. 浩瀚公司董事会不可能解除品行端正的管理者的职务。

B. 浩瀚公司董事会解除了某些管理者的职务。

C. 浩瀚公司董事会不可能解除受下属尊重的管理者的职务。

D. 作为某领域优秀专家学者的管理者，不可能被浩瀚公司董事会解除职务。

E. 对所有领域都一知半解的管理者，一定会被浩瀚公司董事会解除职务。

39. （2014-1-44）某国大选在即，国际政治专家陈研究员预测：选举结果或者是甲党控制政府，或者是乙党控制政府。如果甲党赢得对政府的控制权，该国将出现经济问题；如果乙党赢得对政府的控制权，该国将陷入军事危机。

根据陈研究员的上述预测,可以得出以下哪项?

A. 该国可能不会出现经济问题也不会陷入军事危机。
B. 如果该国出现经济问题,那么甲党赢得了对政府的控制权。
C. 该国将出现经济问题,或者将陷入军事危机。
D. 如果该国陷入了军事危机,那么乙党赢得了对政府的控制权。
E. 如果该国出现了经济问题并且陷入军事危机,那么甲党与乙党均赢得了对政府的控制权。

40.(2014-1-51)孙先生的所有朋友都声称,他们知道某人每天抽烟至少两盒,而且持续了40年,但身体一直不错。不过可以确信的是,孙先生并不知道有这样的人,在他的朋友中也有像孙先生这样不知情的。

根据以上信息,最可能得出以下哪项?

A. 抽烟的多少和身体健康与否无直接关系。
B. 朋友之间的交流可能会夸张,但没有人想故意说谎。
C. 孙先生的每位朋友知道的烟民一定不是同一个人。
D. 孙先生的朋友中有人没有说真话。
E. 孙先生的大多数朋友没有说真话。

41.(2014-10-27)教育制度有两个方面,一是义务教育,二是高等教育。一种合理的教育制度,要求每个人享有义务教育的权利并且有通过公平竞争获得高等教育的机会。

以下哪项是上述题干的推论?

A. 一种不能使每个人都能上大学的教育制度是不合理的。
B. 一种保证每个人都享有义务教育的教育制度是合理的。
C. 一种不能使每个人都享有义务教育权利的教育制度是不合理的。
D. 合理的教育制度还应该有更多的要求。
E. 一种能使每个人都有公平机会上大学的教育制度是合理的。

42.(2014-10-35)李丽和王佳是好朋友,同在一家公司上班,常常在一起喝下午茶。她们发现常去喝下午茶的人或者喜欢红茶,或者喜欢花茶,或者喜欢绿茶。李丽喜欢绿茶,王佳不喜欢花茶。

根据以上陈述,以下哪项必定为真?

Ⅰ. 王佳如果喜欢红茶,就不喜欢绿茶。
Ⅱ. 王佳如果不喜欢绿茶,就一定喜欢红茶。
Ⅲ. 常去喝下午茶的人如果不喜欢红茶,就一定喜欢绿茶或花茶。
Ⅳ. 常去喝下午茶的人如果不喜欢绿茶,就一定喜欢红茶和花茶。

A. 仅Ⅱ和Ⅳ。　　B. 仅Ⅱ、Ⅲ和Ⅳ。　　C. 仅Ⅲ。　　D. 仅Ⅰ。　　E. 仅Ⅱ和Ⅲ。

43.(2014-10-38)所有免试进入北京大学攻读硕士学位的本科生,都已经获得所在学校的推荐资格。

以下哪项的意思和以上断言完全一样?

A. 没有获得所在学校推荐资格的本科生,不能免试去北京大学攻读硕士学位。

B. 免试去南洋大学攻读硕士学位的本科生,可能没有获得所在学校的推荐资格。

C. 获得了所在学校推荐资格的本科生,并不一定能进入大学攻读硕士学位。

D. 除了北京大学,本科生还可以免试去其他学校攻读硕士学位。

E. 提前毕业的本科生,也有可能进入北京大学攻读硕士学位。

44. (2014-10-53) 在今年夏天的足球运动员转会市场上,只有在世界杯期间表现出色并且在俱乐部也有优异表现的人,才能获得众多俱乐部的青睐和追逐。

如果以上陈述为真,则以下哪项不可能为真?

A. 老将克洛泽在世界杯上以16球打破了罗纳尔多15球的世界杯进球记录,但是仍然没有获得众多俱乐部的青睐。

B. J罗获得了世界杯金靴,他同时凭借着俱乐部的优异表现在众多俱乐部追逐的情况下,成功转会皇家马德里。

C. 罗伊斯因伤未能代表德国队参加巴西世界杯,但是他在德甲俱乐部赛场上有着优异表现,在转会市场上得到了皇家马德里、巴塞罗那等顶级豪门的青睐。

D. 多特蒙德头号射手莱万多夫斯基成功转会到拜仁慕尼黑。

E. 克罗斯没有获得金靴,但因为表现突出,同样成功转会皇家马德里。

45. (2014-10-54) 近年来,欧美等海外留学市场持续升温,越来越多的国人把自己的孩子送出去。与此同时,部分学成归国人员又陷入了求职困境之中,成为"海待"一族。有权威人士指出:作为一名拥有海外学位的求职者,如果你具有真才实学和基本的社交能力,并且能够在择业过程中准确定位的话,那么你不可能成为"海待"。大田是在英国取得硕士学位的归国人员,他还没有找到工作。

根据上述论述能够推出以下哪项结论?

A. 大田具有真才实学和基本社交能力,但是定位不准。

B. 大田或者不具有真才实学,或者缺乏基本的社交能力,或者没能在择业过程中准确定位。

C. 大田不具有真才实学和基本社交能力,但是定位准确。

D. 大田不具有真才实学和基本社交能力,并且没有准确定位。

E. 大田虽然不具有真才实学,但是他的社交能力很强,而且定位很准确。

46. (2015-1-30) 为进一步加强对不遵守交通信号等违法行为的执法管理,规范执法程序,确保执法公正,某市交警支队要求:凡属交通信号指示不一致、有证据证明救助危难等情形,一律不得录入道路交通违法信息系统;对已录入信息系统的交通违法记录,必须完善异议受理、核查、处理等工作规范,最大限度减少执法争议。

根据上述交警支队的要求,可以得出以下哪项?

A. 有些因救助危难而违法的情形,如果仅有当事人说辞但缺乏当时现场的录音录像证明,就应录入道路交通违法信息系统。

B. 对已录入系统的交通违法记录,只有倾听群众异议,加强群众监督,才能最大限度减少执法争议。

C. 如果汽车使用了行车记录仪,就可以提供现场实时证据,大大减少被录入道路交通违法信息系统的可能性。

D. 因信号灯相位设置和配时不合理等造成交通信号不一致而引发的交通违法情形,可以不录入道路交通违法信息系统。

E. 只要对已录入系统的交通违法记录进行异议受理、核查和处理,就能最大限度减少执法争议。

47. (2015-1-34) 张云、李华、王涛都收到了明年二月初赴北京开会的通知,他们可以选择乘坐飞机、高铁与大巴等交通工具进京,他们对这次进京方式有如下考虑:
(1) 张云不喜欢坐飞机,如果有李华同行,他就选择乘坐大巴;
(2) 李华不计较方式,如果高铁票价比飞机便宜,他就选择乘坐高铁;
(3) 王涛不在乎价格,除非预报二月初北京有雨雪天气,否则他就选择乘坐飞机;
(4) 李华和王涛家住得较近,如果航班时间合适,他们将一同乘飞机出行。
如果上述三人的考虑都得到满足,则可以得出以下哪项?
A. 如果李华没有选择乘坐高铁或飞机,则他肯定和张云一起乘坐大巴进京。
B. 如果张云和王涛乘坐高铁进京,则二月初北京有雨雪天气。
C. 如果三人都乘坐飞机进京,则飞机票价比高铁便宜。
D. 如果王涛和李华乘坐飞机进京,则二月初北京没有雨雪天气。
E. 如果三人都乘坐大巴进京,则预报二月初北京有雨雪天气。

48. (2015-1-37) 10月6日晚上,张强要么去电影院看了电影,要么拜访了他的朋友秦玲。如果那天晚上张强开车回家,他就没去电影院看电影。只有张强事先与秦玲约定,张强才能去拜访她。事实上,张强不可能事先与秦玲约定。
根据以上陈述,可以得出以下哪项?
A. 那天晚上张强与秦玲一道去电影院看电影。
B. 那天晚上张强拜访了他的朋友秦玲。
C. 那天晚上张强没有开车回家。
D. 那天晚上张强没有去电影院看电影。
E. 那天晚上张强开车去电影院看电影。

49~50题基于以下题干:
某大学运动会即将召开,经管学院拟组建一支12人的代表队参赛,参赛队员将从该院4个年级的学生中选拔。学院规定:每个年级都须在长跑、短跑、跳高、跳远、铅球5个项目中选择1~2项参加比赛,其余项目可任意选择;一个年级如果选择长跑,就不能选择短跑或跳高;一个年级如果选择跳远,就不能选择长跑或铅球;每名队员只参加1项比赛。已知该院:

(1) 每个年级均有队员被选拔进入代表队；

(2) 每个年级被选拔进入代表队的人数各不相同；

(3) 有两个年级的队员人数相乘等于另一个年级的队员人数。

49. （2015-1-41）根据以上信息,一个年级最多可选拔：

A. 8 人。 B. 7 人。 C. 6 人。

D. 5 人。 E. 4 人。

50. （2015-1-42）如果某年级队员人数不是最少的,且选择了长跑,那么对于该年级来说,以下哪项是不可能的?

A. 选择短跑或铅球。 B. 选择短跑或跳远。

C. 选择铅球或跳高。 D. 选择长跑或跳高。

E. 选择铅球或跳远。

51. （2015-1-43）为防御电脑受到病毒侵袭,研究人员开发了防御病毒、查杀病毒的程序,前者启动后能使程序运行免受病毒侵袭,后者启动后能迅速查杀电脑中可能存在的病毒。某台电脑上现装有甲、乙、丙三种程序,已知：

(1) 甲程序能查杀目前已知的所有病毒；

(2) 若乙程序不能防御已知的一号病毒,则丙程序也不能查杀该病毒；

(3) 只有丙程序能防御已知的一号病毒,电脑才能查杀目前已知的所有病毒；

(4) 只有启动甲程序,才能启动丙程序。

根据上述信息,可以得出以下哪项？

A. 如果启动了丙程序,就能防御并查杀一号病毒。

B. 如果启动了乙程序,那么不必启动丙程序也能查杀一号病毒。

C. 只有启动乙程序,才能防御并查杀一号病毒。

D. 只有启动丙程序,才能防御并查杀一号病毒。

E. 如果启动了甲程序,那么不必启动乙程序也能查杀所有病毒。

52. （2015-1-47）如果把一杯酒倒进一桶污水中,你得到的是一桶污水；如果把一杯污水倒进一桶酒中,你得到的仍然是一桶污水。在任何组织中,都可能存在几个难缠人物,他们存在的目的似乎是把事情搞糟。如果一个组织不加强内部管理,一个正直能干的人进入某低效的部门就会被吞没,而一个无德无才者很快就能将一个高效的部门变成一盘散沙。

根据以上信息,可以得出以下哪项？

A. 如果组织中存在几个难缠人物,很快就会把组织变成一盘散沙。

B. 如果不将一杯污水倒进一桶酒中,你就不会得到一桶污水。

C. 如果一个正直能干的人在低效部门没有被吞没,则该部门加强了内部管理。

D. 如果一个正直能干的人进入组织,就会使组织变得更为高效。

E. 如果一个无德无才的人把组织变成一盘散沙,则该组织没有加强内部管理。

53.（2015-1-50）有关数据显示,2011年全球新增870万结核病患者,同时有140万患者死亡。因为结核病对抗生素有耐药性,所以对结核病的治疗一直都进展缓慢。如果不能在近几年消除结核病,那么还会有数百万人死于结核病。如果要控制这种流行病,就要有安全、廉价的疫苗。目前有12种新疫苗正在测试之中。

根据以上信息,可以得出以下哪项?

A. 2011年结核病患者死亡率已达16.1%。

B. 有了安全、廉价的疫苗,我们就能控制结核病。

C. 如果解决了抗生素的耐药性问题,结核病治疗将会获得突破性进展。

D. 只有在近几年消除结核病,才能避免数百万人死于这种疾病。

E. 新疫苗一旦应用于临床,将有效控制结核病的传播。

54.（2015-1-51）一个人如果没有崇高的信仰,就不可能守住道德的底线;而一个人只有不断加强理论学习,才能始终保持崇高的信仰。

根据以上信息,可以得出以下哪项?

A. 一个人没能守住道德的底线,是因为他首先丧失了崇高的信仰。

B. 一个人只要有崇高的信仰,就能守住道德的底线。

C. 一个人只有不断加强理论学习,才能守住道德的底线。

D. 一个人如果不能守住道德的底线,就不可能保持崇高的信仰。

E. 一个人只要不断加强理论学习,就能守住道德的底线。

55.（2016-1-26）企业要建设科技创新中心,就要推进与高校、科研院所的合作,这样才能激发自主创新的活力。一个企业只有搭建服务科技创新发展战略的平台、科技创新与经济发展对接的平台以及聚集创新人才的平台,才能催生重大科技成果。

根据上述信息,可以得出以下哪项?

A. 如果企业没有搭建聚集创新人才的平台,就无法催生重大科技成果。

B. 如果企业搭建了服务科技创新发展战略的平台,就能催生重大科技成果。

C. 如果企业推进与高校、科研院所的合作,就能激发其自主创新的活力。

D. 如果企业搭建科技创新与经济发展对接的平台,就能激发其自主创新的活力。

E. 能否推进与高校、科研院所的合作决定企业是否具有自主创新的活力。

56.（2016-1-27）生态文明建设事关社会发展方式和人民福祉。只有实行最严格的制度、最严密的法治,才能为生态文明建设提供可靠保障;如果要实行最严格的制度、最严密的法治,就要建立责任追究制度,对那些不顾生态环境盲目决策并造成严重后果者,追究其相应责任。

根据上述信息,可以得出以下哪项?

A. 如果要建立责任追究制度,就要实行最严格的制度、最严密的法治。

B. 只有筑牢生态环境的制度防护墙,才能造福于民。

C. 如果对那些不顾生态环境盲目决策并造成严重后果者追究相应责任,就能为生态文明建设提供可靠保障。

D. 实行最严格的制度和最严密的法治是生态文明建设的重要目标。

E. 不建立责任追究制度,就不能为生态文明建设提供可靠保障。

57.（2016-1-35）某县县委关于下周一几位领导的工作安排如下：

（1）如果李副书记在县城值班,那么他就要参加宣传工作例会；

（2）如果张副书记在县城值班,那么他就要做信访接待工作；

（3）如果王书记下乡调研,那么张副书记或李副书记就需在县城值班；

（4）只有参加宣传工作例会或做信访接待工作,王书记才不下乡调研；

（5）宣传工作例会只需分管宣传的副书记参加,信访接待工作也只需一名副书记参加。

根据上述工作安排,可以得出以下哪项？

A. 王书记下乡调研。

B. 张副书记做信访接待工作。

C. 李副书记做信访接待工作。

D. 张副书记参加宣传工作例会。

E. 李副书记参加宣传工作例会。

58.（2016-1-49）在某项目招标过程中,赵嘉、钱宜、孙斌、李汀、周武、吴纪6人作为各自公司代表参与投标,有且只有一人中标,关于究竟谁是中标者,招标小组中有3位成员各自谈了自己的看法：

（1）中标者不是赵嘉就是钱宜；

（2）中标者不是孙斌；

（3）周武和吴纪都没有中标。

经过深入调查,发现上述3人中只有一人的看法是正确的。

根据以上信息,以下哪项中的3人都可以确定没有中标？

A. 赵嘉、孙斌、李汀。　　　　　　　　B. 赵嘉、钱宜、李汀。

C. 孙斌、周武、吴纪。　　　　　　　　D. 赵嘉、周武、吴纪。

E. 钱宜、孙斌、周武。

59.（2017-1-26）倪教授认为,我国工程技术领域可以考虑与国外先进技术合作,但任何涉及核心技术的项目决不能受制于人；我国的许多网络安全建设项目涉及信息核心技术,如果全盘引进国外先进技术而不努力自主创新,我国的网络安全将受到严重威胁。

根据倪教授的陈述,可以得出下列哪项？

A. 我国有些网络安全建设项目不能受制于人。

B. 我国许多网络安全建设项目,不能与国外先进技术合作。

C. 我国工程技术领域的所有项目都不能受制于人。

D. 只要不是全盘引进国外先进技术,我国网络安全就不会受到严重威胁。

E. 如果能做到自主创新,我国的网络安全就不会受到严重威胁。

60.（2017-1-29）某剧组招募群众演员。为了配合剧情,需要招 4 类角色:外国游客 1~2 名,购物者 2~3 名,商贩 2 名,路人若干。仅有甲、乙、丙、丁、戊、己 6 人可供选择,且每人在同一个场景中只能出演一个角色。已知:
(1)只有甲、乙才能出演外国游客;
(2)每个场景中至少有 3 类角色同时出现;
(3)每个场景中,若乙或丁出演商贩,则甲和丙出演购物者;
(4)购物者和路人的数量之和在每个场景中不超过 2 人。
根据以上信息,可以得出以下哪项?
A. 在同一场景中,若戊和己出演路人,则甲只可能出演外国游客。
B. 甲、乙、丙、丁不会在同一场景中同时出现。
C. 至少有 2 人需要在不同的场景中出演不同角色。
D. 在同一场景中,若乙出演外国游客,则甲只可能出演商贩。
E. 在同一场景中,若丁和戊出演购物者,则乙只可能出演外国游客。

61.（2017-1-41）颜子、曾寅、孟申、荀辰申请一个中国传统文化建设项目。根据规定,该项目的主持人只能有一名,且在上述 4 位申请者中产生;包括主持人在内,项目组成员不能超过 2 位。另外,各位申请者在申请答辩时做出如下陈述:
(1)颜子:如果我成为主持人,将邀请曾寅或荀辰作为项目组成员。
(2)曾寅:如果我成为主持人,将邀请颜子或孟申作为项目组成员。
(3)荀辰:只有颜子成为项目组成员,我才能成为主持人。
(4)孟申:只有荀辰或颜子成为项目组成员,我才能成为主持人。
假定 4 人陈述都为真,关于项目组成员的组合,以下哪项是不可能的?
A. 孟申、曾寅。 B. 荀辰、孟申。 C. 曾寅、荀辰。
D. 颜子、孟申。 E. 颜子、荀辰。

62.（2017-1-53）某民乐小组拟购买几种乐器,购买要求如下:
(1)二胡、箫至多购买一种;
(2)笛子、二胡和古筝至少购买一种;
(3)箫、古筝、唢呐至少购买两种;
(4)如果购买箫,则不购买笛子。
根据上述要求,可以得出以下哪项?
A. 至多可以购买三种乐器。　　　　B. 箫、笛子至少购买一种。
C. 至少要购买三种乐器。　　　　　D. 古筝、二胡至少购买一种。
E. 一定要购买唢呐。

63.（2018-1-26）人民既是历史的创造者,也是历史的见证者;既是历史的"剧中人",也是历史的"剧作者"。离开人民,文艺就会变成无根的浮萍、无病的呻吟、无魂的躯壳。观照人民的生活、命运、情感,表达人民的心愿、心情、心声,我们的作品才会在人民中传之久远。

根据以上陈述,可以得出以下哪项?

A. 历史的创造者都是历史的见证者。

B. 历史的创造者都不是历史的"剧中人"。

C. 历史的"剧中人"都是历史的"剧作者"。

D. 我们的作品只要表达人民的心愿、心情、心声,就会在人民中传之久远。

E. 只有不离开人民,文艺才不会变成无根的浮萍、无病的呻吟、无魂的躯壳。

64. (2018-1-33)"二十四节气"是我国农耕社会生产生活的时间指南,反映了从春到冬一年四季的气温、降水、物候的周期性变化规律。已知各节气的名称具有如下特点:

(1)凡含"春""夏""秋""冬"字的节气各属春、夏、秋、冬季;

(2)凡含"雨""露""雪"字的节气各属春、秋、冬季;

(3)如果"清明"不在春季,则"霜降"不在秋季;

(4)如果"雨水"在春季,则"霜降"在秋季。

根据以上信息,如果从春至冬每季仅列两个节气,则以下哪项是不可能的?

A. 清明、谷雨、芒种、夏至、秋分、寒露、小雪、大寒。

B. 雨水、惊蛰、夏至、小暑、白露、霜降、大雪、冬至。

C. 立春、谷雨、清明、夏至、处暑、白露、立冬、小雪。

D. 惊蛰、春分、立夏、小满、白露、寒露、立冬、小雪。

E. 立春、清明、立夏、夏至、立秋、寒露、小雪、大寒。

65. (2018-1-35)某市已开通运营一、二、三、四号地铁线路,各条地铁线每一站运行加停靠所需时间均彼此相同。小张、小王、小李三人是同一单位的职工,单位附近有北口地铁站。某天早晨,3人同时都在常青站乘一号线上班,但3人关于乘车路线的想法不尽相同。已知:

(1)如果一号线拥挤,小张就坐2站后转三号线,再坐3站到北口站;如果一号线不拥挤,小张就坐3站后转二号线,再坐4站到北口站。

(2)只有一号线拥挤,小王才坐2站后转三号线,再坐3站到北口站。

(3)如果一号线不拥挤,小李就坐4站后转四号线,坐3站之后再转三号线,坐1站到达北口站。

(4)该天早晨地铁一号线不拥挤。

假定三人换乘及步行总时间相同,则以下哪项最可能与上述信息不一致?

A. 小李比小张先到达单位。

B. 小王比小李先到达单位。

C. 小张比小王先到达单位。

D. 小王和小李同时到达单位。

E. 小张和小王同时到达单位。

66. (2018-1-37)张教授:利益并非只是物质利益,应该把信用、声誉、情感甚至某种喜好等都归入利益的范畴。根据这种对"利益"的广义理解,如果每一个体在不损害他人利益的前提下,尽可能满足其自身的利益需求,那么由这些个体组成的社会就是一个良善的社会。

根据张教授的观点,可以得出以下哪项?

A. 尽可能满足每一个体的利益需求,就会损害社会的整体利益。
B. 如果一个社会不是良善的,那么其中肯定存在个体损害他人利益或自身利益需求没有尽可能得到满足的情况。
C. 如果有些个体通过损害他人利益来满足自身的利益需求,那么社会就不是良善的。
D. 如果某些个体的利益没有尽可能得到满足,那么社会就不是良善的。
E. 只有尽可能满足每一个体的利益需求,社会才可能是良善的。

67. (2018-1-43) 若要人不知,除非己莫为;若要人不闻,除非己莫言。为之而欲人不知,言之而欲人不闻,此犹捕雀而掩目,盗钟而掩耳者。

根据以上陈述,可以得出以下哪项?

A. 若己不言,则人不闻。
B. 若己为,则人会知;若己言,则人会闻。
C. 若能做到盗钟而掩耳,则可言之而人不闻。
D. 若己不为,则人不知。
E. 若能做到捕雀而掩目,则可为之而人不知。

68. (2018-1-46) 某次学术会议的主办方发出会议通知:只有论文通过审核才能收到会议主办方发出的邀请函,本次学术会议只欢迎持有主办方邀请函的科研院所的学者参加。

根据以上通知,可以得出以下哪项?

A. 论文通过审核并持有主办方邀请函的学者,本次学术会议都欢迎其参加。
B. 论文通过审核的学者都可以参加本次学术会议。
C. 论文通过审核的学者有些不能参加本次学术会议。
D. 有些论文通过审核但未持有主办方邀请函的学者,本次学术会议欢迎其参加。
E. 本次学术会议不欢迎论文没有通过审核的学者参加。

69. (2018-1-53) 某国拟在甲、乙、丙、丁、戊、己6种农作物中进口几种,用于该国庞大的动物饲料产业。考虑到一些农作物可能含有违禁成分,以及它们之间存在的互补或可替代等因素,该国对进口这些农作物有如下要求:

(1) 它们当中不含违禁成分的都进口;
(2) 如果甲或乙含有违禁成分,就进口戊和己;
(3) 如果丙含有违禁成分,那么丁就不进口了;
(4) 如果进口戊,就进口乙和丁;
(5) 如果不进口丁,就进口丙;如果进口丙,就不进口丁。

根据上述要求,以下哪项所列的农作物是该国可以进口的?

A. 乙、丙、丁。 B. 甲、丁、己。 C. 丙、戊、己。
D. 甲、戊、己。 E. 甲、乙、丙。

70.（2019-1-26）新常态下，消费需求发生深刻变化，消费拉开档次，个性化、多样化消费渐成主流。在相当一部分消费者那里，对产品质量的追求压倒了对价格的考虑。供给侧结构性改革，说到底是满足需求。低质量的产能必然会过剩，而顺应市场需求不断更新换代的产能不会过剩。

根据以上陈述，可以得出以下哪项？

A. 顺应市场需求不断更新换代的产能不是低质量的产能。

B. 只有质优价高的产品才能满足需求。

C. 只有不断更新换代的产品才能满足个性化、多样化消费的需求。

D. 低质量的产能不能满足个性化需求。

E. 新常态下，必须进行供给侧结构性改革。

71~72题基于以下题干：

某单位拟派遣3名德才兼备的干部到西部山区进行精准扶贫，报名者踊跃，经过考察，最终确认了陈甲、傅乙、赵丙、邓丁、刘戊、张己6名候选者。

根据工作需要，派遣还需要满足以下条件：

(1) 若派遣陈甲，则派遣邓丁但不派遣张己；

(2) 若傅乙、赵丙至少派遣1人，则不派遣刘戊。

71.（2019-1-30）以下哪项的派遣人选和上述条件不矛盾？

A. 赵丙、邓丁、刘戊。　　　　　　　　B. 陈甲、傅乙、赵丙。

C. 傅乙、邓丁、刘戊。　　　　　　　　D. 邓丁、刘戊、张己。

E. 陈甲、赵丙、刘戊。

72.（2019-1-31）如果陈甲、刘戊至少派遣1人，则可以得出以下哪项？

A. 派遣刘戊。　　　B. 派遣邓丁。　　　C. 派遣赵丙。

D. 派遣傅乙。　　　E. 派遣陈甲。

73.（2019-1-35）本保险柜所有密码都是4个阿拉伯数字和4个英文字母的组合。

已知：

(1) 若4个英文字母不连续排列，则密码组合中的数字之和大于15；

(2) 若4个英文字母连续排列，则密码组合中的数字之和等于15；

(3) 密码组合中的数字之和或者等于18，或者小于15。

根据上述信息，以下哪项是可能的密码组合？

A. 37ab26dc。　　　B. 2acgf716。　　　C. 1adbe356。

D. 58bcde32。　　　E. 18ac42de。

74.（2019-1-36）有一6×6的方阵，它所含的每个小方格中可填入一个汉字，已有部分汉字填入。现要求该方阵中的每行每列均含有礼、乐、射、御、书、数6个汉字，不能重复也不能遗漏。

根据上述要求,以下哪项是方阵底行 5 个空格中从左至右依次应填入的汉字?

	乐		御	书	
				乐	
射	御	书		礼	
	射			数	礼
御		数			射
					书

A. 数、礼、乐、射、御。 B. 乐、数、御、射、礼。
C. 数、礼、乐、御、射。 D. 乐、礼、射、数、御。
E. 数、御、乐、射、礼。

75.(2019-1-37)某市音乐节设立了流行、民谣、摇滚、民族、电音、说唱、爵士这 7 大类的奖项评选。在入围提名中,已知:

(1)至少有 6 类入围;
(2)流行、民谣、摇滚中至多有 2 类入围;
(3)如果摇滚和民族类都入围,则电音和说唱中至少有一类没有入围。

根据上述信息,可以得出以下哪项?

A. 流行类没有入围。 B. 民谣类没有入围。
C. 摇滚类没有入围。 D. 爵士类没有入围。
E. 电音类没有入围。

76.(2019-1-40)下面 6 张卡片,一面印的是汉字(动物或者花卉),一面印的是数字(奇数或者偶数)。

对于上述 6 张卡片,如果要验证"每张至少有一面印的是偶数或者花卉",至少需要翻看几张卡片?

A. 2。 B. 3。 C. 4。 D. 5。 E. 6。

77.(2019-1-48)如果一个人只为自己劳动,他也许能成为著名学者、大哲人、卓越诗人,然而他永远不能成为完美无瑕的伟大人物。如果我们选择了最能为人类福利而劳动的职业,那么,重担就不能把我们压倒,因为这是为大家而献身;那时我们所感到的就不是可怜的、有限的、自私的乐趣,我们的幸福将属于千百万人,我们的事业将默默地、但是永恒发挥作用地存在下去,而面对我们的骨灰,高尚的人们将洒下热泪。

根据以上陈述,可以得出以下哪项?

A. 如果我们只为自己劳动,我们的事业就不会默默地、但是永恒发挥作用地存在下去。

B. 如果我们为大家而献身,我们的幸福将属于千百万人,面对我们的骨灰,高尚的人们将洒下热泪。

C. 如果我们没有选择最能为人类福利而劳动的职业,我们所感到的就是可怜的、有限的、自私的乐趣。

D. 如果一个人只为自己劳动,不是为大家而献身,那么重担就能将他压倒。

E. 如果选择了最能为人类福利而劳动的职业,我们就不但能够成为著名学者、大哲人、卓越诗人,而且能够成为完美无瑕的伟大人物。

78. （2020-1-26）领导干部对于各种批评意见应采取有则改之、无则加勉的态度,营造言者无罪、闻者足戒的氛围。只有这样,人们才能知无不言、言无不尽。领导干部只有从谏如流并为说真话者撑腰,才能做到"兼听则明"或做出科学决策;只有乐于和善于听取各种不同意见,才能营造风清气正的政治生态。

根据以上信息,可以得出以下哪项?

A. 领导干部必须善待批评、从谏如流,为说真话者撑腰。

B. 大多数领导干部对于批评意见能够采取有则改之、无则加勉的态度。

C. 领导干部如果不能从谏如流,就不能做出科学决策。

D. 只有营造言者无罪、闻者足戒的氛围,才能形成风清气正的政治生态。

E. 领导干部只有乐于和善于听取各种不同意见,人们才能知无不言、言无不尽。

79. （2020-1-36）下表显示了某城市过去一周的天气情况:

星期一	星期二	星期三	星期四	星期五	星期六	星期日
东南风	南风	无风	北风	无风	西风	东风
1~2级	4~5级		1~2级		3~4级	2~3级
小雨	晴	小雪	阵雨	晴	阴	中雨

以下哪项对该城市这一周天气情况的概括最为准确?

A. 每日或者刮风,或者下雨。

B. 每日或者刮风,或者晴天。

C. 每日或者无风,或者无雨。

D. 若有风且风力超过3级,则该日是晴天。

E. 若有风且风力不超过3级,则该日不是晴天。

80. （2020-1-39）因业务需要,某公司欲将甲、乙、丙、丁、戊、己、庚7个部门合并到丑、寅、卯3个子公司。已知:

(1) 一个部门只能合并到一个子公司;

(2) 若丁和丙中至少有一个未合并到丑公司,则戊和甲均合并到丑公司;

(3) 若甲、己、庚中至少有一个未合并到卯公司,则戊合并到寅公司且丙合并到卯公司。

根据上述信息,可以得出以下哪项?

A. 甲、丁均合并到丑公司。
B. 乙、戊均合并到寅公司。
C. 乙、丙均合并到寅公司。
D. 丁、丙均合并到丑公司。
E. 庚、戊均合并到卯公司。

81.（2020-1-51）某街道的综合部、建设部、平安部和民生部4个部门,需要负责街道的秩序、安全、环境、协调4项工作,每个部门只负责其中的一项工作,且各部门负责的工作各不相同。已知：

(1)如果建设部负责环境或秩序,则综合部负责协调或秩序；

(2)如果平安部负责环境或协调,则民生部负责协调或秩序。

根据以上信息,以下哪项工作安排是可能的？

A. 建设部负责环境,平安部负责协调。
B. 建设部负责秩序,民生部负责协调。
C. 综合部负责安全,民生部负责协调。
D. 民生部负责安全,综合部负责秩序。
E. 平安部负责安全,建设部负责秩序。

82.（2021-1-27）M大学社会学学院的老师都曾经对甲县某些乡镇进行家庭收支情况调研,N大学历史学院的老师都曾经到甲县的所有乡镇进行历史考察。赵若兮曾经对甲县所有乡镇家庭收支情况进行调研,但未曾到项郓镇进行历史考察；陈北鱼曾经到梅河乡进行历史考察,但从未对甲县家庭收支情况进行调研。

根据以上信息,可以得出以下哪项？

A. 陈北鱼是M大学社会学学院的老师,且梅河乡是甲县的。
B. 若赵若兮是N大学历史学院的老师,则项郓镇不是甲县的。
C. 对甲县的家庭收支情况调研,也会涉及相关的历史考察。
D. 陈北鱼是N大学的老师。
E. 赵若兮是M大学的老师。

83.（2021-1-33）某电影节设有"最佳故事片""最佳男主角""最佳女主角""最佳编剧""最佳导演"等多个奖项。颁奖前,有专业人士预测如下：

(1)若甲或乙获得"最佳导演",则"最佳女主角"和"最佳编剧"将在丙和丁中产生；

(2)只有影片P或影片Q获得"最佳故事片",其片中的主角才能获得"最佳男主角"或"最佳女主角"；

(3)"最佳导演"和"最佳故事片"不会来自同一部影片。

以下哪项颁奖结果与上述预测不一致？

A. 乙没有获得"最佳导演","最佳男主角"来自影片Q。
B. 丙获得"最佳女主角","最佳编剧"来自影片P。
C. 丁获得"最佳编剧","最佳女主角"来自影片P。
D. "最佳女主角""最佳导演"都来自影片P。
E. 甲获得"最佳导演","最佳编剧"来自影片Q。

84.（2021-1-34）黄瑞爱好书画收藏,他收藏的书画作品只有"真品""精品""名品""稀品""特品""完品",它们之间存在如下关系:

(1)若是"完品"或"真品",则是"稀品";

(2)若是"稀品"或"名品",则是"特品"。

现知道黄瑞收藏的一幅画不是"特品",则可以得出以下哪项?

A. 该画是"稀品"。　　　　　　　　　　B. 该画是"精品"。

C. 该画是"完品"。　　　　　　　　　　D. 该画是"名品"。

E. 该画是"真品"。

85.（2021-1-43）为进一步弘扬传统文化,有专家提议将每年的2月1日、3月1日、4月1日、9月1日、11月1日、12月1日6天中的3天确定为"传统文化宣传日"。根据实际需要,确定日期必须考虑以下条件:

(1)若选择2月1日,则选择9月1日但不选12月1日;

(2)若3月1日、4月1日至少选择其一,则不选11月1日。

以下哪项选定的日期与上述条件一致?

A. 2月1日、3月1日、4月1日。　　　　B. 2月1日、4月1日、11月1日。

C. 3月1日、9月1日、11月1日。　　　　D. 4月1日、9月1日、11月1日。

E. 9月1日、11月1日、12月1日。

86.（2021-1-51）每篇优秀的论文都必须逻辑清晰且论据翔实,每篇经典的论文都必须主题鲜明且语言准确。实际上,如果论文论据翔实但主题不鲜明,或论文语言准确而逻辑不清晰,则它们都不是优秀的论文。

根据以上信息,可以得出以下哪项?

A. 语言准确的经典论文逻辑清晰。

B. 论据不翔实的论文主题不鲜明。

C. 主题不鲜明的论文不是优秀的论文。

D. 逻辑不清晰的论文不是经典的论文。

E. 语言准确的优秀论文是经典的论文。

87.（2022-1-26）百年党史充分揭示了中国共产党为什么能、马克思主义为什么行、中国特色社会主义为什么好的历史逻辑、理论逻辑、实践逻辑。面对百年未有之大变局,如果信念不坚定,就会陷入停滞彷徨的思想迷雾,就无法应对前进道路上的各种挑战风险。只有坚持中国特色社会主义道路自信、理论自信、制度自信、文化自信,才能把中国的事情办好、把中国特色社会主义事业发展好。

根据以上陈述,可以得出以下哪项?

A. 如果坚持"四个自信",就能把中国的事情办好。

B. 只要信念坚定,就不会陷入停滞彷徨的思想迷雾。

C. 只有信念坚定,才能应对前进道路上的各种挑战风险。

D. 只有充分理解百年党史揭示的历史逻辑,才能将中国特色社会主义事业发展好。

E. 如果不能理解百年党史揭示的理论逻辑,就无法遵循百年党史揭示的实践逻辑。

88.（2022-1-28）退休在家的老王今晚在《焦点访谈》《国家记忆》《自然传奇》《人物故事》《纵横中国》这5个节目中选择了3个节目观看。老王对观看的节目有如下要求：

(1)如果观看《焦点访谈》,就不观看《人物故事》;

(2)如果观看《国家记忆》,就不观看《自然传奇》。

根据上述信息,老王一定观看了如下哪个节目?

A.《纵横中国》。　　　B.《国家记忆》。　　　C.《自然传奇》。

D.《人物故事》。　　　E.《焦点访谈》。

89.（2022-1-30）某小区2号楼1单元的住户都打了甲公司的疫苗,小李家不是该小区2号楼1单元的住户,小赵家都打了甲公司的疫苗,而小陈家都没有打甲公司的疫苗。

根据以上陈述,可以得出以下哪项?

A. 小李家都没有打甲公司的疫苗。

B. 小赵家是该小区2号楼1单元的住户。

C. 小陈家是该小区的住户,但不是2号楼1单元的。

D. 小赵家是该小区2号楼的住户,但未必是1单元的。

E. 小陈家若是该小区2号楼的住户,则不是1单元的。

90.（2022-1-32）关于张、李、宋、孔4人参加植树活动的情况如下：

(1)张、李、孔至少有2人参加;

(2)李、宋、孔至多有2人参加;

(3)如果李参加,那么张、宋两人要么都参加,要么都不参加。

根据以上陈述,以下哪项是不可能的?

A. 宋、孔都参加。　　　　　　　B. 宋、孔都不参加。

C. 李、宋都参加。　　　　　　　D. 李、宋都不参加。

E. 李参加,宋不参加。

91.（2022-1-36）H市医保局发出如下公告：自即日起,本市将新增医保电子凭证就医结算,社保卡将不再作为就医结算的唯一凭证。本市所有定点医疗机构均已实现医保电子凭证的实时结算;本市参保人员可凭医保电子凭证就医结算,但只有将医保电子凭证激活后才能扫码使用。

以下哪项最符合上述H市医保局的公告内容?

A. H市非定点医疗机构没有实现医保电子凭证的实时结算。

B. 可使用医保电子凭证结算的医院不一定都是H市的定点医疗机构。

C. 凡持有社保卡的外地参保人员,均可在H市定点医疗机构就医结算。

D. 凡已激活医保电子凭证的外地参保人员,均可在H市定点医疗机构使用医保电子凭证扫码就医。

E. 凡未激活医保电子凭证的本地参保人员,均不能在 H 市定点医疗机构使用医保电子凭证扫码结算。

92.（2022-1-37）宋、李、王、吴四人均订阅了《人民日报》《光明日报》《参考消息》《文汇报》中的两种报纸,每种报纸均有两人订阅,且各人订阅的均不完全相同。另外,还知道:

(1)如果吴至少订阅了《光明日报》《参考消息》中的一种,则李订阅了《人民日报》而王未订阅《光明日报》;

(2)如果李、王两人中至多有一人订阅了《文汇报》,则宋、吴均订阅了《人民日报》。

如果李订阅了《人民日报》,则可以得出以下哪项?

A. 宋订阅了《文汇报》。　　　　　　　　B. 宋订阅了《人民日报》。

C. 王订阅了《参考消息》。　　　　　　　　D. 吴订阅了《参考消息》。

E. 吴订阅了《人民日报》。

93.（2022-1-43）习俗因传承而深入人心,文化因赓续而繁荣兴盛。传统节日带给人们的不只是欢乐和喜庆,还塑造着影响至深的文化自信。不忘历史才能开辟未来,善于继承才能善于创新。传统节日只有不断融入现代生活,其中的文化才能得以赓续而繁荣兴盛,才能为人们提供更多心灵滋养与精神力量。

根据以上信息,可以得出以下哪项?

A. 只有为人们提供更多心灵滋养与精神力量,传统文化才能得以赓续而繁荣兴盛。

B. 若传统节日更好地融入现代生活,就能为人们提供更多心灵滋养与精神力量。

C. 有些带给人们欢乐和喜庆的节日塑造着人们的文化自信。

D. 带有厚重历史文化的传统将引领人们开辟未来。

E. 深入人心的习俗将在不断创新中被传承。

94.（2022-1-52）李佳、贾元、夏辛、丁东、吴悠 5 位大学生暑假结伴去皖南旅游。对于 5 人将要游览的地点,他们却有不同的想法。

李佳:若去龙川,则也去呈坎。

贾元:龙川和徽州古城两个地方至少去一个。

夏辛:若去呈坎,则也去新安江山水画廊。

丁东:若去徽州古城,则也去新安江山水画廊。

吴悠:若去新安江山水画廊,则也去江村。

事后得知,5 人的想法都得到了实现。

根据以上信息,上述 5 人游览的地点肯定有:

A. 龙川和呈坎。　　　　　　　　　　　　B. 江村和新安江山水画廊。

C. 龙川和徽州古城。　　　　　　　　　　D. 呈坎和新安江山水画廊。

E. 呈坎和徽州古城。

敲黑板

复合命题得结论是逻辑真题中占比最大的一类题型,这类题目的考查重心是要求考生熟练掌握形式逻辑的基本规则,并且不管题干提供什么样的信息,都要严格按照形式逻辑的规则推理,此类题目出题的重点在于:

(1)假言命题的推理。

①需要熟练掌握充分条件假言命题、必要条件假言命题的化简规则。

②见到"→",要注意假言命题是单向推理——肯定前件肯定后件,否定后件否定前件,其余都是无效推理。

③熟悉假言命题的传递公式。

④熟悉假言命题的等值置换公式。

⑤熟悉二难推理。

这类题目出题的陷阱通常有"张冠李戴""无中生有""否定前件无效""肯定后件无效"以及需要严防死守的"偷换概念"。

(2)相容选言命题和不相容选言命题的推理。

①需要熟练掌握相容选言命题和不相容选言命题的化简规则。

②对于相容选言命题,其推理规则是:肯定其中一支,对另一支无效;否定其中一支,必然肯定另一支。

③对于不相容选言命题,其推理规则是:肯定其中一支,必然否定另一支;否定其中一支,必然肯定另一支。

答案速查

题号	1	2	3	4	5	6	7	8	9	10
答案	E	C	A	C	B	C	A	B	C	C
题号	11	12	13	14	15	16	17	18	19	20
答案	D	C	E	A	A	A	C	E	C	D
题号	21	22	23	24	25	26	27	28	29	30
答案	B	B	B	B	D	D	B	C	E	D
题号	31	32	33	34	35	36	37	38	39	40
答案	C	B	D	B	B	D	D	D	C	D
题号	41	42	43	44	45	46	47	48	49	50
答案	C	E	A	C	B	D	E	C	C	B
题号	51	52	53	54	55	56	57	58	59	60
答案	A	C	D	C	A	E	A	B	A	E

续表

题号	61	62	63	64	65	66	67	68	69	70
答案	C	D	E	C	A	B	B	E	E	A
题号	71	72	73	74	75	76	77	78	79	80
答案	D	B	A	A	C	B	B	C	E	D
题号	81	82	83	84	85	86	87	88	89	90
答案	E	B	D	B	E	C	C	A	E	B
题号	91	92	93	94						
答案	E	C	C	B						

考查点2　否命题[①]

知识点梳理

注意否命题考查的特征：

（1）题目的问题是"如果上述断定是真的，以下哪项不可能为真（必为假）"或者"如果上述断定是假的，以下哪项一定为真"。知真求假或者知假求真，首选否命题。

（2）题目的结论如果是以命题形式呈现，这个命题既可以是复合命题也可以是性质命题，如果题目问的是"以下哪项最能削弱题干的结论"，首选否命题。

（3）对话中，题目给出了其中一个人的观点，另一个说"我不同意""我和你的意见恰恰相反"等，首选否命题。

（4）题目给出了一段承诺，问"什么情况下，承诺没有兑现"，首选否命题。

（5）题目给出了一段论证，问"以下哪个选项和题目最不接近"，可以考虑选择否命题，但要警惕排除法在这一类题目中的应用。

否命题的公式：

(1) 联言命题的否命题。

"¬（p∧q）"="¬p∨¬q"="如果p，则¬q"="p、q中至少有一个是假的"。

说明：当p∧q是假的时，就意味着p、q中至少有一个是假的。

(2) 相容选言命题的否命题。

"¬（p∨q）"="¬p∧¬q"。

(3) 不相容选言命题的否命题。

"¬（p∀q）"="p、q全真或者p、q全假"。

(4) 充分条件假言命题的否命题。

[①] 此点在真题中考查得比较密集。

"¬（p→q）"="p∧¬q"。

历年真题

1. (2009-1-34) 对本届奥运会所有奖牌获得者进行了尿样化验,没有发现兴奋剂使用者。

   如果上述陈述为假,则以下哪项一定为真?

   Ⅰ. 或者有的奖牌获得者没有化验尿样,或者在奖牌获得者中发现了兴奋剂使用者。

   Ⅱ. 虽然有的奖牌获得者没有化验尿样,但还是发现了兴奋剂使用者。

   Ⅲ. 如果对所有奖牌获得者进行了尿样化验,则一定发现了兴奋剂使用者。

   A. 只有Ⅰ。　　　　　　B. 只有Ⅱ。　　　　　　C. 只有Ⅲ。

   D. 只有Ⅰ和Ⅲ。　　　　E. 只有Ⅰ和Ⅱ。

2. (2009-1-47) 在潮湿的气候中仙人掌很难成活;在寒冷的气候中柑橘很难生长。在某省的大部分地区,仙人掌和柑橘至少有一种不难成活或生长。

   如果上述断定为真,则以下哪项一定为假?

   A. 该省的一半地区,既潮湿又寒冷。

   B. 该省的大部分地区炎热。

   C. 该省的大部分地区潮湿。

   D. 该省的某些地区既不寒冷也不潮湿。

   E. 柑橘在该省的所有地区都无法生长。

3. (2009-1-54) 张珊喜欢喝绿茶,也喜欢喝咖啡;他的朋友中没有人既喜欢喝绿茶,又喜欢喝咖啡;但他的所有朋友都喜欢喝红茶。

   如果上述断定为真,则以下哪项不可能为真?

   A. 张珊喜欢喝红茶。

   B. 张珊的所有朋友都喜欢喝咖啡。

   C. 张珊的所有朋友喜欢喝的茶在种类上完全一样。

   D. 张珊有一个朋友既不喜欢喝绿茶,也不喜欢喝咖啡。

   E. 张珊喜欢喝的饮料,他有一个朋友都喜欢喝。

4. (2009-10-53) 小张承诺:如果天不下雨,我一定去看足球赛。

   以下哪项如果为真,说明小张没有兑现承诺?

   Ⅰ. 天没下雨,小张没去看足球赛。

   Ⅱ. 天下雨,小张去看了足球赛。

   Ⅲ. 天下雨,小张没去看足球赛。

   A. 仅Ⅰ。　　　　　　　B. 仅Ⅱ。　　　　　　　C. 仅Ⅲ。

   D. 仅Ⅰ和Ⅱ。　　　　　E. Ⅰ、Ⅱ和Ⅲ。

5. (2009-10-54) 并非本届世界服装节既成功又节俭。

   如果上述判断是真的,则以下哪项一定为真?

A. 本届世界服装节成功但不节俭。

B. 本届世界服装节节俭但不成功。

C. 本届世界服装节既不节俭也不成功。

D. 如果本届世界服装节不节俭,则一定成功。

E. 如果本届世界服装节节俭,则一定不成功。

6. （2010-10-27）总经理:建议小李和小孙都提拔。

董事长:我有不同意见。

以下哪项符合董事长的意思?

A. 小李和小孙都不提拔。

B. 提拔小李,不提拔小孙。

C. 不提拔小李,提拔小孙。

D. 除非不提拔小李,否则不提拔小孙。

E. 要么不提拔小李,要么不提拔小孙。

7. （2011-1-52）在恐龙灭绝6 500万年后的今天,地球正面临着又一次物种大规模灭绝的危机。截至20世纪末,全球大约有20%的物种灭绝。现在,大熊猫、西伯利亚虎、北美玳瑁、巴西红木等许多珍稀物种面临着灭绝的危险。有三位学者对此做了预测。

学者一:如果大熊猫灭绝,则西伯利亚虎也将灭绝。

学者二:如果北美玳瑁灭绝,则巴西红木不会灭绝。

学者三:或者北美玳瑁灭绝,或者西伯利亚虎不会灭绝。

如果三位学者的预测都为真,则以下哪项一定为假?

A. 大熊猫和北美玳瑁都将灭绝。

B. 巴西红木将灭绝,西伯利亚虎不会灭绝。

C. 大熊猫和巴西红木都将灭绝。

D. 大熊猫将灭绝,巴西红木不会灭绝。

E. 巴西红木将灭绝,大熊猫不会灭绝。

8. （2012-1-27）只有具有一定文学造诣且具有生物学专业背景的人,才能读懂这篇文章。

如果上述命题为真,以下哪项不可能为真?

A. 小张没有读懂这篇文章,但他的文学造诣是大家所公认的。

B. 计算机专业的小王没有读懂这篇文章。

C. 从未接触过生物学知识的小李读懂了这篇文章。

D. 小周具有生物学专业背景,但他没有读懂这篇文章。

E. 生物学博士小赵读懂了这篇文章。

9. （2012-1-32）小张是某公司营销部的员工。公司经理对他说:"如果你争取到这个项目,我就奖励你一台笔记本电脑或者给你项目提成。"

以下哪项如果为真,说明该经理没有兑现承诺?

A. 小张没争取到这个项目,该经理没给他项目提成,但送了他一台笔记本电脑。
B. 小张没争取到这个项目,该经理没奖励他笔记本电脑,也没给他项目提成。
C. 小张争取到了这个项目,该经理给他项目提成,但并未奖励他笔记本电脑。
D. 小张争取到了这个项目,该经理奖励他一台笔记本电脑并且给他三天假期。
E. 小张争取到了这个项目,该经理未给他项目提成,但奖励了他一台台式电脑。

10.（2012-1-37）2010年上海世博会盛况空前,200多个国家场馆和企业主题馆让人目不暇接。大学生王刚决定在学校放暑假的第二天前往世博会参观。前一天晚上,他特别上网查看了各位网友对相关热门场馆选择的建议,其中最吸引王刚的有三条：

(1)如果参观沙特馆,就不参观石油馆;
(2)石油馆和中国国家馆择一参观;
(3)中国国家馆和石油馆不都参观。

实际上,第二天王刚的世博会行程非常紧凑,他没有接受上述三条建议中的任何一条。

关于王刚所参观的热门场馆,以下哪项描述正确?

A. 参观沙特馆、石油馆,没有参观中国国家馆。
B. 沙特馆、石油馆、中国国家馆都参观了。
C. 沙特馆、石油馆、中国国家馆都没有参观。
D. 没有参观沙特馆,参观石油馆和中国国家馆。
E. 没有参观石油馆,参观沙特馆、中国国家馆。

11.（2012-1-39）在家电产品"三下乡"活动中,某销售公司的产品受到了农村居民的广泛欢迎。该公司总经理在介绍经验时表示：只有用最流行畅销的明星产品面对农村居民,才能获得他们的青睐。

以下哪项如果为真,最能质疑总经理的论述?

A. 某品牌电视由于其较强的防潮能力,尽管不是明星产品,仍然获得了农村居民的青睐。
B. 流行畅销的明星产品由于价格偏高,没有赢得农村居民的青睐。
C. 流行畅销的明星产品只有质量过硬,才能获得农村居民的青睐。
D. 有少数娱乐明星为某些流行畅销的产品做虚假广告。
E. 流行畅销的明星产品最适合城市中的白领使用。

12.（2013-1-40）教育专家李教授指出：每个人在自己的一生中,都要不断地努力,否则就会像龟兔赛跑的故事一样,一时跑得快并不能保证一直领先。如果你本来基础好又能不断努力,那你肯定能比别人更早取得成功。

如果李教授的陈述为真,以下哪项一定为假?

A. 人的成功是有衡量标准的。
B. 只要不断努力,任何人都可能取得成功。
C. 一时不成功并不意味着一直不成功。

D. 不论是谁,只有不断努力,才可能取得成功。

E. 小王本来基础好并且能不断努力,但也可能比别人更晚取得成功。

13. (2013-1-53) 专业人士预测:如果粮食价格保持稳定,那么蔬菜价格也将保持稳定;如果食用油价格不稳,那么蔬菜价格也将出现波动。老李由此断定:粮食价格将保持稳定,但是肉类食品价格将上涨。

    根据上述专业人士的预测,以下哪项如果为真,最能对老李的观点提出质疑?

    A. 如果食用油价格稳定,那么肉类食品价格将不会上涨。

    B. 如果食用油价格稳定,那么肉类食品价格将会上涨。

    C. 如果肉类食品价格不上涨,那么食用油价格将会上涨。

    D. 如果食用油价格出现波动,那么肉类食品价格不会上涨。

    E. 只有食用油价格稳定,肉类食品价格才不会上涨。

14. (2014-1-28) 陈先生在鼓励他孩子时说道:"不要害怕暂时的困难和挫折。不经历风雨怎么见彩虹?"他孩子不服气地说:"您说得不对。我经历了那么多风雨,怎么就没见到彩虹呢?"

    陈先生孩子的回答最适宜用来反驳以下哪项?

    A. 如果想见到彩虹,就必须经历风雨。

    B. 只要经历了风雨,就可以见到彩虹。

    C. 只有经历风雨,才能见到彩虹。

    D. 即使经历了风雨,也可能见不到彩虹。

    E. 即使见到了彩虹,也不是因为经历了风雨。

15. (2014-1-32) 已知某班共有25位同学,女生中身高最高者与最矮者相差10厘米;男生中身高最高者与最矮者相差15厘米。小明认为,根据已知信息,只要再知道男生、女生最高者的具体身高,或者再知道男生、女生的平均身高,均可确定全班同学中身高最高者与最低者之间的差距。

    以下哪项如果为真,最能构成对小明观点的反驳?

    A. 根据已知信息,如果不能确定全班同学中身高最高者与最低者之间的差距,则也不能确定男生、女生最高者的具体身高。

    B. 根据已知信息,即使确定了全班同学中身高最高者与最低者之间的差距,也不能确定男生、女生的平均身高。

    C. 根据已知信息,如果不能确定全班同学中身高最高者与最低者之间的差距,则既不能确定男生、女生最高者的具体身高,也不能确定男生、女生的平均身高。

    D. 根据已知信息,尽管再知道男生、女生的平均身高,也不能确定全班同学中身高最高者与最低者之间的差距。

    E. 根据已知信息,仅仅再知道男生、女生最高者的具体身高,就能确定全班同学中身高最高者与最低者之间的差距。

16.（2014-1-34）学者张某说："问题本身并不神秘，因与果也不仅仅是哲学家的事。每个凡夫俗子一生之中都将面临许多问题，但分析问题的方法与技巧却很少有人掌握，无怪乎华尔街的分析大师们趾高气扬、身价百倍。"

以下哪项如果为真，最能反驳张某的观点？

A. 有些凡夫俗子可能不需要掌握分析问题的方法与技巧。

B. 有些凡夫俗子一生之中将要面临的问题并不多。

C. 凡夫俗子中很少有人掌握分析问题的方法与技巧。

D. 掌握分析问题的方法与技巧对多数人来说很重要。

E. 华尔街的分析大师们大都掌握分析问题的方法与技巧。

17.（2015-1-33）当企业处于蓬勃上升时期，往往紧张而忙碌，没有时间和精力去设计和修建"琼楼玉宇"；当企业所有的重要工作都已经完成，其时间和精力就开始集中在修建办公大楼上。所以，如果一个企业的办公大楼设计得越完美，装饰得越豪华，则该企业离解体的时间就越近；当某个企业的大楼设计和建造趋向完美之际，它的存在就逐渐失去意义。这就是所谓的"办公大楼法则"。

以下哪项如果为真，最能质疑上述观点？

A. 某企业的办公大楼修建得美轮美奂，入住后该企业的事业蒸蒸日上。

B. 一个企业如果将时间和精力都耗费在修建办公大楼上，则对其他重要工作就投入不足了。

C. 建造豪华的办公大楼，往往会加大企业的运营成本，损害其实际收益。

D. 企业的办公大楼越破旧，该企业就越有活力和生机。

E. 建造豪华办公大楼并不需要企业投入太多的时间和精力。

18.（2015-1-46）有人认为，任何一个机构都包括不同的职位等级或层级，每个人都隶属于其中的一个层级。如果某人在原来级别岗位上干得出色，就会被提拔，而被提拔者得到重用后却碌碌无为，这会造成机构效率低下、人浮于事。

以下哪项如果为真，最能质疑上述观点？

A. 不同岗位的工作方法是不同的，对新岗位要有一个适应过程。

B. 部门经理王先生业绩出众，被提拔为公司总经理后工作依然出色。

C. 个人晋升常常在一定程度上影响所在机构的发展。

D. 李明的体育运动成绩并不理想，但他进入管理层后却干得得心应手。

E. 王副教授教学科研能力都很强，而晋升为正教授后却表现平平。

19.（2016-1-31）在某届洲际杯足球大赛中，第一阶段某小组单循环赛共有4支队伍参加，每支队伍需要在这一阶段比赛三场。甲国足球队在该小组的前两轮比赛中一平一负。在第三轮比赛之前，甲国队主教练在新闻发布会上表示："只有我们在下一场比赛中取得胜利并且本组的另外一场比赛打成平局，我们才有可能从这个小组出线。"

如果甲国队主教练的陈述为真，以下哪项是不可能的？

A. 甲国队第三场比赛取得了胜利，但他们未能从小组出线。

B. 第三轮比赛该小组另外一场比赛打成平局,甲国队从小组出线。

C. 第三轮比赛该小组两场比赛都分出了胜负,甲国队从小组出线。

D. 第三轮比赛甲国队取得了胜利,该小组另一场比赛打成平局,甲国队未能从小组出线。

E. 第三轮比赛该小组两场比赛都打成了平局,甲国队未能从小组出线。

20. (2017-1-27) 任何结果都不可能凭空出现,它们的背后都是有原因的;任何背后有原因的事物均可以被人认识,而可以被人认识的事物都必然不是毫无规律的。

根据以上陈述,以下哪项一定为假?

A. 人有可能认识所有事物。

B. 有些结果的出现可能毫无规律。

C. 那些可以被人认识的事物必然有规律。

D. 任何结果出现的背后都是有原因的。

E. 任何结果都可以被人认识。

敲黑板

熟练掌握公式即可迅速解题。需要注意提高快速排除其他选项的能力。

答案速查

题号	1	2	3	4	5	6	7	8	9	10
答案	D	A	E	A	E	D	C	C	E	B
题号	11	12	13	14	15	16	17	18	19	20
答案	A	E	A	B	D	B	A	B	C	B

考查点 3　三段论和欧拉图①

知识点梳理

1. 题目特征

题目中包含"所有 S 都是 P""所有 S 都不是 P""有的 S 是 P""有的 S 不是 P"等,涉及多个概念之间的关系。

2. 化简规则

(1) 所有 S 都是 P = S→P = ¬P→¬S;

(2) 所有 S 都不是 P = S→¬P = P→¬S。

---

① 此点在真题中考查得比较密集。

全称命题只可逆否,不能换位。

(3)有的 S 是 P = 有的 S→P = 有的 P→S;

(4)有的 S 不是 P = 有的 S→¬P = 有的¬P→S。

特称命题只可换位,不能逆否。

(5)常见命题形式:

①前提:A→B;B→C。结论:A→C。

②前提:A→B;有的 C→A。结论:有的 C→B。

③前提:A→B;有的 C→¬B。结论:有的 C→¬A。

(因为 A→B = ¬B→¬A,两式联立可得上述结论。)

④前提:A→B;B→C;有的 D→A。结论:有的 D→A→B→C。

⑤前提:A→B;B→C;有的 D→¬C。结论:有的 D→¬C→¬B→¬A。

(6)常见补全形式:

①题目给出:A→B,因此,A→C。要求补充一个条件,使上述结论成立。

显然需要补充"B→C",串联得:A→B→C。

②题目给出:有的 A→B,因此,有的 A→C。要求补充一个条件,使上述结论成立。

显然需要补充"B→C",串联得:有的 A→B→C。

③题目给出:有的 A→B,因此,有的 B→C。要求补充一个条件,使上述结论成立。

由"有的 A→B = 有的 B→A"可知,显然需要补充"A→C",串联得:有的 B→A→C。

3. 做题口诀

全称命题做逆否,特称命题做换位。

历年真题

1. (2011-10-26)有些低碳经济是绿色经济,因此低碳经济都是高技术经济。

以下哪项如果为真,最能反驳上述论证?

A. 绿色经济有些是高技术经济。   B. 绿色经济都不是高技术经济。

C. 有些低碳经济不是绿色经济。   D. 有些绿色经济不是低碳经济。

E. 低碳经济就是绿色经济。

2. (2011-10-29)赵元的同事都是球迷,赵元在软件园工作的同学都不是球迷,李雅既是赵元的同学又是他的同事,王伟是赵元的同学但不在软件园工作,张明是赵元的同学但不是球迷。根据以上陈述,可以得出以下哪项?

A. 王伟是球迷。   B. 赵元不是球迷。

C. 李雅不在软件园工作。   D. 张明在软件园工作。

E. 赵元在软件园工作。

3. (2011-10-41)某登山旅游小组成员互相帮助,建立了深厚的友谊。后加入的李佳已经获得了其他人的三次救助,但是她尚未救助过任何人;救助过李佳的人均曾被王玥救助过;赵欣救助过小组的所有成员；王玥救助过的人也曾被陈蕃救助过。

根据以上陈述，可以得出以下哪项结论？

A. 陈蕃救助过赵欣。 B. 王玥救助过李佳。

C. 王玥救助过陈蕃。 D. 陈蕃救助过李佳。

E. 王玥没有救助过李佳。

4.（2012-1-45）有些通信网络维护涉及个人信息安全，因而，不是所有通信网络的维护都可以外包。

以下哪项可以使上述论证成立？

A. 所有涉及个人信息安全的都不可以外包。

B. 有些涉及个人信息安全的不可以外包。

C. 有些涉及个人信息安全的可以外包。

D. 所有涉及国家信息安全的都不可以外包。

E. 有些通信网络维护涉及国家信息安全。

5.（2012-1-49）一位房地产信息员通过对某地的调查发现：护城河两岸房屋的租金都比较廉价；廉租房都坐落在凤凰山北麓；东向的房屋都是别墅；非廉租房不可能具有廉价的租金；有些单室套的两限房建在凤凰山南麓；别墅也都建筑在凤凰山南麓。

根据该房地产信息员的调查，以下哪项不可能存在？

A. 东向的护城河两岸的房屋。 B. 凤凰山北麓的两限房。

C. 单室套的廉租房。 D. 护城河两岸的单室套。

E. 南向的廉租房。

6.（2012-10-26）"常春藤"通常指美国东部的八所大学。"常春藤"一词一直以来是美国名校的代名词，这八所大学不仅历史悠久、治学严谨，而且教学质量极高。这些学校的毕业生大多成为社会精英，他们中的大多数人年薪超过20万美元，有很多政界领袖来自"常春藤"，更有为数众多的科学家毕业于"常春藤"。

根据以上陈述，关于"常春藤"毕业生可以得出以下哪项？

A. 有些社会精英年薪超过20万美元。 B. 有些政界领袖年薪不足20万美元。

C. 有些科学家年薪超过20万美元。 D. 有些政界领袖是社会精英。

E. 有些科学家成为政界领袖。

7.（2012-10-31）只有不明智的人才在董嘉面前说东山郡人的坏话，董嘉的朋友施飞在董嘉面前说席佳的坏话，可是令人疑惑的是，董嘉的朋友都是非常明智的人。

根据以上陈述，可以得出以下哪项？

A. 施飞是不明智的。 B. 施飞不是东山郡人。

C. 席佳是董嘉的朋友。 D. 席佳不是董嘉的朋友。

E. 席佳不是东山郡人。

8.（2012-10-33）所有好的评论家都喜欢格林在这次演讲中提到的每一位诗人。虽然格斯特是非常优秀的诗人，可是没有一个好的评论家喜欢他。

根据以上陈述，可以得出以下哪项？

A. 格斯特不是好的评论家。

B. 格林喜欢格斯特。

C. 格林不喜欢格斯特。

D. 有的评论家不是好的评论家。

E. 格林在这次演讲中没有提到格斯特。

9.（2013-1-33）某科研机构对市民所反映的一种奇异现象进行研究，该现象无法用已有的科学理论进行解释。助理研究员小王由此断言：该现象是错觉。

以下哪项如果为真，最可能使小王的断言不成立？

A. 有些错觉可以用已有的科学理论进行解释。

B. 有些错觉不能用已有的科学理论进行解释。

C. 错觉都可以用已有的科学理论进行解释。

D. 所有错觉都不能用已有的科学理论进行解释。

E. 已有的科学理论尚不能完全解释错觉是如何形成的。

10.（2013-1-43）所有参加此次运动会的选手都是身体强壮的运动员，所有身体强壮的运动员都是极少生病的，但是有一些身体不适的选手参加了此次运动会。

以下哪项不能从上述前提中得出？

A. 有些身体不适的选手是极少生病的。

B. 极少生病的选手都参加了此次运动会。

C. 参加此次运动会的选手都是极少生病的。

D. 有些身体强壮的运动员感到身体不适。

E. 有些极少生病的选手感到身体不适。

11.（2013-1-49）在某次综合性学术年会上，物理学会做学术报告的人都来自高校；化学学会做学术报告的人有些来自高校，但是大部分来自中学；其他做学术报告者均来自科学院。来自高校的学术报告者都具有副教授以上职称，来自中学的学术报告者都具有中教高级以上职称。李默、张嘉参加了这次综合性学术年会，李默并非来自中学，张嘉并非来自高校。

以上陈述如果为真，可以得出以下哪项结论？

A. 张嘉不是物理学会的。

B. 李默不是化学学会的。

C. 张嘉不具有副教授以上职称。

D. 李默如果做了学术报告，那么他不是化学学会的。

E. 张嘉如果做了学术报告，那么他不是物理学会的。

12.（2013-1-51）翠竹的大学同学都在某德资企业工作，溪兰是翠竹的大学同学。涧松是该德资企业的部门经理。该德资企业的员工有些来自淮安。该德资企业的员工都曾到德国研修，他们都会说德语。

以下哪项可以从以上陈述中得出？

A. 涧松来自淮安。

B. 翠竹的大学同学有些是部门经理。

C. 溪兰会说德语。

D. 翠竹与涧松是大学同学。

E. 涧松与溪兰是大学同学。

13.（2013-10-52）某科研单位2013年新招聘的研究人员，或者是具有副高以上职称的"引进人才"，或者是具有北京户籍的应届毕业的博士研究生。应届毕业的博士研究生都居住在博士后公寓中，"引进人才"都居住在"牡丹园"小区。

关于该单位2013年新招聘的研究人员，以下哪项判断是正确的？

A. 居住在博士后公寓的都没有副高以上职称。

B. 具有博士学位的都是具有北京户籍的。

C. 居住在"牡丹园"小区的都没有博士学位

D. 非应届毕业的博士研究生都居住在"牡丹园"小区。

E. 有些具有副高以上职称的"引进人才"也具有博士学位。

14.（2014-1-45）某大学顾老师在回答有关招生问题时强调："我们学校招收一部分免费师范生，也招收一部分一般师范生。一般师范生不同于免费师范生。没有免费师范生毕业时可以留在大城市工作，而一般师范生毕业时都可以选择留在大城市工作，任何非免费师范生毕业时都需要自谋职业，没有免费师范生毕业时需要自谋职业。"

根据顾老师的陈述，可以得出以下哪项？

A. 该校需要自谋职业的大学生都可以选择留在大城市工作。

B. 不是一般师范生的该校大学生都是免费师范生。

C. 该校需要自谋职业的大学生都是一般师范生。

D. 该校所有一般师范生都需要自谋职业。

E. 该校可以选择留在大城市工作的唯一一类毕业生是一般师范生。

15.（2014-1-48）兰教授认为：不善于思考的人不可能成为一名优秀的管理者，没有一个谦逊的智者学习占星术，占星家均学习占星术，但是有些占星家却是优秀的管理者。

以下哪项如果为真，最能反驳兰教授的上述观点？

A. 有些占星家不是优秀的管理者。

B. 有些善于思考的人不是谦逊的智者。

C. 所有谦逊的智者都是善于思考的人。

D. 谦逊的智者都不是善于思考的人。

E. 善于思考的人都是谦逊的智者。

16. (2015-1-40) 有些阔叶树是常绿植物,因此,所有阔叶树都不生长在寒带地区。

以下哪项如果为真,最能反驳上述结论?

A. 常绿植物不都是阔叶树。

B. 寒带的某些地区不生长阔叶树。

C. 有些阔叶树不生长在寒带地区。

D. 常绿植物都不生长在寒带地区。

E. 常绿植物都生长在寒带地区。

17. (2018-1-50) 最终审定的项目或者意义重大或者关注度高,凡意义重大的项目均涉及民生问题,但是有些最终审定的项目并不涉及民生问题。

根据以上陈述,可以得出以下哪项?

A. 有些项目尽管关注度高但并非意义重大。

B. 有些不涉及民生问题的项目意义也非常重大。

C. 涉及民生问题的项目有些没有引起关注。

D. 意义重大的项目比较容易引起关注。

E. 有些项目意义重大但是关注度不高。

18. (2018-1-52) 所有值得拥有专利的产品或设计方案都是创新,但并不是每一项创新都值得拥有专利;所有的模仿都不是创新,但并非每一个模仿者都应该受到惩罚。

根据以上陈述,以下哪项是不可能的?

A. 有些创新者可能受到惩罚。

B. 没有模仿值得拥有专利。

C. 有些值得拥有专利的创新产品并没有申请专利。

D. 有些值得拥有专利的产品是模仿。

E. 所有的模仿者都受到了惩罚。

敲黑板

此类题目可以用三段论的规则或者欧拉图两种方法解决,那么问题来了,什么时候用欧拉图,什么时候用三段论的规则?事实上,用这两种方法的哪一种,要视题目的特点决定。

(1) 如果题目给出的概念很多,可能用欧拉图(画圈圈)会更简单直观;

(2) 如果题目只有两三个命题,这个时候用欧拉图和三段论的规则,其实难度和速度差不多;

(3) 如果题目中出现了"有些 S 不是 P"的表述,这种情况下,用三段论的规则会更好。

注意,选择更有效的解题方法。

答案速查

题号	1	2	3	4	5	6	7	8	9	10
答案	B	C	A	A	A	A	E	E	C	B
题号	11	12	13	14	15	16	17	18		
答案	E	C	D	D	E	E	A	D		

考查点4 真假话

知识点梳理

此类题型中，题干给出几句话，知道几真几假，要求考生根据已知条件去推断结论。

知道几真几假的真假话推理首选归谬法。

归谬法的思路：

（1）在题干信息中找矛盾，互为否命题才能称之为矛盾。因为矛盾的特点是必有一真必有一假。如果能够找到一对矛盾，那矛盾中必然包含了一真一假。

（2）找到矛盾后，不管矛盾命题谁真谁假，都需要绕开矛盾命题从其他命题中寻找突破口。如果题目是"一真三假"的命题，找到矛盾之后，矛盾之外的命题都是假命题；如果题目是"三真一假"的命题，找到矛盾之后，矛盾之外的命题都是真命题；如果题目是"二真二假"的命题，找到矛盾之后，矛盾之外的命题也是一真一假，然后再根据其他条件进行判断。

如果真假话推理中没有找到矛盾，就要考虑第二种思路——在命题中寻找包含关系。一般的包含关系有：相容选言支p和p∨q；对当关系中的从属关系；数量表述中的"至多""至少"等。请重视包含关系在最近几年真题中的考查。

历年真题

1. （2009-1-27）甲、乙、丙和丁四人进入某围棋邀请赛半决赛，最后要决出一名冠军。张、王和李三人对结果做了如下猜测：

张：冠军不是丙。

王：冠军是乙。

李：冠军是甲。

已知张、王、李三人中恰有一人的预测正确，以下哪项为真？

A. 冠军是甲。　　　　B. 冠军是乙。　　　　C. 冠军是丙。

D. 冠军是丁。　　　　E. 无法确定冠军是谁。

2. （2009-1-39）关于甲班体育达标测试，三位老师有如下猜测：

张老师说："不会所有人都不及格。"

李老师说："有人会不及格。"

王老师说:"班长和学习委员都能及格。"

如果三位老师中只有一人的预测正确,则以下哪项一定为真?

A. 班长和学习委员都没及格。

B. 班长和学习委员都及格了。

C. 班长及格,但学习委员没及格。

D. 班长没及格,但学习委员及格了。

E. 以上各项都不一定为真。

3. (2009-10-28) 一批人报考电影学院。其中:

(1)有些考生通过了初试;

(2)有些考生没有通过初试;

(3)何梅和方宁没有通过初试。

如果上述三个断定中只有一个为真,以下哪项关于这批考生的断定一定为真?

A. 何梅通过了初试,但方宁没通过。

B. 方宁通过了初试,但何梅没通过。

C. 所有考生都通过了初试。

D. 所有考生都没有通过初试。

E. 以上各选项都不一定为真。

4. (2010-1-44) 小东在玩"勇士大战"游戏,进入第二关时,界面出现四个选项。第一个选项是"选择任意选项都需支付游戏币",第二个选项是"选择本项后可以得到额外游戏奖励",第三个选项是"选择本项后游戏不会进行下去",第四个选项是"选择某个选项不需支付游戏币"。

如果四个选项中的陈述只有一句为真,则以下哪项一定为真?

A. 选择任意选项都需支付游戏币。

B. 选择任意选项都无须支付游戏币。

C. 选择任意选项都不能得到额外游戏奖励。

D. 选择第二个选项后可以得到额外游戏奖励。

E. 选择第三个选项后游戏能继续进行下去。

5. (2010-10-30) 张、王、李、赵四人进入乒乓球赛的半决赛。甲、乙、丙、丁四位教练对半决赛结果有如下预测:

甲:小张未进决赛,除非小李进决赛。

乙:小张进决赛,小李未进决赛。

丙:如果小王进决赛,则小赵未进决赛。

丁:小王和小李都未进决赛。

如果四位教练的预测只有一个不对,则以下哪项一定为真?

A. 甲的预测错,小张进决赛。

B. 乙的预测对,小李未进决赛。

C. 丙的预测对,小王未进决赛。

D. 丁的预测错,小王进决赛。

E. 甲和乙的预测都对,小李未进决赛。

6. (2011-1-34) 某集团公司有四个部门,分别生产冰箱、彩电、电脑和手机。根据前三个季度的数据统计,四个部门经理对2010年全年的赢利情况做了如下预测:

冰箱部门经理:今年手机部门会赢利。

彩电部门经理:如果冰箱部门今年赢利,那么彩电部门就不会赢利。

电脑部门经理:如果手机部门今年没赢利,那么电脑部门也没赢利。

手机部门经理:今年冰箱和彩电部门都会赢利。

全年数据统计完成后,发现上述四个预测只有一个符合事实。

关于该公司各部门的全年赢利情况,以下除哪项外,均可能为真?

A. 彩电部门赢利,冰箱部门没赢利。

B. 冰箱部门赢利,电脑部门没赢利。

C. 电脑部门赢利,彩电部门没赢利。

D. 冰箱部门和彩电部门都没赢利。

E. 冰箱部门和电脑部门都赢利。

7. (2012-1-31) 临江市地处东部沿海,下辖临东、临西、江南、江北四个区。近年来,文化旅游产业成为该市新的经济增长点。2010年,该市一共吸引了全国数十万人次游客前来参观旅游。12月底,关于该市四个区当年吸引游客人次多少的排名,各位旅游局长做了如下预测:

临东区旅游局长:如果临西区第三,那么江北区第四。

临西区旅游局长:只有临西区不是第一,江南区才是第二。

江南区旅游局长:江南区不是第二。

江北区旅游局长:江北区第四。

最终的统计表明,只有一位局长的预测符合事实,则临东区当年吸引游客人次的排名是:

A. 第一。　　　　　　　B. 第二。　　　　　　　C. 第三。

D. 第四。　　　　　　　E. 在江北区之前。

8. (2012-10-42) 有五支球队参加比赛,对于比赛结果,观众有如下议论:

(1)冠军队不是山南队,就是江北队;

(2)冠军队既不是山北队,也不是江南队;

(3)冠军队只能是江南队;

(4)冠军队不是山南队。

比赛结果显示,只有一条议论是正确的。那么获得冠军的队是:

A. 山南队。　　B. 江南队。　　C. 山北队。　　D. 江北队。　　E. 江东队。

9.（2013-1-42）某金库发生了失窃案。公安机关侦查确定,这是一起典型的内盗案,可以断定金库管理员甲、乙、丙、丁中至少有一人是作案者。办案人员对四人进行了询问,四人的回答如下：

甲："如果乙不是窃贼,我也不是窃贼。"

乙："我不是窃贼,丙是窃贼。"

丙："甲或者乙是窃贼。"

丁："乙或者丙是窃贼。"

后来事实表明,他们四人中只有一人说了真话。

根据以上陈述,以下哪项一定为假?

A. 甲说的是真话。　　　　　　　　　B. 丙说的是假话。

C. 丙不是窃贼。　　　　　　　　　　D. 乙不是窃贼。

E. 丁说的是真话。

10.（2014-10-51）经过多轮淘汰赛后,甲、乙、丙、丁四名选手争夺最后的排名,排名不设并列名次。分析家预测：

(1) 第一名或者是甲,或者是乙；

(2) 如果丙不是第一名,丁也不是第一名；

(3) 甲不是第一名。

如果分析家的预测只有一句是对的,则第一名是谁?

A. 丙。　　B. 乙。　　C. 推不出。　　D. 丁。　　E. 甲。

11.（2015-1-32）某次讨论会共有18名参会者。已知：

(1) 至少有5名青年教师是女性；

(2) 至少有6名女教师已过中年；

(3) 至少有7名女青年是教师。

如果上述三句话两真一假,那么关于参会人员可以得出以下哪项?

A. 青年教师至少有5名。　　　　　　B. 男教师至多有10名。

C. 女青年都是教师。　　　　　　　　D. 女青年至少有7名。

E. 青年教师都是女性。

12.（2016-1-37）郝大爷过马路时不幸摔倒昏迷,所幸有小伙子及时将他送往医院救治。郝大爷病情稳定后,有4位陌生小伙陈安、李康、张幸、汪福来医院看望他。郝大爷问他们究竟是谁送他来医院,他们回答如下：

陈安：我们4人都没有送您来医院。

李康：我们4人中有人送您来医院。

张幸：李康和汪福至少有一人没有送您来医院。

汪福：送您来医院的人不是我。

后来证实上述4人中有两人说真话,有两人说假话。

根据上述信息,可以得出以下哪项?

A. 说真话的是陈安和张幸。　　　　　　B. 说真话的是陈安和汪福。

C. 说真话的是李康和张幸。　　　　　　D. 说真话的是李康和汪福。

E. 说真话的是张幸和汪福。

13.（2019-1-38）某大学有位女教师默默资助一偏远山区的贫困家庭长达 15 年。记者多方打听，发现做好事者是该大学传媒学院甲、乙、丙、丁、戊 5 位教师中的一位。在接受采访时，5 位老师都很谦虚，他们是这么对记者说的：

甲：这件事是乙做的。

乙：我没有做，是丙做了这件事。

丙：我并没有做这件事。

丁：我也没有做这件事，是甲做的。

戊：如果甲没有做，则丁也不会做。

记者后来得知，上述 5 位老师中只有 1 人说的话符合真实情况。

根据以上信息，可以得出做这件好事的人是：

A. 甲。　　B. 乙。　　C. 丙。　　D. 丁。　　E. 戊。

14.（2021-1-29）某企业董事会就建立健全企业管理制度与提高企业经济效益进行研讨。在研讨中，与会者发言如下：

甲：要提高企业经济效益，就必须建立健全企业管理制度。

乙：既要建立健全企业管理制度，又要提高企业经济效益，二者缺一不可。

丙：经济效益是基础和保障，只有提高企业经济效益，才能建立健全企业管理制度。

丁：如果不建立健全企业管理制度，就不能提高企业经济效益。

戊：不提高企业经济效益，就不能建立健全企业管理制度。

根据上述讨论，董事会最终做出了合理的决定，以下哪项是可能的？

A. 甲、乙的意见符合决定，丙的意见不符合决定。

B. 上述 5 人中只有 1 人的意见符合决定。

C. 上述 5 人中只有 2 人的意见符合决定。

D. 上述 5 人中只有 3 人的意见符合决定。

E. 上述 5 人的意见均不符合决定。

答案速查

题号	1	2	3	4	5	6	7	8	9	10
答案	D	A	C	E	C	B	D	C	E	D
题号	11	12	13	14						
答案	A	C	D	C						

考查点 5　性质命题对当关系

知识点梳理

性质命题对当关系(六角矩阵)包含以下几种关系：

(1) 矛盾关系。

构成：全称肯定命题 SAP 与特称否定命题 SOP 构成矛盾关系；全称否定命题 SEP 与特称肯定命题 SIP 构成矛盾关系。

性质：矛盾关系，必有一真，必有一假，即不可同时为真，也不可同时为假。

推理：

①如果已知其中的一个命题为真，则另一个命题必为假；

②如果已知其中的一个命题为假，则另一个命题必为真；

③矛盾关系之间互为否命题。

在性质命题对当关系中，有两对矛盾关系的命题："所有的 S 都是 P" 与 "有些 S 不是 P"，"所有的 S 都不是 P" 与 "有些 S 是 P"。

例如：如果已知"所有的人都是会死的"为真，则"有些人不会死"这个命题一定为假。

(2) 反对关系。

构成：全称肯定命题 SAP 与全称否定命题 SEP 构成反对关系。

性质：反对关系至少一假，可以同时为假。

推理：

①如果已知其中的一个命题为真，则另一个命题一定为假；

②如果已知其中的一个命题为假，则另一个命题不能确定真假，除非有别的条件加入。

在反对关系中，综合能力考试的逻辑试题只考查这对命题："所有的 S 都是 P" 与 "所有的 S 都不是 P"。

例如：如果已知"所有的人都会死"为真，则"所有的人都不会死"一定为假；如果已知"所有的人都会死"为假，则"所有的人都不会死"不能确定真假。

(3) 下反对关系。

构成：特称肯定命题 SIP 与特称否定命题 SOP 构成下反对关系。

性质：下反对关系至少一真，可以同时为真。

推理：

①如果已知其中的一个命题为真，则另一个命题不能确定真假；

②如果已知其中的一个命题为假，则另一个命题一定为真。

例如：如果"有些人很优秀"为真，那么"有些人不是很优秀"就不能确定真假；如果"有些人很优秀"为假，则"有些人不是很优秀"一定为真。

(4) 从属关系(也叫差等关系、包含关系)。

构成：

①全称肯定命题SAP与特称肯定命题SIP,全称肯定命题SAP与单称肯定命题,单称肯定命题与特称肯定命题SIP之间构成从属关系;

②全称否定命题SEP与特称否定命题SOP,全称否定命题SEP与单称否定命题,单称否定命题与特称否定命题SOP之间构成从属关系。

性质:上真下真,下假上假,上假下不定,下真上不定。

推理:

①若已知全称命题为真,则同质的特称命题为真;

②若已知特称命题为假,则同质的全称命题为假;

③其他推理方向为真假不定。

记忆口诀:顺着箭头真推真,逆着箭头假推假。

性质命题之间的真假关系可用下图——六角矩阵来帮助记忆。

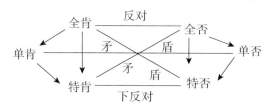

历年真题

1.（2011-1-47）只有公司相应部门的所有员工都考评合格了,该部门的员工才能得到年终奖金。财务部有些员工考评合格了。综合部所有员工都得到了年终奖金。行政部的赵强考评合格了。

如果以上陈述为真,则以下哪项可能为真?

Ⅰ.财务部员工都考评合格了。

Ⅱ.赵强得到了年终奖金。

Ⅲ.综合部有些员工没有考评合格。

Ⅳ.财务部员工没有得到年终奖金。

A.仅Ⅰ、Ⅱ。　　B.仅Ⅱ、Ⅲ。　　C.仅Ⅰ、Ⅱ、Ⅳ。　　D.仅Ⅰ、Ⅱ、Ⅲ。　　E.仅Ⅱ、Ⅲ、Ⅳ。

2.（2012-1-48）近期国际金融危机对毕业生的就业影响非常大,某高校就业中心的陈老师希望广大同学能够调整自己的心态和预期。他在一次就业指导会上提到,有些同学对自己的职业定位还不够准确。

如果陈老师的陈述为真,则以下哪项不一定为真?

Ⅰ.不是所有的人对自己的职业定位都准确。

Ⅱ.不是所有的人对自己的职业定位都不够准确。

Ⅲ.有些人对自己的职业定位准确。

Ⅳ.所有人对自己的职业定位都不够准确。

A.仅Ⅱ和Ⅳ。　　B.仅Ⅲ和Ⅳ。　　C.仅Ⅱ和Ⅲ。　　D.仅Ⅰ、Ⅱ和Ⅲ。　　E.仅Ⅱ、Ⅲ和Ⅳ。

3. （2012-1-52）近期流感肆虐，一般流感患者可采用抗病毒药物治疗。虽然并不是所有流感患者均需接受达菲等抗病毒药物的治疗，但不少医生仍强烈建议老人、儿童等易出现严重症状的患者用药。

如果以上陈述为真，则以下哪项一定为假？

Ⅰ．有些流感患者需接受达菲等抗病毒药物的治疗。
Ⅱ．并非有的流感患者不需接受抗病毒药物的治疗。
Ⅲ．老人、儿童等易出现严重症状的患者不需要用药。

A. 仅Ⅰ。　　B. 仅Ⅱ。　　C. 仅Ⅲ。　　D. 仅Ⅰ、Ⅱ。　　E. 仅Ⅱ、Ⅲ。

4. （2015-1-31）某次讨论会共有18名参会者。已知：
(1) 至少有5名青年教师是女性；
(2) 至少有6名女教师已过中年；
(3) 至少有7名女青年是教师。

根据上述信息，关于参会人员可以得出以下哪项？

A. 有些青年教师不是女性。
B. 有些女青年不是教师。
C. 青年教师至少有11名。
D. 女青年至多有11名。
E. 女教师至少有13名。

敲黑板

> 逻辑推理考查考生根据已有的条件进行分析推理的能力，题干一般都会假定一些条件为真或为假，再要求对剩余的条件进行判断。有时候，这些假定真假的命题并不符合生活常理或专业知识，所以一定要分清逻辑中的"真"和事实中的"真"，看清题目，切忌拿生活经验或专业知识否定题干，以免落入答题陷阱。

答案速查

题号	1	2	3	4
答案	C	E	B	E

考查点6　模态命题

知识点梳理

模态命题的考查点主要有：

1. 模态命题之间的对当关系

(1) 矛盾关系：有两对矛盾关系的命题。

① "必然 P"与"可能非 P"；

②"可能 P"与"必然非 P"。

矛盾关系的命题之间的真假关系:不能同真,不能同假。

(2)下反对关系:"可能 P"和"可能非 P",它们之间的真假关系是可能同真,但不可能同假。

(3)反对关系:"必然 P"与"必然非 P",它们之间的真假关系是不能同真,但有可能同假。

(4)从属(差等)关系:有两对从属关系的命题。

①"必然 P"与"可能 P":当"必然 P"为真时,"可能 P"必为真;当"可能 P"为假时,"必然 P"必为假。

②"必然非 P"与"可能非 P":当"必然非 P"为真时,"可能非 P"必为真;当"可能非 P"为假时,"必然非 P"必为假。

2.模态命题的否定等值

在题目中,问题多为"哪句话意思最接近上文意思?""以下哪项最能支持(最能质疑)上述论断?"等。以下为比较常用的等值公式:

"并非必然 P"等值于"可能非 P"。

"并非必然非 P"等值于"可能 P"。

"并非可能 P"等值于"必然非 P"。

"并非可能非 P"等值于"必然 P"。

化简口诀:

"不"+"原命题",等价于否定词从前往后化简。"原命题"中,"肯定"变"否定","否定"变"肯定";"所有"变"有的","有的"变"所有";"必然"变"可能","可能"变"必然"。

历年真题

1.(2009-10-38)所有错误决策都不可能不付出代价,但有的错误决策可能不造成严重后果。
如果上述断定为真,则以下哪项一定为真?
A.有的正确决策也可能付出代价,但所有的正确决策都不可能造成严重后果。
B.有的错误决策必然要付出代价,但所有的错误决策都不一定造成严重后果。
C.所有的正确决策都不可能付出代价,但有的正确决策也可能造成严重后果。
D.有的错误决策必然要付出代价,但所有的错误决策都可能不造成严重后果。
E.所有的错误决策都必然要付出代价,但有的错误决策不一定造成严重后果。

2.(2012-1-51)某公司规定,在一个月内,除非每个工作日都出勤,否则任何员工都不可能既获得当月的绩效工资,又获得奖励工资。
以下哪项与上述规定的意思最为接近?
A.在一个月内,任何员工如果所有工作日不缺勤,必然既获得当月绩效工资,又获得奖励工资。
B.在一个月内,任何员工如果所有工作日不缺勤,都有可能既获得当月绩效工资,又获得奖励工资。

C. 在一个月内,任何员工如果有某个工作日缺勤,仍有可能获得当月绩效工资,或者获得奖励工资。

D. 在一个月内,任何员工如果有某个工作日缺勤,必然或者得不了当月绩效工资,或者得不了奖励工资。

E. 在一个月内,任何员工如果所有工作日不缺勤,必然既得不了当月绩效工资,又得不了奖励工资。

3. (2013-1-48) 某公司人力资源管理部人士指出:由于本公司招聘职位有限,在本次招聘考试中,不可能所有的应聘者都被录用。

基于以下哪项可以得出该人士的上述结论?

A. 在本次招聘考试中,必然有应聘者被录用。

B. 在本次招聘考试中,可能有应聘者被录用。

C. 在本次招聘考试中,可能有应聘者不被录用。

D. 在本次招聘考试中,必然有应聘者不被录用。

E. 在本次招聘考试中,可能有应聘者被录用,也可能有应聘者不被录用。

4. (2018-1-27) 盛夏时节的某一天,某市早报刊载了由该市专业气象台提供的全国部分城市当天的天气预报,择其内容列表如下:

天津	阴	上海	雷阵雨	昆明	小雨
呼和浩特	阵雨	哈尔滨	少云	乌鲁木齐	晴
西安	中雨	南昌	大雨	香港	多云
南京	雷阵雨	拉萨	阵雨	福州	阴

根据上述信息,以下哪项做出的论断最为准确?

A. 由于所列城市盛夏天气变化频繁,所以上面所列的9类天气一定就是所有的天气类型。

B. 由于所列城市在同一天不一定展示所有的天气类型,所以上面所列的9类天气可能不是所有的天气类型。

C. 由于所列城市分处我国的东南西北中,所以上面所列的9类天气一定就是所有的天气类型。

D. 由于所列城市在同一天可能展示所有的天气类型,所以上面所列的9类天气一定是所有的天气类型。

E. 由于所列城市并非我国的所有城市,所以上面所列的9类天气一定不是所有的天气类型。

5. (2018-1-32) 唐代韩愈在《师说》中指出:"孔子曰:三人行,则必有我师。是故弟子不必不如师,师不必贤于弟子,闻道有先后,术业有专攻,如是而已。"

根据上述韩愈的观点,可以得出以下哪项?

A. 有的弟子必然不如师。　　　　　　　　B. 有的弟子可能不如师。

C. 有的师可能不贤于弟子。 D. 有的师不可能贤于弟子。
E. 有的弟子可能不贤于师。

答案速查

题号	1	2	3	4	5
答案	E	D	D	B	C

考查点 7　阅读理解得结论

知识点梳理

在综合能力考试中,涉及阅读理解得结论的题目,考的题量不大,一般只考 2~3 题,这类题目并不难。

此类题型不会涉及具体的逻辑规则,只需要考生根据题干所陈述的信息去合理推断。此类题目虽然难度不大,但是因为时间紧、题干长,而且还需要一点一点地去寻找选项的出处、比对选项的表述,很多考生会没有耐心或者粗心大意,反倒容易丢分。因此,需要在练习中总结一些典型的错误选项,这样就能够让我们在考试中更快地找出选项中的错误了。

阅读理解得结论的题目一般设计干扰性选项的思路有:

(1)逻辑混乱。

"逻辑混乱"是指选项中两个事物的逻辑关系与原文不符,主要包括因果混乱、充分条件与必要条件的混淆、选择关系与并列关系的混淆。

在做题时,一旦遇到涉及逻辑关系的选项,要特别关注选项分句之间的关联词语,然后在原文中找出相关的句子进行比较,仔细分析有无必然的关系,有关系的话,再分析究竟是何种关系。

①因果混乱。

"因果混乱"又有两种情况:因果倒置、强加因果。"因果倒置"就是把"因"误判为"果",把"果"误判为"因",颠倒了二者的关系;"强加因果"就是故意把文段中原本不具备因果关系的事物或信息,强拉硬扯,说成具有因果关系。

②充分条件与必要条件的混淆。

充分条件常用关联词是"只要……就……",必要条件常用关联词是"只有……才……"。

③选择关系与并列关系的混淆。

选择关系是指在几个对象中选择合适的,如"红茶或者绿茶"包括"选红茶""选绿茶""二者都选"三种情况;并列关系是指几者兼得,如"红茶和绿茶"只有"二者都选"这一种情况。

(2)推断错误。

"推断错误"是指选项在文段提供的信息的基础上进行了错误推断,最常见的错误为"过度推断作者意图"。

解答此类试题关键要根据文章已经提供的相关信息进行合乎事理、情理、逻辑的综合分析,应保证内容上有着落且推断的过程合乎思维规律。这样才能比较准确地解答相关题目。我们可以发现,在细节类题目的选项中,会出现一些典型的逻辑词汇,例如比较词、因果词、条件词等,而通过这些词汇,选项通常会出现强加逻辑关系或者颠倒逻辑关系的错误。因此,只要我们能迅速抓住这些逻辑词,就能快速判断选项的正误。

解题原则:

(1)同义转述原则。即正确选项是对题干内容进行相同意思的说明。

(2)从弱原则。即选择正确选项时,尽可能选择程度比较弱的选项,如"可能""未必""不一定"等。

(3)运用排除法大刀阔斧地排除。

①排除推理过于绝对的选项,比如"全""都""必然""一定";

②排除那些不足以得出确定信息的选项,比如"多数""少数";

③排除那些"张冠李戴""无中生有""逻辑混乱"的选项。

历年真题

1. (2009-1-29)一项对西部山区小塘村的调查发现:小塘村约五分之三的儿童入中学后出现中度以上的近视,而他们的父母及祖辈,没有机会到正规学校接受教育,很少出现近视。

   以下哪项作为上述断定的结论最为恰当?

   A. 接受文化教育是造成近视的原因。

   B. 只有在儿童时期接受正式教育才易于形成近视。

   C. 阅读和课堂作业带来的视觉压力必然造成儿童的近视。

   D. 文化教育的发展和近视现象的出现有密切的关系。

   E. 小塘村约五分之二的儿童是文盲。

2. (2009-1-46)在接受治疗的腰肌劳损患者中,有人只接受理疗,也有人接受理疗与药物双重治疗。前者可以得到与后者相同的预期治疗效果。对于上述接受药物治疗的腰肌劳损患者来说,此种药物对于获得预期的治疗效果是不可缺少的。

   如果上述断定为真,则以下哪项一定为真?

   Ⅰ. 对于一部分腰肌劳损患者来说,要配合理疗取得治疗效果,药物治疗是不可缺少的。

   Ⅱ. 对于一部分腰肌劳损患者来说,要取得治疗效果,药物治疗不是不可缺少的。

   Ⅲ. 对于所有腰肌劳损患者来说,要取得治疗效果,理疗是不可缺少的。

   A. 只有Ⅰ。　　B. 只有Ⅱ。　　C. 只有Ⅲ。　　D. 只有Ⅰ和Ⅱ。　　E. Ⅰ、Ⅱ和Ⅲ。

3. (2009-1-49)张珊:不同于"刀""枪""箭""戟","之""乎""者""也"这些字无确定所指。

   李斯:我同意。因为"之""乎""者""也"这些字无意义,因此,应当在现代汉语中废止。

   以下哪项最有可能是李斯认为张珊的断定所蕴含的意思?

   A. 除非一个字无意义,否则一定有确定所指。

B. 如果一个字有确定所指,则它一定有意义。

C. 如果一个字无确定所指,则应当在现代汉语中废止。

D. 只有无确定所指的字,才应在现代汉语中废止。

E. 大多数字都有确定所指。

4. (2009-10-31) 张珊有合法和非法概念,但没有道德上对与错的概念。他由于自己的某个行为受到起诉。尽管他承认自己的行为是违法的,但却不知道这一行为事实上是不道德的。

上述断定能恰当地推出以下哪项结论?

A. 张珊做了某种违法的事。

B. 张珊做了某种不道德的事。

C. 张珊是法律专业的毕业生。

D. 非法的行为不可能合乎道德。

E. 对于法律来说,道德上的无知不能成为借口。

5. (2009-10-33) 在欧洲历史上,封建主义这一概念在出现时首先假设了贵族阶级的存在。但是,除非贵族的封号和世袭地位受到法律的确认,否则严格意义上的贵族阶级就不可能存在。虽然欧洲的封建主义早在公元 8 世纪就存在,但是直到 12 世纪,贵族世袭才开始受到法律确认。而到了 12 世纪,不少欧洲国家的封建制度已走向衰弱。

如果上述断定为真,则以下哪项一定为真?

Ⅰ. 在欧洲历史上,封建主义这一概念存在不同定义。

Ⅱ. 如果一个国家通过法律确认贵族的封号和世袭地位,则这个国家一定存在严格意义上的贵族阶级。

Ⅲ. 封建国家中可能不存在严格意义上的贵族阶级。

A. 只有Ⅰ。　　B. 只有Ⅱ。　　C. 只有Ⅲ。　　D. 只有Ⅰ和Ⅲ。　　E. Ⅰ、Ⅱ和Ⅲ。

6. (2010-10-28) 大气和云层既可以折射也可以吸收部分太阳光,约有一半照射地球的太阳能被地球表面的土地和水面吸收,这一热能值十分巨大。由此可以得出:地球将会逐渐升温以致融化。然而,幸亏有一个可以抵消此作用的因素,即:

A. 地球分散到外太空的热能值与其吸收的热能值相近。

B. 通过季风与洋流,地球赤道的热向两极方向扩散。

C. 在日食期间,由于月球的阻挡,照射到地球的太阳光线明显减少。

D. 地球核心因为热能积聚而一直呈熔岩状态。

E. 由于二氧化碳排放增加,地球的温室效应引人关注。

7. (2010-10-32) 最近的研究表明,和鹦鹉长期密切接触会增加患肺癌的风险。但是没人会因为存在这种危险性,而主张政府通过对鹦鹉的主人征收安全税来限制或减少人和鹦鹉的接触。因此,同样的道理,政府应该取消对滑雪、汽车、摩托车和竞技降落伞等带有危险性的比赛所征收的安全税。

以下哪项最不符合题干的意思？

A. 政府应该对一些豪华型的健身美容设施征收专门税以补贴教育。

B. 政府不应提倡但也不应禁止新闻媒介对像飞车越黄河这样的危险性活动的炒作。

C. 政府应运用高科技手段来提高竞技比赛的安全性。

D. 政府应拨专款来确保登山运动和探险活动参加者的安全。

E. 政府应设法通过增加成本的方式，来减少人们对带有危险性的竞技娱乐活动的参与。

8.（2010-10-33）某社会学家认为：每个企业都力图降低生产成本，以便增加企业的利润，但不是所有降低生产成本的努力都对企业有利，如有的企业减少对职工社会保险的购买，暂时可以降低生产成本，但从长远看是得不偿失的，这会对职工的利益造成损害，减少职工的归属感，影响企业的生产效率。

以下哪项最能准确表示上述社会学家陈述的结论？

A. 如果一项措施能够提高企业的利润，但不能提高职工的福利，此项措施是不值得提倡的。

B. 企业采取降低生产成本的某些措施对企业的发展不一定总是有益的。

C. 只有当企业职工和企业家的利益一致时，企业采取的措施才是对企业发展有益的。

D. 企业降低生产成本的努力需要从企业整体利益的角度进行综合考虑。

E. 减少对职工社保的购买会损害职工的切身利益，对企业也没有好处。

9.（2010-10-34）X先生一直被誉为19世纪西方世界的文学大师，但是，他从前辈文学巨匠得到的受益却被评论家们忽略了。此外，X先生从未写出真正的不朽巨著，他最广为人知的作品无论在风格上还是表达上均有较大缺陷。

从上述陈述可以得出以下哪项结论？

A. X先生在文坛上成名后，没有承认曾受惠于他的前辈。

B. 当代的评论家们开始重新评估X先生的作品。

C. X先生的作品基本上是效仿前辈，缺乏创新。

D. 作家在文学史上的地位历来是充满争议的。

E. X先生对西方文学发展的贡献被过分夸大了。

10.（2010-10-35）一项研究发现：吸食过毒品（例如摇头丸）的女孩比没有这种行为的女孩患抑郁症的可能性高出2至3倍；酗酒的男孩比不喝酒的男孩患抑郁症的可能性高出5倍。另外，抑郁会使没有不良行为的孩子减少犯错误的冲动，却会让有过上述不良行为的孩子更加行为出格。

如果上述断定为真，则以下哪项一定为真？

A. 行为出格的孩子容易抑郁，进而加重他们的出格行为。

B. 酗酒的男孩比食用摇头丸的女孩患抑郁症的可能性高。

C. 抑郁会让人失去生活的乐趣并导致行为出格。

D. 没有坏习惯的孩子大多是家庭和谐快乐的。

E. 患有抑郁症的孩子都伴随有不良的行为出格。

11. （2010-10-50）昨天是小红的生日,后天是小伟的生日。他俩的生日距星期天同样远。

如果上述断定为真,那么,今天是星期几?

A. 今天是星期五。　　　　　　　　B. 今天是星期一。

C. 今天是星期二。　　　　　　　　D. 今天是星期三。

E. 今天是星期四。

12. （2010-10-52）心理研究表明,当人们对某些事情怀有消极态度时,如果通过画面将这些事情与他们喜欢的事情联系起来,人们对这些事情的态度可能会由消极变为积极。因此,广告设计者应该_____

以下哪项能最合乎逻辑地完成上述陈述?

A. 在其广告里使用很少的文字内容,呈现更多的画面元素。

B. 通过画面对所宣传的产品进行夸张,设法让人们对其产生好感。

C. 把他们的广告在电视上发布而不是刊登在杂志上。

D. 通过画面将广告产品的优点与竞争对手产品的缺点进行对比。

E. 在广告中适当插入被大部分目标顾客喜欢的图片。

13. （2011-1-28）一般将缅甸所产的经过风化或经河水搬运至河谷、河床中的翡翠大砾石,称为"老坑玉"。"老坑玉"的特点是"水头好"、质坚、透明度高,其上品透明如玻璃,故称"玻璃种"或"冰种"。同为老坑玉,其质量相对也有高低之分,有的透明度高一些,有的透明度稍差些,所以价值也有差别。在其他条件都相同的情况下,透明度高的老坑玉比透明度较其低的单位价值高,但是开采的实践告诉人们,没有单位价值最高的老坑玉。

以上陈述如果为真,可以得出以下哪项结论?

A. 没有透明度最高的老坑玉。

B. 透明度高的老坑玉未必"水头好"。

C. "新坑玉"中也有质量很好的翡翠。

D. 老坑玉的单位价值还决定于其加工的质量。

E. 随着年代的增加,老坑玉的单位价值会越来越高。

14. （2011-1-42）按照联合国开发计划署2007年的统计,挪威是世界上居民生活质量最高的国家,欧美和日本等发达国家也名列前茅。如果统计1990年以来生活质量改善最快的国家,发达国家则落后了。至少在联合国开发计划署统计的116个国家中,17年来,非洲东南部国家莫桑比克的生活质量提高最快,2007年其生活质量指数比1990年提高了50%。很多非洲国家取得了和莫桑比克类似的成就。作为世界上最受瞩目的发展中国家,中国的生活质量指数在过去17年中也提高了27%。

以下哪项可以从联合国开发计划署的统计中得出?

A. 2007年,发展中国家的生活质量指数都低于西方国家。

B. 2007年,莫桑比克的生活质量指数不高于中国。

C. 2006年,日本的生活质量指数不高于中国。

D. 2006年,莫桑比克的生活质量的改善快于非洲其他各国。

E. 2007年,挪威的生活质量指数高于非洲各国。

15. (2011-10-27) 在一次重大国际田径赛上,某著名长跑运动员顺利进入10 000米决赛。根据以往的成绩,只要她不违规,冠军非她莫属。然而,出乎意料的是她没有得到金牌。

以下除了哪项,都可能是该运动员与金牌无缘的原因?

A. 该运动员的教练在场外大声喊话。

B. 因为比赛以外的原因,该运动员故意不得金牌。

C. 该运动员赛后违禁药物检查呈阳性。

D. 该运动员忘记了决赛开始的时间。

E. 该运动员误以为自己比另一个运动员快了一圈。

16. (2011-10-30) 某市为了减少交通拥堵,采用如下限行措施:周一到周五的工作日,非商用车按尾号0、5,1、6,2、7,3、8,4、9,分五组按顺序分别限行一天,双休日和法定假日不限行。对违反规定者进行罚款。

关于该市居民出行的以下各项表述中,除哪项外,都可能不违反限行规定?

A. 赵一开着一辆尾号为1的商用车,每天都在街上跑。

B. 钱二有两辆私家车,尾号不同,每天都开车。

C. 张三与邻居共有三辆私家车,尾号都不相同,他们合作每天有两辆车开。

D. 李四与俩邻居共有五辆私家车,尾号都不相同,他们合作每天有四辆车可开。

E. 王五与仨邻居有六辆私家车,尾号都不相同,他们合作每天有五辆车可开。

17. (2011-10-31) 2011年世界大学生运动会在中国深圳举行,运动员通过各国的选拔来参加比赛。某项目限制每个国家最多两个报名名额。某国在该项目上有四名出色的运动员U、V、W、X愿意报名参赛。通过一次公平、公开、公正的国内比赛,选拔出U、V参加世界大学生运动会。

以下所列各项陈述的事实与题干之意不相符合的是:

A. 运动员W在选拔赛中成绩优于运动员U,但U是该国这项运动记录的保持者。

B. 运动员X在选拔赛中成绩最优秀,但赛后违禁药物检验呈阳性。

C. 运动员W在本赛季创造了该国的最好成绩。

D. 运动员U在2008年因兴奋剂被禁赛两年。

E. 运动员V是一员超过35岁的老将。

18. (2011-10-32) 某项研究以高中三年级理科生288人为对象,分两组进行测试。在数学考试前,一组学生需咀嚼10分钟口香糖,而另一组无须咀嚼口香糖。测试结果显示,总体上咀嚼口香糖的考生比没有咀嚼口香糖的考生焦虑感低20%;特别是对于低焦虑状态的学生群体,咀嚼组比未咀嚼组的焦虑感低36%;而对于中焦虑状态的考生,咀嚼口香糖比不咀嚼口香糖的焦虑感低16%。

从以上实验数据,最能得出以下哪项?

A. 咀嚼口香糖对于高焦虑状态的考生没有效果。

B. 对于高焦虑状态的学生群体,咀嚼组比未咀嚼组的焦虑感低8%。

C. 咀嚼口香糖能够缓解低、中程度焦虑状态学生的考试焦虑。

D. 咀嚼口香糖不能缓解考试焦虑。

E. 未咀嚼口香糖的一组,因为无事可做而焦虑。

19. (2011-10-34) 某国海滨城市发生了一场特大的地震,引发了多年未见的海啸,使几个核电站进水,被核辐射污染的水有可能被排入大海。

以下各项都有助于得出被核辐射污染的水已经排入大海的结论,除了:

A. 事后5天,发现万里之外的南极附近一条死鱼的内脏受到了核辐射的影响。

B. 事后10天,通过在100海里以外的海水取样检验,发现放射性超标。

C. 受影响的1号核电站电源中断,原来设计的防护措施难以发挥作用。

D. 受影响的2号核电站冷却系统失灵,高温的水漫延出来。

E. 受影响的3号核电站的防护壳有裂缝,一场核灾难危在旦夕。

20. (2011-10-36) 某彩票销售站最近半年在出售一种不记名、不挂失的"刮刮看"彩票。该彩票左边有两个隐藏的两位数字,右边有6个隐藏的两位数字。顾客购买后就可以刮彩票。如果右边刮开的某个数字与左边的某个数字相同,在右边该数字下面刮出的字体更小的数字就是中奖的数额。根据福彩中心提供的信息,这种彩票可能中奖的数额有:60元、800元、6 000元、80 000元、600 000元、1 000 000元,每张彩票至多有一个中奖数字。张三下班后在某彩票销售站购买了一张彩票,刮开后发现右边的一个数字是15,与左边刮出的一个数字相同,再看下边的小字体数字是8 000,高兴之极,销售彩票的李四立刻给了他8 000元,张三高兴地去餐厅与朋友大吃了一顿。事后,矛盾爆发,两人打起了官司。

以下哪项陈述是最不可能发生的?

A. 张三当真认为自己中奖8 000元。 B. 李四当真认为张三中奖8 000元。

C. 张三认为自己真的中了彩票。 D. 李四认为张三真的中了彩票。

E. 张三没有仔细地刮彩票。

21. (2011-10-40) 某国外著名学术期刊发表的一篇研究论文揭示:人在生气时体内会产生一系列的生理反应,使得心跳加快,内分泌失常,引起血压升高、消化系统紊乱,严重的可能引起呕吐甚至晕厥,日后还会引起皮肤雀斑增多。张三希望孩子能上名牌大学,如果看到孩子成绩不如意,就会生闷气。

基于题干的论断,以下哪项如果为真,最能推出张三生气的结论?

A. 张三的血压有所升高。

B. 张三的血压升高,而且呕吐了。

C. 张三的血压升高、呕吐并伴有晕厥,而且皮肤的雀斑也增多了。

D. 张三的儿子在学期期末考试中,有两门功课成绩下降了。

E. 张三的儿子参加学校运动会1 500米比赛,只得到第5名。

22~23题基于以下题干:

11月8日上午,国防科技工业局首次公布了"嫦娥二号"卫星传回的"嫦娥三号"预选着陆区——月球虹湾地区的局部影像图。它是一张黑白照片,成像时间为10月28日18时,是卫星在距离月面大约18.7千米的地方拍摄获取的。影像图的传回,标志着"嫦娥二号"任务所确定的六个工程目标已经全部实现,意味着"嫦娥二号"工程任务取得圆满成功。

"嫦娥二号"的发射,最主要的任务是对月球虹湾地区进行高清晰度的拍摄,为今后发射"嫦娥三号"卫星并实施着陆做好前期准备。

据悉,此次"嫦娥二号"携带的CCD相机分辨率比"嫦娥一号"携带的提高了很多。"嫦娥二号"在100千米圆轨道运行时分辨率优于10米,进入100千米×15千米的椭圆轨道时,其分辨率能达到1米,已超过了原先预定的1.5米的指标。据了解,将来"嫦娥三号"着陆器上也同样有CCD相机,届时它不光要拍照,还能根据图片自主避开着陆器在软着陆过程中不适宜降落的地点,"临机决断"为着陆器选择适宜降落的平坦表面。

22.(2011-10-54)以下各项陈述中,最符合题干观点的是:
   A. "嫦娥二号"拍摄的月球虹湾地区局部影像图传到地球大约需要10天时间。
   B. 对月球虹湾地区进行高清晰度的拍摄是"嫦娥二号"唯一任务。
   C. "嫦娥二号"在100千米的圆形轨道运行时拍摄了月球虹湾地区局部影像图。
   D. "嫦娥二号"在椭圆轨道绕月运行时拍摄了月球虹湾地区局部影像图。
   E. "嫦娥二号"在完成六项预定工程目标后失去了与陆地控制中心的联络。

23.(2011-10-55)以下各项都可以从题干中推出,除了:
   A. "嫦娥二号"携带的CCD相机分辨率比"嫦娥一号"携带的分辨率高。
   B. 将来"嫦娥三号"携带的CCD相机比"嫦娥二号"携带的功能更强。
   C. "嫦娥二号"为今后要发射的"嫦娥三号"卫星着陆地点做了精确的选择。
   D. "嫦娥三号"着陆器在月球软着陆过程中应该选择平坦表面。
   E. "嫦娥三号"着陆器在着陆时有自我调节方向的功能。

24.(2012-1-33)《文化新报》记者小白周四去某市采访陈教授与王研究员。次日,其同事小李问小白:"昨天你采访到那两位学者了吗?"小白说:"不,没那么顺利。"小李又问:"那么,你一个都没采访到?"小白说:"也不是。"

以下哪项最可能是小白周四采访所发生的情况?
   A. 小白采访到了两位学者。
   B. 小白采访了李教授,但没有采访王研究员。
   C. 小白根本没有去采访两位学者。
   D. 两位采访对象都没有接受采访。
   E. 小白采访到了一位,但没有采访到另一位。

25. （2012-10-30）蝴蝶是一种非常美丽的昆虫,有14 000余种,大部分分布在美洲,尤其在亚马孙河流域品种最多,在世界其他地区除了南北极寒冷地带以外都有分布。在亚洲,中国台湾地区也以蝴蝶品种繁多著名。蝴蝶翅膀一般色彩鲜艳,翅膀和身体有各种花斑,头部有一对棒状或锤状触角。最大的蝴蝶翅展可达24厘米,最小的只有1.6厘米。

根据以上陈述,可以得出以下哪项?

A. 蝴蝶的首领是昆虫的首领之一。

B. 最大的蝴蝶是最大的昆虫。

C. 蝴蝶品种繁多,所以各类昆虫的品种繁多。

D. 有的昆虫翅膀色彩鲜艳。

E. 最小的蝴蝶比最小的昆虫大。

26. （2013-1-50）根据某位国际问题专家的调查统计可知:有的国家希望与某些国家结盟,有三个以上的国家不希望与某些国家结盟;至少有两个国家希望与每个国家建交,有的国家不希望与任一国家结盟。

根据上述统计可以得出以下哪项?

A. 每个国家都有一些国家希望与之结盟。

B. 每个国家都有一些国家希望与之建交。

C. 至少有一个国家,既有国家希望与之建交,也有国家不希望与之建交。

D. 至少有一个国家,既有国家希望与之结盟,也有国家不希望与之结盟。

E. 有些国家之间希望建交但是不希望结盟。

27. （2013-10-32）人类男女祖先"年龄"的秘密隐藏在Y染色体与线粒体中。Y染色体只从父传子,而线粒体只从母传女。通过这两种遗传物质向前追溯,可以发现所有男人都有共同的男性祖先"Y染色体亚当",所有女人都有共同的女性祖先"线粒体夏娃"。研究人员对来自亚非拉等代表9个不同人群的69名男性进行基因组测序并比较分析,结果发现,这个男性共同祖先"Y染色体亚当"约形成于15.6万年至12万年前。对线粒体采用同样的技术分析,研究人员又推算出这个女性共同祖先"线粒体夏娃"形成于14.8万年至9.9万年前。

以下哪项最适宜作为上述论述的推论?

A. "Y染色体亚当"和"线粒体夏娃"差不多形成于同一时期,"年龄"比较接近,"Y染色体亚当"可能还要早点。

B. 在15万年前,地球上只有一个男人"亚当"。

C. 作为两个个体,"亚当"和"夏娃"应该从未相遇。

D. 男人和女人相伴而生,共同孕育了现代人类。

E. 如果说"亚当"与"夏娃"繁衍出当今的人类,确实有一定的道理。

28. （2013-10-55）2012年11月17日,由国防科技大学研制的"天河一号"超级计算机以峰值速度4 700万亿次、持续速度2 568万亿每秒浮点运算的速度,成为世界上运算速度最快的计算机。相隔不到3年,2013年6月17日在德国莱比锡举行的2013国际超级计算机大会上,国际 TOP500 组织公布了最新全球超级计算机 500 强排行榜榜单。国防科技大学研制的"天河二号"以峰值计算速度每秒 5.49 亿万次、持续计算速度每秒 3.39 亿万次的优异性能又位居榜首。相比以前排名世界第一的美国"泰坦"超级计算机,计算速度是后者的 2 倍。

以下哪项最适合作为以上论述的推论?

A. 世界上只有美国和中国可以制造超级计算机。

B. 中国只有国防科技大学成功研制超级计算机。

C. 只有美国和中国的超级计算机运算速度曾经排名世界第一。

D. 全世界现在共计有 500 台超级计算机。

E. 中国的"天河二号"计算速度明显领先于其他超级计算机。

29.(2014-10-46)社区组织的活动有两种类型:养生型和休闲型。组织者对所有参加者的统计发现:社区老人有的参加了所有养生型的活动,有的参加了所有休闲型的活动。

按这个统计,以下哪项一定为真?

A. 社区组织的有些活动没有社区老人参加。

B. 有些社区老人没有参加社区组织的任何活动。

C. 社区组织的任何活动都有社区老人参加。

D. 社区的中年人也参加了社区组织的活动。

E. 有些社区老人参加了社区组织的所有活动。

30.(2015-1-45)张教授指出,明清时期科举考试分为四级,即院试、乡试、会试、殿试。院试在县府举行,考中者称"生员";乡试每三年在各省省城举行一次,生员才有资格参加,考中者称为"举人",举人第一名称为"解元";会试于乡试后第二年在京城礼部举行,举人才有资格参加,考中者称为"贡士",贡士第一名称"会元";殿试在会试当年举行,由皇帝主持,贡士才有资格参加,录取分三甲,一甲三名,二甲、三甲各若干名,统称为"进士",一甲第一名称"状元"。

根据张教授的陈述,以下哪项是不可能的?

A. 未中解元者,不曾中会元。

B. 中举者不曾中进士。

C. 中状元者曾为生员和举人。

D. 中会元者不曾中举。

E. 可有连中三元者(解元、会元、状元)。

31.(2016-1-29)古人以干支纪年。甲乙丙丁戊己庚辛壬癸为十干,也称天干。子丑寅卯辰巳午未申酉戌亥为十二支,也称地支。顺次以天干配地支,如甲子、乙丑、丙寅、……、癸酉、甲戌、乙亥、丙子等,六十年重复一次,俗称六十花甲子。根据干支纪年,公元 2014 年为甲午年,公元 2015 年为乙未年。

根据以上陈述,可以得出以下哪项?

A. 21 世纪会有甲丑年。

B. 现代人已不用干支纪年。

C. 干支纪年有利于农事。

D. 根据干支纪年,公元 2087 年为丁未年。

E. 根据干支纪年,公元 2024 年为甲寅年。

32.(2017-1-44)爱书成痴注定会藏书。大多数藏书家也会读一些自己收藏的书;但有些藏书家却因喜爱书的价值和精致装帧而购书收藏,至于阅读则放到了自己以后闲暇的时间,而一旦他们这样想,这些新购的书就很可能不被阅读了。但是,这些受到"冷遇"的书只要被友人借去一本,藏书家就会失魂落魄,整日心神不安。

根据上述信息,可以得出以下哪项?

A. 有些藏书家将自己的藏书当作友人。

B. 有些藏书家喜欢闲暇时读自己的藏书。

C. 有些藏书家会读遍自己收藏的书。

D. 有些藏书家不会立即读自己新购的书。

E. 有些藏书家从不读自己收藏的书。

33.(2018-1-45)某校图书馆新购一批文科图书。为方便读者查阅,管理人员对这批图书在文科新书阅览室中摆放位置做出如下提示:

(1)前三排书橱均放有哲学类新书;

(2)法学类新书都放在第 5 排书橱,这排书橱的左侧也放有经济类新书;

(3)管理类新书放在最后一排书橱。

事实上,所有的图书都按照上述提示放置。根据提示,徐莉顺利找到了她想查阅的新书。

根据上述信息,以下哪项是不可能的?

A. 徐莉在第 2 排书橱中找到哲学类新书。

B. 徐莉在第 3 排书橱中找到经济类新书。

C. 徐莉在第 4 排书橱中找到哲学类新书。

D. 徐莉在第 6 排书橱中找到法学类新书。

E. 徐莉在第 7 排书橱中找到管理类新书。

34.(2019-1-33)有一论证(相关语句用序号表示)如下:

①今天,我们仍然要提倡勤俭节约。②节约可以增加社会保障资源。③我国尚有不少地区的人民生活贫困,亟须更多社会保障资源,但也有一些人浪费严重。④节约可以减少资源消耗。⑤因为被浪费的任何粮食或者物品都是消耗一定的资源得来的。

如果用"甲→乙"表示甲支持(或证明)乙,则以下哪项对上述论证基本结构的表示最为准确?

A.   B.   C.   D.   E.

35.（2019-1-43）甲：上周去医院，给我看病的医生竟然还在抽烟。

乙：所有抽烟的医生都不关心自己的健康，而不关心自己健康的人也不会关心他人的健康。

甲：是的，不关心他人健康的医生没有医德。我今后再也不会让没有医德的医生给我看病了。

根据上述信息，以下除了哪项，其余各项均可得出？

A. 乙认为上周给甲看病的医生不会关心乙的健康。

B. 甲认为他不会再找抽烟的医生看病。

C. 甲认为上周给他看病的医生不会关心甲的健康。

D. 甲认为上周给他看病的医生不关心医生自己的健康。

E. 乙认为上周给甲看病的医生没有医德。

36.（2020-1-52）人非生而知之者，孰能无惑？惑而不从师，其为惑也，终不解矣。生乎吾前，其闻道也固先乎吾，吾从而师之；生乎吾后，其闻道也亦先乎吾，吾从而师之。吾师道也，夫庸知其年之先后生于吾乎？是故无贵无贱，无长无少，道之所存，师之所存也。

根据以上信息，可以得出哪项？

A. 与吾生乎同时，其闻道也必先乎吾。

B. 师之所存，道之所存也。

C. 无贵无贱，无长无少，皆为吾师。

D. 与吾生乎同时，其闻道不必先乎吾。

E. 若解惑，必从师。

37~38题基于以下题干：

某项测试共有4道题，每道题给出A、B、C、D四个选项，其中只有一项是正确答案。现有张、王、赵、李4人参加了测试，他们的答题情况和测试结果如下：

答题者	第一题	第二题	第三题	第四题	测试结果
张	A	B	A	B	均不正确
王	B	D	B	C	只答对1题
赵	D	A	A	B	均不正确
李	C	C	B	D	只答对1题

37.（2020-1-54）根据以上信息，可以得出以下哪项？

A. 第二题的正确答案是C。　　B. 第二题的正确答案是D。

C. 第三题的正确答案是D。　　D. 第四题的正确答案是A。

E. 第四题的正确答案是D。

38.（2020-1-55）如果每道题的正确答案各不相同，则可以得出以下哪个选项？

A. 第一题的正确答案是B。　　B. 第一题的正确答案是C。

C. 第二题的正确答案是D。　　D. 第二题的正确答案是A。

E. 第三题的正确答案是C。

39. (2021-1-45) 下面有一5×5的方阵,它所含的每个小方格中可填入一个词(已有部分词填入)。现要求该方阵中的每行、每列及每个粗线条围住的五个小方格组成的区域中均含有"道路""制度""理论""文化""自信"5个词,不能重复也不能遗漏。

根据上述要求,以下哪项是方阵①②③④空格中从左至右依次应填入的词?

①		②	③	④
		自信	道路	制度
理论				道路
制度			自信	
				文化

A. 道路、理论、制度、文化。 B. 道路、文化、制度、理论。
C. 文化、理论、制度、自信。 D. 理论、自信、文化、道路。
E. 制度、理论、道路、文化。

40. (2021-1-52) 除冰剂是冬季北方用于道路去冰的常见产品。下表显示了五种除冰剂的各项特征:

除冰剂类型	融冰速度	破坏道路设施的可能风险	污染土壤的可能风险	污染水体的可能风险
Ⅰ	快	高	高	高
Ⅱ	中等	中	低	中
Ⅲ	较慢	低	低	中
Ⅳ	快	中	中	低
Ⅴ	较慢	低	低	低

以下哪项对上述五种除冰剂的特征概括最为准确?

A. 融冰速度较慢的除冰剂在污染土壤和污染水体方面的风险都低。

B. 没有一种融冰速度快的除冰剂三个方面风险都高。

C. 若某种除冰剂至少两个方面风险低,则其融冰速度一定较慢。

D. 若某种除冰剂三个方面风险都不高,则其融冰速度一定也不快。

E. 若某种除冰剂在破坏道路设施和污染土壤方面的风险都不高,则其融冰速度一定较慢。

41. (2022-1-40) 幸福是一种主观愉悦的心理体验,也是一种认知和创造美好生活的能力。在日常生活中,每个人如果既能发现当下不足,也能确立前进的目标,并通过实际行动改进不足和实现目标,就能始终保持对生活的乐观精神。而有了对生活的乐观精神,就会拥有幸福感。生活中大多数人都拥有幸福感;遗憾的是,也有一些人能发现当下的不足,并通过实际行动去改进,但他们却没有幸福感。

根据以上陈述,可以得出以下哪项?

A. 生活中大多数人都有对生活的乐观精神。

B. 个体的心理体验也是个体的一种行为能力。

C. 如果能发现当下的不足并努力改进,就能拥有幸福感。

D. 那些没有幸福感的人即使发现当下的不足,也不愿通过行为去改变。

E. 确立前进的目标并通过实际行动实现目标,生活中有些人没有做到这一点。

答案速查

题号	1	2	3	4	5	6	7	8	9	10
答案	D	D	A	B	D	A	E	B	E	A
题号	11	12	13	14	15	16	17	18	19	20
答案	D	E	A	E	A	E	A	C	A	B
题号	21	22	23	24	25	26	27	28	29	30
答案	D	D	C	E	D	B	A	E	C	D
题号	31	32	33	34	35	36	37	38	39	40
答案	D	D	D	D	E	E	D	A	A	C
题号	41									
答案	E									

考查点 8 数量关系

知识点梳理

此类题目看上去很难突破,可能涉及方程、不等式、分子与分母比值关系、百分比、概率、集合运算等,事实上只要找到与之匹配的数字规律,是比较容易举一反三的。

解题方法:

(1)提取题干信息,找到数量关系;

(2)建立数字模型或寻找数字特征;

(3)利用方程等思想进行解题。

历年真题

1. (2009-1-33) 某综合性大学只有理科与文科,理科学生多于文科学生,女生多于男生。

如果上述断定为真,则以下哪项关于该大学学生的断定也一定为真?

Ⅰ.文科的女生多于文科的男生。

Ⅱ.理科的男生多于文科的男生。

Ⅲ.理科的女生多于文科的男生。

A. 只有Ⅰ和Ⅱ。　　　　　　　　　B. 只有Ⅲ。

C. 只有Ⅱ和Ⅲ。　　　　　　　　　D. Ⅰ、Ⅱ和Ⅲ。

E. Ⅰ、Ⅱ和Ⅲ都不一定是真的。

2. （2009-10-41）大唐股份有限公司由甲、乙、丙、丁四个子公司组成。每个子公司承担的上缴利润份额与每年该子公司员工占公司总员工数的比例相等。例如，如果某年甲公司员工占总员工的比例是20%，则当年总公司计划总利润的20%须由甲公司承担上缴。但是去年该公司的财务报告却显示，甲公司在员工数量增加的同时向总公司上缴利润的比例却下降了。如果上述财务报告为真，则以下哪项一定为真？

A. 甲公司员工增长的比例比前一年小。

B. 乙、丙、丁公司员工增长的比例都超过了甲公司员工增长的比例。

C. 甲公司员工增长的比例至少比其他三个子公司中的一个小。

D. 在四个子公司中，甲公司的员工增长数是最小的。

E. 在四个子公司中，甲公司的员工数量最少。

3. （2010-1-53）参加某国际学术研讨会的60名学者中，亚裔学者31人，博士33人，非亚裔学者中无博士学位的有4人。

根据上述陈述，参加此次国际研讨会的亚裔博士有几人？

A. 1人。　　B. 2人。　　C. 4人。　　D. 7人。　　E. 8人。

4. （2011-10-28）今年上半年的统计数字表明：甲省CPI在三个月环比上涨1.8%之后，又连续三个月下降1.7%；同期，乙省CPI连续三个月环比下降1.7%之后，又连续三个月上涨1.8%。

假若去年12月甲、乙两省的CPI相同，则以下哪项判断不为真？

A. 今年2月份甲省比乙省的CPI高。

B. 今年3月份甲省比乙省的CPI高。

C. 今年4月份甲省比乙省的CPI高。

D. 今年5月份甲省比乙省的CPI高。

E. 今年6月份甲省比乙省的CPI高。

5. （2011-10-37）某市优化投资环境，2010年累计招商引资10亿元，其中外资5.7亿元，投资第三产业4.6亿元，投资非第三产业5.4亿元。

根据以上陈述，可以得出以下哪项结论？

A. 投资第三产业的外资大于投资非第三产业的内资。

B. 投资第三产业的外资小于投资非第三产业的内资。

C. 投资第三产业的外资等于投资非第三产业的内资。

D. 投资第三产业的外资和投资非第三产业的内资无法比较大小。

E. 投资第三产业的外资为4.3亿元。

6. （2012-10-28）百花山公园是市内最大的市民免费公园，园内种植着奇花异卉以及品种繁多的特色树种。其中，有花植物占大多数。由于地处温带，园内的阔叶树种超过了半数，各种珍稀树种也超过了一般树种。一到春夏之交，鲜花满园；秋收季节，果满枝头。

根据以上陈述,可以得出以下哪项?

A. 园内珍稀阔叶树种超过了一般非阔叶树种。
B. 园内阔叶有花植物超过非阔叶无花植物。
C. 园内珍稀挂果树种超过了不挂果的一般树种。
D. 市民可以免费采摘百花山公园的果实。
E. 园内珍稀有花树种超过了半数。

7. (2013-1-47)据统计,去年在某校参加高考的385名文、理科考生中,女生189人,文科男生41人,非应届男生28人,应届理科考生256人。

由此可见,去年在该校参加高考的考生中:

A. 非应届文科男生多于20人。
B. 应届理科女生少于130人。
C. 非应届文科男生少于20人。
D. 应届理科女生多于130人。
E. 应届理科男生多于129人。

8~9题基于以下题干:

某机构对我国东部地区甲、乙、丙3个城市的3类居民住房(按价格从高到低分别是别墅、普通商用房和经济适用房)的平均房价做了调研,公布的信息中有如下内容:按别墅房售价,从高到低是甲城、乙城、丙城;按普通商用房售价,从高到低是甲城、丙城、乙城;按经济适用房售价,从高到低是乙城、甲城、丙城。

8. (2013-10-30)关于以上3个城市的居民住房整体平均价格,以下哪项判断是错误的?

A. 甲城的居民住房整体平均价格最高。
B. 乙城的居民住房整体平均价格居中。
C. 丙城的居民住房整体平均价格最低。
D. 甲城的居民住房整体平均价格最低。
E. 乙城的居民住房整体平均价格高于丙城。

9. (2013-10-31)要能断定甲城的居民住房整体平均价格最高,仅需要增加以下哪项假定?

Ⅰ. 3个城市在售的经济适用房面积都小于各自总在售居民住房面积的10%;
Ⅱ. 3个城市在售的别墅房、普通商用房、经济适用房面积之比都相同;
Ⅲ. 在售的经济适用房前两名城市的价格差价小于其他类型住房前两名城市的价格差价。

A. Ⅰ。 B. Ⅰ和Ⅱ。 C. Ⅰ和Ⅲ。 D. Ⅱ和Ⅲ。 E. Ⅰ、Ⅱ、Ⅲ。

10. (2014-1-33)近10年来,某电脑公司的个人笔记本电脑的销量持续增长,但其增长率低于该公司所有产品总销量的增长率。

以下哪项关于该公司的陈述与上述信息相冲突?

A. 近10年来,该公司个人笔记本电脑的销量每年略有增长。

B. 个人笔记本电脑的销量占该公司产品总销量的比例近 10 年来由 68% 上升到 72%。

C. 近 10 年来,该公司产品总销量增长率与个人笔记本电脑的销量增长率每年同时增长。

D. 近 10 年来,该公司个人笔记本电脑的销量占该公司产品总销量的比例逐年下降。

E. 个人笔记本电脑的销量占该公司产品总销量的比例近 10 年来由 64% 下降到 49%。

11. (2014-1-52) 现有甲、乙两所高校,根据上年度的教育经费实际投入统计,若仅仅比较在校本科生的学生人均经费投入,甲校等于乙校的 86%;但若比较所有学生(本科生加上研究生)的人均经费投入,甲校是乙校的 118%。各校研究生的人均经费投入均高于本科生。根据以上信息,最可能得出以下哪项?

A. 上年度,甲校学生总数多于乙校。

B. 上年度,甲校研究生人数少于乙校。

C. 上年度,甲校研究生占该校学生的比例高于乙校。

D. 上年度,甲校研究生人均经费投入高于乙校。

E. 上年度,甲校研究生占该校学生的比例高于乙校,或者甲校研究生人均经费投入高于乙校。

12. (2017-1-31) 张立是一位单身白领,工作 5 年积累了一笔存款。由于该笔存款金额尚不足以购房,他考虑将其暂时分散投资到股票、黄金、基金、国债和外汇 5 个方面。该笔存款的投资需要满足如下条件:

(1) 如果黄金投资比例高于 1/2,则剩余部分投入国债和股票;

(2) 如果股票投资比例低于 1/3,则剩余部分不能投入外汇或国债;

(3) 如果外汇投资比例低于 1/4,则剩余部分投入基金或黄金;

(4) 国债投资比例不能低于 1/6。

根据上述信息,可以得出以下哪项?

A. 国债投资比例高于 1/2。　　　　　B. 外汇投资比例不低于 1/3。

C. 股票投资比例不低于 1/4。　　　　D. 黄金投资比例不低于 1/5。

E. 基金投资比例低于 1/6。

13. (2017-1-37) 很多成年人对于儿时熟悉的《唐诗三百首》中的许多名诗,常常仅记得几句名句,而不知诗作者或诗名。甲校中文系硕士生只有三个年级,每个年级人数相等。统计发现,一年级学生都能把该书中的名句与诗名及其作者对应起来;二年级 2/3 的学生能把该书中的名句与作者对应起来;三年级 1/3 的学生不能把该书中的名句与诗名对应起来。根据上述信息,关于该校中文系硕士生,可以得出以下哪项?

A. 1/3 以上的一、二年级学生不能把该书中的名句与作者对应起来。

B. 1/3 以上的硕士生不能把该书中的名句与诗名或作者对应起来。

C. 大部分硕士生能把该书中的名句与诗名及其作者对应起来。

D. 2/3 以上的一、三年级学生能把该书中的名句与诗名对应起来。

E. 2/3 以上的一、二年级学生不能把该书中的名句与诗名对应起来。

14. (2018-1-44) 中国是全球最大的卷烟生产国和消费国,但近年来政府通过出台禁烟令、提高卷烟消费税等一系列公共政策努力改变这一形象。一项权威调查数据显示,在2014年同比上升2.4%之后,中国卷烟消费量在2015年同比下降了2.4%,这是1995年来首次下降。尽管如此,2015年中国卷烟消费量仍占全球的45%,但这一下降对全球卷烟总消费量产生巨大影响,使其同比下降了2.1%。

根据以上信息,可以得出以下哪项?

A. 2015年世界其他国家卷烟消费量同比下降比率低于中国。

B. 2015年中国卷烟消费量恰好等于2013年。

C. 2015年世界其他国家卷烟消费量同比下降比率高于中国。

D. 2015年中国卷烟消费量大于2013年。

E. 2015年发达国家卷烟消费量同比下降比率高于发展中国家。

15. (2020-1-34) 某市2018年的人口发展报告显示,该市常住人口1 170万,其中常住外来人口440万,户籍人口730万。从区级人口分布情况来看,该市G区常住人口240万,居各区之首;H区常住人口200万,位居第二;同时,这两个区也是吸纳外来人口较多的区域,两个区常住外来人口200万,占全市常住外来人口的45%以上。

根据以上陈述,可以得出以下哪项?

A. 该市G区的户籍人口比H区的常住外来人口多。

B. 该市H区的户籍人口比G区的常住外来人口多。

C. 该市H区的户籍人口比H区的常住外来人口多。

D. 该市G区的户籍人口比G区的常住外来人口多。

E. 该市其他各区的常住外来人口都没有G区或H区的多。

答案速查

题号	1	2	3	4	5	6	7	8	9	10
答案	B	C	E	E	A	A	B	D	D	B
题号	11	12	13	14	15					
答案	E	C	D	A	A					

专题二 削弱型题目

知识点梳理

削弱型题目虽然在近几年真题中的题量不大,但依然是逻辑推理中的重要题型。

1. 削弱型题目的解题思路

削弱型题目要求找到对题干推理起削弱作用的选项,只要将某选项放入论据与结论之间,使题干推理成立或结论正确的可能性降低,那么这个选项就是正确答案。

要使一个结论为真,必须满足两个条件:

(1)论据真实;

(2)推理或论证形式有效。

2. 解答削弱型题目的基本方法

(1)首先对题干论证尽可能地简化,找出最主要的推理关系,明确论据和结论。如果问题说的是反对什么观点,要特别注意反对的是谁的观点、哪个观点。

(2)寻找一种弱化的方式,使其既可以肯定与题干结论不相容的选项,也可以从选项中找到一个使题干论证不能成立的条件。寻找削弱项的基本方向是针对论据、结论还有论证本身,通常有削弱论点(推理的结论)、削弱论据(推理的前提)和削弱论证方式(推理的形式)三条削弱途径。

总之,解答削弱型题目就是要找出论证的漏洞,即找出割裂题干论证的论据和结论之间关系的选项。比如,指出论据是错误的,或者隐含的假设不成立,或者论证的论据不足以支持其结论。只要选项加入题干的原论据中,能降低论据支持度、结论的可靠性,这样的选项就是削弱型题目的正确答案。大家也要注意这种思想在论证有效性分析中的应用。

3. 削弱型题目的解题步骤

(1)寻找结论,推理的重点在结论上。

(2)找出题干得出结论的理由。

(3)分析题干中的论证形式。

(4)预测答案。

(5)确定削弱方式。

①直接削弱题干的结论。

②断开因果联系,也叫作"断桥",可分为:措施达不到目的、原因得不到结果、条件得不出结论;理由与结论之间没有联系或有差异;割断因果、有因无果或无因有果。

③因果倒置。

④寻找他因:受其他因素影响,措施未必达目的、原因未必得结果、条件未必得结论;除了题干所说的理由之外还有其他因素影响其结论。

⑤对照实验的实验对象之间不具有可比性。

⑥显示因果联系的资料不准确。

⑦几种特殊类型。

a.条件型结论:举反例。

b.原文是类比:指出两者本质不同。

c.原文是调查:有效性受质疑(调查样本或对象没有代表性等)。

d.原文论据和结论关系不密切:正确选项直接削弱结论。

(6)验证答案。

历年真题

1.(2009-1-26)某中学发现有学生课余用扑克玩带有赌博性质的游戏,因此规定学生不得带扑克进入学校。不过即使是硬币,也可以用作赌具,但禁止学生带硬币进入学校是不可思议的。因此禁止学生带扑克进入学校是荒谬的。

以下哪项如果为真,最能削弱上述论证?

A.禁止带扑克进入学校不能阻止学生在校外赌博。

B.硬币作为赌具远不如扑克方便。

C.很难查明学生是否带扑克进入学校。

D.赌博不但败坏校风,而且影响学生学习成绩。

E.有的学生玩扑克不涉及赌博。

2.(2009-1-41)因为照片的影像是通过光线与胶片的接触形成的,所以每张照片都具有一定的真实性。但是,从不同角度拍摄的照片总是反映了物体某个侧面的真实而不是全部的真实,在这个意义上,照片又是不真实的。因此,在目前的技术条件下,以照片作为证据是不恰当的,特别是在法庭上。

以下哪项如果为真,最能削弱上述论证?

A.摄影技术是不断发展的,理论上说,全景照片可以从外观上反映物体的全部真实。

B.任何证据只需要反映事实的某个侧面。

C.在法庭审理中,有些照片虽然不能成为证据,但有重要的参考价值。

D.有些照片是通过技术手段合成或伪造的。

E.就反映真实性而言,照片的质量有很大的差别。

3.(2009-1-44)S市持有驾驶证的人员数量较五年前增加了数十万,但交通死亡事故却较五年前有明显的减少。由此可以得出结论:目前S市驾驶员的驾驶技术熟练程度较五年前有明显的提高。

以下各项如果为真,都能削弱上述论证,除了:

A.交通事故的主要原因是驾驶员违反交通规则。

B.目前S市的交通管理力度较五年前有明显加强。

C. S市加强对驾校的管理,提高了对新驾驶员的培训标准。

D. 由于油价上涨,许多车主改乘公交或地铁上下班。

E. S市目前的道路状况及安全设施较五年前有明显改善。

4. (2009-10-37) 据某国卫生部门统计,2004年全国糖尿病患者中,年轻人不到10%,70%为肥胖者。这说明,肥胖将极大增加患糖尿病的风险。

以下哪项如果为真,将严重削弱上述结论?

A. 医学已经证明,肥胖是心血管病的重要诱因。

B. 2004年,该国的肥胖者的人数比1994年增加了70%。

C. 2004年,肥胖者在该国中老年人中所占的比例超过60%。

D. 2004年,该国年轻人中的肥胖者所占的比例,比1994年提高了30%。

E. 2004年,该国糖尿病的发病率比1994年降低了20%。

5. (2009-10-42) H地区95%的海洛因成瘾者在尝试海洛因前曾吸过大麻。因此,该地区吸大麻的人数如果能减少一半,新的海洛因成瘾者将显著减少。

以下哪项如果为真,最能削弱上述论证?

A. 长期吸食大麻可能导致海洛因成瘾。

B. 吸毒者可以通过积极的治疗而戒毒。

C. H地区吸大麻的人成为海洛因成瘾者的比例很小。

D. 大麻和海洛因都是通过相同的非法渠道获得。

E. 大麻吸食者的戒毒方法与海洛因成瘾者的戒毒方法是不同的。

6. (2009-10-43) 2005年打捞公司在南川岛海域调查沉船时意外发现一艘载有中国瓷器的古代沉船,该沉船位于海底的沉积层上。据调查,南川岛海底沉积层在公元1000年形成,因此,水下考古人员认为,此沉船不可能是公元850年开往南川岛的"征服号"沉船。

以下哪项如果为真,最严重地弱化了上述论证?

A. 历史学家发现,"征服号"既未到达其目的地,也未返回其出发的港口。

B. 通过碳素技术测定,在南海沉积层发现的沉船是在公元800年建造的。

C. 经检查发现,"征服号"船的设计有问题,出海数周内几乎肯定会沉船。

D. 公元700—900年间某些失传的中国瓷器在南川岛海底沉船中发现。

E. 在南川岛海底沉积层发现的沉船可能是搁在海底礁盘数百年后才落到沉积层上的。

7. (2009-10-50) 在一项调查中,对"如果被查出患有癌症,你是否希望被告知真相"这一问题,80%的被调查者做了肯定回答。因此,当人们被查出患有癌症时,大多数都希望被告知真相。

以下各项如果为真,都能削弱上述论证,除了:

A. 上述调查的策划者不具有医学背景。

B. 上述问题的完整表述是:作为一个意志坚强和负责任的人,如果被查出患有癌症,你是否希望被告知真相?

C. 在另一项相同内容的调查中,大多数被调查者对这一问题做了否定回答。

D. 上述调查是在一次心理学课堂上实施的,调查对象受过心理素质的训练。

E. 在被调查时,人们通常都不讲真话。

8. (2010-1-27) 为了调查当前人们的识字水平,某实验者列举了20个词语,请30位文化人士识读,这些人的文化程度都在大专以上。识读结果显示,多数人只读对3~5个词语,极少数人读对15个以上,甚至有人全部读错。其中,"踌躇"的辨识率最高,30人中有19人读对;"呱呱坠地"所有人都读错。20个词语的整体误读率接近80%。该实验者由此得出,当前人们的识字水平并没有提高,甚至有所下降。

以下哪项如果为真,最能对该实验者的结论构成质疑?

A. 实验者选取的20个词语不具有代表性。

B. 实验者选取的30位识读者均没有博士学位。

C. 实验者选取的20个词语在网络流行语言中不常用。

D. "呱呱坠地"这个词的读音有些大学老师也经常读错。

E. 实验者选取的30位识读者中约有50%大学成绩不佳。

9. (2010-1-29) 现在越来越多的人拥有了自己的轿车,但他们明显地缺乏汽车保养的基本知识。这些人会按照维修保养手册或者4S店售后服务人员的提示做定期保养。可是,某位有经验的司机会告诉你,每行驶5 000千米做一次定期检查,只能检查出汽车可能存在问题的一小部分,这样的检查是没有意义的,是浪费时间和金钱。

以下哪项不能削弱该司机的结论?

A. 每行驶5 000千米做一次定期检查是保障车主安全所需要的。

B. 每行驶5 000千米做一次定期检查能发现引擎的某些主要故障。

C. 在定期检查中所做的常规维护是保证汽车正常运行所必需的。

D. 赵先生的新车未做定期检查,行驶到5 100千米时出了问题。

E. 某公司新购的一批汽车未做定期检查,均安全行驶了7 000千米以上。

10. (2010-1-32) 在某次课程教学改革的研讨会上,负责工程类教学的程老师说,在工程设计中,用于解决数学问题的计算机程序越来越多了,这样就不必要求工程技术类大学生对基础数学有深刻的理解。因此,在未来的教学体系中,基础数学课程可以用其他重要的工程类课程替代。

以下哪项如果为真,能削弱程老师的上述论证?

Ⅰ. 工程类基础课程中已经包含了相关的基础数学内容。

Ⅱ. 在工程设计中,设计计算机程序需要对基础数学有全面的理解。

Ⅲ. 基础数学课程的一个重要目标是培养学生的思维能力,这种能力对工程设计来说很关键。

A. 只有Ⅱ。　　B. 只有Ⅰ和Ⅱ。　C. 只有Ⅰ和Ⅲ。　D. 只有Ⅱ和Ⅲ。　E. Ⅰ、Ⅱ和Ⅲ。

11.（2010-1-34）一般认为,出生地间隔较远的夫妻所生子女的智商较高。有资料显示,夫妻均是本地人,其所生子女的平均智商为102.45;夫妻是省内异地的,其所生子女的平均智商为106.17;而隔省婚配的,其所生子女的平均智商则高达109.35。因此,异地通婚可提高下一代的智商水平。

以下哪项如果为真,最能削弱上述结论?

A. 统计孩子平均智商的样本数量不够多。

B. 不难发现,一些天才儿童的父母均是本地人。

C. 不难发现,一些低智商儿童父母的出生地间隔较远。

D. 能够异地通婚者是智商比较高的,他们自身的高智商促成了异地通婚。

E. 一些情况下,夫妻双方出生地间隔很远,但他们的基因可能接近。

12.（2010-1-43）一般认为,剑乳齿象是从北美洲迁入南美洲的。剑乳齿象的显著特征是具有较直的长剑型门齿,颚骨较短,臼齿的齿冠隆起,齿板数目为7或8个,并呈乳状凸起,剑乳齿象因此得名。剑乳齿象的牙齿结构比较复杂,这表明它能吃草。在南美洲的许多地方都有证据显示史前人类捕捉过剑乳齿象。由此可以推测,剑乳齿象的灭绝可能与人类的过度捕杀有密切关系。

以下哪项如果为真,最能反驳上述论证?

A. 史前动物之间经常发生大规模相互捕杀的现象。

B. 剑乳齿象在遇到人类攻击时缺乏自我保护能力。

C. 剑乳齿象也存在由南美洲进入北美洲的回迁现象。

D. 由于人类活动范围的扩大,大型食草动物难以生存。

E. 幼年剑乳齿象的牙齿结构比较简单,自我生存能力弱。

13.（2010-1-54）对某高校本科生的某项调查统计发现:在因成绩优异被推荐免试攻读硕士研究生的文科专业学生中,女生占70%。由此可见,该校本科文科专业的女生比男生优秀。

以下哪项如果为真,能最有力地削弱上述结论?

A. 在该校本科文科专业学生中,女生占30%以上。

B. 在该校本科文科专业学生中,女生占30%以下。

C. 在该校本科文科专业学生中,男生占30%以下。

D. 在该校本科文科专业学生中,女生占70%以下。

E. 在该校本科文科专业学生中,男生占70%以上。

14.（2010-10-26）许多企业深受目光短浅之害,它们太关注立竿见影的结果和短期目标,以至于无法高瞻远瞩,往往使企业陷于被动甚至导致破产。因此,企业领导层的决策和行动应该以长期目标为主,不需过分关注短期目标。

以下哪项如果为真,将最有力地削弱上述论证?

A. 短期目标对员工的激励效果比长期目标更好。

B. 长期目标有较大的不确定性,短期目标易于控制。

C. 长期目标的实现有赖于一个个短期目标的成功。

D. 企业的短期目标和长期目标对于企业的发展都重要。

E. 企业的发展受到企业外部环境等诸多因素的影响。

15. (2010-10-37) 某市主要干道上摩托车车道的宽度为2米,很多骑摩托车的人经常在汽车车道上抢道行驶,严重破坏了交通秩序,使交通事故频发。有人向市政府提出建议:应当将摩托车车道扩宽为3米,让骑摩托车的人有较宽的车道,从而消除抢道的现象。

下列哪项如果为真,最能削弱上述论点?

A. 摩托车车道宽度增加后,摩托车车速将加快,事故也许会随着增多。

B. 摩托车车道变宽后,汽车车道将会变窄,汽车驾驶者会有意见。

C. 当摩托车车道扩宽后,有些骑摩托车的人仍会在汽车车道上抢道行驶。

D. 扩宽摩托车车道的办法对汽车车道上的违章问题没有什么作用。

E. 扩宽摩托车车道的费用太高,需要进行项目评估。

16. (2010-10-47) 丈夫和妻子讨论孩子上哪所小学为好。丈夫称:根据当地教育局最新的教学质量评估报告,青山小学教学质量不高。妻子却认为:此项报告未必客观准确,因为撰写报告的人中有来自绿水小学的人员,而绿水小学在青山小学附近,两所学校有生源竞争的利害关系,因此青山小学的教学质量其实是较高的。

以下哪项最能弱化妻子的推理?

A. 撰写评估报告的人中也有来自青山小学的人员。

B. 对青山小学盲目信任,主观认为质量评估报告不可信。

C. 用有偏见的论据论证"教学质量评估报告是错误的"。

D. 并没有提供确切的证据,只是猜测评估报告有问题。

E. 没有证明青山小学和绿水小学教学质量有显著差异。

17. (2010-10-48) 某网络公司通过问卷对登录"心理医生之窗"网站寻求心理帮助的人群进行调查。结果显示:持续登录"心理医生之窗"网站6个月或更长时间的人群中,46%声称与"心理医生之窗"网站的沟通与交流使他们心情变得好多了。而持续登录不满6个月的人群中,20%声称他们心情变得好多了。因此,更长时间登录"心理医生之窗"网站比短期登录会更有效地改善人们的心理状态。

以下哪项如果为真,最能削弱以上论断?

A. 持续登录该网站6个月以上的人群中,10%的人反映登录后心情变得更糟了。

B. 持续登录该网站6个月以上的人比短期登录的人更愿意回答问卷调查的问题。

C. 对"心理医生之窗"网站不满意的人往往是那些没有耐心的人,他们对问卷调查往往持消极态度。

D. 登录网站获得良好心情的人会更积极地登录,而那些感觉没有效果的人往往会离开。

E. 登录"心理医生之窗"网站不足半年的人多于登录该网站6个月以上的人。

18.（2010-10-51）《花与美》杂志受A市花鸟协会委托，就A市评选市花一事对杂志读者群进行了民意调查，结果60%以上的读者将荷花选为市花，于是编辑部宣布，A市大部分市民赞成将荷花定为市花。

以下哪项如果属实，最能削弱该编辑部的结论？

A. 有些《花与美》读者并不喜欢荷花。

B.《花与美》杂志的读者主要来自A市一部分收入较高的女性市民。

C.《花与美》杂志的有些读者并未在调查中发表意见。

D. 市花评选的最后决定权是A市政府而非花鸟协会。

E.《花与美》杂志的调查问卷将荷花放在十种候选花的首位。

19.（2010-10-54）小陈经常因驾驶汽车超速收到交管局寄来的罚单。他调查发现同事中开小排量汽车超速的可能性低得多。为此，他决定将自己驾驶的大排量汽车卖掉，换购一辆小排量汽车，以此降低超速驾驶的可能性。

小陈的论证推理最容易受到以下哪项的批评？

A. 仅仅依据现象间有联系就推断出有因果关系。

B. 依据一个过于狭隘的范例得出一般结论。

C. 将获得结论的充分条件当作必要条件。

D. 将获得结论的必要条件当作充分条件。

E. 进行了一个不太可信的调查研究。

20.（2010-10-55）新挤出的牛奶中含有溶菌酶等抗菌活性成分。将一杯原料奶置于微波炉加热至50℃，其溶菌酶活性降低至加热前的50%。但是，如果用传统热源加热原料奶至50℃，其内的溶菌酶活性几乎与加热前一样。因此，对酶产生失活作用的不是加热，而是产生热量的微波。

以下哪项如果属实，最能削弱上述论证？

A. 将原料奶加热至100℃，其中的溶菌酶活性会完全失活。

B. 加热对原料奶酶的破坏可通过添加其他酶予以补偿，而微波对酶的破坏却不能补偿。

C. 用传统热源加热液体奶达到50℃的时间比微波炉加热至50℃的时间长。

D. 经微波炉加热的牛奶口感并不比用传统热源加热的牛奶口感差。

E. 微波炉加热液体会使内部的温度高于液体表面达到的温度。

21.（2011-1-29）某教育专家认为："男孩危机"是指男孩调皮捣蛋、胆小怕事、学习成绩不如女孩好等现象。近些年，这种现象已经成为儿童教育专家关注的一个重要问题。这位专家在列出一系列统计数据后，提出了"今日男孩为什么从小学、中学到大学全面落后于同年龄段的女孩"的疑问，这无疑加剧了无数男生家长的焦虑。该专家通过分析指出，恰恰是家庭和学校不适当的教育方法导致了"男孩危机"现象。

以下哪项如果为真，最能对该专家的观点提出质疑？

A. 家庭对独生子女的过度呵护，在很大程度上限制了男孩发散思维的拓展和冒险性格的养成。

B. 现在的男孩比以前的男孩在女孩面前更喜欢表现出"绅士"的一面。

C. 男孩在发展潜能方面要优于女孩,大学毕业后他们更容易在事业上有所成就。

D. 在家庭、学校教育中,女性充当了主要角色。

E. 现代社会游戏泛滥,男孩天性比女孩更喜欢游戏,这耗去了他们大量的精力。

22. (2011-1-32) 随着互联网的发展,人们的购物方式有了新的选择。很多年轻人喜欢在网络上选择自己满意的商品,通过快递送上门,购物足不出户,非常便捷。刘教授据此认为,那些实体商场的竞争力会受到互联网的冲击,在不远的将来,会有更多的网络商店取代实体商店。

以下哪项如果为真,最能削弱刘教授的观点?

A. 网络购物虽然有某些便利,但容易导致个人信息被不法分子利用。

B. 有些高档品牌的专卖店,只愿意采取街面实体商店的销售方式。

C. 网络商店与快递公司在货物丢失或损坏的赔偿方面经常互相推诿。

D. 购买黄金、珠宝等贵重物品,往往需要现场挑选,且不适宜网络支付。

E. 通常情况下,网络商店只有在其实体商店的支撑下才能生存。

23. (2011-1-33) 受多元文化和价值观的冲击,甲国居民的离婚率明显上升。最近一项调查表明,甲国的平均婚姻存续时间为 8 年。张先生为此感慨,现在像钻石婚、金婚、白头偕老这样的美丽故事已经很难得,人们淳朴的爱情婚姻观一去不复返了。

以下哪项如果为真,最可能表明张先生的理解不确切?

A. 现在有不少闪婚一族,他们经常在很短的时间里结婚又离婚。

B. 婚姻存续时间长并不意味着婚姻的质量高。

C. 过去的婚姻主要由父母包办,现在主要是自由恋爱。

D. 尽管婚姻存续时间短,但年轻人谈恋爱的时间比以前增加很多。

E. 婚姻是爱情的坟墓,美丽感人的故事更多体现在恋爱中。

24. (2011-1-37) 3D 立体技术代表了当前电影技术的尖端水准,由于使电影实现了高度可信的空间感,它可能成为未来电影的主流。3D 立体电影中的银幕角色虽然由计算机生成,但是那些包括动作和表情的电脑角色的"表演",都以真实演员的"表演"为基础,就像数码时代的化妆技术一样。这也引起了某些演员的担心:随着计算机技术的发展,未来计算机生成的图像和动画会替代真人表演。

以下哪项如果为真,最能减弱上述演员的担心?

A. 所有电影的导演只能和真人交流,而不是和电脑交流。

B. 任何电影的拍摄都取决于制片人的选择,演员可以跟上时代的发展。

C. 3D 立体电影目前的高票房只是人们一时图新鲜的结果,未来尚不可知。

D. 掌握 3D 立体技术的动画专业人员不喜欢去电影院看 3D 电影。

E. 电影故事只能用演员的心灵、情感来表现,其表现形式与导演的喜好无关。

25.（2011-1-45）国外某教授最近指出,长着一张娃娃脸的人意味着他将享有更长的寿命,因为人们的生活状况很容易反映在脸上。从1990年春季开始,该教授领导的研究小组对1 826对70岁以上的双胞胎进行了体能和认知测试,并拍了他们的面部照片。在不知道他们确切年龄的情况下,三名研究助手先对不同年龄组的双胞胎进行年龄评估,结果发现,即使是双胞胎,被猜出的年龄也相差很大。然后,研究小组用若干年时间对这些双胞胎的晚年生活进行了跟踪调查,直至他们去世。调查表明:双胞胎中,外表年龄差异越大,看起来老的那个就越可能先去世。

以下哪项如果为真,最能形成对该教授调查结论的反驳?

A. 如果把调查对象扩大到40岁以上的双胞胎,结果可能有所不同。

B. 三名研究助手比较年轻,从事该项研究的时间不长。

C. 外表年龄是每个人生活环境、生活状况和心态的集中体现,与生命老化关系不大。

D. 生命老化的原因在于细胞分裂导致染色体末端不断损耗。

E. 看起来越老的人,在心理上一般较为成熟,对于生命有深刻的理解。

26.（2011-1-50）某家长认为,有想象力才能进行创造性劳动,但想象力和知识是天敌。人在获得知识的过程中,想象力会消失。因为知识符合逻辑,而想象力无章可循。换句话说,知识的本质是科学,想象力的特征是荒诞。人的大脑一山不容二虎:学龄前,想象力独占鳌头,脑子被想象力占据;上学后,大多数人的想象力被知识驱逐出境,他们成为知识渊博但丧失了想象力,终身只能重复前人发现的人。

以下哪项与该家长的上述观点矛盾?

A. 如果希望孩子能够进行创造性劳动,就不要送他们上学。

B. 如果获得了足够知识,就不能进行创造性劳动。

C. 发现知识的人是有一定想象力的。

D. 有些人没有想象力,但能进行创造性劳动。

E. 想象力被知识驱逐出境是一个逐渐的过程。

27.（2011-1-53）一些城市,由于作息时间比较统一,加上机动车太多,很容易形成交通早高峰和晚高峰。市民们在高峰时间上下班很不容易。为了缓解人们上下班的交通压力,某政府顾问提议采取不同时间段上下班制度,即不同单位可以在不同的时间段上下班。

以下哪项如果为真,最可能使该顾问的提议无法取得预期效果?

A. 有些上班时间段与员工的用餐时间冲突,会影响他们的生活乐趣,从而影响他们的工作积极性。

B. 许多上班时间段与员工的正常作息时间不协调,他们需要较长一段时间来调整适应,这段时间的工作效率难以保证。

C. 许多单位的大部分工作通常需要员工们在一起讨论,集体合作才能完成。

D. 该市的机动车数量持续增加,即使不在早晚高峰期,交通拥堵也时有发生。

E. 有些单位员工的住处与单位很近,步行即可上下班。

28.（2011-10-42）某市报业集团经营遇到困难,向某咨询公司求助。咨询公司派出张博士调查了目前该市报纸的发行时段:早上有晨报、上午有日报、下午有晚报,都不是为夜间准备的报纸。张博士建议他们办一份《都市夜报》,占领这块市场。

以下哪项如果为真,能够恰当地指出张博士分析中存在的问题?

A. 报纸的发行时段和读者的阅读时间可能是不同的。

B. 酒吧或影剧院的灯光都很昏暗,无法读报。

C. 许多人睡前有读书的习惯,而读报的比较少。

D. 晚上人们一般习惯于看电视节目,很少读报。

E. 售报亭到夜间就关门了,《都市夜报》发行困难。

29.（2011-10-45）2010年,学校为教师提供培训的具体情况为:38%的公立学校有1%~25%的教师参加;18%的公立学校有26%~50%的教师参加;13%的公立学校有51%~75%的教师参加;30%的公立学校有76%甚至更多的教师参加。与此相对照,37%的农村学校有1%~25%的教师参加;20%的农村学校有26%~50%的教师参加;12%的农村学校有51%~75%的教师参加;29%的农村学校有76%甚至更多的教师参加。这说明,该国农村学校教师和城市、市郊以及城镇的学校教师接受培训的概率几乎相当。

以下哪项如果为真,最能反驳上述论证?

A. 教师培训的内容丰富多彩,各不相同。

B. 教师培训的条件差异性很大,效果也不相同。

C. 有些教师既在公立学校任职,也在农村学校兼职。

D. 教师培训的时间,公立学校一般较长,农村学校一般较短。

E. 农村也有许多公立学校,市郊也有许多农村学校。

30.（2011-10-49）中国的姓氏有一个非常大的特点,那就是同是一个汉族姓氏,却很可能有着非常大的血缘差异。总体而言,以武夷山—南岭为界,中国姓氏的血缘明显地分成南北两大分支,两地汉族血缘差异颇大,甚至比南北两地汉族与当地少数民族的差异还要大。这说明随着人口的扩张,汉族不断南下,并在2 000多年前渡过长江进入湖广,最终越过海峡到达海南岛。在这个过程中间,南迁的汉族人不断同当地的侗台、南亚和苗瑶语的诸多少数民族融合,从而稀释了北方汉族的血缘特征。

以下哪项如果为真,最能反驳上述论证?

A. 南方的少数民族有可能是更久远的时候南迁的北方民族。

B. 封建帝王曾经敕封少数民族中的部分人以帝王姓氏。

C. 同姓的南北两支可能并非出自同一祖先。

D. 历史上也曾有少数民族北迁的情况。

E. 不同姓的南北两支可能出自同一祖先。

31.（2012-1-26）1991年6月15日,菲律宾吕宋岛上的皮纳图博火山突然大喷发,2 000万吨二氧化硫气体冲入平流层,形成的霾像毯子一样盖在地球上空,把部分要照射到地球的阳光反射回太空。几年之后,气象学家发现这层霾使得当时地球表面的温度累计下降了0.5℃。而皮纳图博火山喷发前的一个世纪,因人类活动而造成的温室效应已经使地球表面温度升高了1℃。某位持"人工气候改造论"的科学家据此认为,可以用火箭弹等方式将二氧化硫充入大气层,阻挡部分阳光,达到给地球表面降温的目的。

以下哪项如果为真,最能对该科学家提议的有效性构成质疑?

A. 如果利用火箭弹将二氧化硫充入大气层,会导致航空乘客呼吸不适。

B. 如果在大气层上空放置反光物,就可以避免地球表面受到强烈阳光的照射。

C. 可以把大气中的碳提取出来存储到地下,减少大气层中的碳含量。

D. 不论何种方式,"人工气候改造"都将破坏地球的大气层结构。

E. 火山喷发形成的降温效应只是暂时的,经过一段时间温度将再次回升。

32.（2012-1-35）比较文字学者张教授认为,在不同的民族语言中,字形与字义的关系有不同的表现。他提出,汉字是象形文字,其中大部分是形声字,这些字的字形与字义相互关联;而英语是拼音文字,其字形与字义往往关联度不大,需要某种抽象的理解。

以下哪项如果为真,最不符合张教授的观点?

A. 汉语中的"日""月"是象形字,从字形可以看出其所指的对象;而英语中的 sun 与 moon 则感觉不到这种形义结合。

B. 汉语中的"日"与"木"结合,可以组成"東""杲""杳"等不同的字,并可以猜测其语义;而英语中则不存在与此类似的 sun 与 wood 的结合。

C. 英语中,也有与汉语类似的象形文字,如,eye 是人的眼睛的象形,两个 e 代表眼睛,y 代表中间的鼻子;bed 是床的象形,b 和 d 代表床的两端。

D. 英语中的 sunlight 与汉语中的"阳光"相对应,而英语的 sun 与 light 和汉语中的"阳"与"光"相对应。

E. 汉语中的"星期三"与英语中的 Wednesday 和德语中的 Mitwoch 意思相同。

33.（2012-1-50）探望病人通常会送上一束鲜花。但某国曾有报道说,医院花瓶养花的水可能含有很多细菌,鲜花会在夜间与病人争夺氧气,还可能影响病房里电子设备的工作。这引起了人们对鲜花的恐慌,该国一些医院甚至禁止在病房内摆放鲜花。尽管后来证实鲜花并未导致更多的病人受感染,并且权威部门也澄清,未见任何感染病例与病房里的植物有关,但这并未减轻医院对鲜花的反感。

以下除哪项外,都能减轻医院对鲜花的担心?

A. 鲜花并不比病人身边的餐具、饮料和食物带有更多可能危害病人健康的细菌。

B. 在病房里放置鲜花会让病人感到心情愉悦、精神舒畅,有助于病人康复。

C. 给鲜花换水、修剪需要一定的人工,如果花瓶倒了还会导致危险产生。

D. 已有研究证明,鲜花对病房空气的影响微乎其微,可以忽略不计。

E. 探望病人所送的鲜花大都花束小、需水量少、花粉少,不会影响电子设备工作。

34. (2012-10-34) 研究人员报告说,一项超过1万名70岁以上老人参与的调查显示,每天睡眠时间超过9小时或少于5小时的人,他们的平均认知水平低于每天睡眠时间为7小时左右的人。研究人员据此认为,要改善老年人的认知能力,必须使用相关工具检测他们的睡眠时间,并对睡眠进行干预,使其保持适当的睡眠时间。

以下哪项如果为真,最能质疑上述研究人员的观点?

A. 尚没有专业的医疗器具可以检测人的睡眠时间。

B. 每天睡眠时间为7小时左右的都是70岁以上的老人。

C. 每天睡眠时间超过9小时或少于5小时的都是80岁以上的老人。

D. 70岁以上的老人一旦醒来就很难再睡着。

E. 70岁以上的老人中,有一半以上失去了配偶。

35. (2012-10-41) 有关部委负责人表示,今年将在部分地区进行试点,为全面清理"小产权房"做制度和政策准备。要求各地对农村集体土地进行确权登记发证,凡是小产权房均不予确权登记,不受法律保护。因此,河西村的这片新建房屋均不受法律保护。

以下哪项如果为真,最能削弱上述论证?

A. 河西村的这片新建房屋已经得到相关部门的默许。

B. 河西村的这片新建房屋都是小产权房。

C. 河西村的这片新建房屋均建在农村集体土地上。

D. 河西村的这片新建房屋有些不是建在农村集体土地上。

E. 河西村的这片新建房屋有些不是小产权房。

36. (2012-10-45) 一份报告显示,截至3月份的一年内,中国内地买家成为购买美国房产的第二大外国买家群体,交易额达90亿美元,仅次于加拿大。这比上一年73亿美元的交易额高出23%,比前年48亿美元的交易额高出88%。有人据此认为,中国有越来越多的富人正在把财产转移到境外。

以下哪项如果为真,最能反驳上述论证?

A. 有许多中国人购房是给子女将来赴美留学准备的。

B. 尽管成交额上升了23%,但是今年中国买家的成交量未见增长。

C. 中国富人中存在群体炒房的团体,他们曾经在北京、上海等地炒房。

D. 近年来美国的房地产市场风险很小,具有一定的保值、增值功能。

E. 一部分准备移居美国的中国人事先购房为移民做准备。

37. (2012-10-46) 人们经常使用微波炉给食品加热。有人认为,微波炉加热时食物的分子结构发生了改变,产生了人体不能识别的分子。这些奇怪的新分子是人体不能接受的,有些还具有毒性,甚至可能致癌。因此,经常吃微波食品的人或动物,体内会发生严重的生理变化,从而造成严重的健康问题。

以下哪项最能质疑上述观点?

A. 微波加热不会比其他烹调方式导致更多的营养流失。

B. 我国微波炉生产标准与国际标准、欧盟标准一致。
C. 发达国家使用微波炉也很普遍。
D. 微波只是加热食物中的水分子,食品并未发生化学变化。
E. 自1947年发明微波炉以来,还没有因微波食品导致癌变的报告。

38. (2012-10-47) 一份研究报告显示,北大学生中干部子女的比例从20世纪80年代的20%以上增至1997年的近40%,超过工人、农民和专业技术人员子女,成为最大的学生来源。有媒体据此认为,北大学生中干部子女比例近20年来不断攀升,远超其他阶层。
以下哪项如果为真,最能质疑上述媒体的观点?
A. 近20年统计中的干部许多是企业干部,以前只包括政府机关的干部。
B. 相较于国外,中国教育为工农子女提供了更多受教育及社会流动的机会。
C. 新中国成立后,越来越多的工农子女进入大学。
D. 统计中部分工人子女可能是以前的农民子女。
E. 事实上进入美国精英大学的社会下层子女也越来越少。

39. (2012-10-49) 2003年8月13日,宜良县九乡张口洞古人类遗址内出土了一枚长度为3厘米的"11万年前的人牙化石",此发掘一公布立即引起了媒体和专家的广泛关注。不少参与发掘的专家认为,这枚人牙化石的出现,说明张口洞早在11万年前就已有人类活动了,它将改写之前由呈贡区龙潭山古人类遗址所界定的昆明地区人类只有3万年活动历史的结论。
以下哪项如果为真,最能质疑上述专家的观点?
A. 学术本来就是有争议的,每个人都有发表自己看法的权利。
B. 有专家对该化石的牙体长轴、牙冠形态、冠唇面和舌面的突度及珐琅质等进行了分析,认为此化石并非人类门牙化石,而是一枚鹿牙化石。
C. 这枚牙齿化石是在距今11万年的钙板层之下20厘米处的红色砂土层发掘到的。
D. 有专家用铀系法对张口洞各个层的钙板进行年代测定,证明发现该牙齿化石的洞穴最早堆积物形成于30万年前。
E. 该化石的发掘者曾主持完成景洪妈咪囡遗址、大中甸遗址、宜良九乡张口洞遗址的发掘。

40. (2013-1-26) 某公司自去年初开始实施一项"办公用品节俭计划",每位员工每月只能免费领用限量的纸笔等各类办公用品。年末统计时发现,公司用于各类办公用品的支出较上年度下降了30%。在未实施计划的过去5年间,公司年均消耗办公用品10万元。公司总经理由此得出:该计划去年已经为公司节约了不少经费。
以下哪项如果为真,最能构成对总经理推论的质疑?
A. 在过去的5年间,该公司大力推广无纸化办公,并且取得很大成效。
B. 去年,该公司在员工困难补助、交通津贴等方面的开支增加了3万元。
C. "办公用品节俭计划"是控制支出的重要手段,但说该计划为公司"一年内节约不少经费",没有严谨的数据分析。

D. 另一家与该公司规模及其他基本情况均类似的公司,未实施类似的节俭计划,在过去的5年间办公用品消耗额年均也为10万元。

E. 另一家与该公司规模及其他基本情况均类似的公司,未实施类似的节俭计划,但在过去的5年间办公用品人均消耗额越来越低。

41. (2013-1-44) 足球是一项集体运动,若想不断取得胜利,每个强队都必须有一位核心队员,他总能在关键场次带领全队赢得比赛。友南是某国甲级联赛强队西海队队员。据某记者统计,在上赛季参加的所有比赛中,有友南参赛的场次,西海队胜率高达75.5%,另有16.3%的平局,8.2%的场次输球;而在友南缺阵的情况下,西海队胜率只有58.9%,输球的比率高达23.5%。该记者由此得出结论:友南是上赛季西海队的核心队员。

以下哪项如果为真,最能质疑该记者的结论?

A. 西海队教练表示:"球队是一个整体,不存在有友南的西海队和没有友南的西海队。"

B. 上赛季友南缺席且西海队输球的比赛,都是小组赛中西海队已经确定出线后的比赛。

C. 西海队队长表示:"没有友南我们将失去很多东西,但我们会找到解决办法。"

D. 上赛季友南上场且西海队输球的比赛,都是西海队与传统强队对阵的关键场次。

E. 本赛季开始以来,在友南上阵的情况下,西海队胜率暴跌20%。

42. (2013-1-52) 某国研究人员报告说,与心跳速度每分钟低于58次的人相比,心跳速度每分钟超过78次者心脏病发作或者发生其他心血管问题的概率高出39%,死于这类疾病的风险高出77%,其整体死亡率高出65%。研究人员指出,长期心跳过快导致了心血管疾病。

以下哪项如果为真,最能对该研究人员的观点提出质疑?

A. 在老年人中,长期心跳过快的超过39%。

B. 在老年人中,长期心跳过快的不到39%。

C. 相对老年人,年轻人生命力旺盛,心跳较快。

D. 各种心血管疾病影响身体的血液循环机能,导致心跳过快。

E. 野外奔跑的兔子心跳很快,但很少发现它们患心血管疾病。

43. (2013-10-26) 借助动物化石和标本中留存的DNA,运用日益先进的克隆和基因技术,人类已经能够"复活"一些早已灭绝的动物,如猛犸象、渡渡鸟、恐鸟等。与此同时,科学界对"人类是否应该复活灭绝动物"也展开了一场大讨论。支持者们相信,复活动物有望恢复某些地区被破坏的生态环境。例如,猛犸象生活在西伯利亚广阔草原上,其排泄物是滋养草原的绝佳肥料。猛犸象灭绝后,缺少肥料的草原逐渐被苔原取代。如果能让猛犸象复活,重回西伯利亚,将有助于缩小苔原面积,逐渐恢复草原生态系统。

以下哪项如果为真,最能反驳上述支持者的观点?

A. 如果投入大量时间、精力和成本去复活已经消失的生物,势必牵制和削弱对现存濒危动物的保护,结果得不偿失。

B. 仅仅克隆出某种灭绝动物的个体,并不等同于人类有能力复活整个种群。

C. 即便灭绝动物能够成批复活,适宜它们生长的栖息地或许早已消失,如果不能给予重生物种一个适宜生存的环境,一切努力都将是徒劳。

D. 这些动物绝大多数是在人类发展过程中逐渐消失的,正是人类活动,才导致了它们的灭绝。

E. 地球资源有限,复活灭绝了的动物势必对现存生物造成威胁。

44. (2013-10-27) 利兹鱼生活在距今约1.65亿年前的侏罗纪中期,是恐龙时代一种体形巨大的鱼类。利兹鱼在出生后20年内可长到9米长,平均寿命40年左右。利兹鱼最大的体长甚至可达到16.5米。这个体型与现代最大的鱼类鲸鲨相当,而鲸鲨的平均寿命约为70年,因此利兹鱼的生长速度很可能超过鲸鲨。

以下哪项如果为真,最能反驳上述论证?

A. 利兹鱼和鲸鲨都以海洋中的浮游生物、小型动物为食,生长速度不可能有大的差异。

B. 利兹鱼和鲸鲨尽管寿命相差很大,但是它们均在20岁左右达到成年,体型基本定型。

C. 鱼类尽管寿命长短不同,但是其生长阶段基本与其幼年、成年、中老年相应。

D. 侏罗纪时期的鱼类和现代鱼类的生长周期没有明显变化。

E. 远古时期的海洋环境和今天的海洋环境存在很大的差异。

45. (2013-10-34) 迄今为止,年代最久远的智人遗骸在非洲出现,距今大约20万年。据此,很多科学家认为,人类起源于非洲,现代人的直系祖先——智人在约20万年前于非洲完成进化后,然后在约15万年到20万年前,慢慢向北迁徙,穿越中东到达欧洲和亚洲,逐步迁徙至世界其他地方。

以下哪项如果为真,最能反驳上述科学家的观点?

A. 现代智人,生活在旧石器时代晚期,大约距今4万年至1万年。我国境内许多地方都有晚期智人化石或者文化遗存发现,地点数以百计。

B. 在南美洲的一处考古发掘中,人们发现生活于大约17万年前的智人头骨化石。

C. 智人具备了个体之间能够相互沟通、能够制订计划、能够解决种种困难问题的那种非凡的能力。

D. 在很短的时间里,智人达到了令人瞠目结舌的繁荣,从热带到寒带,全世界凡是有陆地的地方基本上都有智人居住。

E. 在以色列特拉维夫以东12千米的Qesem洞穴中发现了8颗40万年前的智人牙齿,这是科学家迄今为止在全球发现的年代最为久远的智人遗骸。

46. (2013-10-41) 构成生命的基础——蛋白质的主要成分是氨基酸分子。它是一种有机分子,尽管人们还没有在宇宙太空中直接观测到氨基酸分子,但是科学家在实验室里用氢、水、氧、甲烷及甲醛等有机物,模拟太空的自然条件,已成功合成几种氨基酸。而合成氨基酸所用的原材料,在星际分子云中大量存在。不难想象,宇宙空间也一定存在氨基酸的分子,只要有适当的环境,它们就有可能转变为蛋白质,进一步发展成为有机生命。据此推测,地球以外的其他星球也存在生命体,甚至可能是具有高等智慧的生命体。

以下哪项如果为真,最能反驳上述推测?

A. 从蛋白质发展为有机生命的过程和从有机分子转变为蛋白质的过程存在巨大差异。
B. 高等智慧不仅是一个物质进化的产物,更是一个不断社会化的产物。
C. 在自然环境中,由已经存在的星际分子合成出氨基酸分子是一个小概率事件。
D. 有些星际分子是在地球环境中找不到的,而且至今在实验室中也无法得到。
E. 人们曾认为火星上存在生命体,但是最近的火星探测基本上否定了这一猜测。

47. (2013-10-42) 通过分析物体的原子释放或者吸收的光,可以测量物体是在远离地球还是在接近地球,当物体远离地球时,这些光的频率会移向光谱上的红色端(低频),简称"红移";反之,则称"蓝移"。原子释放出的这种独特的光也被组成原子的基本粒子尤其是电子的质量所影响。如果某一原子的质量增加,其释放出的光子的能量也会变得更高,因此,释放和吸收频率将会蓝移。相反,如果粒子变得越来越轻,频率将会红移。天文观察发现,大多数星系都有红移现象,而且,星系距离地球越远,红移越大,据此,许多科学家认为宇宙一定在不断膨胀。

以下哪项如果为真,最能反驳上述科学家的观点?

A. 在遥远的宇宙中,也发现了个别蓝移的天体。
B. 地球并非处于宇宙的中心区域。
C. 人们所能观察的星体可能不足真实宇宙的1%。
D. 从宇宙中其他天体的视角看,红移也是占绝对优势的现象。
E. 根据现代科学观察,宇宙中粒子的质量没有大的变化。

48. (2013-10-48) 一脸"萌"相的康恩·莱维,看似与其他新生儿并无两样。但因为是全球首例经新一代基因测序技术筛查后的试管婴儿,他的问世,受到了专家学者的关注。前不久,英国伦敦召开的"欧洲人类生殖和胚胎学会年会"上,这则新闻引爆全场。而普通人也由此认为,人类或许迎来了"定制宝宝"的时代。

以下哪项如果为真,最能反驳上述普通人的观点?

A. "人工"的基因筛查不排除会有漏洞;自然受孕中,大自然优胜劣汰准则似乎更为奥妙、有效。
B. 从近代科技发展史可见,技术发展往往快于人类认知,有时技术会走得更远,偏离人类认知的轨道。
C. 筛查基因主要是避免生殖缺陷,这一技术为人类优生优育带来契机;至于"定制宝宝",更多涉及克隆概念,两者不能混淆。
D. "定制宝宝"在全球范围内尚无尝试,这一概念也挑战了最具争议的人类生殖伦理。
E. 生物技术飞速发展,"定制宝宝"的时代可能尚未热身就已经被别的时代所取代。

49. (2013-10-49) "辣椒缓解消化不良",吃完火辣大餐却饱受消化不良之苦的人,看到这句话或许会大惊失色,不敢相信。然而,意大利的专家们通过实验得出的结论却是如此。他们给患有消化不良的实验者在饭前服用含有辣椒成分的药片,在5个星期之后,有60%的实验者的不适症状得到了缓解。

以下哪项如果为真，最能反驳上述实验结论？

A. 辣椒中含有的辣椒素在一定程度上可以对一种神经传递素的分泌起阻碍作用。

B. 在该实验中，有5%的实验者的不适症状有所加重。

C. 在另一组饭后服用该药片的实验者中也有55%的实验者的不适症状得到了缓解。

D. 注意健康饮食之后，消化不良患者一般会在一个月内缓解不适症状。

E. 在实验前，并没有告知实验者所服用的药片中含有辣椒成分。

50. （2013-10-50）阿普崔帕洞穴位于马伊纳半岛的迪洛斯湾附近，足有四个足球场大小。这一洞穴可追溯到新石器时代，但直到20世纪50年代才被一名遛狗的男子在无意中发现。经过几十年的科考工作之后，考古学家从该洞穴中挖掘出工具、陶器、黑曜石、银质和铜质器具，并由此认为曾经有数百人在该洞穴中生活过。

以下哪项如果为真，最能反驳上述论证？

A. 该洞穴对希腊神话中有关地狱的描述内容有所启发。

B. 该洞穴其实是古代的墓地和葬礼举办地。

C. 在欧洲目前尚未发现比该洞穴更早的史前村落。

D. 该洞穴的入口在5 000年前坍塌。

E. 在离该洞穴不远处的平原地带，也挖掘出了类似的陶器和铁质器具。

51. （2013-10-54）某网络论坛将最近1年与5年前网友曾经发布的有关社会问题的帖子进行了统计比较，发现：像拾金不昧、扶贫急难、见义勇为这样的帖子增加了50%，而与为非作歹、作恶逃匿、杀人越货有关的帖子却增加了90%。由此可见，社会风气正在迅速恶化。

以下哪项如果为真，最能削弱上述论证？

A. "好事不出门，坏事传千里"。古往今来，都是如此。

B. 最近5年，上网的用户翻了两番。

C. 最近几年，有些人在网上用造谣的方式达到营利的目的。

D. 最近1年，通过网络举报清查出一批贪污腐败分子。

E. 该网络论坛是一个法治论坛。

52. （2014-1-26）随着光纤网络带来的网速大幅度提高，高速下载电影、在线观看大片等都不再是困扰我们的问题。即使在社会生产力发展水平较低的国家，人们也可以通过网络随时随地获得最快的信息、最贴心的服务和最佳体验。有专家据此认为：光纤网络将大幅提高人们的生活质量。

以下哪项如果为真，最能质疑该专家的观点？

A. 网络上所获得的贴心服务和美妙体验有时是虚幻的。

B. 即使没有光纤网络，同样可以创造高品质的生活。

C. 随着高速网络的普及，相关上网费用也随之增加。

D. 人们生活质量的提高仅决定于社会生产力的发展水平。

E. 快捷的网络服务可能使人们将大量时间消耗在娱乐上。

53.（2014-1-30）人们普遍认为适量的体育运动能够有效降低中风的发生率,但科学家还注意到有些化学物质也有降低中风风险的效用。番茄红素是一种让番茄、辣椒、西瓜和番木瓜等果蔬呈现红色的化学物质。研究人员选取一千余名年龄在46岁至55岁之间的人,进行了长达12年的跟踪调查,发现其中番茄红素水平最高的四分之一的人中有11人中风,番茄红素水平最低的四分之一的人中有25人中风。他们由此得出结论:番茄红素能降低中风的发生率。

以下哪项如果为真,能对上述研究结论提出质疑?

A. 番茄红素水平较低的中风者中有三分之一的人病情较轻。

B. 吸烟、高血压和糖尿病等会诱发中风。

C. 如果调查56岁至65岁之间的人,情况也许不同。

D. 番茄红素水平高的人约有四分之一喜爱进行适量的体育运动。

E. 被跟踪的另一半人中有50人中风。

54.（2014-1-49）不仅人上了年纪会难以集中注意力,就连蜘蛛也有类似的情况。年轻蜘蛛结的网整齐均匀,角度完美;年老蜘蛛结的网可能出现缺口,形状怪异。蜘蛛越老,结的网就越没有章法。科学家由此认为,随着时间的流逝,这种动物的大脑也会像人脑一样退化。

以下哪项如果为真,最能质疑科学家的上述论证?

A. 优美的蛛网更容易受到异性蜘蛛的青睐。

B. 年老蜘蛛的大脑较之年轻蜘蛛,其脑容量明显偏小。

C. 运动器官的老化会导致年老蜘蛛结网能力下降。

D. 蜘蛛结网只是一种本能的行为,并不受大脑控制。

E. 形状怪异的蛛网较之整齐均匀的蛛网,其功能没有大的差别。

55.（2014-10-29）在乌克兰当局协调小组明斯克会谈前夕,"顿涅茨克人民共和国"和"卢甘斯克人民共和国"发言人宣布了自己的谈判立场:如果乌克兰当局不承认其领土和俄语的特殊地位,并且不停止其在东南部的军事行动,就无法解决冲突。此外,两个"共和国"还坚持要求赦免所有民兵武装参与者和政治犯。有乌克兰观察人士评论说:难道我们承认了这两个所谓"共和国"的特殊地位,赦免了民兵武装,就能够解决冲突吗?

乌克兰观察人士的评论最适合用来反驳以下哪项?

A. 即使乌克兰当局承认两个"共和国"领土和俄语的特殊地位,并且赦免所有民兵武装参与者和政治犯,也可能还是无法解决冲突。

B. 即使解决了冲突,也不一定是因为乌克兰当局承认两个"共和国"领土和俄语的特殊地位。

C. 如果要解决冲突,乌克兰当局就必须承认两个"共和国"领土和俄语的特殊地位,并且赦免所有民兵武装参与者和政治犯。

D. 只要乌克兰当局承认两个"共和国"领土和俄语的特殊地位,并且赦免所有民兵武装参与者和政治犯,就能够解决冲突。

E. 只有乌克兰当局承认两个"共和国"领土和俄语的特殊地位,并且赦免所有民兵武装参与者和政治犯,才能够解决冲突。

56. （2014-10-30）随着互联网的飞速发展,足不出户购买自己心仪的商品已经成为现实。即使在经济发展水平较低的国家和地区,人们也可以通过网络购物来满足自己对物质生活的追求。

以下哪项最能质疑上述观点?

A. 随着网购销售额的增长,相关税费也会随之增加。

B. 即使在没有网络的时代,人们一样可以通过实体店购买心仪的商品。

C. 网络上的商品展示不能完全反映真实情况。

D. 便捷的网络购物可能耗费人们更多的时间和精力,影响人际交流。

E. 人们对物质生活追求的满足仅仅取决于所在地区的经济发展水平。

57. （2014-10-33）挣更多的钱能让人更快乐,至少在某种程度上是这样的。但是新的研究表明,反过来也是如此,快乐的人能挣更多的钱。伦敦大学的研究人员在对一万多名美国人进行研究后发现,那些情绪积极、在成长过程中对生活感到更满意的人,在达到29岁的年龄时其收入也较高。

以下哪项最能对上述研究结论提出质疑?

A. 在比较富裕的家庭中成长起来的年轻人对生活大都持消极态度。

B. 除了情绪,专业化程度和工作能力也会直接影响收入水平。

C. 对生活感到更满意的年轻人大都出生于比较富裕的家庭,而且都具有良好的职业背景。

D. 应该比较一下被调查对象的职业分布情况。

E. 如果调查人们22岁时对自己的人生满意度,结果可能会有所不同。

58. （2014-10-37）某市私家车泛滥,加重了该市的空气污染,并且在早高峰期间和晚高峰期间常常造成多个路段出现严重的拥堵现象。为了解决这一问题,该市政府决定对私家车实行全天候单、双号限行,即奇数日只允许尾号为单数的私家车出行,偶数日只允许尾号为双数的私家车出行。

以下哪项最能质疑该市政府的决定?

A. 该市有一家大型汽车生产企业,限行令必将影响该企业的汽车销售。

B. 该市私家车拥有者一般都有两辆或者两辆以上的私家车。

C. 该市私家车车主一般都比较富有,他们不在乎违规罚款。

D. 该市正在大力发展轨道交通,这将有助于克服拥堵现象。

E. 私家车的运行是该市的税收来源之一,税收减少将影响公共交通的进一步改善。

59. （2014-10-39）与矿泉水相比,纯净水缺乏矿物质,而其中有些矿物质是人体必需的。所以营养专家老张建议那些经常喝纯净水的人改变习惯,多饮用矿泉水。

以下哪项最能削弱老张的建议?

A. 人们需要的营养大多数不是来源于饮用水。

B. 人体所需的不仅仅是矿物质。

C. 可以饮用纯净水和矿泉水以外的其他水。

D. 有些矿泉水也缺少人体必需的矿物质。

E. 人们可以从其他食物中得到人体必需的矿物质。

60. （2014-10-40）一家评价机构,为评价图书的受欢迎程度进行了社会调查。结果表明:生活类图书的销售量超过科技类图书的销售量,因此生活类图书的受欢迎程度要高于科技类图书。

以下哪项最能反驳上述论证?

A. 销售量只是部分反映图书的受欢迎程度。

B. 购买科技类图书的往往都受过高等教育。

C. 生活类图书的种类远远超过科技类图书的种类。

D. 销售的图书可能有一些没有被阅读。

E. 有些生活类图书可能不在书店里销售。

61. （2014-10-41）卫计委的报告表明,这些年来医疗保健费的确是增加了。可见,我们每个人享受到的医疗条件大大改善了。

以下哪项对上述结论提出最严重的质疑?

A. 医疗保健费的绝大部分用在了对高危病人的高技术强化护理上。

B. 在不增加费用的情况下,我们的卫生条件也可能提高。

C. 国家给卫生部的拨款中有70%用于基础设施的建设。

D. 老年慢性病的护理费用是非常庞大的。

E. 每个公民都有享受国家提供的卫生保健的权利。

62. （2014-10-48）某博主宣称:"我的这篇关于房价未来走势的分析文章得到了1 000余个网民的跟帖,我统计了一下,其中85%的跟帖是赞同我的观点的。这说明大部分民众是赞同我的观点的。"

以下哪项最能质疑该博主的结论?

A. 有些人虽然赞同他的观点,但是不赞同他的分析。

B. 该博主其他得到比较高支持率的文章后来被证实其观点是错误的。

C. 有些持反对意见的跟帖理由更充分。

D. 博主文章的观点迎合了大多数人的喜好。

E. 关注该博主文章的大部分人是其忠实粉丝。

63. （2015-1-27）长期以来,手机产生的电磁辐射是否威胁人体健康一直是极具争议的话题。一项长达10年的研究显示,每天使用移动电话通话30分钟以上的人患神经胶质瘤的风险比从未使用者要高出40%。由此某专家建议,在获得进一步证据之前,人们应该采取更加安全的措施,如尽量使用固定电话通话或使用短信进行沟通。

以下哪项如果为真,最能表明该专家的建议不切实际?

A. 大多数手机产生的电磁辐射强度符合国家规定的安全标准。

B. 现在人类生活空间中的电磁辐射强度已经超过手机通话产生的电磁辐射强度。

C. 经过较长一段时间,人的身体能够逐渐适应强电磁辐射的环境。

D. 在上述实验期间,有些人每天使用移动电话通话超过40分钟,但他们很健康。

E. 即使以手机短信进行沟通,发送和接收信息瞬间也会产生较强的电磁辐射。

64. (2015-1-35) 某市推出一项月度社会公益活动,市民报名踊跃。由于活动规模有限,主办方决定通过摇号抽签的方式选择参与者。第一个月中签率为1∶20;随后连创新低,到下半年的10月份已达1∶70。大多数市民屡摇不中,但从今年7月至10月,"李祥"这个名字连续4个月中签。不少市民就此认为,有人在抽签过程中作弊,并对主办方提出质疑。

以下哪项如果为真,最能削弱上述市民的质疑?

A. 摇号抽签全过程是在有关部门监督下进行的。

B. 在报名的市民中,名叫"李祥"的近300人。

C. 已经中签的申请者中,叫"张磊"的有7人。

D. 曾有一段时间,家长给孩子取名不回避重名。

E. 在摇号系统中,每一位申请者都被随机赋予一个不重复的编码。

65. (2016-1-33) 研究人员发现,人类存在3种核苷酸基因类型:AA型、AG型以及GG型。一个人有36%的概率是AA型,有48%的概率是AG型,有16%的概率是GG型。在1 200名参与实验的老年人中,拥有AA型和AG型基因类型的人都在上午11时之前去世,而拥有GG型基因类型的人几乎都在下午6时左右去世。研究人员据此认为:GG型基因类型的人会比其他人平均晚死7个小时。

以下哪项如果为真,最能质疑上述研究人员的观点?

A. 拥有GG型基因类型的实验对象容易患上心血管疾病。

B. 有些人是因为疾病或者意外事故等其他因素而死亡的。

C. 对人死亡时间的比较,比一天中的哪一时刻更重要的是哪一年、哪一天。

D. 平均寿命的计算依据应是实验对象的生命存续长度,而不是实验对象的死亡时间。

E. 当死亡临近的时候,人体会还原到一种更加自然的生理节律感应阶段。

66. (2016-1-34) 某市消费者权益保护条例明确规定,消费者对其所购商品可以"7天内无理由退货"。但这项规定出台后并未得到顺利执行,众多消费者在7天内"无理由"退货时,常常遭遇商家的阻挠,他们以商品已作特价处理、商品已经开封或使用等理由拒绝退货。

以下哪项如果为真,最能质疑商家阻挠退货的理由?

A. 那些作特价处理的商品,本来质量就没有保证。

B. 如果不开封验货,就不能知道商品是否存在质量问题。

C. 商品一旦开封或使用了,即使不存在问题,消费者也可以选择退货。

D. 政府总偏向消费者,这对于商家来说是不公平的。

E. 开封验货后,如果商品规格、质量等问题来自消费者本人,他们应为此承担责任。

67. (2016-1-36) 近年来,越来越多的机器人被用于在战场上执行侦察、运输、拆弹等任务,甚至将来冲锋陷阵的都不再是人,而是形形色色的机器人。人类战争正在经历自核武器诞生以来最深刻的革命。有专家据此分析指出,机器人战争技术的出现可以使人类远离危险,更安全、更有效率地实现战争目标。

以下哪项如果为真,最能质疑上述专家的观点?

A. 现代人类掌控机器人,但未来机器人可能会掌控人类。

B. 机器人战争技术有助于摆脱以往大规模杀戮的血腥模式,从而让现代战争变得更为人道。

C. 掌握机器人战争技术的国家为数不多,将来战争的发生会更为频繁也更为血腥。

D. 因不同国家之间军事科技实力的差距,机器人战争技术只会让部分国家远离危险。

E. 全球化时代的机器人战争技术要消耗更多资源,破坏生态环境。

68. (2016-1-38) 开车上路,一个人不仅需要有良好的守法意识,也需要有特别的"理性计算":在拥堵的车流中,只要有"加塞"的,你开的车就一定要让着它;你开着车在路上正常直行,有车不打方向灯在你近旁突然横过来要撞上你,原来它想要变道,这时你也得让着它。

以下除哪项外,均能质疑上述"理性计算"的观点?

A. 有理的让着没理的,只会助长歪风邪气,有悖于社会的法律与道德。

B. 如果不让,就会碰上;碰上之后,即使自己有理,也会有许多麻烦。

C. "理性计算"其实就是胆小怕事,总觉得凡事能躲则躲,但有的事很难躲过。

D. 一味退让也会给行车带来极大的危险,不但可能伤及自己,而且可能伤及无辜。

E. 即使碰上也不可怕,碰上之后如果立即报警,警方一般会有公正的裁决。

69. (2016-1-41) 根据现有物理学定律,任何物质的运动速度都不可能超过光速,但最近一次天文观测结果向这条定律发起了挑战。距离地球遥远的IC310星系拥有一个活跃的黑洞,掉入黑洞的物质产生了伽马射线冲击波。有些天文学家发现,这束伽马射线的速度超过了光速,因为它只用了4.8分钟就穿越了黑洞边界,而光需要25分钟才能走完这段距离。由此,这些天文学家提出,光速不变定律需要修改了。

以下哪项如果为真,最能质疑上述天文学家所做的结论?

A. 光速不变定律已经历过去多次实践检验,没有出现反例。

B. 天文观测数据可能存在偏差,毕竟IC310星系离地球很远。

C. 要么天文学家的观测有误,要么有人篡改了天文观测数据。

D. 或者光速不变定律已经过时,或者天文学家的观测有误。

E. 如果天文学家的观测没有问题,光速不变定律就需要修改。

70. (2016-1-51) 田先生认为,绝大部分笔记本电脑运行速度慢的原因不是CPU性能太差,也不是内存容量太小,而是硬盘速度太慢,给老旧的笔记本电脑换装固态硬盘可以大幅提升使用者的游戏体验。

以下哪项如果为真,最能质疑田先生的观点?

A. 一些笔记本电脑使用者的使用习惯不好,使得许多运行程序占据大量内存,导致电脑运行速度缓慢。

B. 销售固态硬盘的利润远高于销售传统的笔记本电脑硬盘。

C. 固态硬盘很贵,给老旧笔记本换装硬盘费用不低。

D. 使用者的游戏体验很大程度上取决于笔记本电脑的显卡,而老旧笔记本电脑显卡较差。

E. 少部分老旧笔记本电脑的 CPU 性能很差,内存也小。

71. (2016-1-53) 钟医生:"通常,医学研究的重要成果在杂志发表之前需要经过匿名评审,这需要耗费不少时间。如果研究者能放弃这段等待时间而事先公开其成果,我们的公共卫生水平就可以伴随着医学发现更快获得提高。因为新医学信息的及时公布将允许人们利用这些信息提高他们的健康水平。"

以下哪项如果为真,最能削弱钟医生的论证?

A. 大部分医学杂志不愿意放弃匿名评审制度。

B. 社会公共卫生水平的提高还取决于其他因素,并不完全依赖于医学新发现。

C. 匿名评审常常能阻止那些含有错误结论的文章发表。

D. 有些媒体常常会提前报道那些匿名评审杂志准备发表的医学研究成果。

E. 人们常常根据新发表的医学信息来调整他们的生活方式。

72. (2017-1-45) 人们通常认为,幸福能够增进健康、有利于长寿,而不幸福则是健康状况不佳的直接原因,但最近有研究人员对 3 000 多人的生活状况调查后发现,幸福或不幸福并不意味着死亡的风险会相应地变得更低或更高。他们由此指出,疾病可能会导致不幸福,但不幸福本身并不会对健康状况造成损害。

以下哪项如果为真,最能质疑上述研究人员的论证?

A. 幸福是个体的一种心理体验,要求被调查对象准确断定其幸福程度有一定的难度。

B. 有些高寿老人的人生经历较为坎坷,他们有时过得并不幸福。

C. 有些患有重大疾病的人乐观向上,积极与疾病抗争,他们的幸福感比较高。

D. 人的死亡风险低并不意味着健康状况好,死亡风险高也不意味着健康状况差。

E. 少数个体死亡风险的高低难以进行准确评估。

73. (2018-1-36) 最近一项调研发现,某国 30 岁至 45 岁人群中,去医院治疗冠心病、骨质疏松等病症的人越来越多,而原来患有这些病症的大多是老年人。调研者由此认为,该国年轻人中"老年病"发病率有不断增加的趋势。

以下哪项如果为真,最能质疑上述调研结论?

A. 近年来,由于大量移民涌入,该国 45 岁以下的年轻人数量急剧增加。

B. 由于国家医疗保障水平的提高,相比以往,该国民众更有条件关注自己的身体健康。

C. 近几十年来,该国人口老龄化严重,但健康老龄人口的比重在不断增大。

D. "老年人"的最低年龄比以前提高了,"老年病"的患者范围也有所变化。

E. 尽管冠心病、骨质疏松等病症是常见的"老年病",老年人患的病未必都是"老年病"。

74. (2019-1-42) 旅游是一种独特的文化体验。游客可以跟团游,也可以自由行。自由行游客虽避免了跟团游的集体束缚,但也放弃了人工导游的全程讲解,而近年来他们了解旅游景点的文化需求却有增无减。为适应这一市场需求,基于手机平台的多款智能导游 APP 被开发出来。它们可定位用户位置,自动提供景点讲解、游览问答等功能。有专家就此指出,未来智能导游必然会取代人工导游,传统的导游职业行将消亡。

以下哪项如果为真,最能质疑上述专家的论断?

A. 目前发展较好的智能导游 APP 用户量在百万级左右,这与当前中国旅游人数总量相比还只是一个很小的比例,市场还没有培养出用户的普遍消费习惯。

B. 旅行中才会使用的智能导游 APP,如何保持用户黏性、未来又如何取得商业价值等都是待解问题。

C. 好的人工导游可以根据游客需求进行不同类型的讲解,不仅关注景点,还可表达观点,个性化很强,这是智能导游 APP 难以企及的。

D. 国内景区配备的人工导游需要收费,大部分导游讲解的内容都是事先背好的标准化内容。但是,即便人工导游没有特色,其退出市场也需要一定的时间。

E. 至少有95%的国外景点所配备的导游讲解器没有中文语音,中国出境游客因为语言和文化上的差异,对智能导游 APP 的需求比较强烈。

75. (2019-1-52) 某研究机构以约2万名65岁以上的老人为对象,调查了笑的频率与健康状态的关系。结果显示,在不苟言笑的老人中,认为自身现在的健康状态"不怎么好"和"不好"的比例分别是几乎每天都笑的老人的1.5倍和1.8倍。爱笑的老人对自我健康状态的评价往往较高。他们由此认为,爱笑的老人更健康。

以下哪项如果为真,最能质疑上述调查者的观点?

A. 病痛的折磨使得部分老人对自我健康状态的评价不高。

B. 良好的家庭氛围使得老年人生活更乐观,身体更健康。

C. 身体健康的老年人中,女性爱笑的比例比男性高10个百分点。

D. 老年人的自我健康评价往往和他们实际的健康状况之间存在一定的差距。

E. 乐观的老年人比悲观的老年人更长寿。

76. (2019-1-53) 阔叶树的降尘优势明显,吸附 PM2.5 的效果最好,一棵阔叶树一年的平均滞尘量达3.16公斤。针叶树树叶面积小,吸附 PM2.5 的功效较弱。全年平均下来,阔叶林的吸尘效果要比针叶林强不少。阔叶树也比灌木和草的吸尘效果好得多。以北京常见的阔叶树国槐为例,成片的国槐林吸尘效果比同等面积的普通草地约高30%。有些人据此认为,为了降尘北京应大力推广阔叶树,并尽量减少针叶林面积。

以下哪项如果为真,最能削弱上述有关人员的观点?

A. 植树造林既要治理 PM2.5,也要治理其他污染物,需要合理布局。

B. 阔叶树与针叶树比例失调，不仅极易暴发病虫害、火灾等，还会影响林木的生长和健康。

C. 建造通风走廊，能把城市和郊区的森林连接起来，让清新的空气吹入，降低城区的PM2.5。

D. 阔叶树冬天落叶，在寒冷的冬季，其养护成本远高于针叶树。

E. 针叶树冬天虽然不落叶，但基本处于"休眠"状态，生物活性差。

77. （2020-1-27）某教授组织了120名年轻的参试者，先让他们熟悉电脑上的一个虚拟城市，然后让他们以最快速度寻找由指定地点到达关键地标的最短路线，最后再让他们识别茴香、花椒等40种芳香植物的气味。结果发现，寻路任务中得分较高者其嗅觉也比较灵敏。该教授由此推断，一个人空间记忆力好、方向感强，就会使其嗅觉更为灵敏。

以下哪项如果为真，最能质疑该教授的上述推测？

A. 大多数动物主要靠嗅觉寻找食物、躲避天敌，其嗅觉进化有助于"导航"。

B. 有些参试者是美食家，经常被邀请到城市各处的特色餐馆饱尝美食。

C. 部分参试者是马拉松运动员，他们经常参加一些城市举办的马拉松比赛。

D. 在同样的测试中，该教授本人在嗅觉灵敏度和空间方向感方面都不如年轻人。

E. 有的年轻人喜欢玩对方向感要求较高的电脑游戏，因过分投入而食不知味。

78. （2020-1-35）移动支付如今正在北京、上海等大中城市迅速普及，但是并非所有中国人都熟悉这种新的支付方式，很多老年人仍然习惯传统的现金交易。有专家因此断言，移动支付的迅速普及会将老年人阻挡在消费经济之外，从而影响他们晚年的生活质量。

以下哪项如果为真，最能质疑上述专家的论断？

A. 到2030年，中国60岁以上人口将增至3.2亿，老年人的生活质量将进一步引起社会关注。

B. 有许多老年人因年事已高，基本不直接进行购物消费，所需物品一般由儿女或者社会提供，他们的晚年生活很幸福。

C. 国家有关部门近年来出台多项政策指出，消费者在使用现金支付被拒时可以投诉，但仍有不少商家我行我素。

D. 许多老年人已在家中或社区活动中心学会移动支付的方法以及防范网络诈骗的技巧。

E. 有些老年人视力不好，看不清手机屏幕；有些老年人记忆力不好，记不住手机支付密码。

79. （2021-1-32）某高校的李教授在网上撰文指责另一高校张教授早年发表的一篇论文存在抄袭现象。张教授知晓后，立即在同一网站对李教授的指责做出反驳。

以下哪项作为张教授的反驳最为有力？

A. 自己投稿在先而发表在后，所谓论文抄袭其实是他人抄自己。

B. 李教授的指责纯属栽赃陷害，混淆视听，破坏了大学教授的整体形象。

C. 李教授的指责是对自己不久前批评李教授学术观点所做的打击报复。

D. 李教授的指责可能背后有人指使，不排除受到两校不正当竞争的影响。

E. 李教授早年的两篇论文其实也存在不同程度的抄袭现象。

80.（2021-1-49）某医学专家提出一种简单的手指自我检测法：将双手放在眼前，把两个食指的指甲那一面贴在一起，正常情况下，应该看到两个指甲床之间有一个菱形的空间；如果看不到这个空间，则说明手指出现了杵状改变，这是患有某种心脏或肺部疾病的迹象。该专家认为，人们通过手指自我检测能快速判断自己是否患有心脏或肺部疾病。

以下哪项如果为真，最能质疑上述专家的论断？

A. 杵状改变可能由多种肺部疾病引起，如肺纤维化、支气管扩张等，而且这种病变需要经历较长的一段过程。

B. 杵状改变不是癌症的明确标志，仅有不足40%的肺癌患者有杵状改变。

C. 杵状改变检测只能作为一种参考，不能用来替代医生的专业判断。

D. 杵状改变有两个发展阶段，第一个阶段的畸变不是很明显，不足以判断人体是否有病变。

E. 杵状改变是手指末端软组织积液造成，而积液是由于过量血液注入该区域导致，其内在机理仍然不明。

81.（2022-1-34）补充胶原蛋白已经成为当下很多女性抗衰老的手段之一。她们认为：吃猪蹄能够补充胶原蛋白，为了美容养颜，最好多吃些猪蹄。近日有些专家对此表示质疑，他们认为多吃猪蹄其实并不能补充胶原蛋白。

以下哪项如果为真，最能质疑上述专家的观点？

A. 猪蹄中的胶原蛋白会被人体的消化系统分解，不会直接以胶原蛋白的形态补充到皮肤中。

B. 人们在日常生活中摄入的优质蛋白和水果、蔬菜中的营养物质，足以提供人体所需的胶原蛋白。

C. 猪蹄中胶原蛋白的含量并不多，但胆固醇含量高、脂肪多，食用过多会引起肥胖，还会增加患高血压的风险。

D. 猪蹄中的胶原蛋白经过人体消化后会被分解成氨基酸等物质，氨基酸参与人体生理活动，再合成人体必需的胶原蛋白等多种蛋白质。

E. 胶原蛋白是人体皮肤、骨骼和肌腱中的主要结构蛋白，它填充在真皮之间，撑起皮肤组织，增加皮肤紧密度，使皮肤水润而富有弹性。

82.（2022-1-44）当前，不少教育题材影视剧贴近社会现实，直击子女升学、出国留学、代际冲突等教育痛点，引发社会广泛关注。电视剧一阵风，剧外人急红眼，很多家长触"剧"生情，过度代入，焦虑情绪不断增加，引得家庭"鸡飞狗跳"，家庭与学校的关系不断紧张。有专家由此指出，这类教育影视剧只能贩卖焦虑，进一步激化社会冲突，对实现教育公平于事无补。

以下哪项如果为真，最能质疑上述专家的主张？

A. 当代社会教育资源客观上总是有限且分配不平衡，教育竞争不可避免。

B. 父母过度焦虑轻则导致孩子之间暗自攀比，重则影响亲子关系、家庭和睦。

C. 教育影视剧一旦引发广泛关注，就会对国家教育政策走向产生重要影响。

D. 教育影视剧提醒学校应明确职责,不能对义务教育实行"家长承包制"。

E. 家长不应成为教育焦虑的"剧中人",而应该用爱包容孩子的不完美。

83. (2022-1-47) 有些科学家认为,基因调整技术能大幅延长人类寿命。他们在实验室中调整了一种小型土壤线虫的两组基因序列,成功将这种生物的寿命延长了5倍。他们据此声称,如果将延长线虫寿命的科学方法应用于人类,人活到500岁就会成为可能。

以下哪项如果为真,最能质疑上述科学家的观点?

A. 基因调整技术可能会导致下一代中一定比例的个体失去繁殖能力。

B. 即使将基因调整技术成功应用于人类,也只会有极少的人活到500岁。

C. 将延长线虫寿命的科学方法应用于人类,还需要经历较长一段时间。

D. 人类的生活方式复杂而多样,不良的生活习惯和心理压力会影响身心健康。

E. 人类寿命的提高幅度不会像线虫那样简单倍增,200岁以后寿命再延长基本不可能。

答案速查

题号	1	2	3	4	5	6	7	8	9	10
答案	B	B	C	C	C	E	A	A	E	D
题号	11	12	13	14	15	16	17	18	19	20
答案	D	A	C	C	C	A	D	B	A	E
题号	21	22	23	24	25	26	27	28	29	30
答案	E	E	A	E	C	D	D	A	E	C
题号	31	32	33	34	35	36	37	38	39	40
答案	E	C	C	C	E	B	D	A	C	E
题号	41	42	43	44	45	46	47	48	49	50
答案	D	D	C	B	E	A	C	C	D	B
题号	51	52	53	54	55	56	57	58	59	60
答案	E	D	E	D	D	E	C	B	E	C
题号	61	62	63	64	65	66	67	68	69	70
答案	A	E	B	B	C	C	C	B	C	D
题号	71	72	73	74	75	76	77	78	79	80
答案	C	D	A	C	D	B	A	B	A	E
题号	81	82	83							
答案	D	C	E							

专题三　加强型题目

考查点1　加强[①]

知识点梳理

　　加强型题目是论证推理中的重点题型,包括加强、假设、支持等。该题型的特点是题干中给出一个推理或论证,但或者由于前提的条件不够充分,不足以推出其结论;或者由于论证的论据不够全面,不足以得出其结论,因此需用某一选项去补充其前提或论据,使推理或论证成立的可能性增大。由于遵循"答案不需要充分性"的原则,只要某一选项放在段落推理的论据(前提)和结论之间,对段落推理成立、结论正确有支持作用,使段落推理成立、结论正确的可能性增大,那么这个选项就是正确答案。所以正确答案既可以是使段落推理成立或结论正确的一个充分条件,也可以是一个必要条件(这时等同于假设题,因为假设题的答案必定可以支持推理),还可以是既非充分条件又非必要条件。

　　此类题目的提问方式一般是:

　　"以下哪项如果为真,最能加强上述断定?"

　　"下述哪项如果为真,最能支持上述观点?"

　　加强的角度有:

　　(1)支持论据(前提)。

　　(2)支持结论。

　　(3)无因无果加强(题干是"有因有果",选项是"无因无果")。

　　(4)对比加强型。已知命题A与命题B在两种情况下是相同的,为了加强这个论断,可以提出,这两种情况没有区别或者具有相同的条件。但需要注意的是,对比加强是或然性的加强,并不一定导致结论的成立,只是增大结论的可靠性。

历年真题

1.(2010-1-38)一种常见的现象是,从国外引进的一些畅销科普读物在国内并不畅销。有人对此解释说,这与我们多年来沿袭的文理分科有关。文理分科人为地造成了自然科学与人文社会科学的割裂,导致科普类图书的读者市场还没有真正形成。

以下哪项如果为真,最能加强上述观点?

A.有些自然科学工作者对科普读物也不感兴趣。

[①] 此点在真题中考查得比较密集。

B. 科普读物不是没有需求,而是有效供给不足。

C. 由于缺乏理科背景,非自然科学工作者对科学敬而远之。

D. 许多科普电视节目都拥有固定的收视群,相应的科普读物也大受欢迎。

E. 国内大部分科普读物只是介绍科学常识,很少真正关注科学精神的传播。

2.（2010-10-43）最近,国内考古学家在北方某偏远地区发现了春秋时代古遗址。当地旅游部门认为：古遗址体现了春秋古文明的特征,应立即投资修复,并在周围修建公共交通设施,以便吸引国内外游客。张教授对此提出反对意见：古遗址有许多未解之谜待破译,应先保护起来,暂时不宜修复和进行旅游开发。

如果下述哪项为真,最能加强上述张教授的观点？

A. 只有懂得古遗址历史,并且懂得保护古遗址的人才能参与修复古遗址。

B. 现代人还难以理解和判断古代文明的重大意义。

C. 修复任何一个古遗址都应该展现此地区最古老的风貌。

D. 对古遗址的保护和利用不应该被商业利益所支配。

E. 在缺乏研究的情况下匆忙修复古遗址,可能对文物造成不可弥补的破坏。

3.（2011-1-54）统计数字表明,近年来,民用航空飞行的安全性有很大提高。例如,某国2008年每飞行100万次发生恶性事故的次数为0.2次,而1989年为1.4次。从这些年的统计数字来看,民用航空恶性事故发生率总体呈下降趋势。由此看出,乘飞机出行越来越安全。

以下哪项不能加强上述结论？

A. 近年来,飞机事故中"死里逃生"的概率比以前提高了。

B. 各大航空公司越来越注意对机组人员的安全培训。

C. 民用航空的空中交通控制系统更加完善。

D. 避免"机鸟互撞"的技术与措施日臻完善。

E. 虽然飞机坠毁很可怕,但从统计数字上讲,驾车仍然要危险得多。

4.（2012-10-38）近几年来,研究生入学考试持续升温。与之相应,各种各样的考研辅导班应运而生,尤其是英语类和政治类辅导班几乎是考研一族的必须之选。刚参加工作不久的小庄也打算参加研究生入学考试,所以,小庄一定得参加英语辅导班。

以下哪项最能加强上述论证？

A. 如果参加英语辅导班,就可以通过研究生入学考试。

B. 只有打算参加研究生入学考试的人才参加英语辅导班。

C. 即使参加英语辅导班,也未必能通过研究生入学考试。

D. 即使不参加英语辅导班,也未必不能通过研究生入学考试。

E. 如果不参加英语辅导班,就不能通过研究生入学考试。

5.（2014-10-31）王刚一定是一名高校教师,因为他不仅拥有名校的博士学位,而且在海外某研究机构有超过一年的研究经历。

以下哪项能够保证上述论断的正确？

A. 除非是高校教师,否则不能既拥有名校的博士学位,又在海外研究机构有超过一年的研究经历。

B. 近年来,高校教师都要求有海外研究经历。

C. 有的中学教师也拥有博士学位和海外研究经历。

D. 除非是博士,并且有海外超过一年的研究经历,否则不能成为高校教师。

E. 近两年,高校教师都必须拥有博士学位才能被聘用。

6. （2014-10-32）如果马来西亚航空公司的客机没有发生故障,也没有被恐怖组织劫持,那就一定是被导弹击落了。如果客机被导弹击落,一定会被卫星发现,如果卫星发现客机被导弹击落,一定会向媒体公布。

如果要得到"飞机被恐怖组织劫持了"这一结论,需要补充以下哪项？

A. 客机没有被导弹击落。

B. 没有导弹击落客机的报道,客机也没有发生故障。

C. 客机没有发生故障。

D. 客机发生了故障,没有导弹击落客机。

E. 客机没有发生故障,卫星发现客机被导弹击落。

7. （2014-10-55）有些高校教师具有海外博士学位,所以,有些海外博士具有很高的水平。

以下哪项能够保证上述论断的正确？

A. 所有高校教师都具有很高的水平。

B. 并非所有的高校教师都有很高的水平。

C. 有些高校教师具有很高的水平。

D. 所有水平高的教师都具有海外博士学位。

E. 有些高校教师没有海外博士学位。

8. （2015-1-29）人类经历了上百年的自然进化,产生了直觉、多层次抽象等独特智能。尽管现代计算机已经具备了一定的学习能力,但这种能力还需要人类的指导,完全的自我学习能力还有待进一步发展。因此,计算机要达到甚至超过人类的智能水平是不可能的。

以下哪项最可能是上述论证的预设？

A. 计算机很难真正懂得人类的语言,更不可能理解人类的感情。

B. 理解人类复杂的社会关系需要自我学习能力。

C. 计算机如果具备完全的自我学习能力,就能形成直觉、多层次抽象等智能。

D. 计算机可以形成自然进化能力。

E. 直觉、多层次抽象等这些人类的独特智能无法通过学习获得。

9. （2015-1-49）张教授指出,生物燃料是指利用生物资源生产的燃料乙醇或生物柴油,它们可以替代由石油制取的汽油和柴油,是可再生能源开发利用的重要方向。受世界石油资源短缺、环保和全球气候变化的影响,20世纪70年代以来,许多国家日益重视生物燃料的发展,并取得显著成效。所以,应该大力开发和利用生物燃料。

以下哪项最可能是张教授论证的预设?

A. 发展生物燃料可有效降低人类对石油等化石燃料的消耗。

B. 发展生物燃料会减少粮食供应,而当今世界有数以百万计的人食不果腹。

C. 生物柴油和燃料乙醇是现代社会能源供给体系的适当补充。

D. 生物燃料在生产与运输的过程中需要消耗大量的水、电和石油等。

E. 目前我国生物燃料的开发和利用已经取得很大成绩。

10.（2020-1-49）尽管近年来我国引进不少人才,但真正顶尖的领军人才还是凤毛麟角。就全球而言,人才特别是高层次人才紧缺已呈常态化、长期化趋势。某专家由此认为,未来10年,美国、加拿大、德国等主要发达国家对高层次人才的争夺将进一步加剧,而发展中国家的高层次人才紧缺状况更甚于发达国家,因此,我国高层次人才引进工作急需进一步加强。

以下哪项如果为真,最能加强上述专家论证?

A. 我国理工科高层次人才紧缺程度更甚于文科。

B. 发展中国家的一般性人才不比发达国家少。

C. 我国仍然是发展中国家。

D. 人才是衡量一个国家综合国力的重要指标。

E. 我国近年来引进的领军人才数量不及美国等发达国家。

答案速查

题号	1	2	3	4	5	6	7	8	9	10
答案	C	E	E	E	A	B	A	E	A	C

考查点2 假设[①]

知识点梳理

假设题的题干给出前提和结论,然后问假设是什么,或者需要补充什么样的前提才能使题干中的推理成为逻辑上有效的推理,或者要求提出正面的事实或有利于假设的说明,以加强论点。比如,问到"上文的说法基于以下哪一个假设""上面的逻辑前提是哪个""再加上什么条件能够得出以下结论"等。

[①] 此点在真题中考查得比较密集。

1. 假设的意义

假设就是隐含前提。对于一个命题而言,假设的真假是其能否成立的前提条件。如果假设为假,则命题不成立,而且也毫无意义。

由于假设是一个论证的潜在前提,是前提到结论的桥梁,因此,相当多的论证推理题都是围绕假设来设置出题点的。削弱、假设、支持、评价这四种题在整个论证推理题中占了相当大的比重,而支持、削弱与评价这三种题多是针对题干推理的隐含假设来设置选项的,再加上推出结论型题目有时就是直接考查隐含假设,所以假设在整个论证推理题中具有基础性的地位。

2. 假设的逻辑定义

假设是使推理成立的必要条件。

具体而言,若 A 是 B 的必要条件,那么 ¬A→¬B;若一个推理在没有某一条件时,这个推理就不成立,那么这个条件就是该推理的一个假设。

假设仅仅是推理成立的必要条件,也就是推理成立所必需的东西。但许多考生往往认为如果有了这个假设则推理一定成立。这在有些情况下是不对的,因为假设仅仅为"使推理成立的必要条件",还可能需要其他条件的共同作用,推理才能成立。

3. 如何揭示假设

识别假设的一般方法:

(1)牢记论证结构中的理由和主张两部分,只关注那些足以影响理由支持主张的力度的假设。

(2)关注作者的理由与结论,站在作者的角度考虑,怎样才能使论证中已表述的论据(或前提)成为支持其结论的强有力的理由。

(3)揭示假设的原则之一是假定已表述的论据(或前提)为真,然后查看这些前提若能使其结论成立,至少还需要得到什么样的论据(或前提)支持,这样的论据(或前提)就是该论证的假设。另外,不要把文中已经陈述的难以成立的理由当作假设。

(4)超出原论证或与原论证无关的不是假设。

(5)凭借搭桥的思路寻找假设。由于假设题是题干推理中的前提不足以推出结论,要求在选项中确定合适的前提,去补充原前提或论据,从而能合乎逻辑地推出结论或有利于提高推理的证据支持度和结论的可靠性,因此,做这类题目的基本思路是紧扣结论,简化推理过程,从因果关系上考虑,寻找题干论证断开的地方或推理缺口,然后进行"搭桥",找到隐含前提。

4. 假设的分类:充分型和必要型

(1)充分型假设的解题思路是"加进法",即三段论思维。充分型假设要求题干论据加上假设必须能推出结论,所以解题方法较简单。若将选项加到题干的推理中,结论必然成立,则为正确答案;如果结论有不成立的可能性,则不是正确答案。

(2)大部分假设题是必要型假设,必要型假设的解题思路是"加非验证",即将选项取非代入题干论证,如果会使题干的结论不成立,则为正确答案;如果还有成立的可能性,则不是正确答案。

5. 解题原则

不管是充分型假设还是必要型假设，都可以尝试先"搭桥"，如果"搭桥"不能解决，则用"加非验证"来确认和验证其是否为假设。

所谓"加非验证"，就是先把认为有可能正确的选项进行否定，然后再把这个经过否定的选项代入题干中，如果代入以后严重削弱了题干推理或者使得题干推理不成立，那么这个选项就是我们要寻找的假设；如果代入以后没有严重削弱题干推理或题干推理仍然可以成立，那么这个选项就不是我们要寻找的假设。

6. 解题步骤

(1) 读题，找出前提和结论，把握逻辑主线，构建逻辑主干。

(2) 寻找疑似答案。

① 根据核心词、否定词、能够或可以等标志词来定位选项。

② 若无明显标志词，则凭三段论思维寻找推理缺口，找出疑似答案。

(3) 排除那些没有填补推理缺口的选项，即排除无关选项以及带有绝对化词语的断定过强的选项。

(4) 若题目冗长绕口，可以适当猜测答案。读选项按以下顺序进行，先是最长项，再是次长项，依此类推。

(5) 加非验证。解假设题的最有效方法就是对选项"加非验证"。与题干有关或无关的选项排除后剩下的难以区分的选项才用此方法，很多情况下与题干有关或无关的选项排除后便只剩下一个选项。注意：

① 有些选项可以加强原来的结论，但未必是假设；

② 加非后的选项要能够彻底否定原来论断才是假设，否则也不一定是假设。

总之，对假设题，首先可以排除明显无关选项，然后在剩余的选项上进行"加非验证"，寻找能削弱题干的一项。同时要注意，除了"排除他因"的假设之外，多数假设题的答案一般都在题干范围之内。

假设、支持、削弱题的阅读技巧：

① 首先明确问题，然后带着问题去看题干。

② 题干一般由两部分组成：理由、结论，或者现象、解释。

③ 结论更为重要，要抓住结论与理由中的关键词。

历年真题

1. (2009-1-35) 某地区过去三年日常生活必需品平均价格增长了30%。在同一时期，购买日常生活必需品的开支占家庭平均月收入的比例并未发生变化。因此，过去三年家庭平均收入一定也增长了30%。

以下哪项最可能是上述论证所假设的？

A. 在过去的三年中，平均每个家庭购买的日常生活必需品数量和质量没有变化。

B. 在过去的三年中，除生活必需品外，其他商品平均价格的增长低于30%。

C. 在过去的三年中,该地区家庭数量增长了30%。

D. 在过去的三年中,家庭用于购买高档消费品的平均开支明显减少。

E. 在过去的三年中,家庭平均生活水平下降了。

2.（2009-1-40）因为照片的影像是通过光线与胶片的接触形成的,所以每张照片都具有一定的真实性。但是,从不同角度拍摄的照片总是反映了物体某个侧面的真实而不是全部的真实,在这个意义上,照片又是不真实的。因此,在目前的技术条件下,以照片作为证据是不恰当的,特别是在法庭上。

以下哪项是上述论证所假设的?

A. 不完全反映全部真实的东西不能成为恰当的证据。

B. 全部的真实性是不可把握的。

C. 目前的法庭审理都把照片作为重要物证。

D. 如果从不同角度拍摄一个物体,就可以把握它的全部真实性。

E. 法庭具有判定任一证据真伪的能力。

3.（2009-1-45）肖群一周工作五天,除非这周内有法定休假日,除了周五在志愿者协会,其余四天肖群都在大平保险公司上班。上周没有法定休假日。因此,上周的周一、周二、周三和周四肖群一定在大平保险公司上班。

以下哪项是上述论证所假设的?

A. 一周内不可能出现两天以上的法定休假日。

B. 大平保险公司实行每周四天工作日制度。

C. 上周的周六和周日肖群没有上班。

D. 肖群在志愿者协会的工作与保险业有关。

E. 肖群是个称职的雇员。

4.（2009-10-36）最近发现,19世纪80年代保存的海鸟标本的羽毛中,汞的含量仅为目前同一品种活鸟的羽毛汞含量的一半。由于海鸟羽毛中汞的累积是海鸟吃鱼所导致,这就表明现在海鱼中汞的含量比100多年前要高。

以下哪项是上述论证的假设?

A. 进行羽毛汞含量检测的海鸟处于相同年龄段。

B. 海鱼的汞含量取决于其活动海域的污染程度。

C. 来源于鱼的汞被海鸟吸收后,残留在羽毛中的含量会随时间的变化而改变。

D. 在海鸟的食物结构中,海鱼所占的比例,在19世纪80年代并不比现在高。

E. 用于海鸟标本制作和保存的方法并没有显著减少海鸟羽毛中的汞含量。

5.（2009-10-55）由工业垃圾掩埋带来的污染问题在中等发达国家中最为突出,而在发达国家与不发达国家中反而不突出。不发达国家是因为没有多少工业垃圾可以处理;发达国家或者是因为有效地减少了工业垃圾,或者是因为有效地处理了工业垃圾。H国是中等发达国家,因此,它目前面临的由工业垃圾掩埋带来的污染在五年后会有实质性的改变。

以下哪项最可能是上述论证所假设的?

A. H 国将在五年内成为发达国家。

B. H 国不会在五年后倒退回不发达状态。

C. H 国将在五年内有效地处理工业垃圾。

D. H 国五年内保持其发展水平不变。

E. H 国将在五年内有效地减少工业垃圾。

6. (2010-1-45) 有位美国学者做了一个实验:给被试儿童看三幅图画,分别是鸡、牛和青草,然后让儿童将其分为两类。结果大部分中国儿童把牛和青草归为一类,把鸡归为另一类;大部分美国儿童则把牛和鸡归为一类,把青草归为另一类。这位美国学者由此得出:中国儿童习惯于按照事物之间的关系来分类,美国儿童则习惯于把事物按照各自所属的"实体"范畴进行分类。

以下哪项是这些学者得出结论所必须假设的?

A. 马和青草是按照事物之间的关系被归为一类。

B. 鸭和鸡蛋是按照各自所属的"实体"范畴被归为一类。

C. 美国儿童只要把牛和鸡归为一类,就是习惯于按照各自所属的"实体"范畴进行分类。

D. 美国儿童只要把牛和鸡归为一类,就不是习惯于按照事物之间的关系来分类。

E. 中国儿童只要把牛和青草归为一类,就不是习惯于按照各自所属的"实体"范畴进行分类。

7. (2010-10-40) 黑脉金蝴蝶幼虫先折断含毒液的乳草属植物的叶脉,使毒液外流,再食入整片叶子。一般情况下,乳草属植物叶脉被折断后其内的毒液基本完全流掉,即便有极微量的残留,对幼虫也不会构成威胁。黑脉金蝴蝶幼虫就是采用这种方式以有毒的乳草属植物为食物来源,直到它们发育成熟。

以下哪项最可能是上文所做的假设?

A. 幼虫有多种方法对付有毒植物的毒液,因此,有毒植物是多种幼虫的食物来源。

B. 除黑脉金蝴蝶幼虫外,乳草属植物不适合其他幼虫食用。

C. 除乳草属植物外,其他有毒植物已经进化到能防止黑脉金蝴蝶幼虫破坏其叶脉的程度。

D. 黑脉金蝴蝶幼虫成功对付乳草属植物毒液的方法不能用于对付其他有毒植物。

E. 乳草属植物的叶脉没有进化到黑脉金蝴蝶幼虫不能折断的程度。

8. (2010-10-41) 赵家村的农田比马家村少得多,但赵家村的单位生产成本近年来明显比马家村低。马家村的人通过调查发现:赵家村停止使用昂贵的化肥,转而采用轮作和每年两次施用粪肥的方法。不久,马家村也采用了同样的措施,很快,马家村获得了很好的效果。

以下哪项最可能是上文所做的假设?

A. 马家村有足够粪肥来源可以用于农田施用。

B. 马家村比赵家村更善于促进农作物生长的田间管理。

C. 马家村经常调查赵家村的农业生产情况,学习降低生产成本的经验。

D. 马家村用处理过的污水软泥代替化肥,但对生产成本的影响不大。

E. 赵家村和马家村都减少使用昂贵的农药,降低了生产成本。

9. (2010-10-44) 1979年,在非洲摩西地区发现有一只大象在觅食时进入赖登山的一个山洞。不久,其他的大象也开始进入洞穴,以后几年进入山洞集居成为整个大象群的常规活动。1979年之前,摩西地区没有发现大象进入山洞,山洞内没有大象的踪迹。到2006年,整个大象群在洞穴内或附近度过其大部分冬季。由此可见,大象能够接受和传授新的行为,而这并不只是由遗传基因所决定的。

以下哪项是上述论述的假设?

A. 大象的基因突变可以发生在相对短的时间跨度,如数十年。

B. 大象群在数十年出现的新的行为不是由遗传基因预先决定的。

C. 大象新的行为模式易于成为固定的方式,一般都会延续几代。

D. 大象的群体行为不受遗传影响,而是大象群内个体间互相模仿的结果。

E. 某一新的行为模式只有在一定数量的动物群内成为固定的模式,才可以推断出发生了基因突变。

10. (2011-1-49) 某家长认为,有想象力才能进行创造性劳动,但想象力和知识是天敌。人在获得知识的过程中,想象力会消失。因为知识符合逻辑,而想象力无章可循。换句话说,知识的本质是科学,想象力的特征是荒诞。人的大脑一山不容二虎:学龄前,想象力独占鳌头,脑子被想象力占据;上学后,大多数人的想象力被知识驱逐出境,他们成为知识渊博但丧失了想象力、终身只能重复前人发现的人。

以下哪项是该家长论证所依赖的假设?

Ⅰ. 科学是不可能荒诞的,荒诞的就不是科学。

Ⅱ. 想象力和逻辑水火不相容。

Ⅲ. 大脑被知识占据后很难重新恢复想象力。

A. 仅Ⅰ。　　　　　　B. 仅Ⅱ。　　　　　　C. 仅Ⅰ和Ⅱ。

D. 仅Ⅱ和Ⅲ。　　　　E. Ⅰ、Ⅱ和Ⅲ。

11. (2011-1-51) 某公司总裁曾经说过:"当前任总裁批评我时,我不喜欢那感觉,因此,我不会批评我的继任者。"

以下哪项最可能是该总裁上述言论的假设?

A. 当遇到该总裁的批评时,他的继任者和他的感觉不完全一致。

B. 只有该总裁的继任者喜欢被批评的感觉,他才会批评继任者。

C. 如果该总裁喜欢被批评,那么前任总裁的批评也不例外。

D. 该总裁不喜欢批评他的继任者,但喜欢批评其他人。

E. 该总裁不喜欢被前任总裁批评,但喜欢被其他人批评。

12.（2011-1-55）有医学研究显示,行为痴呆症患者大脑组织中往往含有过量的铝。同时有化学研究表明,一种硅化合物可以吸收铝。陈医生据此认为,可以用这种硅化合物治疗行为痴呆症。

以下哪项是陈医生最可能依赖的假设?

A. 行为痴呆症患者大脑组织的含铝量通常过高,但具体数量不会变化。

B. 该硅化合物在吸收铝的过程中不会产生副作用。

C. 用来吸收铝的硅化合物的具体数量与行为痴呆症患者的年龄有关。

D. 过量的铝是导致行为痴呆症的原因,患者脑组织中的铝不是痴呆症引起的结果。

E. 行为痴呆症患者脑组织中的铝含量与病情的严重程度有关。

13.（2011-10-50）英国科学家在 2010 年 11 月 11 日出版的《自然》杂志上撰文指出,他们在苏格兰的岩石中发现了一种可能生活在约 12 亿年前的细菌化石,这表明,地球上的氧气浓度增加到人类进化所需的程度这一重大事件发生在 12 亿年前,比科学家以前认为的要早 4 亿年。新研究有望让科学家重新理解地球大气以及依靠其为生的生命演化的时间表。

以下哪项是科学家上述发现所假设的?

A. 先前认为,人类进化发生在大约 8 亿年前。

B. 这种细菌在大约 12 亿年前就开始在化学反应中使用氧气,以便获取能量维持生存。

C. 氧气浓度的增加标志着统治地球的生物已经由简单有机物转变为复杂的多细胞有机物。

D. 只有大气中的氧气浓度增加到一个关键点,某些细菌才能生存。

E. 如果没有细菌,也就不可能存在人类这样的高级生命。

14.（2012-10-43）大城市相对于中小城市,尤其小城镇来讲,其生活成本是比较高的。这必然限制农村人口进入,因此,仅靠发展大城市实际上无法实现城市化。

以下哪项是上述论证所假设的?

A. 城市化是我国发展的必由之路。

B. 单纯发展大城市不利于城市化的推进。

C. 要实现城市化,就必须让城市充分吸纳农村人口。

D. 大城市对外地农村人口的吸引力明显低于中小城市。

E. 城市化不能单纯发展大城市,也要充分重视发展其他类型的城市。

15.（2012-10-44）研究人员最近发现,在人脑深处有一个叫作丘脑枕的区域,就像是个信息总台接线员,负责将外界的刺激信息分类整理,将人的注意力放在对行为与生存最重要的信息上。研究人员指出,这一发现有望为缺乏注意力而导致的紊乱类疾病带来新疗法,如注意力缺陷多动障碍、精神分裂症等。

以下哪项是上述论证所假设的?

A. 有些精神分裂症并不是由于缺乏注意力而导致的。

B. 视觉信息只是通过视觉皮层区的神经网络来传输。

C. 研究人员已经开发出一种新技术,能直接跟踪视觉皮层区和丘脑枕区的神经集丛间的通信。

D. 大脑无法同时详细处理太多信息,大脑只会选择性地将注意力集中在与行为最相关的事物上。

E. 当我们注意重要视觉信息时,丘脑枕确保了信息通过不同神经集丛的一致性和行为相关性。

16. (2013-1-41) 新近一项研究发现,海水颜色能够让飓风改变方向,也就是说,如果海水变色,飓风的移动路径也会变向。这也就意味着科学家可以根据海水的"脸色"判断哪些地区将被飓风袭击,哪些地区会幸免于难。值得关注的是,全球气候变暖可能已经让海水变色。

以下哪项最可能是科学家做出判断所依赖的前提?

A. 海水颜色与飓风移动路径之间存在某种相对确定的联系。

B. 海水温度升高会导致生成的飓风数量增加。

C. 海水温度变化会导致海水改变颜色。

D. 海水温度变化与海水颜色变化之间的联系尚不明朗。

E. 全球气候变暖是最近几年飓风频发的重要原因之一。

17. (2014-1-39) 长期以来,人们认为地球是已知唯一能支持生命存在的星球,不过这一情况开始出现改观。科学家近期指出,在其他恒星周围,可能还存在着更加宜居的行星。他们尝试用崭新的方法开展地外生命探索,即搜寻放射性元素钍和铀。行星内部含有这些元素越多,其内部温度就会越高,这在一定程度上有助于行星的板块运动,而板块运动有助于维系行星表面的水体,因此,板块运动可被视为行星存在宜居环境的标志之一。

以下哪项最可能是科学家的假设?

A. 行星如能维系水体,就可能存在生命。

B. 行星板块运动都是由放射性元素钍和铀驱动的。

C. 行星内部温度越高,越有助于它的板块运动。

D. 没有水的行星也可能存在生命。

E. 虽然尚未证实,但地外生命一定存在。

18. (2014-10-36) 在过去的五年中,W市的食品价格平均上涨了25%。与此同时,居民购买食品的支出占该市家庭月收入的比例却仅仅上涨了约8%。因此,过去两年间W市家庭的平均收入上涨了。

以下哪项最有可能是上述论证的假设?

A. 在过去五年中,W市的家庭生活水平普遍有所提高。

B. 在过去五年中,W市除了食品外,其他商品平均价格上涨了25%。

C. 在过去五年中,W市居民购买食品数量增加了8%。

D. 在过去五年中,W市每个家庭年购买的食品数量没有变化。

E. 在过去五年中,W市每个家庭年购买的食品数量减少了。

19.（2014-10-47）某学会召开的全国性学术会议，每次都收到近千篇的会议论文。为了保证大会交流论文的质量，学术会议组委会决定，每次只从会议论文中挑选出 10% 的论文作为会议交流论文。

学术会议组委会的决定最可能基于以下哪项假设？

A. 每次提交的会议论文中总有一定比例的论文质量是有保证的。

B. 今后每次收到的会议论文数量将不会有大的变化。

C. 90% 的会议论文达不到大会交流论文的质量。

D. 学术会议组委会能够对论文质量做出准确判断。

E. 学会有足够的经费保证这样的学术会议能继续举办下去。

20.（2015-1-36）美国扁桃仁于 20 世纪 70 年代出口到我国，当时被误译为"美国大杏仁"。这种误译导致我国大多数消费者根本不知道扁桃仁、杏仁是两种完全不同的产品。对此，尽管我国林果专家一再努力澄清，但学界的声音很难传达到相关企业和普通大众。因此，必须制定林果的统一行业标准，这样才能还相关产品以本来面目。

以下哪项最可能是上述论证的假设？

A. 美国扁桃仁和中国大杏仁的外形很相似。

B. 进口商品名称的误译会扰乱我国企业正常的对外贸易活动。

C."美国大杏仁"在中国市场上销量超过中国杏仁。

D. 我国相关企业和普通大众并不认可我国林果专家的意见。

E. 长期以来，我国没有关于林果的统一行业标准。

21.（2016-1-46）超市中销售的苹果常常留有一定的油脂痕迹，表面显得油光滑亮。牛师傅认为，这是残留在苹果上的农药所致，水果在收摘之前都喷洒了农药，因此，消费者在超市购买水果后，一定要清洗干净方能食用。

以下哪项最可能是牛师傅看法所依赖的假设？

A. 除了苹果，其他许多水果运至超市时也留有一定的油脂痕迹。

B. 超市里销售的水果并未得到彻底清洗。

C. 只有那些在水果上能留下油脂痕迹的农药才可能被清洗掉。

D. 许多消费者并不在意超市销售的水果是否清洗过。

E. 在水果收摘之前喷洒的农药大多数会在水果上留下油脂痕迹。

22.（2016-1-52）钟医生："通常，医学研究的重要成果在杂志发表之前需要经过匿名评审，这需要耗费不少时间。如果研究者能放弃这段等待时间而事先公开其成果，我们的公共卫生水平就可以伴随着医学发现更快获得提高。因为新医学信息的及时公布将允许人们利用这些信息提高他们的健康水平。"

以下哪项最可能是钟医生论证所依赖的假设？

A. 即使医学论文还没有在杂志发表，人们还是会使用已公开的相关新信息。

B. 因为工作繁忙，许多医学研究者不愿成为论文评审者。

C. 首次发表于匿名评审杂志的新医学信息一般无法引起公众的注意。

D. 许多医学杂志的论文评审者本身并不是医学研究专家。

E. 部分医学研究者愿意放弃在杂志上发表,而选择事先公开其成果。

23. (2017-1-38) 婴儿通过触碰物体、四处玩耍和观察成人的行为等方式来学习,但机器人通常只能按照编定的程序进行学习。于是,有些科学家试图研制学习方式更接近于婴儿的机器人。他们认为,既然婴儿是地球上最有效率的学习者,为什么不设计出能像婴儿那样不费力气就能学习的机器人呢?

以下哪项最可能是上述科学家观点的假设?

A. 婴儿的学习能力是天生的,他们的大脑与其他动物幼崽不同。

B. 通过触碰、玩耍和观察等方式来学习是地球上最有效率的学习方式。

C. 即使是最好的机器人,它们的学习能力也无法超过最差的婴儿学习者。

D. 如果机器人能像婴儿那样学习,它们的智能就有可能超过人类。

E. 成年人和现有的机器人都不能像婴儿那样毫不费力地学习。

24. (2019-1-29) 人们一直在争论猫与狗谁更聪明。最近,有些科学家不仅研究了动物脑容量的大小,还研究其大脑皮层神经细胞的数量,发现猫平常似乎总摆出一副智力占优的神态,但猫的大脑皮层神经细胞的数量只有普通金毛犬的一半。由此,他们得出结论:狗比猫更聪明。

以下哪项最可能是上述科学家得出结论的假设?

A. 猫的脑神经细胞数量比狗少,是因为猫不像狗那样"爱交际"。

B. 狗可能继承了狼结群捕猎的特点,为了相互配合,它们需要做出一些复杂的行为。

C. 动物大脑皮层神经细胞的数量与动物的聪明程度呈正相关。

D. 狗善于与人类合作,可以充当导盲犬、陪护犬、搜救犬、警犬等,就对人类的贡献而言,狗能做的似乎比猫多。

E. 棕熊的脑容量是金毛犬的3倍,但其脑神经细胞数量却少于金毛犬,与猫很接近,而棕熊的脑容量却是猫的10倍。

25. (2019-1-44) 得道者多助,失道者寡助。寡助之至,亲戚畔之;多助之至,天下顺之。以天下之所顺,攻亲戚之所畔,故君子有不战,战必胜矣。

以下哪项是上述论证所隐含的前提?

A. 得道者必胜失道者。

B. 失道者必定得不到帮助。

C. 君子是得道者。

D. 失道者亲戚畔之。

E. 得道者多,则天下太平。

26.（2020-1-28）有学校提出,将效仿免费师范生制度,提供减免学费等优惠条件以吸引成绩优秀的调剂生,提高医学人才培养质量。有专家对此提出反对意见：医生是既崇高又辛苦的职业,要有足够的爱心和兴趣才能做好,因此,宁可招不满,也不要招收调剂生。

以下哪项最可能是上述专家论断的假设？

A. 没有奉献精神,就无法学好医学。

B. 如果缺乏爱心,就不能从事医生这一崇高的职业。

C. 调剂生往往对医学缺乏兴趣。

D. 因优惠条件而报考医学的学生往往缺乏奉献精神。

E. 有爱心并对医学有兴趣的学生不会在意是否收费。

27.（2020-1-44）黄土高原以前植被丰富,长满大树,而现在千沟万壑,不见树木,这是植被遭破坏后水流冲刷大地造成的惨痛结果。有专家进一步分析认为,现在黄土高原不长植物,是因为这里的黄土其实都是生土。

以下哪项最可能是上述专家推断的假设？

A. 生土不长庄稼,只有通过土壤改造等手段才适宜种植粮食作物。

B. 因缺少应有的投入,生土无人愿意耕种,无人耕种的土地瘠薄。

C. 生土是水土流失造成的恶果,缺乏植物生长所需要的营养成分。

D. 东北的黑土地中含有较厚的腐殖层,这种腐殖层适合植物的生长。

E. 植物的生长依赖熟土,而熟土的存续依赖人类对植被的保护。

28.（2021-1-38）艺术活动是人类标志性的创造性劳动。在艺术家的心灵世界里,审美需求和情感表达是创造性劳动不可或缺的重要引擎;而人工智能没有自我意识,人工智能艺术作品的本质是模仿。因此,人工智能永远不能取代艺术家的创造性劳动。

以下哪项最可能是以上论述的假设？

A. 没有艺术家的创作,就不可能有人工智能艺术品。

B. 大多数人工智能作品缺乏创造性。

C. 只有具备自我意识,才能具有审美需求和情感表达。

D. 人工智能可以作为艺术创作的辅助工具。

E. 模仿的作品很少能表达情感。

答案速查

题号	1	2	3	4	5	6	7	8	9	10
答案	A	A	C	E	A	C	E	A	B	E
题号	11	12	13	14	15	16	17	18	19	20
答案	B	D	D	C	D	A	A	D	A	E
题号	21	22	23	24	25	26	27	28		
答案	B	A	B	C	C	C	C	C		

考查点3 支持[①]

知识点梳理

在逻辑考试的论证推理题中,重点考查的就是考生对各种已有的推理或论证做出批判性评价的能力,如针对某个结论,是否给出了对应的理由;所给出的理由是否真实;理由与所要论证的结论是否相关;如果相关,对结论的支持力度有多强;是必然性支持(如果理由真,则结论必真),还是或然性支持(如果理由真,结论很可能真,也可能假);给出哪种理由能够更好地支持该结论;给出哪种理由能够有力地驳倒该结论,或者至少是削弱它。

有些考生会思考这样一个问题:在逻辑考试中,假设题和支持题不一样吗?

实际上,在做题的过程中,大家需要注意的就是假设对题目一定有加强作用,而具有加强作用的选项不一定是假设。并且在支持题中,还要注意题目设计的问题,如果设计的问题不同,看起来都是支持,但是实际上解题方向是不一样的。试区别以下问题:

"以下哪项如果为真,最能支持题干中的观点?""如果上述断定是真的,最能支持以下哪项?"这两种问法,前一种是选项支持题干,是加强型题目的做法;后一种是题干支持选项,相当于要从题干中得出结论。

还需要注意,许多推理或论证尽管不满足保真性,即前提的真不能确保结论的真,但前提却对结论提供了一定程度的支持。用概率来说明,证据支持度为100%是指如果前提真,则结论必然真。这样的推理是一个形式有效的演绎推理。但是,多数推理的证据支持度并不是100%。一个证据支持度小于100%的推理或论证仍然是合理的,并且被广泛而经常地使用。一个推理或论证的证据支持度越高,则在论据(前提)真实的条件下,推出的结论越可靠。

1. 充分支持

充分型支持题的解题思路是加进法,即将待选的选项加入题干论证,若该选项与题干论据(前提)结合起来,能使题干结论必然被推出,则该选项就是正确答案,大多数充分型支持题都用"搭桥"来解决。

2. 必要支持

虽然支持题和假设题的问法并不相同,很多支持题却可以与假设题一样,用同样的步骤和方法解题。虽然支持并不等同于假设,但假设本身一定是支持。如果支持题的某个备选项是题干推理成立的必要条件,也就是说,该选项的存在使题干论证可行或有意义,那么该选项就是题干论证的假设。由于假设是题干推理的必要条件,找到了题干推理的一个假设,那么其推理成立的可能性就必然增大,这个假设也就对题干推理起到了支持作用,所以假设必然是支持。因此这类必要型支持题相当于寻找题干推理成立的一个假设。

3. 没有他因

如果支持题的题干是由一个调查、研究、数据或实验等得出一个解释性的结论,或者为达

[①] 此点在真题中考查得比较密集。

到一个目的而提出一个方法或建议时,那么"没有别的因素影响论证"就是支持其结论或论证的一种有效方式。

4. 增加论据

支持题解题的第一步是阅读问题,并抓住论据和结论。抓住了论据和结论也就找到了要支持的对象,也即找出了题干要支持的内容。然后考虑从选项中找一个能起到支持作用(不管从什么角度解读)的选项。

如果题干逻辑主线为A→B,那么支持的方式可以是加强前提或增加论据。具体的支持方式有:

(1)"搭桥",通过增加论据来加强前提,即增加一个论据,使得这个新论据和A一起,导致B成立的可能性增大;

(2)找直接加强A的选项;

(3)通过"有因有果"的例子,用正面的事实来加强结论。

5. 无因无果

当题干推理是"A→B",而选项是"非A→非B",则该选项就是一个无因无果的支持。这类题目的题干往往是要求完善一个对比实验。具体做法是把被研究对象分为实验组和对照组。在其他因素不变的情况下,在实验组中加入某种情况,出现某现象;在对照组中不加入这种情况,也不出现相应的现象。这种选项的设计实际上用的是求异法的思想,可以推出较为可靠的结论。注意在支持题中,不要把无因无果的选项机械地当作无关选项排除。

历年真题

1.(2010-1-40)鸽子走路时,头部并不是有规律地前后移动,而是一直在往前伸。行走时,鸽子脖子往前一探,然后,头部保持静止,等待着身体和爪子跟进。有学者曾就鸽子走路时伸脖子的现象做出假设:在等待身体跟进的时候,暂时静止的头部有利于鸽子获得稳定的视野,看清周围的事物。

以下哪项如果为真,最能支持上述假设?

A.鸽子行走时如果不伸脖子,很难发现远处的食物。

B.步伐太大的鸟类,伸脖子的幅度远比步伐小的要大。

C.鸽子行走速度的变化,刺激内耳控制平衡的器官,导致伸脖子。

D.鸽子行走时"一举翅一投足",都可能出现脖子和头部肌肉的自然反射,所以头部不断运动。

E.如果雏鸽步态受到限制,功能发育不够完善,那么,成年后鸽子的步伐变小,脖子伸缩幅度则会随之降低。

2.(2010-1-41)S市环保监测中心的统计分析表明,2009年空气质量为优的天数为150天,比2008年多出22天;二氧化硫、一氧化碳、二氧化氮、可吸入颗粒物四项污染物浓度平均值,与2008年相比分别下降了约21.3%、25.6%、26.2%、15.4%。S市环保负责人指出,这得益于近年来本市政府持续采取的控制大气污染的相关措施。

以下除哪项外,均能支持上述 S 市环保负责人的看法?

A. S 市广泛开展环保宣传,加强了市民的生态理念和环保意识。

B. S 市启动了内部控制污染方案:凡是排放不达标的燃煤锅炉停止运行。

C. S 市执行了机动车排放国Ⅳ标准,单车排放比国Ⅲ标准降低了 49%。

D. S 市市长办公会最近研究了焚烧秸秆的问题,并着手制定相关条例。

E. S 市制定了"绿色企业"标准,继续加快污染重、能耗高的企业的退出。

3.(2010-10-39)过去,人们很少在电脑上收到垃圾邮件。现在,只要拥有自己的电子邮箱地址,人们一打开电脑,每天可以收到几件甚至数十件包括各种广告和无聊内容的垃圾邮件。因此,应该制定限制各种垃圾邮件的规则并研究反垃圾邮件的有效方法。

以下哪项如果为真,最能支持上述论证?

A. 目前的广告无孔不入,已经渗透到每个人的日常生活领域。

B. 目前,电子邮箱地址探测软件神通广大,而防范的软件和措施却软弱无力。

C. 现在的电脑性能与过去的电脑相比,功能十分强大。

D. 对于经常使用计算机的现代人来说,垃圾邮件是他们的主要烦恼之一。

E. 广告公司通过电子邮件发出的广告,被认真看过的不足千分之一。

4.(2011-1-30)抚仙湖虫是泥盆纪澄江动物群中特有的一种,属于真节肢动物中比较原始的类型,成虫体长 10 厘米,有 31 个体节,外骨骼分为头、胸、腹三部分,它的背、腹分节数目不一致。泥盆纪直虾是现代昆虫的祖先,抚仙湖虫化石与直虾类化石类似,这间接表明了抚仙湖虫是昆虫的远祖。研究中还发现,抚仙湖虫的消化道充满泥沙,这表明它是食泥的动物。

以下除哪项外,均能支持上述论证?

A. 昆虫的远祖也有不食泥的生物。

B. 泥盆纪直虾的外骨骼分为头、胸、腹三部分。

C. 凡是与泥盆纪直虾类似的生物都是昆虫的远祖。

D. 昆虫是由真节肢动物中比较原始的生物进化而来的。

E. 抚仙湖虫消化道中的泥沙不是在化石形成过程中由外界渗透进去的。

5.(2011-1-36)在一次围棋比赛中,参赛选手陈华不时地挤捏指关节,发出的声响干扰了对手的思考。在比赛封盘间歇时,裁判警告陈华:如果再次在比赛中挤捏指关节并发出声响,将判其违规。对此,陈华反驳说,他挤捏指关节是习惯性动作,并不是故意的,因此,不应被判违规。

以下哪项如果成立,最能支持陈华对裁判的反驳?

A. 在此次比赛中,对手不时打开、合拢折扇,发出的声响干扰了陈华的思考。

B. 在围棋比赛中,只有选手的故意行为,才能成为判罚的依据。

C. 在此次比赛中,对手本人并没有对陈华的干扰提出抗议。

D. 陈华一向恃才傲物,该裁判对其早有不满。

E. 如果陈华为人诚实、从不说谎,那么他就不应该被判违规。

6.（2011-1-39）科学研究中使用的形式语言和日常生活中使用的自然语言有很大的不同。形式语言看起来像天书,远离大众,只有一些专业人士才能理解和运用。但其实这是一种误解,自然语言和形式语言的关系就像肉眼与显微镜的关系。肉眼的视域广阔,可以从整体上把握事物的信息;显微镜可以帮助人们看到事物的细节和精微之处,尽管用它看到的范围小。所以,形式语言和自然语言都是人们交流和理解信息的重要工具,把它们结合起来使用,具有强大的力量。

以下哪项如果为真,最能支持上述结论?

A. 通过显微镜看到的内容可能成为新的"风景",说明形式语言可以丰富自然语言的表达,我们应重视形式语言。

B. 正如显微镜下显示的信息最终还是要通过肉眼观察一样,形式语言表述的内容最终也要通过自然语言来实现,说明自然语言更基础。

C. 科学理论如果仅用形式语言表达,很难被普通民众理解;同样,如果仅用自然语言表达,有可能变得冗长而且很难表达准确。

D. 科学的发展很大程度上改善了普通民众的日常生活,但人们并没有意识到科学表达的基础——形式语言的重要性。

E. 采用哪种语言其实不重要,关键在于是否表达了真正想表达的思想内容。

7.（2011-1-46）由于含糖饮料的卡路里含量高,容易导致肥胖,因此无糖饮料开始流行。经过近一段时期的调查,李教授认为:无糖饮料尽管卡路里含量低,但并不意味着它不会导致体重增加。因为无糖饮料可能导致人们对于甜食的高度偏爱,这意味着他们可能食用更多的含糖类食物。而且无糖饮料几乎没什么营养,喝得过多就限制了其他健康饮品的摄入,比如茶和果汁等。

以下哪项如果为真,最能支持李教授的观点?

A. 茶是中国的传统饮料,长期饮用有益健康。

B. 有些瘦子也爱喝无糖饮料。

C. 有些胖子爱吃甜食。

D. 不少胖子向医生报告他们常喝无糖饮料。

E. 喝无糖饮料的人很少进行健身运动。

8.（2011-10-35）尽管外界有放宽货币政策的议论,但某国中央银行在日前召开的各分、支行行长座谈会上传递出明确信息,下半年继续实施好稳健的货币政策,保持必要的政策力度。有学者认为,这说明该国决策层仍然把稳定物价作为首要任务,而把经济增速的回落控制在可以承受的范围内。

以下哪项可以支持上述学者的观点?

A. 如果保持必要的政策力度,就不能放宽货币政策。

B. 只有实施好稳健的货币政策,才能稳定物价。

C. 一旦实施好稳健的货币政策,经济增速就要回落。

D. 只有稳定物价,才能把经济增速的回落控制在可以承受的范围内。

E. 如果放宽货币政策,就可以保持经济的高速增长。

9. (2011-10-39) 自然界中的基因有千万种,哪类基因最为常见和最为丰富?某研究机构在对大量基因组进行成功解码后找到了答案,那就是有"自私 DNA"之称的转座子。转座子基因的丰度和广度表明,它们在进化和生物多样性的保持中发挥了至关重要的作用。生物学教科书一般认为在光合作用中能固定二氧化碳的酶是地球上最为丰富的酶,有学者曾据此推测能对这种酶进行编码的基因也应当是最丰富的。不过研究却发现,被称为"垃圾 DNA"的转座子反倒统治着已知基因世界。

以下哪项如果为真,最能支持该学者的推测?

A. 转座子的基本功能就是到处传播自己。

B. 同样一种酶,有时是用不同的基因进行编码的。

C. 不同的酶可能由同样的基因进行编码。

D. 基因的丰富性是由生物的多样性决定的。

E. 不同的酶需要不同的基因进行编码。

10. (2011-10-43) 某研究人员分别用新鲜的蜂王浆和已经存放了 30 天的蜂王浆喂养蜜蜂幼虫,结果只有食用新鲜蜂王浆的幼虫成长为蜂王。进一步研究发现,新鲜蜂王浆中有一种叫作"royalactin"的蛋白质能促进生长激素的分泌量,使幼虫出现体格变大、卵巢发达等蜂王的特征。研究人员用这种蛋白质喂养果蝇,果蝇也同样出现体长、产卵数和寿命等方面的增长。这说明这一蛋白质对生物特征的影响是跨物种的。

以下哪项如果为真,可以支持上述研究人员的发现?

A. 蜂群中的工蜂、蜂王都是雌性且基因相同,其幼虫没有区别。

B. 蜜蜂和果蝇的基因差别不大,它们有许多相同的生物学特性。

C. "royalactin"只能短期存放,时间一长就会分解为别的物质。

D. 能成长为蜂王的蜜蜂幼虫的食物是蜂王浆,而其他幼虫的食物只是花粉和蜂蜜。

E. 名为"royalactin"的这种蛋白质具有雌性激素的功能。

11. (2011-10-44) 一些志愿者参与的评估饮料甜度的试验结果显示,那些经常喝含糖饮料且体型较胖的人,对同一种饮料甜度的评估等级要低于体型正常者的评估等级,这说明他们的味蕾对甜味的敏感度已经下降。试验结果还显示,那些体型较胖者在潜意识中就倾向于选择更甜的食物。这说明吃太多糖可能形成了一种恶性循环,即经常吃糖会导致味蕾对甜味的敏感度下降,吃同样多的糖带来的满足感下降,潜意识里就会要求吃更多的糖,其结果就是摄入糖分太多导致肥胖。

以下除了哪项,均可以支持上述论证?

A. 饮料甜度的评估等级是有标准的。

B. 志愿者能够比较准确地对饮料甜度做出评估。

C. 喜欢吃甜食的人往往不能抵挡甜味的诱惑。

D. 满足感是受潜意识支配的。

E. 人们往往不能控制自己的满足感。

12.（2011-10-46）研究人员利用欧洲同步辐射加速器的 X 光技术,对一块藏身于距今 9 500 万年的古岩石中的真足蛇化石进行了扫描。结果发现,这种蛇与现代的陆生蜥蜴十分类似,这一成果有助于揭开蛇的起源之谜。研究报告指出,这种蛇身长 50 厘米,从表面上看只有一只脚,长约 2 厘米,X 光扫描发现了这只真足蛇的另一只脚。这只脚之所以不易被察觉,是因为它在岩石中发生了异化,其脚踝部分仅有 4 块骨头,而且没有脚趾,这说明真足蛇的足部在当时已呈现出退化的趋势。

以下哪项如果为真,最能支持上述学者的观点?

A. 这只真足蛇所处的年代正好是蛇类从无脚动物向有脚蜥蜴进化的时期。

B. 这只真足蛇所处的年代正好是蛇类从有脚动物向无足动物进化的时期。

C. 这只真足蛇所处的年代正好是蛇类从无脚动物向有脚蜥蜴退化的时期。

D. 这只真足蛇所处的年代正好是蛇类从有脚动物向无足动物退化的时期。

E. 这只真足蛇所处的年代正好是蛇类从有脚蛇向无足蛇退化的时期。

13.（2011-10-47）在两座"甲"字形大墓与圆形夯土台基之间,集中发现了 5 座马坑和一座长方形的车马坑。其中两座马坑各葬 6 匹马。一座坑内骨架分南北两排摆放整齐,前排 2 匹,后排 4 匹,由西向东依序摆放;另一座坑内马骨架摆放方式较特殊,6 匹马两两成对或相背放置,头向不一。比较特殊的现象是在马坑的中间还放置了一个牛角,据此推测该马坑可能和祭祀有关。

以下哪项如果为真,最能支持上述推测?

A. 牛角是古代祭祀时的重要物件。

B. 祭祀时殉葬的马匹必须头向一致地摆放整齐。

C. 6 匹马是古代王公祭祀时的一种基本形制。

D. 只有在祭祀时,才在马坑中放置牛角。

E. 如果马骨摆放得比较杂乱,那一定是由于祭祀时混乱的场面造成的。

14.（2011-10-48）土卫二是太阳系中迄今观测到存在地质喷发活动的 3 个星体之一,也是天体生物学最重要的研究对象之一。德国科学家借助卡西尼号土星探测器上的分析仪器发现,土卫二喷射出的微粒中含有钠盐。据此可以推测,土卫二上存在液态水,甚至可能存在"地下海"。

以下哪项如果为真,最能支持上述推测?

A. 只有存在"地下海",才可能存在地质喷发活动。

B. 在土卫二上液态水不可能单独存在,只能以"地下海"的方式存在。

C. 如果没有地质喷发活动,就不可能发现钠盐。

D. 土星探测器上的分析仪器得出的数据是确切可信的。

E. 只有存在液态水,才可能存在钠盐微粒。

15.（2011-10-52）英国约克大学和曼彻斯特大学考古人员在北约克郡的斯塔卡发现一处有一万多年历史的人类房屋遗迹。测年结果显示,它为一个高约3.5米的木质圆形小屋,存在于公元前8500年,比之前发现的英国最古老房屋至少早500年。考古人员还在附近发现了一个木头平台和一个保存完好的大树树干。此外,他们还发现了经过加工的鹿角饰品,这说明当时的人已经有了一些仪式性的活动。

以下哪项如果为真,最能支持上述观点?

A. 木头平台是人类建造小木屋的工作场所。

B. 当时的英国人已经有了相对稳定的住址,而不是之前认为的居无定所的游猎者。

C. 人类是群居动物,附近还有更多的木屋等待发掘。

D. 人类在一万多年前就已经在约克郡附近进行农耕活动。

E. 只有举行仪式性的活动,才会出现经过加工的鹿角饰品。

16.（2011-10-53）美国俄亥俄州立大学的研究人员对超过1.3万名7~12年级的中学生进行调查。在调查中,研究人员要求这些学生各列举5名男性朋友和5名女性朋友,然后统计这些被提名的朋友总的得票数,选取获得5票的人进行调查统计。研究发现,在获得5票的人当中,独生子女出现的比例与他们在这一年龄段人口中的比例是一致的,这说明他们与非独生子女的社交能力没有明显差别,并且这一结果不受父母年龄、种族和社会经济地位的影响。

以下哪项如果为真,最能支持上述研究发现?

A. 在没有获得选票的人当中,独生子女出现的比例高于他们在这一调查对象中的比例。

B. 获得选票的独生子女人数所占比例和他们在这一调查对象中的比例基本相当。

C. 在获得1票的人当中,独生子女出现的比例远高于他们在这一调查对象中的比例。

D. 在得票前500名当中,独生子女出现的比例和他们在这一调查对象中的比例相当。

E. 没能列举出5名男性朋友和5名女性朋友的学生中,独生子女出现的比例较高。

17.（2012-1-46）葡萄酒中含有白黎芦醇和类黄酮等对心脏有益的抗氧化剂。一项新研究表明,白藜芦醇能防止骨质疏松和肌肉萎缩。由此,有关研究人员推断,那些长时间在国际空间站或宇宙飞船上的宇航员或许可以补充一下白藜芦醇。

以下哪项如果为真,最能支持上述研究的推断?

A. 研究人员发现,由于残疾或者其他因素而很少活动的人会比经常活动的人更容易出现骨质疏松和肌肉萎缩等症状,如果能喝点葡萄酒,则可以获益。

B. 研究人员模拟失重状态,对老鼠进行试验,一个对照组未接受任何特殊处理,另一组则每天服用白藜芦醇,结果对照组的老鼠骨头和肌肉的密度都降低了,而服用白藜芦醇的一组则没有出现这些症状。

C. 研究人员发现由于残疾或者其他因素而很少活动的人,如果每天服用一定量的白藜芦醇,则可以改善骨质疏松和肌肉萎缩等症状。

D. 研究人员发现,葡萄酒能对抗失重所造成的负面影响。

E. 某医学博士认为，白藜芦醇或许不能代替锻炼，但它能减缓人体某些机能的退化。

18.（2012-10-48）荷叶为多年水生草本植物莲的叶片，其化学成分主要有荷叶碱、柠檬酸、苹果酸、葡萄糖酸、草酸、琥珀酸及其他抗有丝分裂作用的碱性成分。荷叶含有多种生物碱及黄酮甙类、荷叶甙等成分，能有效降低胆固醇和甘油三酯，对高脂血症和肥胖病人有良效。荷叶的浸剂和煎剂更可扩张血管，清热解暑，有降血压的作用。有专家指出，荷叶是减肥的良药。

以下哪项如果为真，最能支持上述专家的观点？

A. 荷叶促进胃肠蠕动，清除体内宿便。

B. 荷叶茶是一种食品，而非药类，具有无毒、安全的优点。

C. 荷花茶泡水后成了液态食物，在胃里很快被吸收，时间很短，浓度较高，刺激较大。

D. 服用荷叶制品后在人体肠壁上形成一层脂肪隔离膜，可以有效阻止脂肪的吸收。

E. 荷叶有清热解暑、升发清阳、除湿祛瘀、利尿通便的作用，还有健脾升阳的效果。

19.（2013-1-34）人们知道鸟类能感觉到地球磁场，并利用它们导航。最近某国科学家发现，鸟类其实是利用右眼"查看"地球磁场的。为检验该理论，当鸟类开始迁徙的时候，该国科学家把若干知更鸟放进一个漏斗形状的庞大笼子里，并给其中部分知更鸟的一只眼睛戴上一种可屏蔽地球磁场的特殊金属眼罩。笼壁上涂着标记性物质，鸟要通过笼子细口才能飞出去。如果鸟碰到笼壁，就会黏上标记性物质，以此判断鸟能否找到方向。

以下哪项如果为真，最能支持研究人员的上述发现？

A. 没戴眼罩的鸟和左眼戴眼罩的鸟朝哪个方向飞的都有；右眼戴眼罩的鸟顺利从笼中飞了出去。

B. 没戴眼罩的鸟顺利从笼中飞了出去；戴眼罩的鸟，不论左眼还是右眼，朝哪个方向飞的都有。

C. 戴眼罩的鸟，不论左眼还是右眼，顺利从笼中飞了出去；没戴眼罩的鸟朝哪个方向飞的都有。

D. 没戴眼罩的鸟和右眼戴眼罩的鸟顺利从笼中飞了出去；左眼戴眼罩的鸟朝哪个方向飞的都有。

E. 没戴眼罩的鸟和左眼戴眼罩的鸟顺利从笼中飞了出去；右眼戴眼罩的鸟朝哪个方向飞的都有。

20.（2013-10-28）3年来，在河南信阳息县淮河河滩上，连续发掘出3艘独木舟。其中，2010年，息县城郊乡徐庄村张庄组的淮河河滩下发现第一艘独木舟，被证实为目前我国考古发现最早、最大的独木舟之一。该艘独木舟长9.3米，最宽处0.8米，高0.6米。根据碳-14测定，这些独木舟的选材竟和云南热带地区所产的木头一样。这说明，3 000多年前的古代，河南的气候和现在热带的气候很相似。淮河中上游两岸气候温暖湿润，林木高大茂密，动植物种类繁多。

以下哪项如果为真，最能支持以上论证？

A. 这些独木舟的原料不可能从遥远的云南原始森林运来,只能就地取材。

B. 这些独木舟在水中浸泡了上千年,十分沉重。

C. 刻舟求剑故事的发生地,就是包括当今河南许昌以南在内的楚地。

D. 独木舟舟体两头呈尖状,由一根完整的圆木凿成,保存较为完整。

E. 在淮河流域的原始森林中,今天仍然生长着一些热带植物。

21. (2013-10-29) 在一项研究中,51名中学生志愿者被分成测试组和对照组,进行同样的数学能力培训。在为期5天的培训中,研究人员使用一种称为经颅随机噪声刺激的技术对25名测试组成员脑部被认为与运算能力有关的区域进行轻微的电击。此后的测试结果表明,测试组成员的数学运算能力明显高于对照组成员。而令他们惊讶的是,这一能力提高的效果至少可以持续半年时间。研究人员由此认为,脑部微电击可提高大脑运算能力。

以下哪项如果为真,最能支持上述研究人员的观点?

A. 这种非侵入式的刺激手段成本低廉,且不会给人体带来任何痛苦。

B. 对脑部轻微电击后,大脑神经元间的血液流动明显增强,但多次刺激后又恢复常态。

C. 在实验之前,两个组学生的数学成绩相差无几。

D. 脑部微电击的受试者更加在意自己的行为,测试时注意力更集中。

E. 测试组和对照组的成员数量基本相等。

22. (2013-10-33) 研究发现,昆虫是通过它们身体上的气孔系统来"呼吸"的。气孔连着气管,而且由上往下又附着更多层的越来越小的气孔,由此把氧气送到全身。在目前大气的氧气含量水平下,气孔系统的总长度已经达到极限;若总长度超过这个极限,供氧的能力就会不足。因此,可以判断,氧气含量的多少可以决定昆虫的形体大小。

以下哪项如果为真,最能支持上述论证?

A. 对海洋中的无脊椎动物的研究也发现,在更冷和氧气含量更高的水中,那里的生物的体积也更大。

B. 石炭纪时期地球大气层中氧气的浓度高达35%,比现在的21%要高很多,那时地球生活着许多巨型昆虫,蜻蜓翼展接近一米。

C. 小蝗虫在低含氧量环境中尤其是氧气浓度低于15%的环境中就无法生存,而成年蝗虫则可以在2%的氧气含量环境下生存下来。

D. 在氧气含量高、气压也高的环境下,接受试验的果蝇生活到第5代,身体尺寸增长了20%。

E. 在同一座高山上,生活在山脚下的动物总体上比生活在山顶上的同种动物要大。

23. (2013-10-39) 从"阿喀琉斯基猴"身上,研究者发现了许多类人猿的特征。比如,它脚后跟的一块骨头短而宽。此外,"阿喀琉斯基猴"的眼眶较小,科学家据此推测它与早期类人猿的祖先一样,是在白天活动的。

以下哪项如果为真,最能支持上述科学家的推测?

A. 短而宽的后脚骨使得这种灵长类动物善于在树丛中跳跃捕食。

B. 动物的视力与眼眶大小不存在严格的比例关系。

C. 最早的类人猿与其他灵长类动物分开的时间，至少在5 500万年以前。

D. 以夜间活动为主的动物，一般眼眶较大。

E. 对"阿喀琉斯基猴"的基因测序表明，它和类人猿是近亲。

24.（2013-10-51）某国研究人员报告说，他们在某地区的地层里发现了约2亿年前的陨石成分，而它们很可能是当时一颗巨大陨石撞击现在的加拿大魁北克省时的飞散物痕迹。在该岩石厚约5厘米的黏土层中还含有高浓度的铱和铂等元素，浓度是通常地表中浓度的50～2 000倍。另外，这处岩石中还含有白垩纪末期地层中的特殊矿物。由于地层上下还含有海洋浮游生物化石，所以可以确定撞击时期是在约2.15亿年前。

以下哪项如果为真，最能支持上述研究发现？

A. 该处岩石是远古时代深海海底的堆积层露出地面后形成的。

B. 在古生代三叠纪后期(约2亿年至2.37亿年前)，菊石等物种大规模灭绝。

C. 铱和铂等元素是陨石特有的，在地表中通常只微量存在。

D. 在远古时代曾经发生多起陨石撞击地球的事件。

E. 白垩纪末期，地球上曾经发生过生物大灭绝事件。

25.（2013-10-53）最近，网络上开展了关于是否应当逐步延长退休年龄的讨论。根据某网站该问题讨论专栏一个月来的博客统计，在超过200字的陈述理由的博文中，有半数左右同意逐步延长退休年龄，以减轻人口老龄化带来的社会保障压力；然而，在所有博文中，有80%左右反对延长退休年龄，主要是担心由此产生的对青年就业带来的负面影响。

以下哪项如果为真，最能支持逐步延长退休年龄的主张？

A. 现在有许多人在办理退休手续后，又找到第二职业。

B. 尊老爱幼是中国几千年的优良传统，应该发扬光大。

C. 青年人的就业问题应该靠经济发展和转型升级来解决。

D. 由于多年来实行独生子女政策，中国老龄化问题将比许多西方发达国家更尖锐。

E. 有些青年埋怨就业难，不是因为没有工作岗位，而是就业观念有问题。

26.（2014-1-31）最新研究发现，恐龙腿骨化石都有一定的弯曲度，这意味着恐龙其实并没有人们想象的那么重，以前根据其腿骨为圆柱形的假定计算动物体重时，会使得计算结果比实际体重高出1.42倍。科学家由此认为，过去那种计算方式高估了恐龙腿部所能承受的最大身体重量。

以下哪项如果为真，最能支持上述科学家的观点？

A. 恐龙腿骨所能承受的重量比之前人们所认为的要大。

B. 恐龙身体越重，其腿部骨骼也越粗壮。

C. 圆柱形腿骨能承受的重量比弯曲的腿骨大。

D. 恐龙腿部的肌肉对于支撑其体重作用不大。

E. 与陆地上的恐龙相比，翼龙的腿骨更接近圆柱形。

27.（2014-1-35）实验发现,孕妇适当补充维生素 D 可降低新生儿感染呼吸道合胞病毒的风险。科研人员检测了 156 名新生儿脐带血中维生素 D 的含量,其中 54% 的新生儿被诊断为维生素 D 缺乏,这当中有 12% 的孩子在出生后一年内感染了呼吸道合胞病毒,这一比例远高于维生素 D 正常的孩子。

以下哪项如果为真,最能对科研人员的上述发现提供支持?

A. 维生素 D 具有多种防病健体功能,其中包括提高免疫系统功能、促进新生儿呼吸系统发育、预防新生儿呼吸道病毒感染等。

B. 孕妇适当补充维生素 D 可降低新生儿感染流感病毒的风险,特别是在妊娠后期补充维生素 D,预防效果会更好。

C. 上述实验中,46% 补充维生素 D 的孕妇所生的新生儿有一些在出生一年内感染了呼吸道合胞病毒。

D. 科研人员实验时所选的新生儿在其他方面跟一般新生儿的相似性没有得到明确验证。

E. 上述实验中,54% 的新生儿维生素 D 缺乏是由于他们的母亲在妊娠期间没有补充足够的维生素 D 造成的。

28.（2014-1-50）某研究中心通过实验对健康男性和女性听觉的空间定位能力进行了研究。起初,每次只发出一种声音,要求被试者说出声源的准确位置,男性和女性都非常轻松地完成了任务;后来多种声音同时发出,要求被试者只关注一种声音并对声源进行定位,与男性相比,女性完成这项任务要困难得多,有时她们甚至认为声音是从声源相反方向传来的。研究人员由此得出:在嘈杂环境中准确找出声音来源的能力,男性要胜过女性。

以下哪项如果为真,最能支持研究中心的结论?

A. 在实验使用的嘈杂环境中,有些声音是女性熟悉的声音。

B. 在实验使用的嘈杂环境中,有些声音是男性不熟悉的声音。

C. 在安静的环境中,女性注意力更易集中。

D. 在嘈杂的环境中,男性注意力更易集中。

E. 在安静的环境中,人的注意力容易分散;在嘈杂的环境中,人的注意力容易集中。

29.（2014-10-49）在司法审判中,所谓肯定性误判是指把无罪者判为有罪,简称错判;否定性误判是指把有罪者判为无罪,简称错放。司法公正的根本原则是"不放过一个坏人,不冤枉一个好人"。某法学家认为,衡量一个法院在办案中是否对司法公正的原则贯彻得足够好,就看它的肯定性误判率是否足够低。

以下哪项能最有力地支持上述法学家的观点?

A. 各个法院的办案正确率有明显的提高。

B. 各个法院的否定性误判率基本相同。

C. 宁可错判,不可错放,是"左"的思想在司法界的反映。

D. 错放造成的损失,大多是可以弥补的;错判对被害人造成的伤害,是不可以弥补的。

E. 错放,只是放过了坏人;错判,则是既放过了坏人,又冤枉了好人。

30.（2014-10-50）只要这个社会中继续有骗子存在并且某些人心中有贪念,那么就一定有人会被骗。因此,如果社会进步到了没有一个人被骗,那么在该社会中的人们必定普遍地消除了贪念。

以下哪项最能支持上述论证?

A. 贪念越大越容易被骗。

B. 社会进步了,骗子也就不复存在了。

C. 随着社会的进步,人的素质将普遍提高,贪念也将逐渐被消除。

D. 不管在什么社会,骗子总是存在的。

E. 骗子的骗术就在于巧妙地利用了人们的贪念。

31.（2015-1-48）自闭症会影响社会交往、语言交流和兴趣爱好等方面的行为。研究人员发现,实验鼠体内神经连接蛋白的蛋白质如果合成过多,会导致自闭症。由此他们认为,自闭症与神经连接蛋白的蛋白质合成量具有重要关联。

以下哪项如果为真,最能支持上述观点?

A. 生活在群体之中的实验鼠较之独处的实验鼠患自闭症的比例要小。

B. 雄性实验鼠患自闭症的比例是雌性实验鼠的 5 倍。

C. 抑制神经连接蛋白的蛋白质合成可缓解实验鼠的自闭症状。

D. 如果将实验鼠控制蛋白合成的关键基因去除,其体内的神经连接蛋白就会增加。

E. 神经连接蛋白正常的老年实验鼠患自闭症的比例很低。

32.（2015-1-52）研究人员安排了一次实验,将 100 名受试者分为两组:喝一小杯红酒的实验组和不喝酒的对照组,随后让两组受试者计算某段视频中篮球队员相互传球的次数。结果发现,对照组的受试者都计算准确,而实验组中只有 18% 的人计算准确,经测试,实验组受试者的血液中酒精浓度只有酒驾法定值的一半。由此专家指出,这项研究结果或许应该让立法者重新界定酒驾法定值。

以下哪项如果为真,最能支持上述专家的观点?

A. 酒驾法定值设置过低,可能会把许多未饮酒者界定为酒驾。

B. 即使血液中酒精浓度只有酒驾法定值的一半,也会影响视力和反应速度。

C. 饮酒过量不仅损害身体健康,而且影响驾车安全。

D. 只要血液中酒精浓度不超过酒驾法定值,就可以驾车上路。

E. 即使酒驾法定值设置较高,也不会将少量饮酒的驾车者排除在酒驾范围之外。

33.（2015-1-53）某研究人员在 2004 年对一些 12～16 岁的学生进行了智商测试,测试得分为 77～135 分,4 年之后再次测试,这些学生的智商得分为 87～143 分。仪器扫描显示,那些得分提高了的学生,其脑部比此前呈现更多的灰质(灰质是一种神经组织,是中枢神经的重要组成部分)。这一测试表明,个体的智商变化确实存在,那些早期在学校表现并不突出的学生未来仍有可能成为佼佼者。

以下除哪项外,都能支持上述实验结论?

A. 随着年龄的增长,青少年脑部区域的灰质通常也会增加。

B. 有些天才少年长大后智力并不突出。

C. 学生的非言语智力表现与他们大脑结构的变化明显相关。

D. 部分学生早期在学校表现不突出与其智商有关。

E. 言语智商的提高伴随着大脑左半球运动皮层灰质的增多。

34.（2016-1-32）考古学家发现,那件仰韶文化晚期的土坯砖边缘整齐,并且没有切割痕迹,由此他们推测,这件土坯砖应当是使用木质模具压制成型的;而其他5件由土坯砖经过烧制而成的烧结砖,经检测其当时的烧制温度为850~900℃。由此考古学家进一步推测,当时的砖是先使用模具将黏土做成土坯,然后再经过高温烧制而成的。

以下哪项如果为真,最能支持上述考古学家的推测?

A. 仰韶文化晚期,人民已经掌握了高温冶炼技术。

B. 仰韶文化晚期的年代约为公元前3500年—前3000年。

C. 早在西周时期,中原地区的人们就可以烧制铺地砖和空心砖。

D. 没有采用模具而成型的土坯砖,其边缘或者不整齐,或者有切割痕迹。

E. 出土的5件烧结砖距今已有5 000年,确实属于仰韶文化晚期的物品。

35.（2016-1-39）有专家指出,我国城市规划缺少必要的气象论证,城市的高楼建得高耸而密集,阻碍了城市的通风循环。有关资料显示,近几年国内许多城市的平均风速已下降10%。风速下降,意味着大气扩散能力减弱,导致大气污染物滞留时间延长,易形成雾霾天气和热岛效应。为此,有专家提出建立"城市风道"的设想,即在城市里建造几条畅通的通风走廊,让风在城市中更加自由地进出,促进城市空气的更新循环。

以下哪项如果为真,最能支持上述建立"城市风道"的设想?

A. 有风道但没有风,就会让"城市风道"成为无用的摆设。

B. 有些城市已拥有建立"城市风道"的天然基础。

C. 风从八方来,"城市风道"的设想过于主观和随意。

D. "城市风道"不仅有利于"驱霾",还有利于散热。

E. "城市风道"形成的"穿街风",对建筑物的安全影响不大。

36.（2016-1-50）如今,电子学习机已全面进入儿童的生活。电子学习机将文字与图像、声音结合起来,既生动形象,又富有趣味性,使儿童独立阅读成为可能。但是,一些儿童教育专家却对此发出警告,电子学习机可能不利于儿童成长。他们认为,父母应该抽时间陪孩子一起阅读纸质图书。陪孩子一起阅读纸质图书,并不是简单地让孩子读书识字,而是在交流中促进其心灵的成长。

以下哪项如果为真,最能支持上述专家的观点?

A. 电子学习机最大的问题是让父母从孩子的阅读行为中走开,减少父母与孩子的日常交流。

B. 接触电子产品越早,就越容易上瘾,长期使用电子学习机会形成"电子瘾"。

C. 在使用电子学习机时,孩子往往更关注其使用功能而非学习内容。

D. 纸质图书有利于保护儿童视力,有利于父母引导儿童形成良好的阅读习惯。

E. 现代生活中年轻父母工作压力较大,很少有时间能与孩子一起共同阅读。

37. (2017-1-28) 近几年来,我国海外代购业务量快速增长,代购者们通常从海外购买产品,通过各种渠道避开关税,再卖给内地顾客从中牟利,却让政府损失了税收收入。某专家由此指出,政府应该严厉打击海外代购的行为。

以下哪项如果为真,最能支持专家的观点?

A. 近期,有位空乘服务员因在网上开设海外代购店而被我国地方法院判定犯有走私罪。

B. 国内一些企业生产的同类产品与海外代购产品相比,无论质量还是价格都缺乏竞争优势。

C. 海外代购提升了人们的生活水平,满足了国内部分民众对于品质生活的追求。

D. 去年,我国奢侈品海外代购规模几乎是全球奢侈品国内门店销售额的一半,这些交易大多避开关税。

E. 国内民众的消费需求提升是伴随着我国经济发展而产生的经济现象,应以此为契机促进国内同类消费品产业的升级。

38. (2017-1-30) 离家300米的学校不能上,却被安排到2千米以外的学校就读,某市一位适龄儿童在上小学时就遇到了所在区教育局这样的安排,而这一安排是区教育局根据儿童户籍所在施教区做出的。根据该市教育局规定的"就近入学原则",儿童家长将区教育局告上法院,要求撤销原来安排,让其孩子就近入学。法院对此做出一审判决,驳回原告请求。

下列哪项最可能是法院的合理依据?

A. "就近入学"不是"最近入学",不能将入学儿童户籍地和学校的直线距离作为划分施教区的唯一依据。

B. 按照特定的地理要素划分,施教区中的每所小学不一定就处于该施教区的中心位置。

C. 儿童入学究竟应上哪一所学校,不是让适龄儿童或其家长自主选择,而是要听从政府主管部门的行政安排。

D. "就近入学"仅仅是一个需要遵循的总体原则,儿童具体入学安排还要根据特定的情况加以变通。

E. 该区教育局划分施教区的行政行为符合法律规定,而原告孩子户籍所在施教区的确需要去离家2千米外的学校就读。

39. (2017-1-32) 通识教育重在帮助学生掌握尽可能全面的基础知识,即帮助学生了解各个学科领域的基本常识;而人文教育则重在培育学生了解生活世界的意义,并对自己及他人行为的价值和意义做出合理的判断,形成"智识"。因此有专家指出,相比较而言,人文教育对个人未来生活的影响会更大一些。

以下哪项如果为真,最能支持上述专家的断言?

A. 当今我国有些大学开设的通识教育课程要远远多于人文教育课程。

B. "知识"是事实判断,"智识"是价值判断,两者不能相互替代。

C. 没有知识就会失去应对未来生活挑战的勇气,而错误的价值观可能会误导人的生活。

D. 关于价值和意义的判断事关个人的幸福和尊严,值得探究和思考。

E. 没有知识,人依然可以活下去;但如果没有价值和意义的追求,人只能成为没有灵魂的躯壳。

40.（2017-1-36）进入冬季以来,内含大量有毒颗粒物的雾霾频繁袭击我国部分地区。有关调查显示,持续接触高浓度污染物会直接导致 10% 至 15% 的人患有眼睛慢性炎症或干眼症。有专家由此认为,如果不采取紧急措施改善空气质量,这些疾病的发病率和相关的并发症将会增加。

以下哪项如果为真,最能支持上述专家的观点?

A. 有毒颗粒物会刺激并损害人的眼睛,长期接触会影响泪腺细胞。

B. 空气质量的改善不是短期内能做到的,许多人不得不在污染环境中工作。

C. 眼睛慢性炎症或干眼症等病例通常集中出现于花粉季。

D. 上述被调查的眼疾患者中有 65% 是年龄在 20~40 岁之间的男性。

E. 在重污染环境中采取戴护目镜、定期洗眼等措施有助于预防干眼症等眼疾。

41.（2017-1-39）针对癌症患者,医生常采用化疗手段将药物直接注入人体杀伤癌细胞,但这也可能将正常细胞和免疫细胞一同杀灭,产生较强的副作用。近来,有科学家发现,黄金纳米粒子很容易被人体癌细胞吸收,如果将其包上一层化疗药物,就可作为"运输工具",将化疗药物准确地投放到癌细胞中。他们由此断言,微小的黄金纳米粒子能提升癌症化疗的效果,并降低化疗的副作用。

以下哪项如果为真,能支持上述科学家所做出的论断?

A. 黄金纳米粒子用于癌症化疗的疗效有待大量临床检验。

B. 在体外用红外线加热已进入癌细胞的黄金纳米粒子,可以从内部杀灭癌细胞。

C. 因为黄金所具有的特殊化学性质,黄金纳米粒子不会与人体细胞发生反应。

D. 现代医学手段已能实现黄金纳米粒子的精准投送,让其所携带的化疗药物只作用于癌细胞,并不伤及其他细胞。

E. 利用常规计算机断层扫描,医生容易判定黄金纳米粒子是否已投放到癌细胞中。

42.（2017-1-50）译制片配音,作为一种特有的艺术形式,曾在我国广受欢迎。然而时过境迁,现在许多人已不喜欢看配过音的外国影视剧。他们觉得还是听原汁原味的声音才感觉到位。有专家由此断言,配音已失去观众,必将退出历史舞台。

以下各项如果为真,则除哪项外都能支持上述专家的观点?

A. 很多上了年纪的国人仍习惯看配过音的外国影视剧,而在国内放映的外国大片有的仍然是配过音的。

B. 配音是一种艺术再创作,倾注了配音艺术家的心血。但有的人对此并不领情,反而觉得配音妨碍了他们对原剧的欣赏。

C. 许多中国人通晓外文,观赏外国原版影视剧并不存在语言困难;即使不懂外文,边看中文字幕边听原声也不影响理解剧情。

D. 随着对外交流的加强,现在外国影视剧大量涌入国内,有的国人已经等不及慢条斯理、精工细作的配音了。

E. 现在有的外国影视剧配音难以模仿剧中演员的出色嗓音,有时也与剧情不符,对此观众并不接受。

43.（2018-1-28）现在许多人很少在深夜11点以前安然入睡,他们未必都在熬夜用功,大多是在玩手机或看电视,其结果就是晚睡,第二天就会头晕脑胀、哈欠连天。不少人常常对此感到后悔,但一到晚上他们多半还会这么做。有专家就此指出,人们似乎从晚睡中得到了快乐,但这种快乐其实隐藏着某种烦恼。

以下哪项如果为真,最能支持上述专家的结论?

A. 晚睡者内心并不愿意睡得晚,也不觉得手机或电视有趣,甚至都不记得玩过或看过什么,但他们总是要在睡觉前花较长时间磨蹭。

B. 晨昏交替,生活周而复始,安然入睡是对当天生活的满足和对明天生活的期待,而晚睡者只想活在当下,活出精彩。

C. 晚睡者具有积极的人生态度。他们认为,当天的事须当天完成,哪怕晚睡也在所不惜。

D. 晚睡其实是一种表面难以察觉的、对"正常生活"的抵抗,它提醒人们现在的"正常生活"存在着某种令人不满的问题。

E. 大多数习惯晚睡的人白天无精打采,但一到深夜就感觉自己精力充沛,不做点有意义的事情就觉得十分可惜。

44.（2018-1-29）分心驾驶是指驾驶人为满足自己的身体舒适、心情愉悦等需求而没有将注意力全部集中于驾驶过程的驾驶行为,常见的分心行为有抽烟、饮水、进食、聊天、刮胡子、使用手机、照顾小孩等。某专家指出,分心驾驶已成为我国道路交通事故的罪魁祸首。

以下哪项如果为真,最能支持上述专家的观点?

A. 驾驶人正常驾驶时反应时间为0.3~1.0秒,使用手机时反应时间则延迟3倍左右。

B. 一项统计研究表明,相对于酒驾、药驾、超速驾驶、疲劳驾驶等情形,我国由分心驾驶导致的交通事故占比最高。

C. 一项研究显示,在美国超过1/4的车祸是由驾驶人使用手机引起的。

D. 近来使用手机已成为我国驾驶人分心驾驶的主要表现形式,59%的人开车过程中看微信,31%的人玩自拍,36%的人刷微博、微信朋友圈。

E. 开车使用手机会导致驾驶人注意力下降20%;如果驾驶人边开车边发短信,则发生车祸的概率是其正常驾驶时的23倍。

45.（2018-1-49）有研究发现,冬季在公路上撒盐除冰,会让本来要成为雌性的青蛙变成雄性,这是因为这些路盐中的钠元素会影响青蛙的受体细胞并改变原可能成为雌性青蛙的性别。有专家据此认为,这会导致相关区域青蛙数量的下降。

以下哪项如果为真,最能支持上述专家的观点?

A. 雌雄比例会影响一个动物种群的规模,雌性数量的充足对物种的繁衍生息至关重要。

B. 如果一个物种以雄性为主,该物种的个体数量就可能受到影响。

C. 在多个盐含量不同的水池中饲养青蛙,随着水池中盐含量的增加,雌性青蛙的数量不断减少。

D. 如果每年冬季在公路上撒很多盐,盐水流入池塘,就会影响青蛙的生长发育过程。

E. 大量的路盐流入池塘可能会给其他水生物造成危害,破坏青蛙的食物链。

46.(2019-1-27)根据碳-14检测,卡皮瓦拉山岩画的创作时间最早可追溯到3万年前。在文字尚未出现的时代,岩画是人类沟通交流、传递信息、记录日常生活的方式。于是今天的我们可以在这些岩画中看到:一位母亲将孩子举起嬉戏,一家人在仰望并试图触碰头上的星空……动物是岩画的另一个主角,比如巨型犰狳、马鹿、螃蟹等。在许多画面中,人们手持长矛,追逐着前方的猎物。由此可以推断,此时的人类已经居于食物链的顶端。

以下哪项如果为真,最能支持上述推断?

A. 对星空的敬畏是人类脱离动物、产生宗教的动因之一。

B. 有了岩画,人类可以将生活经验保留下来供后代学习,这极大地提高了人类的生存能力。

C. 3万年前,人类需要避免自己被虎豹等大型食肉动物猎杀。

D. 能够使用工具使得人类可以猎杀其他动物,而不是相反。

E. 岩画中出现的动物一般是当时人类捕猎的对象。

47.(2019-1-32)近年来,手机、电脑的使用导致工作与生活界限日益模糊,人们的平均睡眠时间一直在减少,熬夜已成为现代人生活的常态。科学研究表明,熬夜有损身体健康,睡眠不足不仅仅是多打几个哈欠那么简单。有科学家据此建议,人们应该遵守作息规律。

以下哪项如果为真,最能支持上述科学家所做的建议?

A. 缺乏睡眠会降低体内脂肪调节瘦素激素的水平,同时增加饥饿激素,容易导致暴饮暴食、体重增加。

B. 熬夜会让人的反应变慢、认知退步、思维能力下降,还会引发情绪失控,影响与他人的交流。

C. 所有的生命形式都需要休息与睡眠。在人类进化过程中,睡眠这个让人短暂失去自我意识、变得极其脆弱的过程并未被大自然淘汰。

D. 睡眠是身体的自然美容师,与那些睡眠充足的人相比,睡眠不足的人看上去面容憔悴、缺乏魅力。

E. 长期睡眠不足会导致高血压、糖尿病、肥胖症、抑郁症等多种疾病,严重时还会造成意外伤害或死亡。

48.(2019-1-34)研究人员使用脑电图技术研究了母亲给婴儿唱童谣时两人的大脑活动,发现当母亲与婴儿对视时,双方的脑电波趋于同步,此时婴儿也会发出更多的声音尝试与母亲沟通。他们据此认为,母亲与婴儿对视有助于婴儿的学习与交流。

以下哪项如果为真,最能支持上述研究人员的观点?

A. 当母亲和婴儿对视时,她们都在发出信号,表明自己可以且愿意与对方交流。

B. 脑电波趋于同步可优化双方对话状态,使交流更加默契,增进彼此了解。

C. 当父母与孩子互动时,双方的情绪与心率可能也会同步。

D. 在两个成年人交流时,如果他们的脑电波同步,交流就会更顺畅。

E. 当部分学生对某学科感兴趣时,他们的脑电波会渐趋同步,学习效果也随之提升。

49. (2019-1-45) 如今,孩子写作业不仅仅是他们自己的事,大多数中小学生的家长都要面临陪孩子写作业的任务,包括给孩子听写、检查作业、签字等。据一项针对3 000余名家长进行的调查显示,84%的家长每天都会陪孩子写作业,而67%的受访家长会因陪孩子写作业而烦恼。有专家对此指出,家长陪孩子写作业,相当于充当学校老师的助理,让家庭成为课堂的延伸,会对孩子的成长产生不利影响。

以下哪项如果为真,最能支持上述专家的论断?

A. 大多数家长在孩子教育上并不是行家,他们或者早已遗忘了自己曾经学过的知识,或者根本不知道如何将自己拥有的知识传递给孩子。

B. 家长陪孩子写作业,会使得孩子在学习中缺乏独立性和主动性,整天处于老师和家长的双重压力下,既难生发学习兴趣,更难养成独立人格。

C. 家长是最好的老师,家长辅导孩子获得各种知识本来就是家庭教育的应有之义,对于中低年级的孩子,学习过程中的父母陪伴尤为重要。

D. 家长通常有自己的本职工作,有的晚上要加班,有的即使晚上回家也需要研究工作、操持家务,一般难有精力认真完成学校老师布置的"家长作业"。

E. 家长辅导孩子,不应围绕老师布置的作业,而应着重激发孩子的学习兴趣,培养孩子良好的学习习惯,让孩子在成长中感到新奇、快乐。

50. (2019-1-51)《淮南子·齐俗训》中有曰:"今屠牛而烹其肉,或以为酸,或以为甘,煎熬燎炙,齐味万方,其本一牛之体。"其中的"熬"便是熬牛肉制汤的意思。这是考证牛肉汤做法的最早文献资料,某民俗专家由此推测,牛肉汤的起源不会晚于春秋战国时期。

以下哪项如果为真,最能支持上述推测?

A.《淮南子》的作者中有来自齐国故地的人。

B. 早在春秋战国时期,我国已经开始使用耕牛。

C.《淮南子·齐俗训》记述的是春秋战国时期齐国的风俗习惯。

D.《淮南子·齐俗训》完成于西汉时期。

E. 春秋战国时期我国已经有熬汤的鼎器。

51. (2020-1-33) 小王:在这次年终考评中,女员工的绩效都比男员工高。

小李:这么说,新入职员工中绩效最好的还不如绩效最差的女员工。

以下哪项如果为真,最能支持小李的上述论断?

A. 男员工都是新入职的。

B. 新入职的员工有些是女性。

C. 新入职的员工都是男性。

D. 部分新入职的女员工没有参与绩效考评。

E. 女员工更乐意加班,而加班绩效翻倍计算。

52. (2020-1-40) 王研究员:吃早餐对身体有害。因为吃早餐会导致皮质醇峰值更高,进而导致体内胰岛素异常,这可能引发Ⅱ型糖尿病。

李教授:事实并非如此。因为上午皮质醇水平高只是人体生理节律的表现,而不吃早餐不仅会增加患Ⅱ型糖尿病的风险,还会增加患其他疾病的风险。

以下哪项如果为真,最能支持李教授的观点?

A. 一日之计在于晨,吃早餐可以补充人体消耗,同时为一天的工作准备能量。

B. 糖尿病患者若在9点至15点之间摄入一天所需的卡路里,血糖水平就能保持基本稳定。

C. 经常不吃早餐,上午工作处于饥饿状态,不利于血糖调节,容易患上胃溃疡、胆结石等疾病。

D. 如今,人们工作繁忙,晚睡晚起现象非常普遍,很难按时吃早餐,身体常常处于亚健康状态。

E. 不吃早餐的人通常缺乏营养和健康方面的知识,容易形成不良生活习惯。

53. (2020-1-43) 披毛犀化石多分布在欧亚大陆北部,我国东北平原、华北平原、西藏等地也偶有发现。披毛犀有一个独特的构造——鼻中隔,简单地说就是鼻子中间的骨头。研究发现,西藏披毛犀化石的鼻中隔只是一块不完全的硬骨,早先在亚洲北部、西伯利亚等地发现的披毛犀化石的鼻中隔要比西藏披毛犀的"完全",这说明西藏披毛犀具有更原始的形态。

以下哪项如果为真,最能支持以上论述?

A. 一个物种不可能有两个起源地。

B. 西藏披毛犀化石是目前已知最早的披毛犀化石。

C. 为了在冰雪环境中生存,披毛犀的鼻中隔经历了由软到硬的进化过程,并最终形成一块完整的骨头。

D. 冬季的青藏高原犹如冰期动物的"训练基地",披毛犀在这里受到耐寒训练。

E. 随着冰期的到来,有了适应寒冷能力的西藏披毛犀走出西藏,往北迁徙。

54. (2020-1-45) 目前,科学家发明了一项技术,可以把二氧化碳等物质"电成"有营养价值的蛋白粉,这项技术不像种庄稼那样需要具备合适的气温、湿度和土壤等条件。他们由此认为,这项技术开辟了未来新型食物生产的新路,有助于解决全球饥饿问题。

以下各项如果为真,则除了哪项均能支持上述科学家的观点?

A. 让二氧化碳、水和微生物一起接受电流电击,可以产生出有营养价值的食物。

B. 粮食问题是全球性重大难题,联合国估计到2050年将有20亿人缺乏基本营养。

C. 把二氧化碳等物质"电成"蛋白粉的技术将彻底改变农业,还能避免对环境造成不利影响。

D. 由二氧化碳等物质"电成"的蛋白粉,约含50%蛋白质、25%的碳水化合物、核酸及脂肪。

E. 未来这项技术将被引入沙漠或其他面临饥荒的地区,为解决那里的饥饿问题提供重要帮助。

55. (2020-1-48) 1818年前后,纽约市规定,所有买卖的鱼油都需要经过检查,同时缴纳每桶25美元的检查费。一天,一名鱼油商人买了三桶鲸鱼油,打算把鲸鱼油制成蜡烛出售,鱼油检查员发现这些鲸鱼油根本没经过检查,根据鱼油法案,该商人需要接受检查并缴费。但该商人声称鲸鱼不是鱼,拒绝缴费,遂被告上法庭。陪审团最后支持了原告,判决该商人支付75美元检查费。

以下哪项如果为真,最能支持陪审团所做的判决?

A. 纽约市相关法律已经明确规定,"鱼油"包括鲸鱼油和其他鱼类的油。

B. "鲸鱼不是鱼"和中国古代公孙龙的"白马非马"类似,两者都是违反常识的诡辩。

C. 19世纪的美国虽有许多人认为鲸鱼是鱼,但是也有许多人认为鲸鱼不是鱼。

D. 当时多数从事科学研究的人都肯定鲸鱼不是鱼,而律师和政客持反对意见。

E. 古希腊有先哲早就把鲸鱼归类到胎生四足动物和卵生四足动物之下,比鱼类更高一级。

56. (2020-1-50) 移动互联网时代,人们随时都可以进行数字阅读。浏览网页、读电子书是数字阅读,刷微博、朋友圈也是数字阅读。长期以来,一直有人担忧数字阅读的碎片化、表面化。但近年来有专家表示,数字阅读具有重要价值,是阅读的未来发展趋势。

以下哪项如果为真,最能支持上述专家的观点?

A. 长有长的用处,短有短的好处,不求甚解的数字阅读也未尝不可,说不定在未来某一时刻,当初阅读的信息就会浮现出来,对自己的生活产生影响。

B. 当前人们越来越多地通过数字阅读了解热点信息,通过网络进行相互交流,但网络交流者常常伪装或匿名,可能会提供虚假信息。

C. 有些网络读书平台能够提供精致的读书服务,它们不仅帮你选书,而且帮你读书,你只需"听"即可,但用"听"的方式去读书,效率较低。

D. 数字阅读容易挤占纸质阅读的时间,毕竟纸质阅读具有系统、全面、健康、不依赖电子设备等优点,仍将是阅读的主要方式。

E. 数字阅读便于信息筛选,阅读者能在短时间内对相关信息进行初步了解,也可以此为基础做深入了解,相关网络阅读服务平台近几年已越来越多。

57. (2021-1-26) 哲学是关于世界观、方法论的学问,哲学的基本问题是思维和存在的关系问题,它是在总结各门具体科学知识基础上形成的,并不是一门具体科学,因此,经验的个案不能反驳它。

以下哪项如果为真,最能支持以上论述?

A. 哲学并不能推演出经验的个案。

B. 任何科学都要接受经验的检验。

C. 具体科学不研究思维和存在的关系问题。

D. 经验的个案只能反驳具体科学。

E. 哲学可以对具体科学提供指导。

58. （2021-1-28）研究人员招募了300名体重超标的男性,将其分成餐前锻炼组和餐后锻炼组,进行每周三次相同强度和相同时段的晨练。餐前锻炼组晨练前摄入0卡路里安慰剂饮料,晨练后摄入200卡路里的奶昔,餐后锻炼组晨练前摄入200卡路里的奶昔,晨练后摄入0卡路里安慰剂饮料。三周后发现,餐前锻炼组燃烧的脂肪比餐后锻炼组多,该研究人员由此推断,肥胖者若持续这样的餐前锻炼,就能在不增加运动强度或时间的情况下改善代谢能力,从而达到减肥效果。

以下哪项如果为真,最能支持该研究人员的上述推断?

A. 餐前锻炼组额外的代谢与体内肌肉中的脂肪减少有关。

B. 餐前锻炼组觉得自己在锻炼中消耗的脂肪比餐后锻炼组多。

C. 餐前锻炼可以增强肌肉细胞对胰岛素的反应,促使它更有效地消耗体内的糖分和脂肪。

D. 肌肉参与运动所需要的营养,可能来自最近饮食中进入血液的葡萄糖和脂肪成分,也可能来自体内储存的糖和脂肪。

E. 有些餐前锻炼组的人知道他们摄入的是安慰剂,但这并不影响他们锻炼的积极性。

59. （2021-1-39）最近一项科学观测显示,太阳产生的带电粒子流即太阳风,含有数以千计的"滔天巨浪",其时速会突然暴增,可能导致太阳磁场自行反转,甚至会对地球产生有害影响。但目前我们对太阳风的变化及其如何影响地球知之甚少。据此有专家指出,为了更好保护地球免受太阳风的影响,必须更新现有的研究模式,另辟蹊径研究太阳风。

以下哪项如果为真,最能支持上述专家的观点?

A. 太阳风里有许多携带能量的粒子和磁场,而这些磁场会发生意想不到的变化。

B. 对太阳风的深入研究,将有助于防止太阳风大爆发时对地球的卫星和通信系统乃至地面电网造成的影响。

C. 目前,根据标准太阳模型预测太阳风变化所获得的最新结果与实际观测相比,误差约为10~20倍。

D. 最新观测结果不仅改变了天文学家对太阳风的看法,而且将改变其预测太空天气事件的能力。

E. "高速"太阳风源于太阳南北极的大型日冕洞,而"低速"太阳风则来自太阳赤道上的较小日冕洞。

60. （2021-1-42）酸奶作为一种健康食品,既营养丰富又美味可口,深受人们的喜爱,很多人饭后都不忘来杯酸奶。他们觉得,饭后喝杯酸奶能够解油腻、助消化。但近日有专家指出,饭后喝酸奶其实并不能帮助消化。

以下哪项如果为真,最能支持上述专家的观点?

A. 人体消化需要消化酶和有规律的肠胃运动,酸奶中没有消化酶,饮用酸奶也不能纠正无规律的肠胃运动。

B. 酸奶含有一定的糖分,吃饱了饭再喝酸奶会加重肠胃负担,同时也使身体增加额外的营养,容易导致肥胖。

C. 酸奶中的益生菌可以维持肠道消化系统的健康,但是这些菌群大多不耐酸,胃部的强酸环境会使其大部分失去活性。

D. 足量膳食纤维和维生素 B_1 被人体摄入后可有效促进肠胃蠕动,进而促进食物消化,但酸奶不含膳食纤维,维生素 B_1 的含量也不丰富。

E. 酸奶可以促进胃酸分泌,抑制有害菌在肠道内繁殖,有助于维持消化系统健康,对于食物消化能起到间接帮助作用。

61.（2021-1-44）今天的教育质量将决定明天的经济实力。PISA 是经济合作与发展组织每隔三年对 15 岁学生的阅读、数学和科学能力进行的一项测试。根据 2019 年最新测试结果,中国学生的总体表现远超其他国家学生。有专家认为,该结果意味着中国有一支优秀的后备力量以保障未来经济的发展。

以下哪项如果为真,最能支持上述专家的论证?

A. 这次 PISA 测试的评估重点是阅读能力,能很好地反映学生的受教育质量。

B. 在其他国际智力测试中,亚洲学生总体成绩最好,而中国学生又是亚洲最好的。

C. 未来经济发展的核心驱动力是创新,中国教育非常重视学生创新能力的培养。

D. 中国学生在 15 岁时各项能力尚处于上升期,他们未来会有更出色的表现。

E. 中国学生在阅读、数学和科学三项排名中均位列第一。

62.（2021-1-46）水产品的脂肪含量相对较低,而且含有较多不饱和脂肪酸,对预防血脂异常和心血管疾病有一定作用;禽肉的脂肪含量也比较低,脂肪酸组成优于畜肉;畜肉中的瘦肉脂肪含量低于肥肉,瘦肉优于肥肉。因此,在肉类选择上,应该优先选择水产品,其次是禽肉,这样对身体更健康。

以下哪项如果为真,最能支持以上论述?

A. 所有人都有罹患心血管疾病的风险。

B. 肉类脂肪含量越低对人体越健康。

C. 人们认为根据自己的喜好选择肉类更有益于健康。

D. 人必须摄入适量的动物脂肪才能满足身体的需要。

E. 脂肪含量越低,不饱和脂肪酸含量越高。

63.（2021-1-50）曾几何时,快速阅读进入了我们的培训课堂。培训者告诉学员,要按"之"字形浏览文章。只要精简我们看的地方,就能整体把握文本要义,从而提高阅读速度;真正的快速阅读能将阅读速度提高至少两倍,并不影响理解。但近年来有科学家指出,快速阅读实际上是不可能的。

以下哪项如果为真,最能支持上述科学家的观点?

A. 阅读是一项复杂的任务,首先需要看到一个词,然后要检索其含义、引申义,再将其与上下文相联系。

B. 科学界始终对快速阅读持怀疑态度,那些声称能帮助人们实现快速阅读的人通常是为了谋生或赚钱。

C. 人的视力只能集中于相对较小的区域,不可能同时充分感知和阅读大范围文本,识别单词的能力限制了我们的阅读理解。

D. 个体阅读速度差异很大,那些阅读速度较快的人可能拥有较强的短时记忆或信息处理能力。

E. 大多声称能快速阅读的人实际上是在浏览,他们可能相当快地捕捉到文本的主要内容,但也会错过众多细枝末节。

64.（2021-1-53）孩子在很小的时候,对接触到的东西都要摸一摸、尝一尝,甚至还会吞下去。孩子天生就对这个世界抱有强烈的好奇心,但随着孩子慢慢长大,特别是进入学校之后,他们的好奇心越来越少。对此有教育专家认为,这是由于孩子受到外在的不当激励所造成的。

以下哪项如果为真,最能支持上述专家观点?

A. 现在许多孩子迷恋电脑、手机,对书本知识感到索然无味。

B. 野外郊游可以激发孩子的好奇心,长时间宅在家里就会产生思维惰性。

C. 老师、家长只看考试成绩,导致孩子只知道死记硬背书本知识。

D. 现在孩子所做的很多事情大多迫于老师、家长等的外部压力。

E. 孩子助人为乐能获得褒奖,损人利己往往受到批评。

65.（2022-1-27）"君问归期未有期,巴山夜雨涨秋池。何当共剪西窗烛,却话巴山夜雨时。"这首《夜雨寄北》是晚唐诗人李商隐的名作。一般认为这是一封"家书",当时诗人身处巴蜀,妻子在长安,所以说"寄北"。但有学者提出,这首诗实际上是寄给友人的。

以下哪项如果为真,最能支持以上学者的观点?

A. 李商隐之妻王氏卒于大中五年,而该诗作于大中七年。

B. 明清小说戏曲中经常将家庭塾师或官员幕客称为"西席""西宾"。

C. 唐代温庭筠的《舞衣曲》中有诗句"回鸾笑语西窗客,星斗寥寥波脉脉"。

D. 该诗另一题为《夜雨寄内》,"寄内"即寄怀妻子。此说得到了许多人的认同。

E. "西窗"在古代专指客房、客厅,起自尊客于西的先秦古礼,并被后世习察日用。

66.（2022-1-29）2020年全球碳排放量减少大约24亿吨,远远大于之前的创纪录降幅,例如二战结束时下降9亿吨,2009年金融危机最严重时下降5亿吨。非政府组织全球碳计划(GCP)在其年度评估报告中说,由于各国在新冠肺炎疫情期间采取了封锁和限制措施,汽车使用量下降了一半左右,2020年的碳排放量同比下降了创纪录的7%。

以下哪项如果为真,最能支持GCP的观点?

A. 2020年碳排放量下降最明显的国家或地区是美国和欧盟。

B. 延缓气候变化的办法不是停止经济活动,而是加速向低碳能源过渡。

C. 根据气候变化《巴黎协定》,2015年之后的10年全球每年需减排约10~20亿吨。

D. 2020年在全球各行业减少的碳排放总量中,交通运输业所占比例最大。

E. 随着世界经济的持续复苏,2021年全球碳排放量同比下降可能不超过5%。

67.（2022-1-31）某研究团队研究了大约4万名中老年人的核磁共振成像数据、自我心理评估等资料，发现经常有孤独感的研究对象和没有孤独感的研究对象在大脑的默认网络区域存在显著差异。默认网络是一组参与内心思考的大脑区域，这些内心思考包括回忆旧事、规划未来、想象等。孤独者大脑的默认网络联结更为紧密，其灰质容积更大。研究人员由此认为，大脑默认网络的结构和功能与孤独感存在正相关。

以下哪项如果为真，最能支持上述研究人员的观点？

A. 人们在回忆过去、假设当下或预想未来时会使用默认网络。

B. 有孤独感的人更多地使用想象、回忆过去和憧憬未来以克服社交隔离。

C. 感觉孤独的老年人出现认知衰退和患上痴呆症的风险更高，进而导致部分脑区萎缩。

D. 了解孤独感对大脑的影响，拓展我们在这个领域的认知，有助于减少当今社会的孤独现象。

E. 穹窿是把信号从海马体输送到默认网络的神经纤维束，在研究对象的大脑中，这种纤维束得到较好的保护。

68.（2022-1-33）2020年下半年，随着新冠病毒在全球范围内的肆虐及流感季节的到来，很多人担心会出现大范围流感和新冠疫情同时爆发的情况。但是有病毒学家发现，2009年甲型H1N1流感毒株出现时，自1977年以来一直传播的另一种甲型流感毒株消失了。由此他推测，人体同时感染新冠病毒和流感病毒的可能性应该低于预期。

以下哪项如果为真，最能支持该病毒学家的推测？

A. 如果人们继续接种流感疫苗，仍能降低同时感染这两种病毒的概率。

B. 一项分析显示，新冠肺炎患者中大约只有3%的人同时感染另一种病毒。

C. 人体感染一种病毒后的几周内，其先天免疫系统的防御能力会逐步增强。

D. 为避免感染新冠病毒，人们会减少室内聚集、继续佩戴口罩、保持社交距离和手部卫生。

E. 新冠病毒的感染会增加参与干扰素反应的基因的活性，从而防止流感病毒在细胞内进行复制。

69.（2022-1-53）胃底腺息肉是所有胃息肉中最为常见的一种良性病变。最常见的是散发型胃底腺息肉，它多发于50岁以上人群。研究人员在研究10万人的胃镜检查资料后发现，有胃底腺息肉的患者无人患胃癌，而没有胃底腺息肉的患者中有178人发现有胃癌。他们由此断定，胃底腺息肉与胃癌呈负相关。

以下哪项如果为真，最能支持上述研究人员的断定？

A. 有胃底腺息肉的患者绝大多数没有家族癌症史。

B. 在研究人员研究的10万人中，50岁以下的占大多数。

C. 在研究人员研究的10万人中，有胃底腺息肉的人仅占14%。

D. 有胃底腺息肉的患者罹患萎缩性胃炎、胃溃疡的概率显著降低。

E. 胃内一旦有胃底腺息肉，往往意味着没有感染致癌物"幽门螺杆菌"。

答案速查

题号	1	2	3	4	5	6	7	8	9	10
答案	A	D	B	A	B	C	D	B	E	C
题号	11	12	13	14	15	16	17	18	19	20
答案	D	B	D	E	E	D	B	D	E	A
题号	21	22	23	24	25	26	27	28	29	30
答案	C	B	D	C	A	C	E	D	B	D
题号	31	32	33	34	35	36	37	38	39	40
答案	C	B	D	D	D	A	D	E	E	A
题号	41	42	43	44	45	46	47	48	49	50
答案	D	A	D	B	A	D	E	B	B	C
题号	51	52	53	54	55	56	57	58	59	60
答案	C	C	C	B	A	E	D	C	C	A
题号	61	62	63	64	65	66	67	68	69	
答案	A	B	C	C	E	D	B	E	E	

解释型题目

知识点梳理

解释型题目的特征是给出一段关于某些事实或现象的客观描述(有时为一个图表),要求你对这些事实、现象或图表表面上的矛盾做出合理的解释。

解释型题目包括解释结果、解释现象、解释差异、解释矛盾。

从题型上看,一般分为最能解释的题目和最不能解释(或"能解释,除了")的题目。

(1)最能解释的题目:此类题目要求考生在五个选项中找到解释力度最强的那个,首先需要定位被解释的对象,然后再判断选项和题干的关系。值得一提的是,通常"最能解释"的题目不像"最能削弱"的题目一样有比较清晰的"相对最好原则",需要就题论题。选项的设计方式一般都是四个无关或者加剧矛盾的选项,再加一个能解释的选项。如果在做题过程中,发现有解释作用的选项不止一个,这时就一定要注意在可以解释的选项中,有没有和题干的核心词保持一致,"李鬼"和"李逵"的区别通常就是核心词不一致。

(2)最不能解释(或"能解释,除了")的题目:此类题目要求考生运用排除法,把对题干中所描述的现象或者矛盾有解释作用的选项排除,剩余的选项则入选。一般情况下,入选的选项都是无关选项。

历年真题

1.(2009-10-32)大投资的所谓巨片的票房收入,一般是影片制作与商业宣传总成本的2~3倍。但是,电影产业的年收入大部分来自中小投资的影片。

以下哪项如果为真,最能解释题干的现象?

A. 大投资的巨片中确实不乏精品。

B. 大投资巨片的票价明显高于中小投资影片。

C. 对观众的调查显示,大投资巨片的平均受欢迎程度并不高于中小投资影片。

D. 票房收入不是评价影片质量的主要标准。

E. 投入市场的影片中,大部分是中小投资的影片。

2.(2010-1-35)成品油生产商的利润很大程度上受国际市场原油价格的影响,因为大部分原油是按国际市场价购进的。近年来,随着国际原油市场价格的不断提高,成品油生产商的运营成本大幅度增加,但某国成品油生产商的利润并没有减少,反而增加了。

以下哪项如果为真,最有助于解释上述看似矛盾的现象?

A. 原油成本只占成品油生产商运营成本的一半。

B. 该国成品油价格根据市场供需确定。随着国际原油市场价格的上涨,该国政府为成品油生产商提供相应的补贴。

C. 在国际原油市场价格不断上涨期间,该国成品油生产商降低了个别高薪雇员的工资。

D. 在国际原油市场价格上涨之后,除进口成本增加以外,成品油生产的其他成本也有所提高。

E. 该国成品油生产商的原油有一部分来自国内,这部分受国际市场价格波动影响较小。

3. (2010-1-37)美国某大学医学院的研究人员在《小儿科杂志》上发表论文指出,在对2 702个家庭的孩子进行跟踪调查后发现,如果孩子在5岁前每天看电视超过2小时,他们长大后出现行为问题的风险将会增加1倍多。所谓行为问题是指性格孤僻、言行粗鲁、侵犯他人、难与他人合作等。

以下哪项如果为真,最能解释上述结论?

A. 电视节目会使孩子产生好奇心,容易导致孩子出现暴力倾向。

B. 电视节目中有不少内容容易使孩子长时间处于紧张、恐惧的状态。

C. 看电视时间过长,会影响孩子与其他人的交往。久而久之,孩子便会缺乏与他人打交道的经验。

D. 儿童模仿力强,如果只对电视节目感兴趣,长此以往,会阻碍他们分析能力的发展。

E. 每天长时间地看电视,容易使孩子神经系统产生疲劳,影响身心健康发展。

4. (2010-10-31)实验证明:茄红素具有防止细胞癌变的作用。近年来W公司提炼出茄红素,将其制成片剂,希望让酗酒者服用以预防饮酒过多引发的癌症。然而,初步的试验发现,经常服用W公司的茄红素片剂的酗酒者反而比不常服用W公司的茄红素片剂的酗酒者更易于患癌症。

以下哪项最能解释上述矛盾?

Ⅰ. 癌症的病因是综合的,对预防药物的选择和由此产生的作用也因人而异。

Ⅱ. 酒精与W公司的茄红素片剂发生长时间作用后反而使其成为致癌物质。

Ⅲ. W公司生产的茄红素片剂不稳定,易于受其他物质影响而分解变性,从而与身体发生不良反应而致癌;自然茄红素性质稳定,不会致癌。

A. 只有Ⅰ和Ⅱ。 B. 只有Ⅰ和Ⅲ。

C. 只有Ⅱ和Ⅲ。 D. Ⅰ、Ⅱ、Ⅲ。

E. Ⅰ、Ⅱ、Ⅲ都不是。

5. (2010-10-42)近年以来,A省的房地产市场出现了低迷迹象,成交量减少,房价下跌,但该省的S市是个例外,房价持续上涨,成交活跃。

以下哪项如果属实,最无助于解释上述的例外?

A. 经批准,S市将建立高新技术开发区,预计大量外资将进入该市。

B. 该市加大交通基础建设的投资已显示效果,交通拥堵的状况大为改观。

C. 与东部许多城市相比,S市的房地产价格一直偏低,上涨的空间较大。

D. S市的银行向房地产开发商发放了大量贷款,促进了该市房地产业的发展。

E. 经过网络投票和专家评定,S市被评为国内最适合人居住的城市之一。

6.（2010-10-49）在19世纪，法国艺术学会是法国绘画及雕塑的主要赞助部门，当时个人赞助者已急剧减少。由于该艺术学会并不鼓励艺术创新，19世纪的法国雕塑缺乏新意；然而，同一时期的法国绘画却表现出很大程度的创新。

以下哪项如果为真，最有助于解释19世纪法国绘画与雕塑之间创新的差异？

A. 在19世纪，法国艺术学会给予绘画的经费支持比雕塑多。

B. 在19世纪，雕塑家比画家获得更多的来自艺术学会的支持经费。

C. 由于颜料和画布价格比雕塑用的石料便宜，19世纪法国的非赞助绘画作品比非赞助雕塑作品多。

D. 19世纪极少数的法国艺术家既进行雕塑创作，也进行绘画创作。

E. 尽管艺术学会仍对雕塑家和画家给予赞助，19世纪的法国雕塑家和画家得到的经费支持明显下降。

7.（2011-1-26）巴斯德认为，空气中的微生物浓度与环境状况、气流运动和海拔高度有关。他在山上的不同高度分别打开装着煮过的培养液的瓶子，发现海拔越高，培养液被微生物污染的可能性越小。在山顶上，20个装了培养液的瓶子，只有1个长出了微生物。普歇另用干草浸液做材料重复了巴斯德的实验，却得出不同的结果：即使在海拔很高的地方，所有装了培养液的瓶子都很快长出了微生物。

以下哪项如果为真，最能解释普歇和巴斯德实验所得到的不同结果？

A. 只要有氧气的刺激，微生物就会从培养液中自发地生长出来。

B. 培养液在加热消毒、密封、冷却的过程中会被外界细菌污染。

C. 普歇和巴斯德的实验设计都不够严密。

D. 干草浸液中含有一种耐高温的枯草杆菌，培养液一旦冷却，枯草杆菌的孢子就会复活，迅速繁殖。

E. 普歇和巴斯德都认为，虽然他们用的实验材料不同，但是经过煮沸，细菌都能被有效地杀灭。

8.（2011-1-31）2010年某省物价总水平仅上涨2.4%，涨势比较温和，涨幅甚至比2009年回落了0.6个百分点。可是，普通民众觉得物价涨幅较高，一些统计数据也表明，民众的感觉有据可依。2010年某月的统计报告显示，该月禽蛋类商品价格涨幅达12.3%，某些反季节蔬菜涨幅甚至超过20%。

以下哪项如果为真，最能解释上述看似矛盾的现象？

A. 人们对数据认识存在偏差，不同来源的统计数据会产生不同的结果。

B. 影响居民消费品价格总水平变动的各种因素互相交织。

C. 虽然部分日常消费品涨幅很小，但居民感觉很明显。

D. 在物价指数体系中占相当权重的工业消费品价格持续走低。

E. 不同的家庭，其收入水平、消费偏好、消费结构都有很大的差异。

9.（2011-1-35）随着数字技术的发展，音频、视频的播放形式出现了革命性转变。人们很快接受了一些新形式,比如 MP3、CD、DVD 等。但是对于电子图书的接受并没有达到专家所预期的程度,现在仍有很大一部分读者喜欢捧着纸质出版物。纸质书籍在出版业中依然占据重要地位。因此有人说,书籍可能是数字技术需要攻破的最后一个堡垒。

以下哪项最不能对上述现象提供解释?

A. 人们固执地迷恋着阅读纸质书籍时的舒适体验,喜欢纸张的质感。

B. 在显示器上阅读,无论是笨重的阴极射线管显示器还是轻薄的液晶显示器,都会让人无端地心浮气躁。

C. 现在仍有一些怀旧爱好者喜欢收藏经典图书。

D. 电子书显示设备技术不够完善,图像显示速度较慢。

E. 电子书和纸质书籍的柔软沉静相比,显得面目可憎。

10. (2011-1-48) 随着文化知识越来越重要,人们花在读书上的时间越来越多,文人学子中近视患者的比例也越来越高。即便在城里工人、乡镇农民中,也能看到不少人戴近视银镜。然而,在中国古代很少发现患有近视的文人学子,更别说普通老百姓了。

以下除哪项外,均可以解释上述现象?

A. 古时候,只有家庭条件好或者有地位的人才读得起书;即便读书,用在读书上的时间也很少,那种头悬梁、锥刺股的读书人更是凤毛麟角。

B. 古时交通工具不发达,出行主要靠步行、骑马,足量的运动对于预防近视有一定的作用。

C. 古人生活节奏慢,不用担心交通安全,所以即使患了近视,其危害也非常小。

D. 古代自然科学不发达,那时学生读的书很少,主要是四书五经,一本《论语》要读好几年。

E. 古人书写用的是毛笔,眼睛和字的距离比较远,写的字也相对大些。

11. (2012-1-36) 乘客使用手机及便携式电脑等电子设备会通过电磁波谱频繁传输信号,机场的无线电话和导航网络等也会使用电磁波谱,但电信委员会已根据不同用途把电磁波谱分成了几大块。因此,用手机打电话不会对专供飞机通信系统或全球定位系统使用的波段造成干扰。尽管如此,各大航空公司仍然规定,禁止机上乘客使用手机等电子设备。

以下哪项如果为真,能解释上述现象?

Ⅰ. 乘客在空中使用手机等电子设备可能对地面导航网络造成干扰。

Ⅱ. 乘客在起飞和降落时使用手机等电子设备,可能影响机组人员工作。

Ⅲ. 便携式电脑或者游戏设备可能导致自动驾驶仪出现断路或仪器显示发生故障。

A. 仅Ⅰ。　　B. 仅Ⅱ。　　C. 仅Ⅰ、Ⅱ。　　D. 仅Ⅱ、Ⅲ。　　E. Ⅰ、Ⅱ和Ⅲ。

12. (2012-1-47) 一般商品只有在多次流通过程中才能不断增值,但艺术品作为一种特殊商品却体现出了与一般商品不同的特性。在拍卖市场上,有些古玩、字画的成交价有很大的随机性,往往会直接受到拍卖现场气氛、竞价激烈程度、买家心理变化等偶然因素的影响,成交价有时会高于底价几十倍乃至数百倍,使得艺术品在一次"流通"中实现大幅度增值。

以下哪项最无助于解释上述现象?

A. 艺术品的不可再造性决定了其交换价格有可能超过其自身价值。

B. 不少买家喜好收藏,抬高了艺术品的交易价格。

C. 有些买家就是为了炒作艺术品,以期获得高额利润。

D. 虽然大量赝品充斥市场,但是对艺术品的交易价格没有什么影响。

E. 国外资金进入艺术品拍卖市场,对价格攀升起到了拉动作用。

13. (2013-1-37)若成为白领的可能性无性别差异,按正常男女出生比率102:100计算,当这批人中的白领谈婚论嫁时,女性与男性数量应当大致相等。但实际上,某市妇联近几年举办的历次大型白领相亲活动中,报名的男女比例约为3:7,有时甚至达到2:8。这说明,文化越高的女性越难嫁,文化低的反而好嫁;男性则正好相反。

以下除哪项外,都有助于解释上述分析与实际情况的不一致?

A. 与男性白领不同,女性白领要求高,往往只找比自己更优秀的男性。

B. 大学毕业后出国的精英分子中,男性多于女性。

C. 一般来说,男性参加大型相亲会的积极性不如女性。

D. 与本地女性竞争的外地优秀女性多于与本地男性竞争的外地优秀男性。

E. 男性因长相身高、家庭条件等被女性淘汰者多于女性因长相身高、家庭条件等被男性淘汰者。

14. (2013-1-39)某大学的哲学学院和管理学院今年招聘新教师,招聘结束后受到了女权主义代表的批评,因为他们在12名女性应聘者中录用了6名,但在12名男性应聘者中却录用了7名。该大学对此解释说,今年招聘新教师的两个学院中,女性应聘者的录用率都高于男性的录用率。具体的情况是:哲学学院在8名女性应聘者中录用了3名,而在3名男性应聘者中录用了1名;管理学院在4名女性应聘者中录用了3名,而在9名男性应聘者中录用了6名。

以下哪项最有助于解释女权主义代表和该大学之间的分歧?

A. 整体并不是局部的简单相加。

B. 有些数学规则不能解释社会现象。

C. 人们往往从整体角度考虑问题,不管局部如何,最终的整体结果才是最重要的。

D. 各个局部都具有的性质在整体上未必具有。

E. 现代社会提倡男女平等,但实际执行中还是有一定难度。

15. (2014-1-36)英国有家小酒馆采取客人吃饭付费"随便给"的做法,即让顾客享用葡萄酒、蟹柳及三文鱼等美食后,自己决定付账金额。大多数顾客均以公平或慷慨的态度结账,实际金额比那些酒水菜肴本来的价格高出20%。该酒馆老板另有四家酒馆,而这四家酒馆每周的利润与付账"随便给"的酒馆相比少5%。这位老板因此认为,"随便给"的营销策略很成功。

以下哪项如果为真,最能解释老板营销策略的成功?

A. 部分顾客希望自己看上去有教养,愿意掏足够甚至更多的钱。

B. 如果客人所付低于成本价格,就会受到提醒而补足差价。

C. 另外四家酒馆位置不如这家"随便给"酒馆。

D. 客人常常不知道酒水菜肴的实际价格,不知道该付多少钱。

E. 对于过分吝啬的顾客,酒馆老板常常也无可奈何。

16. （2014-1-41）有气象专家指出,全球变暖已经成为人类发展最严重的问题之一,南北极地区的冰川由于全球变暖而加速融化,已导致海平面上升;如果这一趋势不变,今后势必淹没很多地区。但近几年来,北半球许多地区的民众在冬季感到相当寒冷,一些地区甚至出现了超强降雪和超低气温,人们觉得对近期气候的确切描述似乎更应该是"全球变冷"。

以下哪项如果为真,最能解释上述现象?

A. 除了南极洲,南半球近几年冬季的平均温度接近常年。

B. 近几年来,全球夏季的平均气温比常年偏高。

C. 近几年来,由于两极附近海水温度升高导致原来洋流中断或者减弱,而北半球经历严寒冬季的地区正是原来暖流影响的主要区域。

D. 近几年来,由于赤道附近海水温度升高导致了原来洋流增强,而北半球经历严寒冬季的地区不是原来寒流影响的主要区域。

E. 北半球主要是大陆性气候,冬季和夏季的温差通常比较大,近年来冬季极地寒流南侵比较频繁。

17. （2014-10-28）对交通事故的调查发现,严查酒驾的城市和不严查酒驾的城市,交通事故发生率实际上是差不多的。然而多数专家认为:严查酒驾确实能减少交通事故的发生。

以下哪项对于消除这种不一致最有帮助?

A. 严查酒驾的城市交通事故发生率曾经都很高。

B. 实行严查酒驾的城市并没有消除酒驾。

C. 提高司机的交通安全意识比严格管理更为重要。

D. 除了严查酒驾外,对其他交通违章也应该制止。

E. 小城市和大城市的交通事故发生率是不一样的。

18. （2015-1-26）晴朗的夜晚我们可以看到满天星斗,其中有些是自身发光的恒星,有些是自身不发光但可以反射附近恒星光的行星。恒星尽管遥远,但是有些可能被现有的光学望远镜"看到"。和恒星不同,由于行星本身不发光,而且体积远小于恒星,所以,太阳系外的行星大多无法用现有的光学望远镜"看到"。

以下哪项如果为真,最能解释上述现象?

A. 现有的光学望远镜只能"看到"自身发光或者反射光的天体。

B. 有些恒星没有被现有的光学望远镜"看到"。

C. 如果行星的体积足够大,现有的光学望远镜就能够"看到"。

D. 太阳系外的行星因距离遥远,很少能将恒星光反射到地球上。

E. 太阳系内的行星大多可以用现有的光学望远镜"看到"。

19. （2016-1-40）2014年,为迎接APEC会议的召开,北京、天津、河北等地实施"APEC治理模式",采取了有史以来最严格的减排措施。果然,令人心醉的"APEC蓝"出现了。然而,随着会议的结束,"APEC蓝"也渐渐消失了。对此,有些人士表示困惑,既然政府能在短期内实施"APEC治理模式"取得良好效果,为什么不将这一模式长期坚持下去呢?

以下除哪项外,均能解释人们的困惑?

A. 如果APEC会议期间北京雾霾频发,就会影响我们国家的形象。

B. 如果近期将"APEC治理模式"常态化,将会严重影响地方经济和社会的发展。

C. 任何环境治理都需要付出代价,关键在于付出的代价是否超出收益。

D. 最严格的减排措施在落实过程中已产生很多难以解决的实际困难。

E. 短期严格的减排措施只能是权宜之计,大气污染治理仍需从长计议。

20. （2016-1-42）某公司办公室茶水间提供自助式收费饮料。职员拿完饮料后,自己把钱放到特设的收款箱中。研究者为了判断职员在无人监督时,其自律水平会受哪些因素的影响,特地在收款箱上方贴了一张装饰图片,每周一换。装饰图片有时是一些花朵,有时是一双眼睛。一个有趣的现象出现了:贴着"眼睛"的那一周,收款箱里的钱远远超过贴其他图片的情形。

以下哪项如果为真,最能解释上述实验现象?

A. 该公司职员看到"眼睛"图片时,就能联想到背后可能有人看着他们。

B. 在该公司工作的职员,其自律能力超过社会中的其他人。

C. 该公司职员看着"花朵"图片时,心情容易变得愉快。

D. 眼睛是心灵的窗口,该公司职员看到"眼睛"图片时会有一种莫名的感动。

E. 在无人监督的情况下,大部分人缺乏自律能力。

21. （2016-1-45）在一项关于"社会关系如何影响人的死亡率"的课题研究中,研究人员惊奇地发现:不论种族、收入、体育锻炼等因素,一个乐于助人、和他人相处融洽的人,其平均寿命长于一般人,在男性中尤其如此;相反,心怀恶意、损人利己、和他人相处不融洽的人70岁之前的死亡率比正常人高出1.5~2倍。

以下哪项如果为真,最能解释上述发现?

A. 身心健康的人容易和他人相处融洽,而心理有问题的人与他人很难相处。

B. 男性通常比同年龄段的女性对他人有更强的"敌视情绪",多数国家男性的平均寿命也因此低于女性。

C. 与人为善带来轻松愉悦的情绪,有益身体健康;损人利己则带来紧张的情绪,有损身体健康。

D. 心存善念、思想豁达的人大多精神愉悦、身体健康。

E. 那些自我优越感比较强的人通常"敌视情绪"也比较强,他们长时间处于紧张状态。

22. （2017-1-49）通常情况下,长期在寒冷环境中生活的居民可以有更强的抗寒能力。相比于我国的南方地区,我国北方地区冬天的平均气温要低很多。然而有趣的是,现在许多北方地区的居民并不具有我们所以为的抗寒能力,相当多的北方人到南方来过冬,竟然难以忍受南方的寒冷天气,怕冷程度甚至远超过当地人。

以下哪项如果为真,最能解释上述现象?

A. 一些北方人认为南方温暖,他们去南方过冬时往往对保暖工作做得不够充分。

B. 南方地区冬天虽然平均气温比北方高,但也存在极端低温的天气。

C. 北方地区在冬天通常启用供暖设备,其室内温度往往比南方高出很多。

D. 有些北方人是从南方迁过去的,他们还没有完全适应北方的气候。

E. 南方地区湿度较大,冬天感受到的寒冷程度超出气象意义上的温度指标。

23. (2018-1-39) 我国中原地区如果降水量比往年偏低,该地区的河流水位会下降,流速会减缓。这有利于河流中的水草生长,河流中的水草总量通常也会随之而增加。不过,去年该地区在经历了一次极端干旱之后,尽管该地区某河流的流速十分缓慢,但其中的水草总量并未随之而增加,只是处于一个很低的水平。

以下哪项如果为真,最能解释上述看似矛盾的现象?

A. 该河流在经历了去年极端干旱之后干涸了一段时间,导致大量水生物死亡。

B. 如果河中水草数量达到一定程度,就会对周边其他物种的生存产生危害。

C. 我国中原地区多平原,海拔差异小,其地表河水流速比较缓慢。

D. 河水流速越慢,其水温变化就越小,这有利于水草的生长和繁殖。

E. 经过极端干旱之后,该河流中以水草为食物的水生动物数量大量减少。

24. (2021-1-30) 气象台的实测气温与人实际的冷暖感受常常存在一定的差异。在同样的低温条件下,如果是阴雨天,人会感到特别冷,即通常说的"阴冷";如果同时赶上刮大风,人会感到寒风刺骨。

以下哪项如果为真,最能解释上述现象?

A. 人的体感温度除了受气温的影响外,还受风速与空气湿度的影响。

B. 低温情况下,如果风力不大,阳光充足,人不会感到特别寒冷。

C. 即使天气寒冷,若进行适当锻炼,人也不会感到太冷。

D. 即使室内外温度一致,但是走到有阳光的室外,人会感到温暖。

E. 炎热的夏日,电风扇转动时,尽管不改变环境温度,但人依然感到凉快。

25. (2022-1-38) 在一项噪声污染与鱼类健康关系的实验中,研究人员将已感染寄生虫的孔雀鱼分成短期噪声组、长期噪声组和对照组。短期噪声组在噪声环境中连续暴露24小时,长期噪声组在同样的噪声中暴露7天,对照组则被置于一个安静环境中。在17天的监测期内,该研究人员发现,长期噪声组的鱼在第12天开始死亡,其他两组鱼则在第14天开始死亡。

以下哪项如果为真,最能解释上述实验结果?

A. 噪声污染不仅危害鱼类,也危害两栖动物、鸟类和爬行动物等。

B. 长期噪声污染会加速寄生虫对宿主鱼类的侵害,导致鱼类过早死亡。

C. 相比于天然环境,在充斥各种噪声的养殖场中,鱼更容易感染寄生虫。

D. 噪声污染使鱼类既要应对寄生虫的感染又要排除噪声干扰,增加鱼类健康风险。

E. 短期噪声组所受的噪声可能引起了鱼类的紧张情绪,但不至于损害它们的免疫系统。

26.（2022-1-51）有科学家进行了对比实验：在一些花坛中种植了金盏草，而在另外一些花坛中未种植金盏草。他们发现：种植了金盏草的花坛，玫瑰长得很繁茂；而那些未种植金盏草的花坛，玫瑰却呈现病态，很快就枯萎了。

以下哪项如果为真，最能解释上述现象？

A. 为了利于玫瑰的生长，某园艺公司推荐种植金盏草而不是直接喷洒农药。

B. 金盏草的根系深度不同于玫瑰，不会与其争夺营养，却可保持土壤湿度。

C. 金盏草的根部可分泌出一种杀死土壤中害虫的物质，使玫瑰免受其侵害。

D. 玫瑰花坛中的金盏草常被认为是一种杂草，但它对玫瑰的生长具有奇特的作用。

E. 花匠会对种有金盏草和玫瑰的花坛施肥较多，而对仅种有玫瑰的花坛施肥偏少。

敲黑板

可以提高解释型题目正确率的解题技巧：

(1) 分清楚是解释现象还是解释矛盾等。

(2) 找到需要解释的对象。

(3) 注意观察。

① 转折词。解释型题目中往往有转折词，如"然而""但是"等，转折词的前后一般就是逻辑重心，也就是要解释的矛盾或差异。

② 关键词。矛盾或差异的双方如果有关键词不一致，则很可能是因为这个不一致导致矛盾或差异，这时候就应该注意关键词。

③ 是否存在他因。可以通过寻找他因来解释这种差异或矛盾。

答案速查

题号	1	2	3	4	5	6	7	8	9	10
答案	E	B	C	C	D	C	D	D	C	C
题号	11	12	13	14	15	16	17	18	19	20
答案	E	D	E	D	B	C	A	D	A	A
题号	21	22	23	24	25	26				
答案	C	C	A	A	B	C				

专题五 评价型题目

考查点1 评价论点

知识点梳理

此类题型主要考查我们评价论点的能力，由于评价在很多情况下是对段落推理成立的隐含假设起作用，所以我们在读题时要找出段落推理的隐含假设，然后去寻找一个能对段落推理起到正反两方面作用的选项。

当选项为一般疑问句时，对这个问句有"肯定性回答"和"否定性回答"两种。若对这个问句做"肯定性回答"时能对段落推理起到支持作用，且对这个问句做"否定性回答"时能对段落推理起到驳斥作用（或正好相反），这时我们就可以说，这个问句对段落推理有评价作用。

要特别注意的是，正确的选项中问句的"肯定性回答"与"否定性回答"一定都能对段落推理起作用，如果只有一个回答起作用，则不是很好的评价。

评价型题目实质上就是支持型题目和削弱型题目的结合，要求我们找到一个最能影响题干结论的问题，即寻找一个在肯定或否定状态下支持题干论述而在相反状态下则削弱题干论述的选项。

评价型题目设计选项的角度：

(1)直接指出结果和原因之间有没有关系。

(2)质疑方法是否可行或者有意义。

(3)除这个原因之外是否还有别的因素影响结论，或者有没有其他的原因来解释原文中存在的事实或者现象。

(4)对比评价中，对比的对象之间是否具有可比性，也就是是否有可比较的标准，如对比实验的关键是让实验对象在其他方面的条件相同。

这类题型的常见问法是：为检验上述论证的有效性，回答哪个问题最为重要；为了对上述论证做出评价，回答以下哪个问题最为重要。这些问法可以作为识别这类题目的标志。

历年真题

1. （2009-10-44）一种流行的看法是，人们可以通过动物的异常行为来预测地震。实际上，这种看法是基于主观类比，不一定能揭示客观联系。一条狗在地震前行为异常，这自然会给它的主人留下深刻印象。但事实上，这个世界上的任何一刻，都有狗出现行为异常。

为了评价上述论证，回答以下哪个问题最不重要？

A. 两种不同类型的动物，在地震前的异常行为是否类似？

B. 被认为是地震前兆的动物异常行为，在平时是否也同样出现过？

C. 地震前有异常行为的动物在整个动物中所占的比例是多少？

D. 在地震前有异常行为的动物中,此种异常行为未被注意的比例是多少？

E. 同一种动物,在两次地震前的异常行为是否类似？

2. （2014-10-26）许多孕妇都出现了维生素缺乏的症状,但这通常不是由于孕妇的饮食缺乏维生素,而是由于腹内婴儿的生长使她们比其他人对维生素有更高的需求。

以下哪项对于评价上述结论最为重要？

A. 对一些不缺乏维生素的孕妇的日常饮食进行检测,确定其中维生素的含量。

B. 对日常饮食中维生素足量的孕妇和其他妇女进行检测,并分别确定她们是否缺乏维生素。

C. 对日常饮食中维生素不足量的孕妇和其他妇女进行检测,并分别确定她们是否缺乏维生素。

D. 对一些缺乏维生素的孕妇的日常饮食进行检测,确定其中维生素的含量。

E. 对孕妇的科学食谱进行研究,以确定有利于孕妇摄入足量维生素的最佳食谱。

3. （2017-1-42）研究者调查了一组大学毕业即从事有规律的工作正好满8年的白领,发现他们的体重比刚毕业时平均增加了8公斤。研究者由此得出结论,有规律的工作会增加人们的体重。

关于上述结论的正确性,需要询问的关键问题是以下哪项？

A. 和该组调查对象其他情况相仿且经常进行体育锻炼的人,在同样的8年中体重有怎样的变化？

B. 该组调查对象的体重在8年后是否会继续增加？

C. 为什么调查关注的时间段是对象在毕业工作后8年,而不是7年或者9年？

D. 该组调查对象中男性和女性的体重增加是否有较大差异？

E. 和该组调查对象其他情况相仿但没有从事有规律工作的人,在同样的8年中体重有怎样的变化？

答案速查

题号	1	2	3
答案	A	B	E

考查点2 评价论证方法

知识点梳理

评价论证方法的题目,主要考查论证和反驳的方法,如归纳论证、类比论证、归谬法、例证法、举反例等。要注意这类题目在对话辩论中的应用。

评价论证方法的题目常见的提问方式有：
(1)以下哪项最为恰当地概括了上述论证方法？
(2)以下哪项最为恰当地概括了正方(反方)的论证策略？
(3)题干中的论证用了什么论证方法？
(4)用什么方式可以使题干中的论证成立(不成立)？

历年真题

1.（2009-1-32）去年经纬汽车专卖店调高了营销人员的营销业绩奖励比例，专卖店李经理打算新的一年继续执行该奖励比例，因为去年该店的汽车销售数量较前年增加了16%。陈副经理对此持怀疑态度。她指出，他们的竞争对手并没有调整营销人员的奖励比例，但在过去的一年也出现了类似的增长。

以下哪项最为恰当地概括了陈副经理的质疑方法？
A. 运用一个反例，否定李经理的一般性结论。
B. 运用一个反例，说明李经理的论据不符合事实。
C. 运用一个反例，说明李经理的论据虽然成立，但不足以推出结论。
D. 指出李经理的论证对一个关键概念的理解和运用有误。
E. 指出李经理的论证中包含自相矛盾的假设。

2.（2009-10-52）松鼠在树干中打洞吮食树木的浆液。因为树木的浆液成分主要是水加上一些糖分，所以松鼠的目标是水或糖分。又因为树木周边并不缺少水源，松鼠不必费那么大劲打洞取水。因此，松鼠打洞的目的是摄取糖分。

以下哪项最为恰当地概括了上述论证方法？
A. 通过否定两种可能性中的一种，来肯定另一种。
B. 通过某种特例，来概括一般性的结论。
C. 在已知现象与未知现象之间进行类比。
D. 通过反例否定一般性的结论。
E. 通过否定某种现象存在的必要条件，来判定此种现象不存在。

3.（2010-10-45）辩论吸烟问题时，正方认为：吸烟有利于减肥，因为戒烟后人们往往比戒烟前体重增加。反方驳斥道：吸烟不能减肥，因为吸烟的人常常在情绪紧张时试图通过吸烟缓解，但不可能从根本上解除紧张情绪，而紧张情绪导致身体消瘦。戒烟后人们可以通过其他更有效的方法解除紧张情绪。

反方应用了以下哪项辩论策略？
A. 引用可以质疑正方证据精确性的论据。
B. 给出另一事实对正方的因果联系做出新的解释。
C. 依赖科学知识反驳易于使人混淆的谬论。
D. 揭示正方的论据与结论是因果倒置。

E. 常识并不都是正确的,要学会透过现象看本质。

答案速查

题号	1	2	3
答案	C	A	B

考查点3 评价论证过程是否存在漏洞

知识点梳理

评价论证过程是否存在漏洞的题目,要求评价题干中的论证是否成立。常见的提问方式有:

(1)题干中的论证是否成立?如果不成立的话,什么地方有问题?
(2)以下哪项最为恰当地指出了题干论证的漏洞?
(3)以下哪项对上述论证的评价最为恰当?

解题方式:

(1)检查从题干到结论是否缺少必要的前提(假设),如有缺失,缺失的内容即为漏洞所在。

(2)如果题目中没有缺失条件,就要注意是否存在逻辑谬误。

论证过程中常见逻辑谬误有偷换概念、转移论题、以偏概全、循环论证、不当类比、自相矛盾、模棱两可、非黑即白、顾此失彼、因果倒置、不当假设、推不出(论据欠充分、虚假论据、必要条件与充分条件混用、推理形式不正确等)、诉诸权威、诉诸人身、诉诸众人、诉诸情感、诉诸无知、集合体性质误用、数字陷阱等。

①混淆概念。混淆概念是在同一思维过程中,把两个不同内涵的概念混为相同的概念或相互代替。例如:"不拿回扣"就是"廉洁奉公","价格改革"就是"涨价"。

②转移论题。在论证中,论点没有保持前后一致,一般表现为以没有关系的论据来证明某一结论。

③自相矛盾。在论证中,两个相互矛盾的命题同时为真。

④模棱两可。在论证中,两个相互矛盾的命题同时为假,例如,在经济发展中,我们以GDP的增长速度快慢作为发展目标是不对的,当然,不以GDP的增长速度快慢作为发展目标也是不对的。

⑤不当类比。在没有可比性的两个对象之间进行类比。

⑥以偏概全。以不具有代表性的部分个体所具有的特点推论全体都具有这样的特点。

在考试中,逻辑谬误主要应用于推理和论证的方法评价与漏洞分析。

值得注意的是,评价论证的题目,题干中的论证过程有可能是没有漏洞的。

历年真题

1.（2009-1-52）所有的灰狼都是狼,这一断定显然是真的。因此,所有的疑似 SARS 病例都是 SARS 病例,这一断定也是真的。

以下哪项最为恰当地指出了题干论证的漏洞?

A. 题干的论证忽略了:一个命题是真的,不等于具有该命题形式的任一命题都是真的。

B. 题干的论证忽略了:灰狼与狼的关系,不同于疑似 SARS 病例和 SARS 病例。

C. 题干的论证忽略了:在疑似 SARS 病例中,大部分不是 SARS 病例。

D. 题干的论证忽略了:许多狼不是灰色的。

E. 题干的论证忽略了:此种论证方式会得出其他许多明显违反事实的结论。

2.（2009-1-53）违法必究,但几乎看不到违反道德的行为受到惩治,如果这成为一种常规,那么,民众就会失去道德约束。道德失控对社会稳定的威胁并不亚于法律的失控。因此,为了维护社会的稳定,任何违反道德的行为都不能不受惩治。

以下哪项对上述论证的评价最为恰当?

A. 上述论证是成立的。

B. 上述论证有漏洞,它忽略了有些违法行为并未受到追究。

C. 上述论证有漏洞,它忽略了由"违法必究",推不出"缺德必究"。

D. 上述论证有漏洞,它夸大了违反道德行为的社会危害性。

E. 上述论证有漏洞,它忽略了由否定"违反道德的行为都不受惩治",推不出"违反道德的行为都要受惩治"。

3.（2009-10-26）张先生:常年吸烟可能有害健康。

李女士:你的结论反映了公众的一种误解。我的祖父活了 96 岁,但他从年轻时就一直吸烟。

以下哪项最为恰当地指出了李女士反驳中存在的漏洞?

A. 试图依靠一个反例推翻一个一般性结论。

B. 试图诉诸个例在不相关的现象之间建立因果联系。

C. 试图运用一个反例反驳一个可能性结论。

D. 不当地依据个人经验挑战流行见解。

E. 忽视了这种可能:她的祖父如果不常年吸烟可能更为长寿。

4.（2009-10-29）地球所在的太阳系的八大行星中,存在生命的就占了八分之一。按照这个比例,考虑到宇宙中存在数量巨大的行星,因此,宇宙中有生命的天体的数量一定是极其巨大的。

以上论证的漏洞在于,不加证明就预先假设:

A. 一个天体如果与地球类似,就一定存在生命。

B. 一个星系,如果与太阳系类似,就一定恰有八个行星。

C. 太阳系的行星与宇宙中的许多行星类似。

D. 类似于地球上的生命可以在条件迥异的其他行星上生存。

E. 地球是最适合生命存在的行星。

5.（2009-10-39）研究表明，严重失眠者90%爱喝浓茶。老张爱喝浓茶，因此，他很可能严重失眠。

以下哪项最为恰当地指出了上述论证的漏洞？

A. 他忽视了这种可能性：老张属于喝浓茶中10%不严重失眠的那部分人。

B. 他忽视了引起失眠的其他原因。

C. 他忽视了喝浓茶还可能引起其他不良后果。

D. 他依赖的论据并不涉及爱喝浓茶的人中严重失眠者的比例。

E. 他低估了严重失眠对健康的危害。

6.（2009-10-48）办公室主任：本办公室不打算使用循环再利用纸张。给用户的信件必须留下好的印象，不能打印在劣质纸张上。

文具供应商：循环再利用纸张不一定是劣质的。事实上，最初的纸张就是用可回收材料制造的。一直到19世纪50年代，由于碎屑原料供不应求，才使用木纤维作为造纸原料。

以下哪项最为恰当地概括了文具供应商的反驳中存在的漏洞？

A. 没有意识到办公室主任对于循环再利用纸张的偏见是由于某种无知。

B. 使用了不相关的事实来证明一个关于产品质量的判定。

C. 不恰当地假设办公室主任了解纸张的制造工艺。

D. 忽视了办公室主任对产品质量关注的合法权利。

E. 不恰当地假设办公室主任忽视了环境保护。

7.（2009-10-49）张林是奇美公司的总经理，潘洪是奇美公司的财务主管。奇美公司每年生产的紫水晶占全世界紫水晶产品的2%。潘洪希望公司通过增加产量使公司利润增加，张林却认为：增加产量将会导致全球紫水晶价格下降，反而会导致利润减少。

以下哪项最为恰当地指出了张林的逻辑推断中的漏洞？

A. 将长期需要与短期需要互相混淆。

B. 将未加工的紫水晶与加工后紫水晶的价格互相混淆。

C. 不当地假设公司的产品是与全球的紫水晶市场紧密联系的。

D. 不当地假设公司的生产目标与财务目标不一定是一致的。

E. 不当地假设奇美公司的产品供给变化会显著改变整个水晶市场产品的总供给。

8.（2010-10-36）即使在古代，规模生产谷物的农场，也只有依靠大规模的农产品市场才能生产，而这种大规模的农产品市场意味着有相当人口的城市存在。因为在中国历史上只有一家一户的小农经济，从来没有出现过农场这种规模生产的农业模式，因此，现在考古所发现的中国古代城市，很可能不是人口密集的城市，而只是作为举行某种仪式的人群临时聚集地。

以下哪项最为恰当地指出了上述论证的漏洞？

A. 该结论只是对其前提中某个断定的重复。
B. 论证中对某个关键概念的界定前后不一致。
C. 在同一个论证中,对一个带有歧义的断定做出了不同的解释。
D. 把某种情况的不存在,作为证明此种情况的必要条件也不存在的证据。
E. 把某种情况在现实中不存在,作为证明此类情况不可能发生的根据。

9.（2011-1-38）公达律师事务所以为刑事案件的被告进行有效辩护而著称,成功率达90%以上。老余是一位以专门为离婚案件的当事人成功辩护而著称的律师。因此,老余不可能是公达律师事务所的成员。

以下哪项最为准确地指出了上述论证的漏洞？
A. 公达律师事务所具有的特征,其成员不一定具有。
B. 没有确切指出老余为离婚案件的当事人辩护的成功率。
C. 没有确切指出老余为刑事案件的当事人辩护的成功率。
D. 没有提供公达律师事务所统计数据的来源。
E. 老余具有的特征,其所在工作单位不一定具有。

10.（2016-1-47）许多人不仅不理解别人,而且也不理解自己,尽管他们可能曾经试图理解别人,但这样的努力注定会失败,因为不理解自己的人是不可能理解别人的。可见,那些缺乏自我理解的人是不会理解别人的。

以下哪项最能说明上述论证的缺陷？
A. 使用了"自我理解"概念,但并未给出定义。
B. 没有考虑"有些人不愿意理解自己"这样的可能性。
C. 没有正确把握理解别人和理解自己之间的关系。
D. 结论仅仅是对其论证前提的简单重复。
E. 间接指责人们不能换位思考,不能相互理解。

11.（2022-1-48）贾某的邻居易某在自家阳台侧面安装了空调外机,空调一开,外机就向贾家卧室窗户方向吹热风,贾某对此叫苦不迭,于是找到易某协商此事。易某回答说："现在哪家没装空调？别人安装就行,偏偏我家就不行？"

对于易某的回答,以下哪项评价最为恰当？
A. 易某的行为虽然影响到了贾家的生活,但易某是正常行使自己的权利。
B. 易某的行为已经构成对贾家权利的侵害,应该立即停止侵权行为。
C. 易某没有将心比心,因为贾家也可以在正对易家卧室窗户处安装空调外机。
D. 易某在转移论题,问题不是能不能安装空调,而是安装空调该不该影响邻居。
E. 易某空调外机的安装不应正对贾家卧室的窗户,不能只顾自己享受而让贾家受罪。

答案速查

题号	1	2	3	4	5	6	7	8	9	10
答案	B	E	C	C	D	B	E	D	A	D
题号	11									
答案	D									

专题六 相似比较型题目

考查点1 论证推理结构的相似比较型[①]

知识点梳理

论证推理结构的相似比较型题目需要考生通过题干的内容,在选项中选择与题干的论证结构相似的选项。

这类题目难度并不算大,但需要考生注意的细节很多,稍不留神就会选错答案。其实这类题目也是有解题技巧的,相似比较经常与演绎推理结合在一起考查,即比较题干与选项的推理结构。因此,在面对这类题目时,最重要、最关键的技巧就是准确快速地梳理出题干和五个选项的论证结构,通过排除法迅速确定正确答案。

历年真题

1. (2009-1-51) 科学离不开测量,测量离不开单位长度;千米、米、厘米等基本长度单位的确立完全是一种人为约定。因此,科学的结论完全是一种人的主观约定,谈不上客观的标准。
以下哪项与题干的论证最为类似?
   A. 建立良好的社会保障体系离不开强大的综合国力;强大的综合国力离不开一流的国民教育。因此,建立良好的社会保障体系,必须有一流的国民教育。
   B. 做规模生意离不开做广告;做广告要有大额资金投入;不是所有人都能有大额资金投入。因此,不是所有人都能做规模生意。
   C. 游人允许坐公园的长椅;要坐公园长椅就要靠近它们;靠近长椅的一条路径要踩踏草地。因此,允许游人踩踏草地。
   D. 具备扎实的舞蹈基本功必须经过常年不懈的艰苦训练;在春节晚会上演出的舞蹈演员必须具备扎实的基本功;常年不懈的艰苦训练是乏味的。因此,在春节晚会上演出是乏味的。
   E. 家庭离不开爱情,爱情离不开信任;信任是建立在真诚的基础上的。因此,对真诚的背离是家庭危机的开始。

2. (2010-1-31) 湖队是不可能进入决赛的。如果湖队进入决赛,那么太阳就从西边出来了。
以下哪项与上述论证方式最相似?
   A. 今天天气不冷。如果冷,湖面怎么不结冰?

[①] 此点在真题中考查得比较密集。

B. 语言是不能创造财富的。如果语言能够创造财富,则夸夸其谈的人就是世界上最富有的了。

C. 草木之生也柔脆,其死也枯槁。故坚强者死之徒,柔弱者生之徒。

D. 天上是不会掉馅饼的。如果你不相信这一点,那上当受骗是迟早的事。

E. 古典音乐不流行。如果流行,那就说明大众的音乐欣赏水平大大提高了。

3. (2010-1-47) 学生:IQ 和 EQ 哪个更重要?您能否给我指点一下?

学长:你去书店问问工作人员,关于 IQ 和 EQ 的书哪类销得快,哪类就更重要。

以下哪项与上述题干中的问答方式最为类似?

A. 员工:我们正在制订一个度假方案,你说是在本市好,还是去外地好?

　经理:现在年终了,各公司都在安排出去旅游,你去问问其他公司的同行,他们计划去哪里,我们就不去哪里,不凑热闹。

B. 平平:母亲节那天我准备给妈妈送一样礼物,你说是送花好还是巧克力好?

　佳佳:你在母亲节前一天去花店看一下,看看买花的人多不多就行了嘛。

C. 顾客:我准备买一件毛衣,你看颜色是鲜艳一点好,还是素一点好?

　店员:这个需要结合自己的性格与穿衣习惯,各人可以有自己的选择与喜好。

D. 游客:我们前面有两条山路,走哪一条更好?

　导游:你仔细看看,哪一条山路上车马的痕迹深,我们就走哪一条。

E. 学生:我正在准备期末复习,是做教材上的练习重要,还是理解教材内容更重要?

　老师:你去问问高年级得分高的同学,他们是否经常背书、做练习。

4. (2010-10-53) 商场调查人员发现,在冬季选购服装时,有些人宁可忍受寒冷也要挑选时尚但并不御寒的衣服。调查人员据此得出结论:为了在众人面前获得仪表堂堂的效果,人们有时宁愿牺牲自己的舒适感。

以下哪项情形与上述论证最相似?

A. 有些人的工作单位就在住所附近,完全可以步行或骑自行车上下班,但他们仍然购买高档汽车并作为上下班的交通工具。

B. 有些父母在商场为孩子购买冰鞋时,受到孩子的影响,通常会挑选那些样式新潮的漂亮冰鞋,即使别的种类的冰鞋更安全可靠。

C. 一对夫妇设宴招待朋友,在挑选葡萄酒时,他们选择了价钱更贵的 A 型葡萄酒,虽然他们更喜欢喝 B 型葡萄酒,但他们认为 A 型葡萄酒可以给宾客留下更深的印象。

D. 有些人在大热天的夜晚睡觉,宁可不使用空调或少使用空调,他们认为这样做不但可以省电,也可以减少因为大量使用空调所导致的对环境的破坏。

E. 杂技团的管理人员认为,让杂技演员穿上昂贵而又漂亮的服装,才能完美地配合他们的杂技表演,从而更好地感染现场观众。

5. (2011-1-41) 所有重点大学的学生都是聪明的学生,有些聪明的学生喜欢逃学,小杨不喜欢逃学。所以,小杨不是重点大学的学生。

以下除哪项外,均与上述推理的形式类似?

A. 所有经济学家都懂经济学,有些懂经济学的爱投资企业,你不爱投资企业。所以,你不是经济学家。

B. 所有的鹅都吃青菜,有些吃青菜的也吃鱼,兔子不吃鱼。所以,兔子不是鹅。

C. 所有的人都是爱美的,有些爱美的还研究科学,亚里士多德不是普通人。所以,亚里士多德不研究科学。

D. 所有被高校录取的学生都是超过录取分数线的,有些超过录取分数线的是大龄考生,小张不是大龄考生。所以,小张没有被高校录取。

E. 所有想当外交官的都需要学外语,有些学外语的重视人际交往,小王不重视人际交往。所以,小王不想当外交官。

6. (2012-1-28) 经过反复核查,质检员小李向厂长汇报说:"726 车间生产的产品都是合格的,所以不合格的产品都不是 726 车间生产的。"

以下哪项和小李的推理结构最为相似?

A. 所有入场的考生都经过了体温测试,所以没能入场的考生没有经过体温测试。

B. 所有出厂设备都是检测合格的,所以检测合格的设备都已出厂。

C. 所有已发表文章都是认真校对过的,所以认真校对过的文章都已发表。

D. 所有真理都是不怕批评的,所以怕批评的都不是真理。

E. 所有不及格的学生都没有好好复习,所以没好好复习的学生都不及格。

7. (2013-1-27) 公司经理:我们招聘人才时最看重的是综合素质和能力,而不是分数。人才招聘中,高分低能者并不鲜见,我们显然不希望招到这样的"人才"。从你的成绩单可以看出,你的学业分数很高,因此我们有点怀疑你的能力和综合素质。

以下哪项和经理得出结论的方式最为类似?

A. 人的一生中健康开心最重要,名利都是浮云,张立名利双收,所以很有可能张立并不开心。

B. 猫都爱吃鱼,没有猫患近视,所以吃鱼可以预防近视。

C. 有些歌手是演员,所有的演员都很富有,所以有些歌手可能不是很富有。

D. 公司管理者并非都是聪明人,陈然不是公司管理者,所以陈然可能是聪明人。

E. 闪光的物体并非都是金子,考古队挖到了闪闪发光的物体,所以考古队挖到的可能不是金子。

8. (2013-1-45) 只要每个司法环节都能坚守程序正义,切实履行监督制约职能,结案率就会大幅度提高。去年某国结案率比上一年提高了 70%,所以,该国去年每个司法环节都能坚守程序正义,切实履行监督制约职能。

以下哪项与上述论证方式最为相似?

A. 只有在校期间品学兼优,才可以获得奖学金。李明获得了奖学金,所以他在校期间一定品学兼优。

B. 在校期间品学兼优,就可以获得奖学金。李明获得了奖学金,所以他在校期间一定品学兼优。

C. 在校期间品学兼优,就可以获得奖学金。李明没有获得奖学金,所以他在校期间一定不是品学兼优。

D. 在校期间品学兼优,就可以获得奖学金。李明在校期间不是品学兼优,所以他不可能获得奖学金。

E. 李明在校期间品学兼优,但是他没有获得奖学金。所以,在校期间品学兼优,不一定可以获得奖学金。

9. (2013-10-40) 所有景观房都可以看到山水景致,但是李文秉家看不到山水景致,因此,李文秉家不是景观房。

以下哪项和上述论证方式最为类似?

A. 善良的人都会得到村民的尊重,乐善好施的成公得到了村民的尊重,因此,成公是善良的人。

B. 东墩市场的蔬菜都非常便宜,这篮蔬菜不是在东墩市场买的,因此,这篮蔬菜不便宜。

C. 九天公司的员工都会说英语,林英瑞是九天公司的员工,因此,林英瑞会说英语。

D. 达到基本条件的人都可以申请小额贷款,孙雯没有申请小额贷款,因此,孙雯没有达到基本条件。

E. 进入复试的考生笔试成绩都在160分以上,王离芬的笔试成绩没有达到160分,因此,王离芬没有进入复试。

10. (2014-10-34) 张老师说:这次摸底考试,我们班的学生全都通过了,所以,没有通过的都不是我们班的学生。

以下哪项和以上推理最为相似?

A. 所有摸底考试通过的学生都好好复习了,所以好好复习的学生都通过了。

B. 所有摸底考试没有通过的学生都没有好好复习,所以没有好好复习的学生都没有通过。

C. 所有参加摸底考试的学生都经过了认真准备,所以没有参加摸底考试的学生都没有认真准备。

D. 英雄都是经得起考验的,所以经不起考验的就不是英雄。

E. 有的学生虽然没有好好复习,但是也通过了。

11. (2014-10-52) 精制糖含量高的食物不会引起后天性糖尿病的说法是不对的。因为精制糖含量高的食物会导致人的肥胖,而肥胖是引起后天性糖尿病的一个重要诱因。

以下哪项与以上论证最为相似?

A. 亚历山大是柏拉图的学生的说法是不对的。事实上,亚历山大是亚里士多德的学生,而亚里士多德是柏拉图的学生。

B. 施肥过度是引发草坪病虫害主要原因的说法是对的。因为过度施肥会造成青草的疯长,而疯长的青草对于疾病和虫害几乎没有抵抗力。

C. 经常参加剧烈运动的人可能会造成猝死是不对的。因为猝死的原因是心脑血管疾病,而剧烈运动并不一定会造成心脑血管疾病。

D. 接触冷空气易引起感冒的说法是不对的。因为感冒是由病毒引起的,而病毒易在人群拥挤的温暖空气中大量蔓延。

E. 劣质汽油不会引起非正常油耗的说法是不对的。因为劣质汽油会引起发动机阀门的非正常老化,而发动机阀门的非正常老化会引起非正常油耗。

12. （2016-1-28）注重对孩子的自然教育,让孩子亲身感受大自然的神奇与美妙,可促进孩子释放天性,激发自身潜能;而缺乏这方面教育的孩子容易变得孤独,道德、情感与认知能力的发展都会受到一定的影响。

以下哪项与以上陈述方式最为类似?

A. 老百姓过去"盼温饱",现在"盼环保";过去"求生存",现在"求生态"。

B. 脱离环境保护搞经济发展是"竭泽而渔",离开经济发展抓环境保护是"缘木求鱼"。

C. 注重调查研究,可以让我们掌握第一手资料;闭门造车,只能让我们脱离实际。

D. 只说一种语言的人,首次被诊断出患阿尔茨海默症的平均年龄约为71岁;说双语的人首次被诊断出患阿尔茨海默症的平均年龄约为76岁;说三种语言的人,首次被诊断出患阿尔茨海默症的平均年龄约为78岁。

E. 如果孩子完全依赖电子设备来进行学习和生活,将会对环境越来越漠视。

13. （2017-1-40）甲:己所不欲,勿施于人。

乙:我反对。己所欲,则施于人。

以下哪项与上述对话方式最为相似?

A. 甲:人非草木,孰能无情?

乙:我反对。草木无情,但人有情。

B. 甲:人不犯我,我不犯人。

乙:我反对。人若犯我,我就犯人。

C. 甲:人无远虑,必有近忧。

乙:我反对。人有远虑,亦有近忧。

D. 甲:不在其位,不谋其政。

乙:我反对。在其位,则行其政。

E. 甲:不入虎穴,焉得虎子?

乙:我反对。如得虎子,必入虎穴。

14. （2017-1-43）赵默是一位优秀的企业家。因为如果一个人既拥有在国内外知名学府和研究机构工作的经历,又有担任项目负责人的管理经验,那么他就能成为一位优秀的企业家。

以下哪项与上述论证最为相似?

A. 人力资源是企业的核心资源。因为如果不开展各类文化活动,就不能提升员工岗位技能,也不能增强团队的凝聚力和战斗力。

B. 袁清是一位好作家,因为好作家都具有较强的观察能力、想象能力及表达能力。

C. 青年是企业发展的未来。因此,企业只有激发青年的青春力量,才能促其早日成才。

D. 李然是信息技术领域的杰出人才,因为如果一个人不具有前瞻性目光、国际化视野和创新思维,就不能成为信息技术领域的杰出人才。

E. 风云企业具有凝聚力。因为如果一个企业能引导和帮助员工树立目标、提升能力,就能使企业具有凝聚力。

15. （2017-1-46）甲:只有加强知识产权保护,才能推动科技创新。

乙:我不同意。过分强化知识产权保护,肯定不能推动科技创新。

以下哪项与上述反驳方式最为类似?

A. 妻子:孩子只有刻苦学习,才能取得好成绩。
丈夫:也不尽然。学习光知道刻苦而不能思考,也不一定会取得好成绩。

B. 母亲:只有从小事做起,将来才有可能做成大事。
孩子:老妈你错了。如果我们每天只是做小事,将来肯定做不成大事。

C. 老板:只有给公司带来回报,公司才能给他带来回报。
员工:不对呀。我上月帮公司谈成一笔大业务,可是只得到1%的奖励。

D. 老师:只有读书,才能改变命运。
学生:我觉得不是这样。不读书,命运会有更大的改变。

E. 顾客:这件商品只有价格再便宜一些,才会有人来买。
商人:不可能。这件商品如果价格再便宜一些,我就要去喝西北风了。

16. （2018-1-34）刀不磨要生锈,人不学要落后。所以,如果你不想落后,就应该多磨刀。

以下哪项与上述论证方式最为相似?

A. 金无足赤,人无完人。所以,如果你想做完人,就应该有真金。

B. 有志不在年高,无志空活百岁。所以,如果你不想空活百岁,就应该立志。

C. 妆未梳成不见客,不到火候不揭锅。所以,如果揭了锅,就应该是到了火候。

D. 兵在精而不在多,将在谋而不在勇。所以,如果想获胜,就应该兵精将勇。

E. 马无夜草不肥,人无横财不富。所以,如果你想富,就应该让马多吃夜草。

17. （2018-1-42）甲:读书最重要的目的是增长知识、开拓视野。

乙:你只见其一,不见其二。读书最重要的是陶冶性情、提升境界。没有陶冶性情、提升境界,就不能达到读书的真正目的。

以下哪项与上述反驳方式最为相似?

A. 甲:文学创作最重要的是阅读优秀文学作品。
乙:你只见现象,不见本质。文学创作最重要的是观察生活、体验生活。任何优秀的文学作品都来源于火热的社会生活。

B. 甲:做人最重要的是要讲信用。
乙:你说得不全面。做人最重要的是要遵纪守法。如果不遵纪守法,就没法讲信用。

C. 甲:作为一部优秀的电视剧,最重要的是能得到广大观众的喜爱。
乙:你只见其表,不见其里。作为一部优秀的电视剧,最重要的是具有深刻寓意与艺术魅力。没有深刻寓意与艺术魅力,就不能成为优秀的电视剧。

D. 甲:科学研究最重要的是研究内容的创新。

乙:你只见内容,不见方法。科学研究最重要的是研究方法的创新。只有实现研究方法的创新,才能真正实现研究内容的创新。

E. 甲:一年中最重要的季节是收获的秋天。

乙:你只看结果,不问原因。一年中最重要的季节是播种的春天。没有春天的播种,哪来秋天的收获?

18.(2018-1-51)甲:知难行易,知然后行。

乙:不对。知易行难,行然后知。

以下哪项与上述对话方式最为相似?

A. 甲:知人者智,自知者明。

乙:不对。知人不易,知己更难。

B. 甲:不破不立,先破后立。

乙:不对。不立不破,先立后破。

C. 甲:想想容易做起来难,做比想更重要。

乙:不对。想到就能做到,想比做更重要。

D. 甲:批评他人易,批评自己难;先批评他人后批评自己。

乙:不对。批评自己易,批评他人难;先批评自己后批评他人。

E. 甲:做人难做事易,先做人再做事。

乙:不对。做人易做事难,先做事再做人。

19.(2020-1-30)考生若考试通过并且体检合格,则将被录取。因此,如果李铭考试通过,但未被录取,那么他一定体检不合格。

以下哪项与以上论证方式最为相似?

A. 若明天是节假日并且天气晴朗,则小吴将去爬山。因此,如果小吴未去爬山,那么第二天一定不是节假日或者天气不好。

B. 一个数若能被3整除且能被5整除,则这个数能被15整除。因此,一个数若能被3整除但不能被5整除,则这个数一定不能被15整除。

C. 甲单位员工若去广州出差并且是单人前往,则均乘坐高铁。因此,甲单位小吴如果去广州出差,但未乘坐高铁,那么他一定不是单人前往。

D. 若现在是春天并且雨水充沛,则这里野草丰美。因此,如果这里野草丰美,但雨水不充沛,那么现在一定不是春天。

E. 一壶茶若水质良好且温度适中,则一定茶香四溢。因此,如果这壶茶水质良好且茶香四溢,那么一定温度适中。

20.(2020-1-53)学问的本来意义与人的生命、生活有关。但是,如果学问成为口号或者教条,就会失去其本来的意义。因此,任何学问都不应该成为口号或教条。

以下哪项与上述论证方式最为相似?

A. 椎间盘是没有血液循环的组织。但是,如果要确保其功能正常运转,就需依靠其周围流过的血液提供养分。因此,培养功能正常运转的人工椎间盘应该很难。

B. 大脑会改编现实经历。但是,如果大脑只是存储现实经历的"文件柜",就不会对其进行改编,因此,大脑不应该只是储存现实经历的"文件柜"。

C. 人工智能应该可以判断黑猫和白猫都是猫。但是,如果人工智能不预先"消化"大量照片,就无从判断黑猫和白猫都是猫。因此,人工智能必须预先"消化"大量照片。

D. 机器人没有人类的弱点和偏见。但是,只有数据得到正确采集和分析,机器人才不会"主观臆断"。因此,机器人应该也有类似的弱点和偏见。

E. 历史包含必然性。但是如果坚信历史只包含必然性,就会阻止我们用不断积累的历史数据去证实或证伪它。因此,历史不应该只包含必然性。

答案速查

题号	1	2	3	4	5	6	7	8	9	10
答案	D	B	D	C	C	D	E	B	E	D
题号	11	12	13	14	15	16	17	18	19	20
答案	E	C	B	E	B	E	C	E	C	B

考查点2 逻辑谬误的相似比较型

知识点梳理

大家需要熟悉论证推理中常见的逻辑谬误的特点,尤其是需要注意"偷换概念"的问题。具体的谬误可以参见专题五评价型题目中的考查点3。

历年真题

1.(2009-1-38)一些人类学家认为,如果不具备应付各种自然环境的能力,人类在史前年代不可能幸存下来。然而,相当多的证据表明,阿法种南猿——一种与早期人类有关的史前物种,在各种自然环境中顽强生存的能力并不亚于史前人类,但最终灭绝了。因此,人类学家的上述观点是错误的。

上述推理的漏洞也类似地出现在以下哪项中?

A. 大张认识到赌博是有害的,但就是改不掉。因此,"不认识错误就不能改正错误"这一断定是不成立的。

B. 已经找到了证明造成艾克矿难是操作失误的证据。因此,关于艾克矿难起因于设备老化、年久失修的猜测是不成立的。

C. 大李图便宜,买了双旅游鞋,穿不了几天就坏了。因此,怀疑"便宜无好货"是没有道理的。

D. 既然不怀疑小赵可能考上大学，那就没有理由担心小赵可能考不上大学。

E. 既然怀疑小赵一定能考上大学，那就没有理由怀疑小赵一定考不上大学。

2.（2009-1-43）这次新机种试飞只是一次例行试验，既不能算成功，也不能算不成功。

以下哪项对题干的评价最为恰当？

A. 题干的陈述没有漏洞。

B. 题干的陈述有漏洞，这一漏洞也出现在后面的陈述中：这次关于物价问题的社会调查结果，既不能说完全反映了民意，也不能说一点也没有反映民意。

C. 题干的陈述有漏洞，这一漏洞也出现在后面的陈述中：这次考前辅导既不能说完全成功，也不能说彻底失败。

D. 题干的陈述有漏洞，这一漏洞也出现在后面的陈述中：人有特异功能，既不是被事实证明的科学结论，也不是纯属欺诈的伪科学结论。

E. 题干的陈述有漏洞，这一漏洞也出现在后面的陈述中：在即将举行的大学生辩论赛中，我不认为我校代表队一定能进入前四名，我也不认为我校代表队可能进不了前四名。

3.（2009-1-48）主持人：有网友称你为"国学巫师"，也有网友称你为"国学大师"，你认为哪个名称更适合你？

上述提问中的不当也存在于以下各项中，除了：

A. 你要社会主义的低速度，还是资本主义的高速度？

B. 你主张为了发展可以牺牲环境，还是主张宁可不发展也不能破坏环境？

C. 你认为人都是自私的，还是认为人都不自私？

D. 你认为"9·11"恐怖袭击必然发生，还是认为有可能避免？

E. 你认为中国队必然夺冠，还是认为不可能夺冠？

4.（2010-1-49）克鲁特是德国家喻户晓的"明星"北极熊，北极熊是北极名副其实的霸主。因此，克鲁特是名副其实的北极霸主。

以下除哪项外，均与上述论证中出现的谬误相似？

A. 儿童是祖国的花朵，小雅是儿童。因此，小雅是祖国的花朵。

B. 鲁迅的作品不是一天能读完的，《祝福》是鲁迅的作品。因此，《祝福》不是一天能读完的。

C. 中国人是不怕困难的，我是中国人。因此，我是不怕困难的。

D. 康怡花园坐落在清水街，清水街的建筑属于违章建筑。因此，康怡花园的建筑属于违章建筑。

E. 西班牙语是外语，外语是普通高等学校校招的必考科目。因此，西班牙语是普通高等学校校招的必考科目。

5.（2012-1-40）居民苏女士在菜市场看到某摊位出售的鹌鹑蛋色泽新鲜、形态圆润，且价格便宜，于是买了一箱。回家后发现有些鹌鹑蛋打不破，甚至丢到地上也摔不坏，再细闻已经打破的鹌鹑蛋,有一股刺鼻的消毒液味道。她投诉至菜市场管理部门,结果一位工作人员声称鹌鹑蛋目前还没有国家质量标准,无法判定它有质量问题,所以他坚持这箱鹌鹑蛋没有质量问题。

以下哪项与该工作人员做出结论的方式最为相似?

A. 不能证明宇宙是没有边际的,所以宇宙是有边际的。

B. "驴友论坛"还没有论坛规范,所以管理人员没有权力删除帖子。

C. 小偷在逃跑途中跳入2米深的河中,事主认为没有责任,因此不予施救。

D. 并非外星人不存在,所以外星人存在。

E. 慈善晚会上的假唱行为不属于商业管理范围,因此相关部门无法对此进行处罚。

6.（2012-1-42）小李将自家护栏边的绿地毁坏,种上了黄瓜。小区物业管理人员发现后,提醒小李:护栏边的绿地是公共绿地,属于小区的所有人。物业为此下发了整改通知书,要求小李限期恢复绿地。小李对此辩称:"我难道不是小区的人吗?护栏边的绿地既然属于小区的所有人,当然也属于我。因此,我有权在自己的土地上种黄瓜。"

以下哪项论证,和小李的错误最为相似?

A. 所有人都要对他的错误行为负责,小梁没有对他的这次行为负责,所以小梁的这次行为没有错误。

B. 所有参展的兰花在这次博览会上被订购一空,李阳花大价钱买了一盆花,由此可见,李阳买的必定是兰花。

C. 没有人能够一天读完大仲马的所有作品,没有人能够一天读完《三个火枪手》,因此,《三个火枪手》是大仲马的作品之一。

D. 所有莫尔碧骑士组成的军队在当时的欧洲是不可战胜的,翼雅王是莫尔碧骑士之一,所以翼雅王在当时的欧洲是不可战胜的。

E. 任何一个人都不可能掌握当今世界的所有知识,"地心说"不是当今世界的知识,因此,有些人可以掌握"地心说"。

7.（2014-1-27）李栋善于辩论,也喜欢诡辩。有一次他论证道:"郑强知道数字87654321,陈梅家的电话号码正好是87654321,所以郑强知道陈梅家的电话号码。"

以下哪项与李栋论证中所犯的逻辑错误最为类似?

A. 中国人是勤劳勇敢的,李岚是中国人,所以李岚是勤劳勇敢的。

B. 金砖是由原子组成的,原子不是肉眼可见的,所以金砖不是肉眼可见的。

C. 黄兵相信晨星在早晨出现,而晨星其实就是暮星,所以黄兵相信暮星在早晨出现。

D. 张冉知道如果1:0的比分保持到终场,他们的队伍就会出线,现在张冉听到了比赛结束的哨声,所以张冉知道他们的队伍出线了。

E. 所有蚂蚁是动物,所以所有的大蚂蚁是大动物。

8.（2019-1-39）作为一名环保爱好者,赵博士提倡低碳生活,积极宣传节能减排。但我不赞同他的做法,因为作为一名大学老师,他这样做,占用了大量的科研时间,到现在连副教授都没评上,他的观点怎么能令人信服呢?

以下哪项论证中的错误和上述最为相似?

A. 张某提出要同工同酬,主张在质量相同的情况下,不分年龄、级别一律按件计酬。她这样说不就是因为她年轻、级别低吗?其实她是在为自己谋利益。

B. 公司的绩效奖励制度是为了充分调动广大员工的积极性,它对所有员工都是公平的。如果有人对此有不同意见,则说明他反对公平。

C. 最近听说你对单位的管理制度提了不少意见,这真令人难以置信!单位领导对你差吗?你这样做,分明是和单位领导过不去。

D. 单位任命李某担任信息科科长,听说你对此有意见。大家都没有提意见,只有你一个人有意见,看来你的意见是有问题的。

E. 有一种观点认为,只有直接看到的事物才能确信其存在。但是没有人可以看到质子、电子,而这些都被科学证明是客观存在的。所以,该观点是错误的。

答案速查

题号	1	2	3	4	5	6	7	8
答案	A	E	D	D	A	D	C	A

考查点3 论证推理方法的相似比较型

知识点梳理

逻辑中涉及的论证推理方法通常有:

(1)归纳。归纳推理的前提是一些关于个别事物或现象的命题,而结论则是关于该类事物或现象的普遍性命题。

归纳推理根据其前提是否穷尽该类对象的全部,可以分为完全归纳推理和不完全归纳推理。而不完全归纳推理依据其推演的方式的不同,又可以分为简单归纳推理和科学归纳推理。

①完全归纳:考查一类的全部个体对象,概括出关于该类全部对象的一般结论。

②不完全归纳:只考查一类中的部分个体对象,概括出关于该类全部对象的一般结论。

(2)类比。类比推理是根据两个或两类对象在某些属性上相同,推断出它们在另外的属性上(这一属性已为类比的一个对象所具有,另一个对象那里尚未发现)也相同的一种推理。

类比推理的结论只具有或然性,即可能真,也可能假。类比推理尽管其前提是真实的,但也不能保证结论的真实性。这是因为,A 和 B 毕竟是两个对象,它们尽管在一些属性上是相同的,但仍存在差异,这种差异有时就表现为 A 对象具有某属性,而 B 对象不具有某属性。

(3)因果联系。因果联系是指原因和结果之间的联系。如果一个现象的出现必然引起另一个现象的出现,那么这两个现象之间就有因果联系。引起另一现象出现的现象叫原因,被引起的现象叫结果。

探求因果联系的方法有五种:求同法、求异法、求同求异并用法、共变法、剩余法。这五种方法也叫"穆勒五法"。

历年真题

1. （2010-1-30）化学课上,张老师演示了两个同时进行的教学实验:一个实验是 $KClO_3$ 加热后,有 O_2 缓慢产生;另一个实验是 $KClO_3$ 加热后迅速撒入少量 MnO_2,这时立即有大量的 O_2 产生。张老师由此指出: MnO_2 是 O_2 快速产生的原因。

   以下哪项与张老师得出结论的方法类似?

   A. 同一品牌的化妆品价格越高卖得越火。由此可见,消费者喜欢价格高的化妆品。

   B. 居里夫人在沥青矿物中提取放射性元素时发现,从一定量的沥青矿物中提取的全部纯铀的放射性强度比同等数量的沥青矿物中放射性强度低数倍。她据此推断,沥青矿物中还存在其他放射性更强的元素。

   C. 统计分析发现,30 岁至 60 岁之间,年纪越小胆子越大。有理由相信:岁月是勇敢的腐蚀剂。

   D. 将闹钟放在玻璃罩里,使它打铃,可以听到铃声;然后把玻璃罩里的空气抽空,再使闹钟打铃,就听不到铃声了。由此可见,空气是声音传播的介质。

   E. 人们通过对绿藻、蓝藻、红藻的大量观察,发现结构简单、无根叶是藻类植物的主要特征。

2. （2011-1-40）一艘远洋帆船载着 5 位中国人和几位外国人由中国开往欧洲。途中,除 5 位中国人外,全患上了败血症。同乘一艘船,同样是风餐露宿,漂洋过海,为什么中国人和外国人如此不同呢?原来这 5 位中国人都有喝茶的习惯,而外国人却没有。于是得出结论:喝茶是这 5 位中国人未得败血症的原因。

   以下哪项和题干中得出结论的方法最为相似?

   A. 警察锁定了犯罪嫌疑人,但是从目前掌握的事实看,都不足以证明他犯罪。专案组由此得出结论,必有一种未知的因素潜藏在犯罪嫌疑人身后。

   B. 在两种土壤情况基本相同的麦地上,对其中一块施氮肥和钾肥,另一块只施钾肥。结果施氮肥和钾肥的那块麦地的产量远高于另一块。可见,施氮肥是麦地产量较高的原因。

   C. 孙悟空:"如果打白骨精,师父会念紧箍咒;如果不打,师父就会被妖精吃掉。"孙悟空无奈地得出结论:"我还是回花果山算了。"

   D. 天文学家观测到天王星的运行轨道有特征 a、b、c,已知特征 a、b 分别是由两颗行星甲、乙的吸引所造成的,于是猜想还有一颗未知行星造成天王星的轨道特征 c。

   E. 一定压力下的一定量气体,温度升高,体积增大;温度降低,体积缩小。气体体积与温度之间存在一定的相关性,说明气体温度的改变是其体积改变的原因。

3. （2012-1-43）我国著名的地质学家李四光,在对东北的地质结构进行了长期、深入的调查研究后发现,松辽平原的地质结构与中亚细亚极其相似。他推断,既然中亚细亚蕴藏大量的石油,那么松辽平原很可能也蕴藏着大量的石油。后来,大庆油田的开发证明了李四光的推断是正确的。

以下哪项与李四光的推理方式最为相似？

A. 他山之石，可以攻玉。

B. 邻居买彩票中了大奖，小张受此启发，也去买了体育彩票，结果没有中奖。

C. 某乡镇领导在考察了荷兰等国的花卉市场后认为要大力发展规模经济，回来后组织全乡镇种大葱，结果导致大葱严重滞销。

D. 每到炎热的夏季，许多商店腾出一大块地方卖羊毛衫、长袖衬衣、冬靴等冬令商品，进行反季节销售，结果都很有市场。小王受此启发，决定在冬季种植西瓜。

E. 乌兹别克地区盛产长绒棉。新疆塔里木河流域和乌兹别克地区在日照情况、霜期长短、气温高低、降雨量等方面均相似，科研人员受此启发，将长绒棉移植到塔里木河流域，果然获得了成功。

4.（2015-1-44）研究人员将角膜感觉神经断裂的兔子分为两组：实验组和对照组。他们给实验组兔子注射一种从土壤酶菌中提取的化合物。3周后检查发现，实验组兔子的角膜感觉神经已经复合；而对照组兔子未注射这种化合物，其角膜感觉神经都没有复合。研究人员由此得出结论：该化合物可以使兔子断裂的角膜感觉神经复合。

以下哪项与上述研究人员得出结论的方式最为类似？

A. 科学家在北极冰川地区的黄雪中发现了细菌，而该地区的寒冷气候与木卫二的冰冷环境有着惊人的类似。所以，木卫二可能存在生命。

B. 植物在光照充足的环境下能茁壮成长，而在光照不足的环境下只能缓慢生长。所以，光照有助于绿色植物的生长。

C. 一个整数或者是偶数，或者是奇数。0不是奇数，所以，0是偶数。

D. 昆虫都有三对足，蜘蛛并非三对足。所以，蜘蛛不是昆虫。

E. 年逾花甲的老王戴上老花眼镜可以读书看报，不戴则视力模糊。所以，年龄大的人都要戴老花眼镜。

答案速查

题号	1	2	3	4					
答案	D	B	E	B					

考查点 4　概念、定义的相似比较型

知识点梳理

此类题目的特点是，题干中会给出一个概念或者定义，这个概念或者定义既可能是直接给出来的，也可能通过例子陈述，需要考生自己归纳概念的内涵或者定义的本质特征。有时候会出现很长的题干，所以要学会快速阅读寻找核心词，利用核心词去选择、排除。

这一类题目,不需要质疑题目给出的概念或者定义是否真实有效,只需要判断选项是否符合概念的内涵或者定义的本质特征。解决这一类题目的关键是快速阅读寻找核心词,选项和核心词相匹配的就是符合的,不匹配即为不符合,还要看清楚题目要求找的是"最符合"还是"最不符合"的选项,这中间也可能会涉及"相对最好原则"的考查。

历年真题

1. （2009-1-55）一个善的行为,必须既有好的动机,又有好的效果。如果是有意伤害他人,或是无意伤害他人,但这种伤害的可能性是可以预见的,在这两种情况下,对他人造成伤害的行为都是恶的行为。

   以下哪项叙述符合题干的断定?

   A. P 先生写了一封试图挑拨 E 先生与其女友之间关系的信,P 的行为是恶的,尽管这封信起到了与他的动机截然相反的效果。

   B. 为了在新任领导面前表现自己,争夺一个晋升名额,J 先生利用业余时间解决积压的医疗索赔案件。J 的行为是善的,因为 S 小姐的医疗请求因此得到了及时的补偿。

   C. 在上班途中,M 女士把自己的早餐汉堡包给了街上的一个乞丐。由于乞丐急于吞咽而被意外地噎死了。所以,M 女士无意中实施了一个恶的行为。

   D. 大雪过后,T 先生帮邻居铲除了门前的积雪,但不小心在台阶上留下了冰,他的邻居因此摔了一跤,因此,一个善的行为导致了一个坏的结果。

   E. S 女士义务帮邻居照看三岁的小孩。小孩在 S 女士不注意时跑到马路上结果被车撞了。尽管 S 女士无意伤害这个小孩,但她的行为还是恶的。

2. （2010-1-42）在某次思维训练课上,张老师提出"尚左数"这一概念的定义:在连续排列的一组数字中,如果一个数字左边的数字都比其大(或无数字),且其右边的数字都比其小(或无数字),则称这个数字为尚左数。

   根据张老师的定义,在 8、9、7、6、4、5、3、2 这列数字中,以下哪项包含了该列数字中所有的尚左数?

   A. 4、5、7 和 9。　　　　　B. 2、3、6 和 7。　　　　　C. 3、6、7 和 8。

   D. 5、6、7 和 8。　　　　　E. 2、3、6 和 8。

3. （2012-1-41）概念 A 和概念 B 之间有交叉关系,当且仅当:(1)存在对象 x,x 既属于 A 又属于 B;(2)存在对象 y,y 属于 A 但不属于 B;(3)存在对象 z,z 属于 B 但不属于 A。

   根据上述定义,以下哪项中加点的两个概念之间有交叉关系?

   A. 国画按题材分主要有人物画、花鸟画、山水画等;按技法分主要有工笔画和写意画等。

   B.《盗梦空间》除了是最佳影片的有力争夺者外,它在技术类奖项的争夺中也将有所斩获。

   C. 洛邑小学 30 岁的食堂总经理为了改善伙食,在食堂放了几个意见本,征求学生们的意见。

   D. 在微波炉清洁剂中加入漂白剂,就会释放出氯气。

E. 高校教师包括教授、副教授、讲师和助教等。

4. (2013-1-30) 根据学习在动机形成和发展中所起的作用,人的动机可分为原始动机和习得动机两种。原始动机是与生俱来的动机,它是以人的本能需要为基础的;习得动机是指后天获得的各种动机,即经过学习产生和发展起来的各种动机。

根据以上陈述,以下哪项最可能属于原始动机?

A. 不入虎穴,焉得虎子。 B. 宁可食无肉,不可居无竹。

C. 窈窕淑女,君子好逑。 D. 尊师重教,崇文尚武。

E. 尊敬老人,孝顺父母。

5. (2017-1-48) "自我陶醉人格",是以过分重视自己为主要特点的人格障碍。它有多种具体特征:过高估计自己的重要性,夸大自己的成就;对批评反应强烈,希望他人注意自己和羡慕自己;经常沉湎于幻想中,把自己看成是特殊的人;人际关系不稳定,嫉妒他人,损人利己。

以下各项自我陈述中,除了哪项均能体现上述"自我陶醉人格"的特征?

A. 我是这个团队的灵魂,一旦我离开了这个团队,他们将一事无成。

B. 他有什么资格批评我?大家看看,他的能力连我一半都不到。

C. 我的家庭条件不好,但不愿意被别人看不起,所以我借钱买了一部智能手机。

D. 这么重要的活动竟然没有邀请我参加,组织者的人品肯定有问题,不值得跟这样的人交往。

E. 我刚接手别人很多年没有做成的事情,我跟他们完全不在一个层次,相信很快就会将事情搞定。

6. (2020-1-41) 某语言学爱好者欲基于无涵义语词、有涵义语词构造合法的语句。已知:

(1) 无涵义语词有 a、b、c、d、e、f,有涵义语词有 W、Z、X;

(2) 如果两个无涵义语词通过一个有涵义语词连接,则它们构成一个有涵义语词;

(3) 如果两个有涵义语词直接连接,则它们构成一个有涵义语词;

(4) 如果两个有涵义语词通过一个无涵义语词连接,则它们构成一个合法的语句。

根据上述信息,以下哪项是合法的语句?

A. aWbcdXeZ。 B. aWbcdaZe。 C. fXaZbZWb。

D. aZdacdfX。 E. XWbaZdWc。

答案速查

题号	1	2	3	4	5	6
答案	E	B	A	C	C	A

 专题七 对话辩论型题目

知识点梳理

基于对话辩论的题型,通常会分为以下几类:

①意见分歧的焦点。

②双方在对话辩论中所使用的论证技巧。

③补充新的论据如何影响双方的观点(加强、削弱或没有影响)。

这几类题型中,值得考生注意的是对话辩论双方的意见分歧的焦点。

要准确找到意见分歧的焦点,需要知道:

①对话辩论双方各自的观点是什么。

②双方对焦点应该都有明确的态度。

③双方在分歧的焦点上的观点是对立的。

历年真题

1~2题基于以下题干:

张教授:在南美洲发现的史前木质工具存在于13 000年以前。有的考古学家认为,这些工具是其祖先从西伯利亚迁徙到阿拉斯加的人群使用的。这一观点难以成立,因为要到达南美洲,这些人群必须在13 000年前经历长途跋涉,而在从阿拉斯加到南美洲之间,从未发现13 000年前的木质工具。

李研究员:您恐怕忽视了这些木质工具是在泥煤沼泽中发现的。北美很少有泥煤沼泽。木质工具在普通的泥土中几年内就会腐烂化解。

1.(2009-1-36)以下哪项最为准确地概括了张教授与李研究员所讨论的问题?

A.上述史前木质工具是否是其祖先从西伯利亚迁徙到阿拉斯加的人群使用的?

B.张教授的论据是否能推翻上述考古学家的结论?

C.上述人群是否可能在13 000年前完成从阿拉斯加到南美洲的长途跋涉?

D.上述木质工具是否只有在泥煤沼泽中才不会腐烂化解?

E.上述史前木质工具存在于13 000年以前的断定是否有足够的根据?

2.(2009-1-37)以下哪项最为准确地概括了李研究员的应对方法?

A.指出张教授的论据违背事实。

B.引用与张教授的结论相左的权威性研究成果。

C.指出张教授曲解了考古学家的观点。

D.质疑张教授的隐含假设。

E. 指出张教授的论据实际上否定其结论。

3. （2009-10-35）贾女士：在英国，根据长子继承权的法律，男人的第一个妻子生的第一个儿子有首先继承家庭财产的权利。

陈先生：你说得不对。布朗公爵夫人就合法地继承了她父亲的全部财产。

以下哪项对陈先生所做断定的评价最为恰当？

A. 陈先生的断定是对贾女士的反驳，因为他举出了一个反例。

B. 陈先生的断定是对贾女士的反驳，因为他揭示了长子继承权性别歧视的实质。

C. 陈先生的断定不能构成对贾女士的反驳，因为任何法律都不可能得到完全的实施。

D. 陈先生的断定不能构成对贾女士的反驳，因为他对布朗夫人继承父亲财产的合法性并未给予论证。

E. 陈先生的断定不能构成对贾女士的反驳，因为他把贾女士的话误解为只有儿子才有权继承财产。

4~5题基于以下题干：

张教授：在西方经济萧条时期，由汽车尾气造成的空气污染状况会大大改善，因为开车上班的人大大减少了。

李工程师：情况恐怕不是这样。在萧条时期买新车的人大大减少。而车越老，排放的超标尾气造成的污染越严重。

4. （2009-10-45）以下哪项最为准确地概括了李工程师的反驳所运用的方法？

A. 运用了一个反例，质疑张教授的论据。

B. 做出一个断定，只要张教授的结论不成立，则该断定一定成立。

C. 提出一种考虑，虽然不否定张教授的论据，但能削弱这一论据对其结论的支持。

D. 论证一个见解，张教授的论证虽然缺乏说服力，但其结论是成立的。

E. 运用归谬反驳张教授的结论，即如果张教授的结论成立，会得出荒谬的推论。

5. （2009-10-46）张教授的论证依赖以下哪项假设？

A. 只有就业人员才开车。

B. 大多数上班族不使用公共交通工具上班。

C. 空气污染主要是由上班族的汽车所排放的尾气造成的。

D. 在萧条时期，开车上班人数的减少一定会造成汽车运行总量的减少。

E. 在萧条时期，开车上班人员的失业率高于不开车上班人员。

6. （2009-10-51）总经理：快速而准确地处理订单是一项关键事务。为了增加利润，我们应当用电子方式而不是继续用人工方式处理客户订单，因为这样订单可以直接到达公司相关业务部门。

董事长：如果用电子方式处理订单，我们一定会赔钱。因为大多数客户喜欢通过与人打交道来处理订单。如果转用电子方式，我们的生意就会失去人情味，就难以吸引更多的客户。

以下哪项最为恰当地概括了上述争论的问题?

A. 转用电子方式处理订单是否不利于保持生意的人情味?

B. 用电子方式处理订单是否比人工方式更为快速和准确?

C. 转用电子方式处理订单是否有利于提高商业利润?

D. 快速而准确的运作方式是否一定能提高商业利润?

E. 客户喜欢用何种方式处理订单?

7. (2010-1-51) 陈先生:未经许可侵入别人的电脑,就好像开偷来的汽车撞伤了人,这些都是犯罪行为。但后者性质更严重,因为它侵占了有形财产,又造成了人身伤害;而前者只是在虚拟世界中捣乱。

林女士:我不同意,例如,非法侵入医院的电脑,有可能扰乱医疗数据,甚至危及病人的生命。因此非法侵入电脑同样会造成人身伤害。

以下哪项最为准确地概括了两人争论的焦点?

A. 非法侵入别人电脑和开偷来的汽车是否同样会危及人的生命?

B. 非法侵入别人电脑和开偷来的汽车伤人是否同样构成犯罪?

C. 非法侵入别人电脑和开偷来的汽车伤人是否是同样性质的犯罪?

D. 非法侵入别人电脑的犯罪性质是否和开偷来的汽车伤人一样严重?

E. 是否只有侵占有形财产才构成犯罪?

8. (2010-10-46) 甲:从互联网上人们可以获得任何想要的信息和资料。因此,人们不需要听取专家的意见,只要通过互联网就可以很容易地学到他们需要的知识。

乙:过去的经验告诉我们,随着知识的增加,对专家的需求也相应增加。因此,互联网反而会增加我们咨询专家的机会。

以下哪项是上述争论的焦点?

A. 互联网是否能有助于信息在整个社会的传播?

B. 互联网是否能增加人们学习知识时请教专家的可能性?

C. 互联网是否能使更多的人容易获得更多的资料?

D. 专家在未来是否将会更多地依靠互联网?

E. 互联网知识与专家的关系以及两者的重要性?

9. (2016-1-30) 赵明与王洪都是某高校辩论协会成员,在为今年华语辩论赛招募新队员问题上,两人发生了争执。

赵明:我们一定要选拔喜爱辩论的人。因为一个人只有喜爱辩论,才能投入精力和时间研究辩论并参加辩论赛。

王洪:我们招募的不是辩论爱好者,而是能打硬仗的辩手。无论是谁,只要能在辩论赛中发挥应有的作用,他就是我们理想的人选。

以下哪项最可能是两人争论的焦点?

A. 招募的标准是对辩论的爱好还是辩论的能力?

B. 招募的标准是从现实出发还是从理想出发？

C. 招募的目的是为了集体荣誉还是满足个人爱好？

D. 招募的目的是为了培养新人还是赢得比赛？

E. 招募的目的是研究辩论规律还是培养实战能力？

10. （2017-1-35）王研究员：我国政府提出的"大众创业、万众创新"激励着每一个创业者。对于创业者来说，最重要的是需要一种坚持精神。不管在创业中遇到什么困难，都要坚持下去。

李教授：对于创业者来说，最重要的是要敢于尝试新技术。因为有些新技术一些大公司不敢轻易尝试，这就为创业者带来了成功的契机。

根据以上信息，以下哪项最准确地指出了王研究员与李教授的分歧所在？

A. 最重要的是敢于迎接各种创业难题的挑战，还是敢于尝试那些大公司不敢轻易尝试的新技术？

B. 最重要的是坚持创业，有毅力有恒心把事业一直做下去，还是坚持创新，做出更多的科学发现和技术发明？

C. 最重要的是坚持把创业这件事做好，成为创业大众的一员，还是努力发明新技术，成为创新万众的一员？

D. 最重要的是需要一种坚持精神，不畏艰难，还是要敢于尝试新技术，把握事业成功的契机？

E. 最重要的是坚持创业，敢于成立小公司，还是尝试新技术，敢于挑战大公司？

答案速查

题号	1	2	3	4	5	6	7	8	9	10
答案	B	D	E	C	D	C	D	B	A	D

专题八 分析推理型题目

考查点1 排序题(排队题)

知识点梳理

排序题通常是依据大小、时间、名次和前后等条件将几个元素有序地排在若干连续排列的位置上。解题时要找出一个对整个排列起决定作用的条件,然后将涉及先后位置的条件尽可能结合起来进行解题。

常见的题型有:

(1)单线形排列;

(2)复线形排列;

(3)环形排列。

历年真题

1. (2011-1-43)某次认知能力测试,刘强得了118分,蒋明的得分比王丽高,张华和刘强的得分之和大于蒋明和王丽的得分之和,刘强的得分比周梅高。此次测试120分以上为优秀,五人之中有两人没有达到优秀。

   根据以上信息,以下哪项是上述五人在此次测试中得分由高到低的排列?

   A. 张华、王丽、周梅、蒋明、刘强。　　B. 张华、蒋明、王丽、刘强、周梅。

   C. 张华、蒋明、刘强、王丽、周梅。　　D. 蒋明、张华、王丽、刘强、周梅。

   E. 蒋明、王丽、张华、刘强、周梅。

2. (2012-10-35)某乡镇进行新区规划,决定以市民公园为中心,在东、南、西、北分别建设一个特色社区。这四个社区分别定位为:文化区、休闲区、商业区和行政服务区。已知,行政服务区在文化区的西南方向,文化区在休闲区的东南方向。

   根据以上陈述,可以得出以下哪项?

   A. 市民公园在行政服务区的北面。

   B. 休闲区在文化区的西南方向。

   C. 文化区在商业区的东北方向。

   D. 商业区在休闲区的东南方向。

   E. 行政服务区在市民公园的西南方向。

3. (2012-10-36)公司派三位年轻的工作人员乘动车到南方出差,他们三人恰好坐在一排。坐在24岁右边的两人中至少有一人是20岁;坐在20岁左边的两人中也恰好有一人是20岁。

坐在会计左边的两人中至少有一人是销售员;坐在销售员右边的两人中也恰好有一人是销售员。

根据以上陈述,可以得出三位出差的年轻人是:

A. 20 岁的会计、20 岁的销售员、24 岁的销售员。

B. 20 岁的会计、24 岁的销售员、24 岁的销售员。

C. 24 岁的会计、20 岁的销售员、20 岁的销售员。

D. 20 岁的会计、20 岁的会计、24 岁的销售员。

E. 24 岁的会计、20 岁的会计、20 岁的销售员。

4~8 题基于以下题干:

沿江高铁某段由西向东设置了五个站点,已知:

(1)扶夷站在灏韵站之东、胡瑶站之西,并与胡瑶站相邻;

(2)韮上站与银岭站相邻。

4. (2012-10-51)根据以上信息,关于五个站点由西向东的排列顺序,以下哪项是可能的?

A. 银岭站、灏韵站、韮上站、扶夷站、胡瑶站。

B. 扶夷站、胡瑶站、韮上站、银岭站、灏韵站。

C. 灏韵站、银岭站、韮上站、扶夷站、胡瑶站。

D. 灏韵站、胡瑶站、扶夷站、银岭站、韮上站。

E. 扶夷站、银岭站、灏韵站、韮上站、胡瑶站。

5. (2012-10-52)如果韮上站与灏韵站相邻并且在灏韵站之东,则可以得出:

A. 胡瑶站在最东面。　　　　　　　B. 扶夷站在最西面。

C. 银岭站在最东面。　　　　　　　D. 韮上站在最西面。

E. 灏韵站在中间。

6. (2012-10-53)如果灏韵站在韮上站之东,则可以得出:

A. 银岭站与灏韵站相邻并且在灏韵站之西。

B. 灏韵站与扶夷站相邻并且在扶夷站之西。

C. 韮上站与灏韵站相邻并且在灏韵站之西。

D. 银岭站与扶夷站相邻并且在扶夷站之西。

E. 银岭站与胡瑶站在五个站的东西两端。

7. (2012-10-54)如果灏韵站与银岭站相邻,则可以得出:

A. 银岭站在灏韵站之西。　　　　　B. 扶夷站在韮上站之西。

C. 灏韵站在银岭站之西。　　　　　D. 韮上站在银岭站之西。

E. 韮上站在扶夷站之西。

8. (2012-10-55)假如灏韵站位于最西面,则这五个站点可能的排列顺序有:

A. 3 种。　　　B. 4 种。　　　C. 5 种。　　　D. 6 种。　　　E. 8 种。

9~10题基于以下题干：

年初，为激励员工努力工作，某公司决定根据每月的工作绩效评选"月度之星"。王某在当年前10个月恰好只在连续的4个月中当选"月度之星"，他的另三位同事郑某、吴某、周某也做到了这一点。关于这四人当选"月度之星"的月份，已知：

(1) 王某和郑某仅有三个月同时当选；

(2) 郑某和吴某仅有三个月同时当选；

(3) 王某和周某不曾在同一个月当选；

(4) 仅有2人在7月同时当选；

(5) 至少有1人在1月当选。

9.（2013-1-35）根据以上信息，有3人同时当选"月度之星"的月份是：
A. 1—3月。　　B. 2—4月。　　C. 3—5月。　　D. 4—6月。　　E. 5—7月。

10.（2013-1-36）根据以上信息，王某当选"月度之星"的月份是：
A. 1—4月。　　B. 3—6月。　　C. 4—7月。　　D. 5—8月。　　E. 7—10月。

11.（2013-1-38）张霞、李丽、陈露、邓强和王硕一起坐火车去旅游，他们正好在同一车厢相对两排的五个座位上，每人各坐一个位置。第一排的座位按顺序分别记作1号和2号。第二排的座位按序号记为3、4、5号。座位1和座位3直接相对，座位2和座位4直接相对，座位5不和上述任何座位直接相对。李丽坐在4号位置；陈露所坐的位置不与李丽相邻，也不与邓强相邻(相邻是指同一排上紧挨着)；张霞不坐在与陈露直接相对的位置上。

根据以上信息，张霞所坐位置有多少种可能的选择？
A. 5种。　　B. 4种。　　C. 3种。　　D. 2种。　　E. 1种。

12~16题基于以下题干：

某一公司有一栋6层的办公楼，公司的财务部、企划部、行政部、销售部、人力资源部、研发部6个部门在此办公，每个部门占据其中的一层。已知：

(1) 人力资源部、销售部两个部门所在的楼层不相邻；

(2) 财务部在企划部下一层；

(3) 行政部所在的楼层在企划部的上面，但是在人力资源部的下面。

12.（2013-10-43）按照从下到上的顺序，以下哪项符合上述楼层的分布？
A. 财务部、企划部、行政部、人力资源部、研发部、销售部。
B. 财务部、企划部、行政部、人力资源部、销售部、研发部。
C. 企划部、财务部、销售部、研发部、行政部、人力资源部。
D. 销售部、财务部、企划部、研发部、人力资源部、行政部。
E. 财务部、企划部、研发部、人力资源部、销售部、行政部。

13.（2013-10-44）如果人力资源部不在行政部的上一层，那么下列哪项可能是正确的？
A. 销售部在研发部的上一层。　　　　B. 销售部在行政部的上一层。

C. 销售部在企划部的下一层。 D. 销售部在第2层。

E. 研发部在第2层。

14. (2013-10-45) 如果人力资源部不在最上层,那么研发部可能在的楼层是:

A. 3、4、6。 B. 3、4、5。 C. 4、5。 D. 5、6。 E. 4、6。

15. (2013-10-46) 如果财务部在第3层,下列哪项可能是正确的?

A. 研发部在第5层。 B. 研发部在销售部的上一层。

C. 行政部不在企划部的上一层。 D. 销售部在企划部的上面某层。

E. 研发部在企划部的上面某层。

16. (2013-10-47) 以下哪项可能分别是第1层、第2层所在的两个部门?

A. 财务部、销售部。 B. 企划部、销售部。

C. 研发部、销售部。 D. 销售部、企划部。

E. 研发部、行政部。

17. (2014-1-47) 某小区业主委员会的四名成员晨桦、建国、向明和嘉媛坐在一张方桌前(每边各坐一人)讨论小区大门旁的绿化方案。四人的职业各不相同,分别是高校教师、软件工程师、园艺师或邮递员之中的一种。已知:晨桦是软件工程师,他坐在建国的左手边;向明坐在高校教师的右手边;坐在建国对面的嘉媛不是邮递员。

根据以上信息,可以得出以下哪项?

A. 嘉媛是高校教师,向明是园艺师。 B. 向明是邮递员,嘉媛是园艺师。

C. 建国是邮递员,嘉媛是园艺师。 D. 建国是高校教师,向明是园艺师。

E. 嘉媛是园艺师,向明是高校教师。

18. (2015-1-28) 甲、乙、丙、丁、戊和己六人围坐在一张正六边形的小桌前,每边各坐一人。已知:

(1)甲与乙正面相对;

(2)丙与丁不相邻,也不正面相对。

如果己与乙不相邻,则以下哪项一定为真?

A. 如果甲与戊相邻,则丁与己正面相对。

B. 甲与丁相邻。

C. 戊与己相邻。

D. 如果丙与戊不相邻,则丙与己相邻。

E. 己与乙正面相对。

19~20题基于以下题干:

某皇家园林依中轴线布局,从前到后依次排列着七个庭院。这七个庭院分别以汉字"日""月""金""木""水""火""土"来命名。已知:

(1)"日"字庭院不是最前面的那个庭院;

(2)"火"字庭院和"土"字庭院相邻；

(3)"金""月"两庭院间隔的庭院数与"木""水"两庭院间隔的庭院数相同。

19. (2016-1-43) 根据上述信息,下列哪个庭院可能是"日"字庭院?

A. 第一个庭院。 B. 第二个庭院。 C. 第四个庭院。 D. 第五个庭院。 E. 第六个庭院。

20. (2016-1-44) 如果第二个庭院是"土"字庭院,可以得出以下哪项?

A. 第七个庭院是"水"字庭院。 B. 第五个庭院是"木"字庭院。

C. 第四个庭院是"金"字庭院。 D. 第三个庭院是"月"字庭院。

E. 第一个庭院是"火"字庭院。

21~22题基于以下题干：

丰收公司邢经理需要在下个月赴湖北、湖南、安徽、江西、江苏、浙江、福建7省进行市场需求调研,各省均调研一次,他的行程需满足如下条件：

(1)第一个或最后一个调研江西省；

(2)调研安徽省的时间早于浙江省,在这两省的调研之间调研除了福建省的另外两省；

(3)调研福建省的时间安排在调研浙江省之前或刚好调研完浙江省之后；

(4)第三个调研江苏省。

21. (2017-1-33) 如果邢经理首先赴安徽省调研,则关于他的行程,可能确定以下哪项?

A. 第二个调研湖北省。 B. 第二个调研湖南省。

C. 第五个调研福建省。 D. 第五个调研湖北省。

E. 第五个调研浙江省。

22. (2017-1-34) 如果安徽省是邢经理第二个调研的省份,则关于他的行程,可以确定以下哪项?

A. 第一个调研江西省。 B. 第四个调研湖北省。

C. 第五个调研浙江省。 D. 第五个调研湖南省。

E. 第六个调研福建省。

23. (2017-1-47) 某著名风景区有"妙笔生花""猴子观海""仙人晒靴""美人梳妆""阳关三叠""禅心向天"6个景点。为方便游人,景区提示如下：

(1)只有先游"猴子观海",才能游"妙笔生花"；

(2)只有先游"阳关三叠",才能游"仙人晒靴"；

(3)如果游"美人梳妆",就要先游"妙笔生花"；

(4)"禅心向天"应第4个游览,之后才可游览"仙人晒靴"。

张先生按照上述提示,顺利游览了上述6个景点。

根据上述信息,关于张先生的游览顺序,以下哪项不可能为真?

A. 第一个游览"猴子观海"。 B. 第二个游览"阳关三叠"。

C. 第三个游览"美人梳妆"。 D. 第五个游览"妙笔生花"。

E. 第六个游览"仙人晒靴"。

专题八 分析推理型题目

24~25 题基于以下题干：

某影城将在"十一"黄金周 7 天(周一至周日)放映 14 部电影,其中有 5 部科幻片、3 部警匪片、3 部武侠片、2 部战争片、1 部爱情片。限于条件,影城每天放映两部电影。已知：

(1)除两部科幻片安排在周四外,其余 6 天每天放映的两部电影都属于不同的类型；

(2)爱情片安排在周日；

(3)科幻片或武侠片没有安排在同一天；

(4)警匪片和战争片没有安排在同一天。

24.（2017-1-54）根据以上信息,以下哪项中的两部电影不可能安排在同一天放映？

A.警匪片和爱情片。　　　　　　B.科幻片和警匪片。

C.武侠片和战争片。　　　　　　D.武侠片和警匪片。

E.科幻片和战争片。

25.（2017-1-55）根据以上信息,如果同类影片放映日期连续,则周六可以放映的电影是哪项？

A.科幻片和警匪片。　　　　　　B.武侠片和警匪片。

C.科幻片和战争片。　　　　　　D.科幻片和武侠片。

E.警匪片和战争片。

26~27 题基于以下题干：

某工厂有一员工宿舍住了甲、乙、丙、丁、戊、己、庚 7 人,每人每周需轮流值日一天,且每天仅安排一人值日。他们值日的安排还需满足以下条件：

(1)乙周二或者周六值日；

(2)如果甲周一值日,那么丙周三值日且戊周五值日；

(3)如果甲周一不值日,那么己周四值日且庚周五值日；

(4)如果乙周二值日,那么己周六值日。

26.（2018-1-30）根据以上条件,如果丙周日值日,则可以得出以下哪项？

A.戊周三值日。 B.己周五值日。 C.甲周一值日。 D.丁周二值日。 E.乙周六值日。

27.（2018-1-31）如果庚周四值日,那么以下哪项一定为假？

A.丙周三值日。 B.乙周六值日。 C.己周二值日。 D.甲周一值日。 E.戊周日值日。

28.（2019-1-46）我国天山是垂直地带性的典范。已知天山的植被形态分布具有如下特点：

(1)从低到高有荒漠、森林带、冰雪带等；

(2)只有经过山地草原,荒漠才能演变成森林带；

(3)如果不经过森林带,山地草原就不会过渡到山地草甸；

(4)山地草甸的海拔不比山地草甸草原的低,也不比高寒草甸高。

根据以上信息,关于天山植被形态,按照由低到高排列,以下哪项是不可能的？

A.荒漠、山地草原、山地草甸草原、森林带、山地草甸、高寒草甸、冰雪带。

B.荒漠、山地草原、山地草甸草原、高寒草甸、森林带、山地草甸、冰雪带。

C. 荒漠、山地草甸草原、山地草原、森林带、山地草甸、高寒草甸、冰雪带。
D. 荒漠、山地草原、山地草甸草原、森林带、山地草甸、冰雪带、高寒草甸。
E. 荒漠、山地草原、森林带、山地草甸草原、山地草甸、高寒草甸、冰雪带。

答案速查

题号	1	2	3	4	5	6	7	8	9	10
答案	B	A	A	C	A	B	E	B	D	D
题号	11	12	13	14	15	16	17	18	19	20
答案	B	A	B	D	B	C	B	D	D	E
题号	21	22	23	24	25	26	27	28		
答案	C	C	D	A	C	E	E	B		

考查点2 对应题[①]

知识点梳理

这类题目,题干中一般提供 3~5 个对象和 2~3 个维度的信息,并描述对象及信息之间的条件关系,要求将对象与信息进行对应(匹配),从条件出发,通过严谨的推理,得出正确答案。

解题技巧:

(1)注意不同题目的特点,选项已经给出所求的全部信息的题目,可直接采用排除法;

(2)需要推理时,首选画表格,将题干信息在表中标注;

(3)遇到不确定的信息,可尝试进行转换,转换成确定的信息再进行推理;

(4)注意多维汇总表格。

历年真题

1.(2010-1-48)李赫、张岚、林宏、何柏、邱辉 5 位是同事,近日各自买了一辆不同品牌的小轿车,分别为雪铁龙、奥迪、宝马、奔驰、桑塔纳。这 5 辆车的颜色分别与 5 人名字最后一个字谐音:黑、蓝、红、白、灰。但他们各自所买车的颜色都与其名字的最后一个字谐音的颜色不同。已知李赫买的是蓝色的雪铁龙。

以下哪项排列可能依次对应张岚、林宏、何柏、邱辉所买的车?

A. 灰色奥迪、白色宝马、灰色奔驰、红色桑塔纳。

B. 黑色奥迪、红色宝马、灰色奔驰、白色桑塔纳。

C. 红色奥迪、灰色宝马、白色奔驰、黑色桑塔纳。

D. 白色奥迪、黑色宝马、红色奔驰、灰色桑塔纳。

---

① 此点在真题中考查得比较密集。

E. 黑色奥迪、灰色宝马、白色奔驰、红色桑塔纳。

2.（2010-1-52）小明、小红、小丽、小强、小梅五人去听音乐会，他们五人在同一排且座位相连，其中只有一个座位最靠近走廊，结果小强想坐在最靠近走廊的座位上，小丽想跟小明紧挨着，小红不想跟小丽紧挨着，小梅想跟小丽紧挨着，但不想跟小强或小明紧挨着。
以下哪项排序符合上述五人的意愿？
A. 小明、小梅、小丽、小红、小强。
B. 小强、小红、小明、小丽、小梅。
C. 小强、小梅、小红、小丽、小明。
D. 小明、小红、小梅、小丽、小强。
E. 小强、小丽、小梅、小明、小红。

3.（2011-10-38）公司派张、王、李、赵4人到长沙参加某经济论坛，明天他们4人将选择飞机、汽车、轮船和火车4种各不相同的出行方式。已知：
（1）明天或者刮风或者下雨；
（2）如果明天刮风，那么张就选择火车出行；
（3）假设明天下雨，那么王就选择火车出行；
（4）假如李、赵不选择火车出行，那么李、王也都不会选择飞机或者汽车出行。
根据以上陈述，可以得出以下哪项结论？
A. 赵选择汽车出行。
B. 赵不选择汽车出行。
C. 李选择轮船出行。
D. 张选择飞机出行。
E. 王选择轮船出行。

4~6题基于以下题干：
东宇大学公开招聘3个教师职位，哲学学院、管理学院和经济学院各一个。每个职位都有分别来自南山大学、西京大学、北清大学的候选人，有位"聪明"人士李先生对招聘结果做出了如下预测：
（1）如果哲学学院录用北清大学的候选人，那么管理学院录用西京大学的候选人；
（2）如果管理学院录用南山大学的候选人，那么哲学学院也录用南山大学的候选人；
（3）如果经济学院录用北清大学或者西京大学的候选人，那么管理学院录用北清大学的候选人。

4.（2012-1-53）如果哲学学院、管理学院和经济学院最终录用的候选人的大学归属信息依次如下，则哪项符合李先生的预测？
A. 南山大学、南山大学、西京大学。
B. 北清大学、南山大学、南山大学。
C. 北清大学、北清大学、南山大学。
D. 西京大学、北清大学、南山大学。
E. 西京大学、西京大学、西京大学。

5.（2012-1-54）若哲学学院最终录用西京大学的候选人，则以下哪项表明李先生的预测错误？
A. 管理学院录用北清大学的候选人。
B. 管理学院录用南山大学的候选人。
C. 经济学院录用南山大学的候选人。
D. 经济学院录用北清大学的候选人。

E. 经济学院录用西京大学的候选人。

6. （2012-1-55）如果三个学院最终录用的候选人来自不同的大学，则以下哪项符合李先生的预测？
   A. 哲学学院录用西京大学的候选人，经济学院录用北清大学的候选人。
   B. 哲学学院录用南山大学的候选人，管理学院录用北清大学的候选人。
   C. 哲学学院录用北清大学的候选人，经济学院录用西京大学的候选人。
   D. 哲学学院录用西京大学的候选人，管理学院录用南山大学的候选人。
   E. 哲学学院录用南山大学的候选人，管理学院录用西京大学的候选人。

7. （2012-10-32）在某公司的招聘会上，公司行政部、人力资源部和办公室拟各招聘一名工作人员，来自中文系、历史系和哲学系的三名毕业生前来应聘这三个不同的职位。招聘信息显示，历史系毕业生比应聘办公室的年龄大，哲学系毕业生和应聘人力资源部的着装颜色相近，应聘人力资源部的比中文系毕业生年龄小。

   根据以上陈述，可以得出以下哪项？
   A. 哲学系毕业生比历史系毕业生年龄大。
   B. 中文系毕业生比哲学系毕业生年龄大。
   C. 历史系毕业生应聘行政部。
   D. 中文系毕业生应聘办公室。
   E. 应聘办公室的比应聘行政部的年龄大。

8. （2012-10-40）张明、李英、王佳和陈蕊四人在一个班组工作，他们来自江苏、安徽、福建和山东四个省，每个人只会说原籍的一种方言。现已知：福建人会说闽南方言，山东人学历最高且会说中原官话，王佳比福建人的学历低，李英会说徽州话并且和来自江苏的同事是同学，陈蕊不懂闽南方言。

   根据以上陈述，可以得出以下哪项？
   A. 陈蕊不会说中原官话。　　　　B. 张明会说闽南方言。
   C. 李英是山东人。　　　　　　　D. 王佳会说徽州话。
   E. 陈蕊是安徽人。

9. （2013-1-28）某省大力发展旅游产业，目前已经形成东湖、西岛、南山三个著名景点，每处景点都有二日游、三日游、四日游三种路线。李明、王刚、张波拟赴上述三地进行9日游，每个人都设计了各自的旅游计划。后来发现，每处景点他们三人都选择了不同的路线：李明赴东湖的计划天数与王刚赴西岛的计划天数相同，李明赴南山的计划是三日游，王刚赴南山的计划是四日游。

   根据以上陈述，可以得出以下哪项？
   A. 李明计划东湖二日游，王刚计划西岛二日游。
   B. 王刚计划东湖三日游，张波计划西岛四日游。
   C. 张波计划东湖三日游，李明计划西岛四日游。

D. 李明计划东湖二日游,王刚计划西岛三日游。

E. 张波计划东湖四日游,王刚计划西岛三日游。

10. (2013-1-46) 在东海大学研究生会举办的一次中国象棋比赛中,来自经济学院、管理学院、哲学学院、数学学院和化学学院的 5 名研究生(每学院 1 名)相遇在一起。有关甲、乙、丙、丁、戊 5 名研究生之间的比赛信息满足以下条件:

(1)甲仅与 2 名选手比赛过;

(2)化学学院的选手和 3 名选手比赛过;

(3)乙不是管理学院的,也没有和管理学院的选手对阵过;

(4)哲学学院的选手和丙比赛过;

(5)管理学院、哲学学院、数学学院的选手相互都交过手;

(6)丁仅与 1 名选手比赛过。

根据以上条件,请问丙来自哪个学院?

A. 经济学院。 B. 管理学院。

C. 数学学院。 D. 哲学学院。

E. 化学学院。

11~12 题基于以下题干:

晨曦公园拟在园内东、南、西、北侧区域种植四种不同的特色树木,每个区域只种植一种。选定的特色树种为:水杉、银杏、乌桕、龙柏。布局的基本要求是:

(1)如果在东区或者南区种植银杏,那么在北区不能种植龙柏或乌桕;

(2)北区或者东区要种植水杉或者银杏。

11. (2013-1-54) 根据上述种植要求,如果北区种植龙柏,以下哪项一定为真?

A. 南区种植乌桕。 B. 东区种植乌桕。

C. 南区种植水杉。 D. 西区种植水杉。

E. 西区种植乌桕。

12. (2013-1-55) 根据上述种植要求,如果水杉必须种植于西区或南区,以下哪项一定为真?

A. 北区种植银杏。 B. 东区种植银杏。

C. 西区种植水杉。 D. 南区种植水杉。

E. 南区种植乌桕。

13. (2014-1-29) 在某次考试中,有 3 个关于北京旅游景点的问题,要求考生每题选择某个景点的名称作为唯一答案。其中 6 位考生关于上述三个问题的答案依次如下:

第一位考生:天坛、天坛、天安门。

第二位考生:天安门、天安门、天坛。

第三位考生:故宫、故宫、天坛。

第四位考生:天坛、天安门、故宫。

第五位考生:天安门、故宫、天安门。

第六位考生:故宫、天安门、故宫。

考试结果表明,每位考生都至少答对其中1道题。

根据以上陈述,可知这3个问题的答案依次是:

A. 天坛、故宫、天坛。　　　　　　　　B. 故宫、天安门、天安门。

C. 天安门、故宫、天坛。　　　　　　　D. 天坛、天坛、故宫。

E. 故宫、故宫、天坛。

14～15题基于以下题干:

某公司年度审计期间,审计人员发现一张发票,上面有赵义、钱仁礼、孙智、李信4个签名,签名者的身份各不相同,分别是经办人、复核、出纳或审批领导之中的一个,且每个签名都是本人所签。询问4位相关人员,得到以下答案:

赵义:"审批领导的签名不是钱仁礼。"

钱仁礼:"复核的签名不是李信。"

孙智:"出纳的签名不是赵义。"

李信:"复核的签名不是钱仁礼。"

已知上述每个回答中,如果提到的人是经办人,则该回答为假;如果提到的人不是经办人,则为真。

14.（2014-1-37）根据以上信息,可以得出经办人是:

　　A. 赵义。　　B. 钱仁礼。　　C. 孙智。　　D. 李信。　　E. 无法确定。

15.（2014-1-38）根据以上信息,该公司的复核与出纳分别是:

　　A. 李信、赵义。　　　　　　　　B. 孙智、赵义。

　　C. 钱仁礼、李信。　　　　　　　D. 赵义、钱仁礼。

　　E. 孙智、李信。

16.（2014-1-40）为了加强学习型机关建设,某机关党委开展了菜单式学习活动,拟开设课程有"行政学""管理学""科学前沿""逻辑"和"国际政治"五门课程,要求其下属的四个支部各选择其中两门课程进行学习。已知:第一支部没有选择"管理学"和"逻辑",第二支部没有选择"行政学"和"国际政治",只有第三支部选择了"科学前沿"。任意两个支部所选课程均不完全相同。

根据上述信息,关于第四支部的选课情况可以得出以下哪项?

A. 如果没有选择"行政学",那么选择了"管理学"。

B. 如果没有选择"管理学",那么选择了"国际政治"。

C. 如果没有选择"行政学",那么选择了"逻辑"。

D. 如果没有选择"管理学",那么选择了"逻辑"。

E. 如果没有选择"国际政治",那么选择了"逻辑"。

17.（2014-1-46）某单位有负责网络、文秘以及后勤的三名办公人员：文珊、孔瑞和姚薇。为了培养年轻干部，领导决定她们三人在这三个岗位之间实行轮岗，并将她们原来的工作间110室、111室和112室也进行了轮换。结果，原本负责后勤的文珊接替了孔瑞的文秘工作，由110室调到了111室。

根据以上信息，可以得出以下哪项？

A. 姚薇接替孔瑞的工作。　　　　　B. 孔瑞接替文珊的工作。

C. 孔瑞被调到了110室。　　　　　D. 孔瑞被调到了112室。

E. 姚薇被调到了112室。

18~20题基于以下题干：

孔智、孟睿、荀慧、庄聪、墨灵、韩敏6人组成一个代表队参加某次棋类大赛，其中两人参加围棋比赛，两人参加中国象棋比赛，还有两人参加国际象棋比赛。有关他们具体参加比赛项目的情况还需满足以下条件：

(1)每位选手只能参加一个比赛项目；

(2)孔智参加围棋比赛，当且仅当，庄聪和孟睿都参加中国象棋比赛；

(3)如果韩敏不参加国际象棋比赛，那么墨灵参加中国象棋比赛；

(4)如果荀慧参加中国象棋比赛，那么庄聪不参加中国象棋比赛；

(5)荀慧和墨灵至少有一人不参加中国象棋比赛。

18.（2014-1-53）如果荀慧参加中国象棋比赛，那么可以得出以下哪项？

A. 庄聪和墨灵都参加围棋比赛。　　B. 孟睿参加围棋比赛。

C. 孟睿参加国际象棋比赛。　　　　D. 墨灵参加国际象棋比赛。

E. 韩敏参加国际象棋比赛。

19.（2014-1-54）如果庄聪和孔智参加相同的比赛项目，且孟睿参加中国象棋比赛，那么可以得出以下哪项？

A. 墨灵参加国际象棋比赛。　　　　B. 庄聪参加中国象棋比赛。

C. 孔智参加围棋比赛。　　　　　　D. 荀慧参加围棋比赛。

E. 韩敏参加中国象棋比赛。

20.（2014-1-55）根据题干信息，以下哪项可能为真？

A. 庄聪和韩敏参加中国象棋比赛。　B. 韩敏和荀慧参加中国象棋比赛。

C. 孔智和孟睿参加围棋比赛。　　　D. 墨灵和孟睿参加围棋比赛。

E. 韩敏和孔智参加围棋比赛。

21~22题基于以下题干：

某高校有数学、物理、化学、管理、文秘、法学6个专业毕业生需要就业，现有风云、怡和、宏宇三家公司前来学校招聘。已知，每家公司只招聘该校上述2至3个专业的若干毕业生，且需要满足以下条件：

(1)招聘化学专业的公司也招聘数学专业；
(2)怡和公司招聘的专业，风云公司也招聘；
(3)只有一家公司招聘文秘专业，且该公司没有招聘物理专业；
(4)如果怡和公司招聘管理专业，那么也招聘文秘专业；
(5)如果宏宇公司没有招聘文秘专业，那么怡和公司招聘文秘专业。

21. （2015-1-54）如果只有一家公司招聘物理专业，那么可以得出以下哪项？
    A. 宏宇公司招聘数学专业。　　　　B. 怡和公司招聘管理专业。
    C. 怡和公司招聘物理专业。　　　　D. 风云公司招聘化学专业。
    E. 风云公司招聘物理专业。

22. （2015-1-55）如果三家公司都招聘3个专业的若干毕业生，那么可以得出以下哪项？
    A. 风云公司招聘数学专业。　　　　B. 怡和公司招聘物理专业。
    C. 宏宇公司招聘化学专业。　　　　D. 风云公司招聘化学专业。
    E. 怡和公司招聘法学专业。

23. （2016-1-48）在编号壹、贰、叁、肆的4个盒子中装有绿茶、红茶、花茶和白茶4种茶，每只盒子只装一种茶，每种茶只装一个盒子。已知：
    (1)装绿茶和红茶的盒子在壹、贰、叁号范围之内；
    (2)装红茶和花茶的盒子在贰、叁、肆号范围之内；
    (3)装白茶的盒子在壹、叁号范围之内。
    根据上述信息，可以得出以下哪项？
    A. 绿茶在叁号。　　　　　　　　　B. 花茶在肆号。
    C. 白茶在叁号。　　　　　　　　　D. 红茶在贰号。
    E. 绿茶在壹号。

24～25题基于以下题干：

江海大学的校园美食节开幕了，某女生宿舍有5人积极报名参加此次活动，她们的姓名分别为金綮、木心、水仙、火珊、土润。举办方要求，每位报名者只做一道菜品参加评比，但需自备食材。限于条件，该宿舍所备食材仅有5种：金针菇、木耳、水蜜桃、火腿和土豆。要求每种食材只能有2人选用，每人又只能选用2种食材，并且每人所选食材名称的第一个字与自己的姓氏均不相同。已知：
(1)如果金綮选水蜜桃，则水仙不选金针菇；
(2)如果木心选金针菇或土豆，则她也须选木耳；
(3)如果火珊选水蜜桃，则她也须选木耳和土豆；
(4)如果木心选火腿，则火珊不选金针菇。

24. （2016-1-54）根据上述信息，可以得出以下哪项？
    A. 木心选用水蜜桃、土豆。　　　　B. 水仙选用金针菇、火腿。

C. 土润选用金针菇、水蜜桃。   D. 火珊选用木耳、水蜜桃。

E. 金粲选用木耳、土豆。

25. （2016-1-55）如果水仙选用土豆，则可以得出以下哪项？

A. 木心选用金针菇、水蜜桃。   B. 金粲选用木耳、火腿。

C. 火珊选用金针菇、土豆。   D. 水仙选用木耳、土豆。

E. 土润选用水蜜桃、火腿。

26~27题基于以下题干：

六一节快到了。幼儿园老师为班上的小明、小雷、小刚、小芳、小花5位小朋友准备了红、橙、黄、绿、青、蓝、紫7份礼物。已知所有礼物都送了出去，每份礼物只能由一人获得，每人最多获得两份礼物。另外，礼物派送还需要满足如下要求：

（1）如果小明收到橙色礼物，则小芳会收到蓝色礼物；

（2）如果小雷没有收到红色礼物，则小芳不会收到蓝色礼物；

（3）如果小刚没有收到黄色礼物，则小花不会收到紫色礼物；

（4）没有人既能收到黄色礼物，又能收到绿色礼物；

（5）小明只收到橙色礼物，而小花只收到紫色礼物。

26. （2017-1-51）根据上述信息，以下哪项可能为真？

A. 小明和小芳都收到两份礼物。

B. 小雷和小刚都收到两份礼物。

C. 小刚和小花都收到两份礼物。

D. 小芳和小花都收到两份礼物。

E. 小明和小雷都收到两份礼物。

27. （2017-1-52）根据上述信息，如果小刚收到两份礼物，则可以得出以下哪项？

A. 小雷收到红色和绿色两份礼物。

B. 小刚收到黄色和蓝色两份礼物。

C. 小芳收到绿色和蓝色两份礼物。

D. 小刚收到黄色和青色两份礼物。

E. 小芳收到青色和蓝色两份礼物。

28. （2018-1-38）某学期学校新开设4门课程："《诗经》鉴赏""老子研究""唐诗鉴赏""宋词选读"。李晓明、陈文静、赵珊珊和庄志达4人各选修了其中一门课程。已知：

(1) 他们4人选修的课程各不相同；

(2) 喜爱诗词的赵珊珊选修的是诗词类课程；

(3) 李晓明选修的不是"《诗经》鉴赏"就是"唐诗鉴赏"。

以下哪项如果为真，就能确定赵珊珊选修的是"宋词选读"？

A. 庄志达选修的是"老子研究"。

B. 庄志达选修的不是"老子研究"。

C. 庄志达选修的是"《诗经》鉴赏"。

D. 庄志达选修的不是"宋词选读"。

E. 庄志达选修的不是"《诗经》鉴赏"。

29~30题基于以下题干：

一江南园林拟建松、竹、梅、兰、菊5个园子。该园林拟设东、南、北3个门，分别位于其中的3个园子。这5个园子的布局满足如下条件：

(1) 如果东门位于松园或菊园，那么南门不位于竹园；

(2) 如果南门不位于竹园，那么北门不位于兰园；

(3) 如果菊园在园林的中心，那么它与兰园不相邻；

(4) 兰园与菊园相邻，中间连着一座美丽的廊桥。

29. (2018-1-47) 根据以上信息，可以得出以下哪项？

A. 菊园不在园林的中心。　　B. 梅园不在园林的中心。

C. 兰园在园林的中心。　　　D. 菊园在园林的中心。

E. 兰园不在园林的中心。

30. (2018-1-48) 如果北门位于兰园，则可以得出以下哪项？

A. 东门位于梅园。　　　　B. 南门位于菊园。

C. 东门位于竹园。　　　　D. 东门位于松园。

E. 南门位于梅园。

31~32题基于以下题干：

某校四位女生施琳、张芳、王玉、杨虹与四位男生范勇、吕伟、赵虎、李龙进行中国象棋比赛。他们被安排到四张桌上，每桌一男一女对弈，四张桌从左到右分别记为1、2、3、4号，每对选手需要进行四局比赛。比赛规定：选手每胜一局得2分，和一局得1分，负一局得0分。前三局结束时，按分差大小排列，四对选手的总积分分别是6：0、5：1、4：2、3：3。已知：

(1) 张芳跟吕伟对弈，杨虹在4号桌比赛，王玉的比赛桌在李龙比赛桌的右边；

(2) 1号桌的比赛至少有一局是和局，4号桌双方的总积分不是4：2；

(3) 赵虎前三局总积分并不领先他的对手，他们也没有下成过和局；

(4) 李龙已连输三局，范勇在前三局总积分上领先他的对手。

31. (2018-1-54) 根据上述信息，前三局比赛结束时谁的总积分最高？

A. 杨虹。　　B. 王玉。　　C. 范勇。　　D. 施琳。　　E. 张芳。

32. (2018-1-55) 如果下列有位选手前三局均与对手下成和局，那么他(她)是谁？

A. 范勇。　　B. 张芳。　　C. 杨虹。　　D. 施琳。　　E. 王玉。

33. (2019-1-28) 李诗、王悦、杜舒、刘默是唐诗宋词的爱好者，在唐朝诗人李白、杜甫、王维、刘禹锡中4人各喜爱其中一位，且每人喜爱的唐诗作者不与自己同姓。

关于他们4人,已知:
(1)如果爱好王维的诗,那么也爱好辛弃疾的词;
(2)如果爱好刘禹锡的诗,那么也爱好岳飞的词;
(3)如果爱好杜甫的诗,那么也爱好苏轼的词。
如果李诗不爱好苏轼和辛弃疾的词,则可以得出以下哪项?

A. 杜舒爱好辛弃疾的词。　　B. 王悦爱好苏轼的词。
C. 刘默爱好苏轼的词。　　D. 杜舒爱好岳飞的词。
E. 李诗爱好岳飞的词。

34.(2019-1-41) 某地人才市场招聘保洁、物业、网管、销售4种岗位的从业者,有甲、乙、丙、丁4位年轻人前来应聘。事后得知,每人只选择一种岗位应聘,且每种岗位都有其中一人应聘。另外,还知道:
(1)如果丁应聘网管,那么甲应聘物业;
(2)如果乙不应聘保洁,那么甲应聘保洁且丙应聘销售;
(3)如果乙应聘保洁,那么丙应聘销售,丁也应聘保洁。
根据以上陈述,可以得出以下哪项?

A. 甲应聘物业岗位。　　B. 丁应聘销售岗位。
C. 丙应聘保洁岗位。　　D. 甲应聘网管岗位。
E. 乙应聘网管岗位。

35.(2019-1-47) 某大学读书会开展"一月一书"活动。读书会成员甲、乙、丙、丁、戊5人在《论语》《史记》《唐诗三百首》《奥德赛》《资本论》中各选一种阅读,互不重复。已知:
(1)甲爱读历史,会在《史记》和《奥德赛》中挑一本;
(2)乙和丁只爱读中国古代经典,但现在都没有读诗的心情;
(3)如果乙选《论语》,则戊选《史记》。
事实上,各人都选了自己喜爱的书目。
根据上述信息,可以得出以下哪项?

A. 乙选《奥德赛》。　　B. 戊选《资本论》。
C. 丙选《唐诗三百首》。　　D. 甲选《史记》。
E. 丁选《论语》。

36.(2020-1-29) 公司为员工免费提供菊花茶、绿茶、红茶、咖啡和大麦茶5种饮品。现有甲、乙、丙、丁、戊5位员工,他们每人都只喜欢其中的2种饮品,且每种饮品都只有2人喜欢。已知:
(1)甲和乙喜欢菊花茶,且分别喜欢绿茶和红茶中的一种;
(2)丙和戊分别喜欢咖啡和大麦茶的一种。
根据上述信息,可以得出以下哪项?

A. 甲喜欢菊花茶和绿茶。　　B. 乙喜欢菊花茶和红茶。

C. 丙喜欢红茶和咖啡。

E. 戊喜欢绿茶和大麦茶。

D. 丁喜欢咖啡和大麦茶。

37~38题基于以下题干：

"立春""春分""立夏""夏至""立秋""秋分""立冬""冬至"是我国二十四节气中的八个节气，"凉风""广莫风""明庶风""条风""清明风""景风""阊阖风""不周风"是八种节风。上述八个节气与八种节风之间一一对应。已知：

(1)"立秋"对应"凉风"；

(2)"冬至"对应"不周风""广莫风"之一；

(3)若"立夏"对应"清明风"，则"夏至"对应"条风"或者"立冬"对应"不周风"；

(4)若"立夏"不对应"清明风"或者"立春"不对应"条风"，则"冬至"对应"明庶风"。

37. (2020-1-31) 根据上述信息，可以得出以下哪项？

A. "秋分"不对应"明庶风"。
B. "立冬"不对应"广莫风"。
C. "夏至"不对应"景风"。
D. "立夏"不对应"清明风"。
E. "春分"不对应"阊阖风"。

38. (2020-1-32) 若"春分"和"秋分"两节气对应的节风在"明庶风"和"阊阖风"之中，则可以得出以下哪项？

A. "春分"对应"阊阖风"。
B. "秋分"对应"明庶风"。
C. "立春"对应"清明风"。
D. "冬至"对应"不周风"。
E. "夏至"对应"景风"。

39~40题基于以下题干：

某公司甲、乙、丙、丁、戊5人爱好出国旅游。去年，在日本、韩国、英国和法国4国中，他们每人都去了其中的两个国家旅游，且每个国家总有他们中的2~3人去旅游。已知：

(1)如果甲去韩国，则丁不去英国；

(2)丙与戊去年总是结伴出国旅游；

(3)丁和乙只去欧洲国家旅游。

39. (2020-1-46) 根据以上信息，可以得出以下哪项？

A. 甲去了韩国和日本。
B. 乙去了英国和日本。
C. 丙去了韩国和英国。
D. 丁去了日本和法国。
E. 戊去了韩国和日本。

40. (2020-1-47) 如果5人去欧洲国家旅游的总人次与去亚洲国家的一样多，则可以得出以下哪项？

A. 甲去了日本。
B. 甲去了英国。
C. 甲去了法国。
D. 戊去了英国。
E. 戊去了法国。

41. (2021-1-35) 王、陆、田 3 人拟到甲、乙、丙、丁、戊、己 6 个景点结伴游览。关于游览的顺序，3 人意见如下：

(1) 王：1 甲、2 丁、3 己、4 乙、5 戊、6 丙。

(2) 陆：1 丁、2 己、3 戊、4 甲、5 乙、6 丙。

(3) 田：1 己、2 乙、3 丙、4 甲、5 戊、6 丁。

实际游览时，各人意见中都恰有一半的景点序号是正确的。

根据以上信息，他们实际游览的前 3 个景点分别是：

A. 己、丁、丙。 B. 丁、乙、己。

C. 甲、乙、己。 D. 乙、己、丙。

E. 丙、丁、己。

42. (2021-1-36) "冈萨雷斯""埃尔南德斯""施米特""墨菲"这 4 个姓氏是且仅是卢森堡、阿根廷、墨西哥、爱尔兰四国中其中一国常见的姓氏。已知：

(1) "施米特"是阿根廷或卢森堡常见姓氏；

(2) 若"施米特"是阿根廷常见姓氏，则"冈萨雷斯"是爱尔兰常见姓氏；

(3) 若"埃尔南德斯"或"墨菲"是卢森堡常见姓氏，则"冈萨雷斯"是墨西哥常见姓氏。

根据以上信息，可以得出以下哪项？

A. "施米特"是卢森堡常见姓氏。 B. "埃尔南德斯"是卢森堡常见姓氏。

C. "冈萨雷斯"是爱尔兰常见姓氏。 D. "墨菲"是卢森堡常见姓氏。

E. "墨菲"是阿根廷常见姓氏。

43. (2021-1-37) 甲、乙、丙、丁、戊 5 人是某校美学专业 2019 级研究生，第一学期结束后，他们在张、陆、陈 3 位教授中选择导师，每人只选择 1 人作为导师，每位导师都有 1~2 人选择，并且得知：

(1) 选择陆老师的研究生比选择张老师的多；

(2) 若丙、丁中至少有 1 人选择张老师，则乙选择陈老师；

(3) 若甲、丙、丁中至少有 1 人选择陆老师，则只有戊选择陈老师。

根据以上信息，可以得出以下哪项？

A. 甲选择陆老师。 B. 乙选择张老师。

C. 丁、戊选择陆老师。 D. 乙、丙选择陈老师。

E. 丙、丁选择陈老师。

44~45 题基于以下题干：

冬奥组委会官网开通全球招募系统，正式招募冬奥会志愿者。张明、刘伟、庄敏、孙兰、李梅 5 人在一起讨论报名事宜。他们商量的结果如下：

(1) 如果张明报名，则刘伟也报名；

(2) 如果庄敏报名，则孙兰也报名；

(3) 只要刘伟和孙兰两人中至少有 1 人报名，则李梅也报名。

后来得知,他们5人中恰有3人报名了。

44.（2021-1-40）根据以上信息,可以得出以下哪项?

A. 张明报名了。 B. 刘伟报名了。

C. 庄敏报名了。 D. 孙兰报名了。

E. 李梅报名了。

45.（2021-1-41）如果增加条件"若刘伟报名,则庄敏也报名",那么可以得出以下哪项?

A. 张明和刘伟都报名了。 B. 刘伟和庄敏都报名了。

C. 庄敏和孙兰都报名了。 D. 张明和孙兰都报名了。

E. 刘伟和李梅都报名了。

46~47题基于以下题干：

某剧团拟将历史故事"鸿门宴"搬上舞台。该剧有项王、沛公、项伯、张良、项庄、樊哙、范增7个主要角色,甲、乙、丙、丁、戊、己、庚7名演员每人只能扮演其中一个,且每个角色只能由其中一人扮演。根据各演员的特点,角色安排如下：

(1) 如果甲不扮演沛公,则乙扮演项王；

(2) 如果丙或己扮演张良,则丁扮演范增；

(3) 如果乙不扮演项王,则丙扮演张良；

(4) 如果丁不扮演樊哙,则庚或戊扮演沛公。

46.（2021-1-47）根据上述信息,可以得出以下哪项?

A. 甲扮演沛公。 B. 乙扮演项王。

C. 丙扮演张良。 D. 丁扮演范增。

E. 戊扮演樊哙。

47.（2021-1-48）若甲扮演沛公而庚扮演项庄,则可以得出以下哪项?

A. 丙扮演项伯。 B. 丙扮演范增。

C. 丁扮演项伯。 D. 戊扮演张良。

E. 戊扮演樊哙。

48~49题基于以下题干：

某高铁线路设有"东沟""西山""南镇""北阳""中丘"5座高铁站。该线路现有甲、乙、丙、丁、戊5趟车运行。这5座高铁站中,每站均恰好有3趟车停靠,且甲车和乙车停靠的站均不相同。已知：

(1) 若乙车或丙车至少有一车在"北阳"停靠,则它们均在"东沟"停靠；

(2) 若丁车在"北阳"停靠,则丙、丁和戊车均在"中丘"停靠；

(3) 若甲、乙和丙车中至少有2趟车在"东沟"停靠,则这3趟车均在"西山"停靠。

48.（2021-1-54）根据上述信息,可以得出以下哪项?

A. 甲车不在"中丘"停靠。 B. 乙车不在"西山"停靠。

C. 丙车不在"东沟"停靠。
D. 丁车不在"北阳"停靠。
E. 戊车不在"南镇"停靠。

49.（2021-1-55）若没有车在每站都停靠,则可以得出以下哪项?
A. 甲车在"南镇"停靠。
B. 乙车在"东沟"停靠。
C. 丙车在"西山"停靠。
D. 丁车在"南镇"停靠。
E. 戊车在"西山"停靠。

50~51题基于以下题干：

某电影院制订未来一周的排片计划。他们决定,周二至周日（周一休息）每天放映动作片、悬疑片、科幻片、纪录片、战争片、历史片6种类型中的一种,各不重复。已知排片还有如下要求：

(1)如果周二或周五放映悬疑片,则周三放映科幻片；
(2)如果周四或周六放映悬疑片,则周五放映战争片；
(3)战争片必须在周三放映。

50.（2022-1-45）根据以上信息,可以得出以下哪项?
A. 周六放映科幻片。
B. 周日放映悬疑片。
C. 周五放映动作片。
D. 周二放映纪录片。
E. 周四放映历史片。

51.（2022-1-46）如果历史片的放映日期既与纪录片相邻,又与科幻片相邻,则可得出以下哪项?
A. 周二放映纪录片。
B. 周四放映纪录片。
C. 周二放映动作片。
D. 周四放映科幻片。
E. 周五放映动作片。

52~53题基于以下题干：

某校文学社王、李、周、丁4人每人只爱好诗歌、散文、戏剧、小说4种文学形式中的一种,且各不相同；他们每人只创作了上述4种中的一种作品,且形式各不相同；他们创作的作品形式与各自的文学爱好均不相同。已知：

(1)若王没有创作诗歌,则李爱好小说；
(2)若王没有创作诗歌,则李创作小说；
(3)若王创作诗歌,则李爱好小说且周爱好散文。

52.（2022-1-49）根据上述信息,可以得出以下哪项?
A. 王爱好散文。
B. 李爱好戏剧。
C. 周爱好小说。
D. 丁爱好诗歌。
E. 周爱好戏剧。

53.（2022-1-50）如果丁创作散文,则可以得出以下哪项?
A. 周创作小说。
B. 李创作诗歌。

C. 李创作小说。
D. 周创作戏剧。
E. 王创作小说。

54~55题基于以下题干：

某特色建筑项目评选活动设有纪念建筑、观演建筑、会堂建筑、商业建筑、工业建筑5个门类的奖项。甲、乙、丙、丁、戊、己6位建筑师均有2个项目入选上述不同门类的奖项，且每个门类均有上述6人的2~3个项目入选。已知：

（1）若甲或乙至少有一个项目入选观演建筑或工业建筑，则乙、丙入选的项目均是观演建筑和工业建筑；

（2）若乙或丁至少有一个项目入选观演建筑或会堂建筑，则乙、丁、戊入选的项目均是纪念建筑和工业建筑；

（3）若丁至少有一个项目入选纪念建筑或商业建筑，则甲、己入选的项目均在纪念建筑、观演建筑和商业建筑之中。

54.（2022-1-54）根据上述信息，可以得出以下哪项？
A. 甲有项目入选观演建筑。 B. 丙有项目入选工业建筑。
C. 丁有项目入选商业建筑。 D. 戊有项目入选会堂建筑。
E. 己有项目入选纪念建筑。

55.（2022-1-55）若己有项目入选商业建筑，则可以得出以下哪项？
A. 己有项目入选观演建筑。 B. 戊有项目入选工业建筑。
C. 丁有项目入选商业建筑。 D. 丙有项目入选观演建筑。
E. 乙有项目入选工业建筑。

答案速查

题号	1	2	3	4	5	6	7	8	9	10
答案	A	B	C	D	B	B	B	B	A	C
题号	11	12	13	14	15	16	17	18	19	20
答案	A	A	B	C	D	D	D	E	D	D
题号	21	22	23	24	25	26	27	28	29	30
答案	E	A	B	C	B	B	D	C	A	A
题号	31	32	33	34	35	36	37	38	39	40
答案	D	B	E	E	E	D	B	E	E	A
题号	41	42	43	44	45	46	47	48	49	50
答案	B	A	E	E	C	B	D	A	C	B
题号	51	52	53	54	55					
答案	C	D	A	D	A					

考查点 3　分组题

知识点梳理

这类题目,题干中通常会给出 5~7 个对象和若干个限制条件,需根据题干要求将其分为 2~3 组。

解题技巧:

(1)要注意题干中需分为几组,每组几个对象,对象有哪些限制因素。

(2)灵活运用排除法、假设法、分析法、数字法、假言命题的性质等方法解题。

(3)充分化简题干信息。

(4)注意题干给出的附加信息。附加信息通常为确定的信息,可从该信息出发,结合题干的限制因素进行推理。

(5)如果掌握了分组题的出题规律,大家也可以适度大胆猜测正确答案。

历年真题

1. (2012-10-50)在某科室公开选拔副科长的招录考试中,共有甲、乙、丙、丁、戊、己、庚 7 人报名。根据统计,7 人的最高学历分别是本科和博士,其中博士毕业的有 3 人,女性 3 人。已知,甲、乙、丙的学历层次相同;己、庚的学历层次不同;戊、己、庚的性别相同;甲、丁的性别不同。最终录用的是一名女博士。

根据以上陈述,可以得出以下哪项?

　　A.甲是男博士。　　　　　　　　B.己是女博士。
　　C.庚不是男博士。　　　　　　　D.丙是男博士。
　　E.丁是女博士。

2~5 题基于以下题干:

某班打算从方如芬、郭嫣然、何之莲三名女生中选拔两人,从彭友文、裘志节、任向阳、宋文凯、唐晓华五名男生中选拔三人组成大学生五人支教小组到山区义务支教。要求:

(1)郭嫣然和唐晓华不同时入选;

(2)彭友文和宋文凯不同时入选;

(3)裘志节和唐晓华不同时入选。

2. (2013-10-35)下列哪位一定入选?
　　A.方如芬。　B.郭嫣然。　C.宋文凯。　D.何之莲。　E.任向阳。

3. (2013-10-36)如果郭嫣然入选,则下列哪位也一定入选?
　　A.方如芬。　B.何之莲。　C.彭友文。　D.裘志节。　E.宋文凯。

4. (2013-10-37)若何之莲未入选,则下列哪一位也未入选?
　　A.唐晓华。　B.彭友文。　C.裘志节。　D.宋文凯。　E.方如芬。

5. （2013-10-38）若唐晓华入选,则下列哪两位一定入选?

   A. 方如芬和郭嫣然。
   B. 郭嫣然和何之莲。
   C. 彭友文和何之莲。
   D. 任向阳和宋文凯。
   E. 方如芬和何之莲。

6~9题基于以下题干：

某大学文学院语言学专业2014年毕业的5名研究生张、王、李、赵、刘分别被三家用人单位天枢、天机、天璇中的一家录用,并且各单位至少录用了其中的一名。已知：

(1) 李被天枢录用;

(2) 李和赵没有被同一家单位录用;

(3) 刘和赵被同一家单位录用;

(4) 如果张被天璇录用,那么王也被天璇录用。

6. （2014-10-42）以下哪项可能是正确的?

   A. 李和刘被同一单位录用。
   B. 王、赵、刘都被天机录用。
   C. 只有刘被天璇录用。
   D. 只有王被天璇录用。
   E. 天枢录用了其中的3个人。

7. （2014-10-43）以下哪项一定是正确的?

   A. 张、王被同一单位录用。
   B. 王和刘被不同的单位录用。
   C. 天枢至多录用了两人。
   D. 天枢和天璇录用的人数相同。
   E. 王没有被天枢录用。

8. （2014-10-44）下列哪项正确,则可以确定每个毕业生的录用单位?

   A. 李被天枢录用。
   B. 张被天璇录用。
   C. 张被天枢录用。
   D. 刘被天机录用。
   E. 王被天机录用。

9. （2014-10-45）如果刘被天璇录用,则以下哪项一定是错误的?

   A. 天璇录用了3人。
   B. 录用李的单位只录用了他一人。
   C. 王被天璇录用。
   D. 天机只录用了其中的一人。
   E. 张被天璇录用。

10~11题基于以下题干：

天南大学准备选派两名研究生、三名本科生到山村小学支教。经过个人报名和民主评议,最终人选将在研究生赵婷、唐玲、殷倩3人和本科生周艳、李环、文琴、徐昂、朱敏5人中产生。按规定,同一学院或者同一社团至多选派一人。已知：

(1) 唐玲和朱敏均来自数学学院;

(2) 周艳和徐昂均来自文学院;

(3) 李环和朱敏均来自辩论协会。

10. （2015-1-38）根据上述条件，以下必定入选的是：
    A. 唐玲。　　　B. 赵婷。　　　C. 周艳。　　　D. 殷倩。　　　E. 文琴。

11. （2015-1-39）如果唐玲入选，以下必定入选的是：
    A. 李环。　　　B. 徐昂。　　　C. 周艳。　　　D. 赵婷。　　　E. 殷倩。

12～13题基于以下题干：

某海军部队有甲、乙、丙、丁、戊、己、庚7艘舰艇，拟组成两个编队出航，第一编队编列3艘舰艇，第二编队编列4艘舰艇。编列需满足以下条件：

(1) 航母己必须编列在第二编队；

(2) 戊和丙至多有一艘编列在第一编队；

(3) 甲和丙不在同一编队；

(4) 如果乙编列在第一编队，则丁也必须编列在第一编队。

12. （2018-1-40）如果甲在第二编队，则下列哪项中的舰艇一定也在第二编队？
    A. 乙。　　　B. 丙。　　　C. 丁。　　　D. 戊。　　　E. 庚。

13. （2018-1-41）如果丁和庚在同一编队，则可以得出以下哪项？
    A. 甲在第一编队。　　　　　　　　　B. 乙在第一编队。
    C. 丙在第一编队。　　　　　　　　　D. 戊在第二编队。
    E. 庚在第二编队。

14～15题基于以下题干：

某食堂采购4类（各种蔬菜名称的后一个字相同，即为一类）共12种蔬菜：芹菜、菠菜、韭菜、青椒、红椒、黄椒、黄瓜、冬瓜、丝瓜、扁豆、毛豆、豇豆。根据若干条件将其分成3组，准备在早、中、晚三餐中分别使用。已知条件如下：

(1) 同一类别的蔬菜不在一组；

(2) 芹菜不能在黄椒那一组，冬瓜不能在扁豆那一组；

(3) 毛豆必须与红椒或韭菜同一组；

(4) 黄椒必须与豇豆同一组。

14. （2019-1-49）根据以上信息，可以得出以下哪项？
    A. 冬瓜与青椒不在同一组。　　　　　B. 丝瓜与韭菜不在同一组。
    C. 芹菜与毛豆不在同一组。　　　　　D. 芹菜与豇豆不在同一组。
    E. 菠菜与扁豆不在同一组。

15. （2019-1-50）如果韭菜、青椒与黄瓜在同一组，则可以得出以下哪项？
    A. 菠菜、冬瓜与豇豆在同一组。　　　B. 韭菜、黄瓜与毛豆在同一组。
    C. 芹菜、红椒与丝瓜在同一组。　　　D. 菠菜、黄椒与豇豆在同一组。
    E. 芹菜、红椒与扁豆在同一组。

16～17题基于以下题干：

某园艺公司打算在如下形状的花圃中栽种玫瑰、兰花和菊花三个品种的花卉。该花圃的形状如下所示：

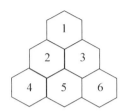

拟栽种的玫瑰有紫、红、白3种颜色，兰花有红、白、黄3种颜色，菊花有白、黄、蓝3种颜色。栽种需满足如下要求：

(1) 每个六边形格子中仅栽种一个品种、一种颜色的花；

(2) 每个品种只栽种两种颜色的花；

(3) 相邻格子中的花，其品种与颜色均不相同。

16. (2019-1-54) 若格子5中是红色的花，则以下哪项是不可能的？

    A. 格子2中是紫色的玫瑰。 　　　　　　B. 格子1中是白色的兰花。
    C. 格子1中是白色的菊花。 　　　　　　D. 格子4中是白色的兰花。
    E. 格子6中是蓝色的菊花。

17. (2019-1-55) 若格子5中是红色的玫瑰，且格子3中是黄色的花，则可以得出以下哪项？

    A. 格子1中是紫色的玫瑰。 　　　　　　B. 格子4中是白色的菊花。
    C. 格子2中是白色的菊花。 　　　　　　D. 格子4中是白色的兰花。
    E. 格子6中是蓝色的菊花。

18～19题基于以下题干：

放假3天，小李夫妇除安排一天休息之外，其他两天准备做6件事：①购物（这件事编号为①，其他依次类推）；②看望双方父母；③郊游；④带孩子去游乐场；⑤去市内公园；⑥去电影院看电影。他们商定：

(1) 每件事均做一次，且在1天内做完，每天至少做两件事；

(2) ④和⑤安排在同一天完成；

(3) ②在③之前1天完成。

18. (2020-1-37) 如果③和④安排在假期的第2天，则以下哪项是可能的？

    A. ①安排在第2天。 　　　　　　　　B. ②安排在第2天。
    C. 休息安排在第1天。 　　　　　　　D. ⑥安排在最后1天。
    E. ⑤安排在第1天。

19. (2020-1-38) 如果假期第2天只做⑥等3件事，则可以得出以下哪项？

    A. ②安排在①的前1天。 　　　　　　B. ①安排在休息一天之后。

C. ①和⑥安排在同一天。
E. ③和④安排在同一天。
D. ②和④安排在同一天。

20.（2020-1-42）某单位拟在椿树、枣树、楝树、雪松、银杏、桃树中选择4种栽种在庭院中。已知：

（1）椿树、枣树至少种植一种；

（2）如果种植椿树，则种植楝树但不种植雪松；

（3）如果种植枣树，则种植雪松但不种植银杏。

如果庭院中种植银杏，则以下哪项是不可能的？

A. 种植椿树。
B. 种植楝树。
C. 不种植枣树。
D. 不种植雪松。
E. 不种植桃树。

21.（2021-1-31）某俱乐部共有甲、乙、丙、丁、戊、己、庚、辛、壬、癸10名职业运动员，他们来自5个不同的国家（不存在双重国籍的情况）。已知：

（1）该俱乐部的外援刚好占一半，他们是乙、戊、丁、庚、辛；

（2）乙、丁、辛3人来自两个国家。

根据以上信息，可以得出以下哪项？

A. 甲、丙来自不同国家。
B. 乙、辛来自不同国家。
C. 乙、庚来自不同国家。
D. 丁、辛来自相同国家。
E. 戊、庚来自相同国家。

22.（2022-1-35）某单位有甲、乙、丙、丁、戊、己、庚、辛、壬、癸10名新进员工，他们所学专业是哲学、数学、化学、金融和会计5个专业之一，每人只学其中一个专业。已知：

（1）若甲、丙、壬、癸中至多有3人是数学专业，则丁、庚、辛3人都是化学专业；

（2）若乙、戊、己中至多有2人是哲学专业，则甲、丙、壬、辛4人专业各不相同。

根据上述信息，所学专业相同的新员工是：

A. 乙、戊、己。
B. 甲、壬、癸。
C. 丙、丁、癸。
D. 丙、戊、己。
E. 丁、庚、辛。

23.（2022-1-39）节日将至，某单位拟为职工发放福利品，每人可在甲、乙、丙、丁、戊、己、庚7种商品中选择其中的4种进行组合，并且每种组合还需满足如下要求：

（1）若选甲，则丁、戊和庚3种中至多选其一；

（2）若丙、己2种中至少选1种，则必须选择乙但不能选戊。

以下哪项组合符合上述要求？

A. 甲、丁、戊、己。
B. 乙、丙、丁、戊。
C. 甲、乙、戊、庚。
D. 乙、丁、戊、庚。

E. 甲、丙、丁、己。

24~25题基于以下题干：

本科生小刘拟在4个学年中选修甲、乙、丙、丁、戊、己、庚、辛8门课程，每个学年选修其中的1~3门课程，每门课程均在其中的一个学年修完。同时还满足：

(1) 后3个学年选修的课程数量均不同；

(2) 丙、己和辛课程安排在一个学年，丁课程安排在紧接其后的一个学年；

(3) 若第4学年至少选甲、丙、丁中的1门课程，则第1学年仅选修戊、辛2门课程。

24. （2022-1-41）如果乙在丁之前的学年选修，则可以得出以下哪项？

A. 乙在第1学年选修。   B. 乙在第2学年选修。

C. 丁在第2学年选修。   D. 丁在第4学年选修。

E. 戊在第1学年选修。

25. （2022-1-42）如果甲、庚均在乙之后的学年选修，则可以得出以下哪项？

A. 戊在第1学年选修。   B. 戊在第3学年选修。

C. 庚在甲之前的学年选修。   D. 甲在戊之前的学年选修。

E. 庚在戊之前的学年选修。

答案速查

题号	1	2	3	4	5	6	7	8	9	10
答案	E	E	D	A	E	D	C	B	E	E
题号	11	12	13	14	15	16	17	18	19	20
答案	A	D	D	D	D	C	D	A	C	E
题号	21	22	23	24	25					
答案	C	A	D	A	A					

2022年管理类综合能力逻辑真题

三、逻辑推理：第 26~55 小题,每小题 2 分,共 60 分。下列每题所给出的 A、B、C、D、E 五个选项中,只有一项是符合试题要求的。请在答题卡上将所选项的字母涂黑。

26. 百年党史充分揭示了中国共产党为什么能、马克思主义为什么行、中国特色社会主义为什么好的历史逻辑、理论逻辑、实践逻辑。面对百年未有之大变局,如果信念不坚定,就会陷入停滞彷徨的思想迷雾,就无法应对前进道路上的各种挑战风险。只有坚持中国特色社会主义道路自信、理论自信、制度自信、文化自信,才能把中国的事情办好、把中国特色社会主义事业发展好。

根据以上陈述,可以得出以下哪项？　　　　　　　　　　　　　　　　　　　(P31,87 题)

A. 如果坚持"四个自信",就能把中国的事情办好。
B. 只要信念坚定,就不会陷入停滞彷徨的思想迷雾。
C. 只有信念坚定,才能应对前进道路上的各种挑战风险。
D. 只有充分理解百年党史揭示的理论逻辑,才能将中国特色社会主义事业发展好。
E. 如果不能理解百年党史揭示的理论逻辑,就无法遵循百年党史揭示的实践逻辑。

27. "君问归期未有期,巴山夜雨涨秋池。何当共剪西窗烛,却话巴山夜雨时。"这首《夜雨寄北》是晚唐诗人李商隐的名作。一般认为这是一封"家书",当时诗人身处巴蜀,妻子在长安,所以说"寄北"。但有学者提出,这首诗实际上是寄给友人的。

以下哪项如果为真,最能支持以上学者的观点？　　　　　　　　　　　　　　(P145,65 题)

A. 李商隐之妻王氏卒于大中五年,而该诗作于大中七年。
B. 明清小说戏曲中经常将家庭塾师或官员幕客称为"西席""西宾"。
C. 唐代温庭筠的《舞衣曲》中有诗句"回鸾笑语西窗客,星斗寥寥波脉脉"。
D. 该诗另一题为《夜雨寄内》,"寄内"即寄怀妻子。此说得到了许多人的认同。
E. "西窗"在古代专指客房、客厅,起自尊客于西的先秦古礼,并被后世习察日用。

28. 退休在家的老王今晚在《焦点访谈》《国家记忆》《自然传奇》《人物故事》《纵横中国》这 5 个节目中选择了 3 个节目观看。老王对观看的节目有如下要求：
(1) 如果观看《焦点访谈》,就不观看《人物故事》；
(2) 如果观看《国家记忆》,就不观看《自然传奇》。

根据上述信息,老王一定观看了如下哪个节目？　　　　　　　　　　　　　　(P31,88 题)

A.《纵横中国》。　　　　　　　　　　B.《国家记忆》。
C.《自然传奇》。　　　　　　　　　　D.《人物故事》。
E.《焦点访谈》。

29. 2020年全球碳排放量减少大约24亿吨,远远大于之前的创纪录降幅,例如二战结束时下降9亿吨,2009年金融危机最严重时下降5亿吨。非政府组织全球碳计划(GCP)在其年度评估报告中说,由于各国在新冠肺炎疫情期间采取了封锁和限制措施,汽车使用量下降了一半左右,2020年的碳排放量同比下降了创纪录的7%。

以下哪项如果为真,最能支持GCP的观点? (P145,66题)

A. 2020年碳排放量下降最明显的国家或地区是美国和欧盟。
B. 延缓气候变化的办法不是停止经济活动,而是加速向低碳能源过渡。
C. 根据气候变化《巴黎协定》,2015年之后的10年全球每年需减排约10~20亿吨。
D. 2020年在全球各行业减少的碳排放总量中,交通运输业所占比例最大。
E. 随着世界经济的持续复苏,2021年全球碳排放量同比下降可能不超过5%。

30. 某小区2号楼1单元的住户都打了甲公司的疫苗,小李家不是该小区2号楼1单元的住户,小赵家都打了甲公司的疫苗,而小陈家都没有打甲公司的疫苗。

根据以上陈述,可以得出以下哪项? (P31,89题)

A. 小李家都没有打甲公司的疫苗。
B. 小赵家是该小区2号楼1单元的住户。
C. 小陈家是该小区的住户,但不是2号楼1单元的。
D. 小赵家是该小区2号楼的住户,但未必是1单元的。
E. 小陈家若是该小区2号楼的住户,则不是1单元的。

31. 某研究团队研究了大约4万名中老年人的核磁共振成像数据、自我心理评估等资料,发现经常有孤独感的研究对象和没有孤独感的研究对象在大脑的默认网络区域存在显著差异。默认网络是一组参与内心思考的大脑区域,这些内心思考包括回忆旧事、规划未来、想象等。孤独者大脑的默认网络联结更为紧密,其灰质容积更大。研究人员由此认为,大脑默认网络的结构和功能与孤独感存在正相关。

以下哪项如果为真,最能支持上述研究人员的观点? (P145,67题)

A. 人们在回忆过去、假设当下或预想未来时会使用默认网络。
B. 有孤独感的人更多地使用想象、回忆过去和憧憬未来以克服社交隔离。
C. 感觉孤独的老年人出现认知衰退和患上痴呆症的风险更高,进而导致部分脑区萎缩。
D. 了解孤独感对大脑的影响,拓展我们在这个领域的认知,有助于减少当今社会的孤独现象。
E. 穹窿是把信号从海马体输送到默认网络的神经纤维束,在研究对象的大脑中,这种纤维束得到较好的保护。

32. 关于张、李、宋、孔4人参加植树活动的情况如下:
(1)张、李、孔至少有2人参加;
(2)李、宋、孔至多有2人参加;
(3)如果李参加,那么张、宋两人要么都参加,要么都不参加。

根据以上陈述,以下哪项是不可能的? (P32,90题)
A. 宋、孔都参加。 B. 宋、孔都不参加。
C. 李、宋都参加。 D. 李、宋都不参加。
E. 李参加,宋不参加。

33. 2020年下半年,随着新冠病毒在全球范围内的肆虐及流感季节的到来,很多人担心会出现大范围流感和新冠疫情同时爆发的情况。但是有病毒学家发现,2009年甲型H1N1流感毒株出现时,自1977年以来一直传播的另一种甲型流感毒株消失了。由此他推测,人体同时感染新冠病毒和流感病毒的可能性应该低于预期。
以下哪项如果为真,最能支持该病毒学家的推测? (P146,68题)
A. 如果人们继续接种流感疫苗,仍能降低同时感染这两种病毒的概率。
B. 一项分析显示,新冠肺炎患者中大约只有3%的人同时感染另一种病毒。
C. 人体感染一种病毒后的几周内,其先天免疫系统的防御能力会逐步增强。
D. 为避免感染新冠病毒,人们会减少室内聚集、继续佩戴口罩、保持社交距离和手部卫生。
E. 新冠病毒的感染会增加参与干扰素反应的基因的活性,从而防止流感病毒在细胞内进行复制。

34. 补充胶原蛋白已经成为当下很多女性抗衰老的手段之一。她们认为:吃猪蹄能够补充胶原蛋白,为了美容养颜,最好多吃些猪蹄。近日有些专家对此表示质疑,他们认为多吃猪蹄其实并不能补充胶原蛋白。
以下哪项如果为真,最能质疑上述专家的观点? (P107,81题)
A. 猪蹄中的胶原蛋白会被人体的消化系统分解,不会直接以胶原蛋白的形态补充到皮肤中。
B. 人们在日常生活中摄入的优质蛋白和水果、蔬菜中的营养物质,足以提供人体所需的胶原蛋白。
C. 猪蹄中胶原蛋白的含量并不多,但胆固醇含量高、脂肪多,食用过多会引起肥胖,还会增加患高血压的风险。
D. 猪蹄中的胶原蛋白经过人体消化后会被分解成氨基酸等物质,氨基酸参与人体生理活动,再合成人体必需的胶原蛋白等多种蛋白质。
E. 胶原蛋白是人体皮肤、骨骼和肌腱中的主要结构蛋白,它填充在真皮之间,撑起皮肤组织,增加皮肤紧密度,使皮肤水润而富有弹性。

35. 某单位有甲、乙、丙、丁、戊、己、庚、辛、壬、癸10名新进员工,他们所学专业是哲学、数学、化学、金融和会计5个专业之一,每人只学其中一个专业。已知:
(1) 若甲、丙、壬、癸中至多有3人是数学专业,则丁、庚、辛3人都是化学专业;
(2) 若乙、戊、己中至多有2人是哲学专业,则甲、丙、庚、辛4人专业各不相同。
根据上述信息,所学专业相同的新员工是: (P215,22题)
A. 乙、戊、己。 B. 甲、壬、癸。 C. 丙、丁、癸。 D. 丙、戊、己。 E. 丁、庚、辛。

36. H市医保局发出如下公告:自即日起,本市将新增医保电子凭证就医结算,社保卡将不再作为就医结算的唯一凭证。本市所有定点医疗机构均已实现医保电子凭证的实时结算;本市参保人员可凭医保电子凭证就医结算,但只有将医保电子凭证激活后才能扫码使用。

以下哪项最符合上述 H 市医保局的公告内容? (P32,91题)

A. H市非定点医疗机构没有实现医保电子凭证的实时结算。

B. 可使用医保电子凭证结算的医院不一定都是 H 市的定点医疗机构。

C. 凡持有社保卡的外地参保人员,均可在 H 市定点医疗机构就医结算。

D. 凡已激活医保电子凭证的外地参保人员,均可在 H 市定点医疗机构使用医保电子凭证扫码就医。

E. 凡未激活医保电子凭证的本地参保人员,均不能在 H 市定点医疗机构使用医保电子凭证扫码结算。

37. 宋、李、王、吴四人均订阅了《人民日报》《光明日报》《参考消息》《文汇报》中的两种报纸,每种报纸均有两人订阅,且各人订阅的均不完全相同。另外,还知道:

(1) 如果吴至少订阅了《光明日报》《参考消息》中的一种,则李订阅了《人民日报》而王未订阅《光明日报》;

(2) 如果李、王两人中至多有一人订阅了《文汇报》,则宋、吴均订阅了《人民日报》。

如果李订阅了《人民日报》,则可以得出以下哪项? (P32,92题)

A. 宋订阅了《文汇报》。　　B. 宋订阅了《人民日报》。

C. 王订阅了《参考消息》。　　D. 吴订阅了《参考消息》。

E. 吴订阅了《人民日报》。

38. 在一项噪声污染与鱼类健康关系的实验中,研究人员将已感染寄生虫的孔雀鱼分成短期噪声组、长期噪声组和对照组。短期噪声组在噪声环境中连续暴露24小时,长期噪声组在同样的噪声中暴露7天,对照组则被置于一个安静环境中。在 17 天的监测期内,该研究人员发现,长期噪声组的鱼在第 12 天开始死亡,其他两组鱼则在第 14 天开始死亡。

以下哪项如果为真,最能解释上述实验结果? (P156,25题)

A. 噪声污染不仅危害鱼类,也危害两栖动物、鸟类和爬行动物等。

B. 长期噪声污染会加速寄生虫对宿主鱼类的侵害,导致鱼类过早死亡。

C. 相比于天然环境,在充斥各种噪声的养殖场中,鱼更容易感染寄生虫。

D. 噪声污染使鱼类既要应对寄生虫的感染又要排除噪声干扰,增加鱼类健康风险。

E. 短期噪声组所受的噪声可能引起了鱼类的紧张情绪,但不至于损害它们的免疫系统。

39. 节日将至,某单位拟为职工发放福利品,每人可在甲、乙、丙、丁、戊、己、庚 7 种商品中选择其中的 4 种进行组合,并且每种组合还需满足如下要求:

(1) 若选甲,则丁、戊和庚 3 种中至多选其一;

(2) 若丙、己 2 种中至少选 1 种,则必须选择乙但不能选戊。

以下哪项组合符合上述要求? (P215,23题)

A. 甲、丁、戊、己。 B. 乙、丙、丁、戊。
C. 甲、乙、戊、庚。 D. 乙、丁、戊、庚。
E. 甲、丙、丁、己。

40. 幸福是一种主观愉悦的心理体验，也是一种认知和创造美好生活的能力。在日常生活中，每个人如果既能发现当下不足，也能确立前进的目标，并通过实际行动改进不足和实现目标，就能始终保持对生活的乐观精神。而有了对生活的乐观精神，就会拥有幸福感。生活中大多数人都拥有幸福感；遗憾的是，也有一些人能发现当下的不足，并通过实际行动去改进，但他们却没有幸福感。

根据以上陈述，可以得出以下哪项？ （P69,41题）

A. 生活中大多数人都有对生活的乐观精神。
B. 个体的心理体验也是个体的一种行为能力。
C. 如果能发现当下的不足并努力改进，就能拥有幸福感。
D. 那些没有幸福感的人即使发现当下的不足，也不愿通过行为去改变。
E. 确立前进的目标并通过实际行动实现目标，生活中有些人没有做到这一点。

41~42题基于以下题干：

本科生小刘拟在4个学年中选修甲、乙、丙、丁、戊、己、庚、辛8门课程，每个学年选修其中的1~3门课程，每门课程均在其中的一个学年修完。同时还满足：

(1) 后3个学年选修的课程数量均不同；
(2) 丙、己和辛课程安排在一个学年，丁课程安排在紧接其后的一个学年；
(3) 若第4学年至少选修甲、丙、丁中的1门课程，则第1学年仅选修戊、辛2门课程。

41. 如果乙在丁之前的学年选修，则可以得出以下哪项？ （P215,24题）

A. 乙在第1学年选修。 B. 乙在第2学年选修。
C. 丁在第2学年选修。 D. 丁在第4学年选修。
E. 戊在第1学年选修。

42. 如果甲、庚均在乙之后的学年选修，则可以得出以下哪项？ （P216,25题）

A. 戊在第1学年选修。 B. 戊在第3学年选修。
C. 庚在甲之前的学年选修。 D. 甲在戊之前的学年选修。
E. 庚在戊之前的学年选修。

43. 习俗因传承而深入人心，文化因赓续而繁荣兴盛。传统节日带给人们的不只是欢乐和喜庆，还塑造着影响至深的文化自信。不忘历史才能开辟未来，善于继承才能善于创新。传统节日只有不断融入现代生活，其中的文化才能得以赓续而繁荣兴盛，才能为人们提供更多心灵滋养与精神力量。

根据以上信息，可以得出以下哪项？ （P33,93题）

A. 只有为人们提供更多心灵滋养与精神力量，传统文化才能得以赓续而繁荣兴盛。
B. 若传统节日更好地融入现代生活，就能为人们提供更多心灵滋养与精神力量。

C. 有些带给人们欢乐和喜庆的节日塑造着人们的文化自信。
D. 带有厚重历史文化的传统将引领人们开辟未来。
E. 深入人心的习俗将在不断创新中被传承。

44. 当前,不少教育题材影视剧贴近社会现实,直击子女升学、出国留学、代际冲突等教育痛点,引发社会广泛关注。电视剧一阵风,剧外人急红眼,很多家长触"剧"生情,过度代入,焦虑情绪不断增加,引得家庭"鸡飞狗跳",家庭与学校的关系不断紧张。有专家由此指出,这类教育影视剧只能贩卖焦虑,进一步激化社会冲突,对实现教育公平于事无补。
以下哪项如果为真,最能质疑上述专家的主张?　　　　　　　　　　(P107,82题)
A. 当代社会教育资源客观上总是有限且分配不平衡,教育竞争不可避免。
B. 父母过度焦虑轻则导致孩子之间暗自攀比,重则影响亲子关系、家庭和睦。
C. 教育影视剧一旦引发广泛关注,就会对国家教育政策走向产生重要影响。
D. 教育影视剧提醒学校应明确职责,不能对义务教育实行"家长承包制"。
E. 家长不应成为教育焦虑的"剧中人",而应该用爱包容孩子的不完美。

45~46题基于以下题干:

某电影院制订未来一周的排片计划。他们决定,周二至周日(周一休息)每天放映动作片、悬疑片、科幻片、纪录片、战争片、历史片6种类型中的一种,各不重复。已知排片还有如下要求:
(1)如果周二或周五放映悬疑片,则周三放映科幻片;
(2)如果周四或周六放映悬疑片,则周五放映战争片;
(3)战争片必须在周三放映。

45. 根据以上信息,可以得出以下哪项?　　　　　　　　　　(P209,50题)
A. 周六放映科幻片。　　B. 周日放映悬疑片。　　C. 周五放映动作片。
D. 周二放映纪录片。　　E. 周四放映历史片。

46. 如果历史片的放映日期既与纪录片相邻,又与科幻片相邻,则可得出以下哪项?
A. 周二放映纪录片。　　　　　　　　B. 周四放映纪录片。　　(P209,51题)
C. 周二放映动作片。　　　　　　　　D. 周四放映科幻片。
E. 周五放映动作片。

47. 有些科学家认为,基因调整技术能大幅延长人类寿命。他们在实验室中调整了一种小型土壤线虫的两组基因序列,成功将这种生物的寿命延长了5倍。他们据此声称,如果将延长线虫寿命的科学方法应用于人类,人活到500岁就会成为可能。
以下哪项如果为真,最能质疑上述科学家的观点?　　　　　　　　　　(P107,83题)
A. 基因调整技术可能会导致下一代中一定比例的个体失去繁殖能力。
B. 即使将基因调整技术成功应用于人类,也只会有极少的人活到500岁。
C. 将延长线虫寿命的科学方法应用于人类,还需要经历较长一段时间。
D. 人类的生活方式复杂而多样,不良的生活习惯和心理压力会影响身心健康。
E. 人类寿命的提高幅度不会像线虫那样简单倍增,200岁以后寿命再延长基本不可能。

48. 贾某的邻居易某在自家阳台侧面安装了空调外机,空调一开,外机就向贾家卧室窗户方向吹热风,贾某对此叫苦不迭,于是找到易某协商此事。易某回答说:"现在哪家没装空调?别人安装就行,偏偏我家就不行?"

对于易某的回答,以下哪项评价最为恰当? (P164,11题)

A. 易某的行为虽然影响到了贾家的生活,但易某是正常行使自己的权利。

B. 易某的行为已经构成对贾家权利的侵害,应该立即停止侵权行为。

C. 易某没有将心比心,因为贾家也可以在正对易家卧室窗户处安装空调外机。

D. 易某在转移论题,问题不是能不能安装空调,而是安装空调该不该影响邻居。

E. 易某空调外机的安装不应正对贾家卧室的窗户,不能只顾自己享受而让贾家受罪。

49~50题基于以下题干:

某校文学社王、李、周、丁4人每人只爱好诗歌、散文、戏剧、小说4种文学形式中的一种,且各不相同;他们每人只创作了上述4种中的一种作品,且形式各不相同;他们创作的作品形式与各自的文学爱好均不相同。已知:

(1) 若王没有创作诗歌,则李爱好小说;

(2) 若王没有创作诗歌,则李创作小说;

(3) 若王创作诗歌,则李爱好小说且周爱好散文。

49. 根据上述信息,可以得出以下哪项? (P209,52题)

A. 王爱好散文。 B. 李爱好戏剧。 C. 周爱好小说。

D. 丁爱好诗歌。 E. 周爱好戏剧。

50. 如果丁创作散文,则可以得出以下哪项? (P209,53题)

A. 周创作小说。 B. 李创作诗歌。 C. 李创作小说。

D. 周创作戏剧。 E. 王创作小说。

51. 有科学家进行了对比实验:在一些花坛中种植了金盏草,而在另外一些花坛中未种植金盏草。他们发现:种植了金盏草的花坛,玫瑰长得很繁茂,而那些未种植金盏草的花坛,玫瑰却呈现病态,很快就枯萎了。

以下哪项如果为真,最能解释上述现象? (P156,26题)

A. 为了利于玫瑰的生长,某园艺公司推荐种植金盏草而不是直接喷洒农药。

B. 金盏草的根系深度不同于玫瑰,不会与其争夺营养,却可保持土壤湿度。

C. 金盏草的根部可分泌出一种杀死土壤中害虫的物质,使玫瑰免受其侵害。

D. 玫瑰花坛中的金盏草常被认为是一种杂草,但它对玫瑰的生长具有奇特的作用。

E. 花匠会对种有金盏草和玫瑰的花坛施肥较多,而对仅种有玫瑰的花坛施肥偏少。

52. 李佳、贾元、夏辛、丁东、吴悠5位大学生暑假结伴去皖南旅游。对于5人将要游览的地点,他们却有不同的想法。

李佳:若去龙川,则也去呈坎。

贾元:龙川和徽州古城两个地方至少去一个。

夏辛：若去呈坎，则也去新安江山水画廊。
丁东：若去徽州古城，则也去新安江山水画廊。
吴悠：若去新安江山水画廊，则也去江村。
事后得知，5人的想法都得到了实现。
根据以上信息，上述5人游览的地点肯定有： (P33,94题)

A. 龙川和呈坎。　　　　　　　　B. 江村和新安江山水画廊。
C. 龙川和徽州古城。　　　　　　D. 呈坎和新安江山水画廊。
E. 呈坎和徽州古城。

53. 胃底腺息肉是所有胃息肉中最为常见的一种良性病变。最常见的是散发型胃底腺息肉，它多发于50岁以上人群。研究人员在研究10万人的胃镜检查资料后发现，有胃底腺息肉的患者无人患胃癌，而没有胃底腺息肉的患者中有178人发现有胃癌。他们由此断定，胃底腺息肉与胃癌呈负相关。

以下哪项如果为真，最能支持上述研究人员的断定？ (P146,69题)

A. 有胃底腺息肉的患者绝大多数没有家族癌症史。
B. 在研究人员研究的10万人中，50岁以下的占大多数。
C. 在研究人员研究的10万人中，有胃底腺息肉的人仅占14%。
D. 有胃底腺息肉的患者罹患萎缩性胃炎、胃溃疡的概率显著降低。
E. 胃内一旦有胃底腺息肉，往往意味着没有感染致癌物"幽门螺杆菌"。

54~55题基于以下题干：

某特色建筑项目评选活动设有纪念建筑、观演建筑、会堂建筑、商业建筑、工业建筑5个门类的类项。甲、乙、丙、丁、戊、己6位建筑师均有2个项目入选上述不同门类的类项，且每个门类均有上述6人的2~3个项目入选。已知：

(1) 若甲或乙至少有一个项目入选观演建筑或工业建筑，则乙、丙入选的项目均是观演建筑和工业建筑；

(2) 若乙或丁至少有一个项目入选观演建筑或会堂建筑，则乙、丁、戊入选的项目均是纪念建筑和工业建筑；

(3) 若丁至少有一个项目入选纪念建筑或商业建筑，则甲、己入选的项目均在纪念建筑、观演建筑和商业建筑之中。

54. 根据上述信息，可以得出以下哪项？ (P210,54题)

A. 甲有项目入选观演建筑。　　　B. 丙有项目入选工业建筑。
C. 丁有项目入选商业建筑。　　　D. 戊有项目入选会堂建筑。
E. 己有项目入选纪念建筑。

55. 若己有项目入选商业建筑，则可以得出以下哪项？ (P210,55题)

A. 己有项目入选观演建筑。　　　B. 戊有项目入选工业建筑。
C. 丁有项目入选商业建筑。　　　D. 丙有项目入选观演建筑。
E. 乙有项目入选工业建筑。

答案速查

题号	26	27	28	29	30	31	32	33	34	35
答案	C	E	A	D	E	B	B	E	D	A
题号	36	37	38	39	40	41	42	43	44	45
答案	E	C	B	D	E	A	A	C	C	B
题号	46	47	48	49	50	51	52	53	54	55
答案	C	E	D	D	A	C	B	E	D	A

2021年管理类综合能力逻辑真题

三、逻辑推理：第 26~55 小题，每小题 2 分，共 60 分。下列每题所给出的 A、B、C、D、E 五个选项中，只有一项是符合试题要求的。请在答题卡上将所选项的字母涂黑。

26. 哲学是关于世界观、方法论的学问，哲学的基本问题是思维和存在的关系问题，它是在总结各门具体科学知识基础上形成的，并不是一门具体科学，因此，经验的个案不能反驳它。

    以下哪项如果为真，最能支持以上论述？　　　　　　　　　　　　　　　　（P143,57 题）

    A. 哲学并不能推演出经验的个案。

    B. 任何科学都要接受经验的检验。

    C. 具体科学不研究思维和存在的关系问题。

    D. 经验的个案只能反驳具体科学。

    E. 哲学可以对具体科学提供指导。

27. M 大学社会学学院的老师都曾经对甲县某些乡镇进行家庭收支情况调研，N 大学历史学院的老师都曾经到甲县的所有乡镇进行历史考察。赵若兮曾经对甲县所有乡镇家庭收支情况进行调研，但未曾到项郓镇进行历史考察；陈北鱼曾经到梅河乡进行历史考察，但从未对甲县家庭收支情况进行调研。

    根据以上信息，可以得出以下哪项？　　　　　　　　　　　　　　　　　　（P30,82 题）

    A. 陈北鱼是 M 大学社会学学院的老师，且梅河乡是甲县的。

    B. 若赵若兮是 N 大学历史学院的老师，则项郓镇不是甲县的。

    C. 对甲县的家庭收支情况调研，也会涉及相关的历史考察。

    D. 陈北鱼是 N 大学的老师。

    E. 赵若兮是 M 大学的老师。

28. 研究人员招募了 300 名体重超标的男性，将其分成餐前锻炼组和餐后锻炼组，进行每周三次相同强度和相同时段的晨练。餐前锻炼组晨练前摄入 0 卡路里安慰剂饮料，晨练后摄入 200 卡路里的奶昔；餐后锻炼组晨练前摄入 200 卡路里的奶昔，晨练后摄入 0 卡路里安慰剂饮料。三周后发现，餐前锻炼组燃烧的脂肪比餐后锻炼组多，该研究人员由此推断，肥胖者若持续这样的餐前锻炼，就能在不增加运动强度或时间的情况下改善代谢能力，从而达到减肥效果。

    以下哪项如果为真，最能支持该研究人员的上述推断？　　　　　　　　　　（P143,58 题）

    A. 餐前锻炼组额外的代谢与体内肌肉中的脂肪减少有关。

    B. 餐前锻炼组觉得自己在锻炼中消耗的脂肪比餐后锻炼组多。

    C. 餐前锻炼可以增强肌肉细胞对胰岛素的反应，促使它更有效地消耗体内的糖分和脂肪。

D. 肌肉参与运动所需的营养,可能来自最近饮食中进入血液的葡萄糖和脂肪成分,也可能来自体内储存的糖和脂肪。

E. 有些餐前锻炼组的人知道他们摄入的是安慰剂,但这并不影响他们锻炼的积极性。

29. 某企业董事会就建立健全企业管理制度与提高企业经济效益进行研讨。在研讨中,与会者发言如下:

甲:要提高企业经济效益,就必须建立健全企业管理制度。

乙:既要建立健全企业管理制度,又要提高企业经济效益,二者缺一不可。

丙:经济效益是基础和保障,只有提高企业经济效益,才能建立健全企业管理制度。

丁:如果不建立健全企业管理制度,就不能提高企业经济效益。

戊:不提高企业经济效益,就不能建立健全企业管理制度。

根据上述讨论,董事会最终做出了合理的决定,以下哪项是可能的? (P52,14题)

A. 甲、乙的意见符合决定,丙的意见不符合决定。

B. 上述5人中只有1人的意见符合决定。

C. 上述5人中只有2人的意见符合决定。

D. 上述5人中只有3人的意见符合决定。

E. 上述5人的意见均不符合决定。

30. 气象台的实测气温与人实际的冷暖感受常常存在一定的差异。在同样的低温条件下,如果是阴雨天,人会感到特别冷,即通常说的"阴冷";如果同时赶上刮大风,人会感到寒风刺骨。

以下哪项如果为真,最能解释上述现象? (P156,24题)

A. 人的体感温度除了受气温的影响外,还受风速与空气湿度的影响。

B. 低温情况下,如果风力不大,阳光充足,人不会感到特别寒冷。

C. 即使天气寒冷,若进行适当锻炼,人也不会感到太冷。

D. 即使室内外温度一致,但是走到有阳光的室外,人会感到温暖。

E. 炎热的夏日,电风扇转动时,尽管不改变环境温度,但人依然感到凉快。

31. 某俱乐部共有甲、乙、丙、丁、戊、己、庚、辛、壬、癸10名职业运动员,他们来自5个不同的国家(不存在双重国籍的情况)。已知:

(1)该俱乐部的外援刚好占一半,他们是乙、戊、丁、庚、辛;

(2)乙、丁、辛3人来自两个国家。

根据以上信息,可以得出以下哪项? (P215,21题)

A. 甲、丙来自不同国家。　　　　B. 乙、辛来自不同国家。

C. 乙、庚来自不同国家。　　　　D. 丁、辛来自相同国家。

E. 戊、庚来自相同国家。

32. 某高校的李教授在网上撰文指责另一高校张教授早年发表的一篇论文存在抄袭现象。张教授知晓后,立即在同一网站对李教授的指责做出反驳。

以下哪项作为张教授的反驳最为有力？ (P106,79题)

A. 自己投稿在先而发表在后，所谓论文抄袭其实是他人抄自己。
B. 李教授的指责纯属栽赃陷害，混淆视听，破坏了大学教授的整体形象。
C. 李教授的指责是对自己不久前批评李教授学术观点所做的打击报复。
D. 李教授的指责可能背后有人指使，不排除受到两校不正当竞争的影响。
E. 李教授早年的两篇论文其实也存在不同程度的抄袭现象。

33. 某电影节设有"最佳故事片""最佳男主角""最佳女主角""最佳编剧""最佳导演"等多个奖项。颁奖前，有专业人士预测如下：

   (1) 若甲或乙获得"最佳导演"，则"最佳女主角"和"最佳编剧"将在丙和丁中产生；
   (2) 只有影片P或影片Q获得"最佳故事片"，其片中的主角才能获得"最佳男主角"或"最佳女主角"；
   (3) "最佳导演"和"最佳故事片"不会来自同一部影片。

   以下哪项颁奖结果与上述预测不一致？ (P30,83题)

   A. 乙没有获得"最佳导演"，"最佳男主角"来自影片Q。
   B. 丙获得"最佳女主角"，"最佳编剧"来自影片P。
   C. 丁获得"最佳编剧"，"最佳女主角"来自影片P。
   D. "最佳女主角""最佳导演"都来自影片P。
   E. 甲获得"最佳导演"，"最佳编剧"来自影片Q。

34. 黄瑞爱好书画收藏，他收藏的书画作品只有"真品""精品""名品""稀品""特品""完品"，它们之间存在如下关系：

   (1) 若是"完品"或"真品"，则是"稀品"；
   (2) 若是"稀品"或"名品"，则是"特品"。

   现知道黄瑞收藏的一幅画不是"特品"，则可以得出以下哪项？ (P30,84题)

   A. 该画是"稀品"。　　B. 该画是"精品"。　　C. 该画是"完品"。
   D. 该画是"名品"。　　E. 该画是"真品"。

35. 王、陆、田3人拟到甲、乙、丙、丁、戊、己6个景点结伴游览。关于游览的顺序，3人意见如下：

   (1) 王：1甲、2丁、3己、4乙、5戊、6丙。
   (2) 陆：1丁、2己、3戊、4甲、5乙、6丙。
   (3) 田：1己、2乙、3丙、4甲、5戊、6丁。

   实际游览时，各人意见中都恰有一半的景点序号是正确的。
   根据以上信息，他们实际游览的前3个景点分别是： (P207,41题)

   A. 己、丁、丙。　　B. 丁、乙、己。　　C. 甲、乙、己。
   D. 乙、己、丙。　　E. 丙、丁、己。

36. "冈萨雷斯""埃尔南德斯""施米特""墨菲"这4个姓氏是且仅是卢森堡、阿根廷、墨西哥、爱尔兰四国中其中一国常见的姓氏。已知：

(1)"施米特"是阿根廷或卢森堡常见姓氏;
(2)若"施米特"是阿根廷常见姓氏,则"冈萨雷斯"是爱尔兰常见姓氏;
(3)若"埃尔南德斯"或"墨菲"是卢森堡常见姓氏,则"冈萨雷斯"是墨西哥常见姓氏。
根据以上信息,可以得出以下哪项? (P207,42题)

A."施米特"是卢森堡常见姓氏。
B."埃尔南德斯"是卢森堡常见姓氏。
C."冈萨雷斯"是爱尔兰常见姓氏。
D."墨菲"是卢森堡常见姓氏。
E."墨菲"是阿根廷常见姓氏。

37. 甲、乙、丙、丁、戊5人是某校美学专业2019级研究生,第一学期结束后,他们在张、陆、陈3位教授中选择导师,每人只选择1人作为导师,每位导师都有1~2人选择,并且得知:
(1)选择陆老师的研究生比选择张老师的多;
(2)若丙、丁中至少有1人选择张老师,则乙选择陈老师;
(3)若甲、丙、丁中至少有1人选择陆老师,则只有戊选择陈老师。
根据以上信息,可以得出以下哪项? (P207,43题)

A.甲选择陆老师。 B.乙选择张老师。 C.丁、戊选择陆老师。
D.乙、丙选择陈老师。 E.丙、丁选择陈老师。

38. 艺术活动是人类标志性的创造性劳动。在艺术家的心灵世界里,审美需求和情感表达是创造性劳动不可或缺的重要引擎;而人工智能没有自我意识,人工智能艺术作品的本质是模仿。因此,人工智能永远不能取代艺术家的创造性劳动。
以下哪项最可能是以上论述的假设? (P122,28题)

A.没有艺术家的创作,就不可能有人工智能艺术品。
B.大多数人工智能作品缺乏创造性。
C.只有具备自我意识,才能具有审美需求和情感表达。
D.人工智能可以作为艺术创作的辅助工具。
E.模仿的作品很少能表达情感。

39. 最近一项科学观测显示,太阳产生的带电粒子流即太阳风,含有数以千计的"滔天巨浪",其时速会突然暴增,可能导致太阳磁场自行反转,甚至会对地球产生有害影响。但目前我们对太阳风的变化及其如何影响地球知之甚少。据此有专家指出,为了更好保护地球免受太阳风的影响,必须更新现有的研究模式,另辟蹊径研究太阳风。
以下哪项如果为真,最能支持上述专家的观点? (P144,59题)

A.太阳风里有许多携带能量的粒子和磁场,而这些磁场会发生意想不到的变化。
B.对太阳风的深入研究,将有助于防止太阳风大爆发时对地球的卫星和通信系统乃至地面电网造成的影响。
C.目前,根据标准太阳模型预测太阳风变化所获得的最新结果与实际观测相比,误差约为

10~20倍。

D. 最新观测结果不仅改变了天文学家对太阳风的看法,而且将改变其预测太空天气事件的能力。

E. "高速"太阳风源于太阳南北极的大型日冕洞,而"低速"太阳风则来自太阳赤道上的较小日冕洞。

40~41题基于以下题干:

冬奥组委会官网开通全球招募系统,正式招募冬奥会志愿者。张明、刘伟、庄敏、孙兰、李梅5人在一起讨论报名事宜。他们商量的结果如下:

(1)如果张明报名,则刘伟也报名;

(2)如果庄敏报名,则孙兰也报名;

(3)只要刘伟和孙兰两人中至少有1人报名,则李梅也报名。

后来得知,他们5人中恰有3人报名了。

40. 根据以上信息,可以得出以下哪项? (P208,44题)

A. 张明报名了。　　　　B. 刘伟报名了。　　　　C. 庄敏报名了。
D. 孙兰报名了。　　　　E. 李梅报名了。

41. 如果增加条件"若刘伟报名,则庄敏也报名",那么可以得出以下哪项? (P208,45题)

A. 张明和刘伟都报名了。　　　　B. 刘伟和庄敏都报名了。
C. 庄敏和孙兰都报名了。　　　　D. 张明和孙兰都报名了。
E. 刘伟和李梅都报名了。

42. 酸奶作为一种健康食品,既营养丰富又美味可口,深受人们的喜爱,很多人饭后都不忘来杯酸奶。他们觉得,饭后喝杯酸奶能够解油腻、助消化。但近日有专家指出,饭后喝酸奶其实并不能帮助消化。

以下哪项如果为真,最能支持上述专家的观点? (P144,60题)

A. 人体消化需要消化酶和有规律的肠胃运动,酸奶中没有消化酶,饮用酸奶也不能纠正无规律的肠胃运动。

B. 酸奶含有一定的糖分,吃饱了饭再喝酸奶会加重肠胃负担,同时也使身体增加额外的营养,容易导致肥胖。

C. 酸奶中的益生菌可以维持肠道消化系统的健康,但是这些菌群大多不耐酸,胃部的强酸环境会使其大部分失去活性。

D. 足量膳食纤维和维生素 B_1 被人体摄入后可有效促进肠胃蠕动,进而促进食物消化,但酸奶不含膳食纤维,维生素 B_1 的含量也不丰富。

E. 酸奶可以促进胃酸分泌,抑制有害菌在肠道内繁殖,有助于维持消化系统健康,对于食物消化能起到间接帮助作用。

43. 为进一步弘扬传统文化,有专家提议将每年的2月1日、3月1日、4月1日、9月1日、11月1日、12月1日6天中的3天确定为"传统文化宣传日"。根据实际需要,确定日期必须

考虑以下条件:
(1)若选择2月1日,则选择9月1日但不选12月1日;
(2)若3月1日、4月1日至少选择其一,则不选11月1日。
以下哪项选定的日期与上述条件一致? (P31,85题)
A. 2月1日、3月1日、4月1日。
B. 2月1日、4月1日、11月1日。
C. 3月1日、9月1日、11月1日。
D. 4月1日、9月1日、11月1日。
E. 9月1日、11月1日、12月1日。

44. 今天的教育质量将决定明天的经济实力。PISA是经济合作与发展组织每隔三年对15岁学生的阅读、数学和科学能力进行的一项测试。根据2019年最新测试结果,中国学生的总体表现远超其他国家学生。有专家认为,该结果意味着中国有一支优秀的后备力量以保障未来经济的发展。

以下哪项如果为真,最能支持上述专家的论证? (P144,61题)

A. 这次PISA测试的评估重点是阅读能力,能很好地反映学生的受教育质量。
B. 在其他国际智力测试中,亚洲学生总体成绩最好,而中国学生又是亚洲最好的。
C. 未来经济发展的核心驱动力是创新,中国教育非常重视学生创新能力的培养。
D. 中国学生在15岁时各项能力尚处于上升期,他们未来会有更出色的表现。
E. 中国学生在阅读、数学和科学三项排名中均位列第一。

45. 下面有一5×5的方阵,它所含的每个小方格中可填入一个词(已有部分词填入)。现要求该方阵中的每行、每列及每个粗线条围住的五个小方格组成的区域中均含有"道路""制度""理论""文化""自信"5个词,不能重复也不能遗漏。

根据上述要求,以下哪项是方阵①②③④空格中从左至右依次应填入的词? (P68,39题)

①	②	③	④	
	自信	道路		制度
理论				道路
制度		自信		
				文化

A. 道路、理论、制度、文化。 B. 道路、文化、制度、理论。
C. 文化、理论、制度、自信。 D. 理论、自信、文化、道路。
E. 制度、理论、道路、文化。

46. 水产品的脂肪含量相对较低,而且含有较多不饱和脂肪酸,对预防血脂异常和心血管疾病有一定作用;禽肉的脂肪含量也比较低,脂肪酸组成优于畜肉;畜肉中的瘦肉脂肪含量低于肥肉,瘦肉优于肥肉。因此,在肉类选择上,应该优先选择水产品,其次是禽肉,这样对身体更健康。

以下哪项如果为真,最能支持以上论述? (P145,62题)

A. 所有人都有罹患心血管疾病的风险。

B. 肉类脂肪含量越低对人体越健康。

C. 人们认为根据自己的喜好选择肉类更有益于健康。

D. 人必须摄入适量的动物脂肪才能满足身体的需要。

E. 脂肪含量越低,不饱和脂肪酸含量越高。

47~48题基于以下题干:

某剧团拟将历史故事"鸿门宴"搬上舞台。该剧有项王、沛公、项伯、张良、项庄、樊哙、范增7个主要角色,甲、乙、丙、丁、戊、己、庚7名演员每人只能扮演其中一个,且每个角色只能由其中一人扮演。根据各演员的特点,角色安排如下:

(1)如果甲不扮演沛公,则乙扮演项王;

(2)如果丙或己扮演张良,则丁扮演范增;

(3)如果乙不扮演项王,则丙扮演张良;

(4)如果丁不扮演樊哙,则庚或戊扮演沛公。

47. 根据上述信息,可以得出以下哪项? (P208,46题)

A. 甲扮演沛公。　　B. 乙扮演项王。　　C. 丙扮演张良。

D. 丁扮演范增。　　E. 戊扮演樊哙。

48. 若甲扮演沛公而庚扮演项庄,则可以得出以下哪项? (P208,47题)

A. 丙扮演项伯。　　B. 丙扮演范增。　　C. 丁扮演项伯。

D. 戊扮演张良。　　B. 戊扮演樊哙。

49. 某医学专家提出一种简单的手指自我检测法:将双手放在眼前,把两个食指的指甲那一面贴在一起,正常情况下,应该看到两个指甲床之间有一个菱形的空间;如果看不到这个空间,则说明手指出现了杵状改变,这是患有某种心脏或肺部疾病的迹象。该专家认为,人们通过手指自我检测能快速判断自己是否患有心脏或肺部疾病。

以下哪项如果为真,最能质疑上述专家的论断? (P106,80题)

A. 杵状改变可能由多种肺部疾病引起,如肺纤维化、支气管扩张等,而且这种病变需要经历较长的一段过程。

B. 杵状改变不是癌症的明确标志,仅有不足40%的肺癌患者有杵状改变。

C. 杵状改变检测只能作为一种参考,不能用来替代医生的专业判断。

D. 杵状改变有两个发展阶段,第一个阶段的畸变不是很明显,不足以判断人体是否有病变。

E. 杵状改变是手指末端软组织积液造成,而积液是由于过量血液注入该区域导致,其内在机理仍然不明。

50. 曾几何时,快速阅读进入了我们的培训课堂。培训者告诉学员,要按"之"字形浏览文章。只要精简我们看的地方,就能整体把握文本要义,从而提高阅读速度;真正的快速阅读能将阅读速度提高至少两倍,并不影响理解。但近年来有科学家指出,快速阅读实际上是不可能的。

以下哪项如果为真,最能支持上述科学家的观点? (P145,63题)

A. 阅读是一项复杂的任务,首先需要看到一个词,然后要检索其含义、引申义,再将其与上下文相联系。

B. 科学界始终对快速阅读持怀疑态度,那些声称能帮助人们实现快速阅读的人通常是为了谋生或赚钱。

C. 人的视力只能集中于相对较小的区域,不可能同时充分感知和阅读大范围文本,识别单词的能力限制了我们的阅读理解。

D. 个体阅读速度差异很大,那些阅读速度较快的人可能拥有较强的短时记忆或信息处理能力。

E. 大多声称能快速阅读的人实际上是在浏览,他们可能相当快地捕捉到文本的主要内容,但也会错过众多细枝末节。

51. 每篇优秀的论文都必须逻辑清晰且论据翔实,每篇经典的论文都必须主题鲜明且语言准确。实际上,如果论文论据翔实但主题不鲜明,或论文语言准确而逻辑不清晰,则它们都不是优秀的论文。

根据以上信息,可以得出以下哪项? (P31,86题)

A. 语言准确的经典论文逻辑清晰。
B. 论据不翔实的论文主题不鲜明。
C. 主题不鲜明的论文不是优秀的论文。
D. 逻辑不清晰的论文不是经典的论文。
E. 语言准确的优秀论文是经典的论文。

52. 除冰剂是冬季北方用于道路去冰的常见产品。下表显示了五种除冰剂的各项特征:

除冰剂类型	融冰速度	破坏道路设施的可能风险	污染土壤的可能风险	污染水体的可能风险
Ⅰ	快	高	高	高
Ⅱ	中等	中	低	中
Ⅲ	较慢	低	低	中
Ⅳ	快	中	中	低
Ⅴ	较慢	低	低	低

以下哪项对上述五种除冰剂的特征概括最为准确? (P69,40题)

A. 融冰速度较慢的除冰剂在污染土壤和污染水体方面的风险都低。
B. 没有一种融冰速度快的除冰剂三个方面风险都高。
C. 若某种除冰剂至少两个方面风险低,则其融冰速度一定较慢。
D. 若某种除冰剂三个方面风险都不高,则其融冰速度一定也不快。
E. 若某种除冰剂在破坏道路设施和污染土壤方面的风险都不高,则其融冰速度一定较慢。

53. 孩子在很小的时候,对接触到的东西都要摸一摸、尝一尝,甚至还会吞下去。孩子天生就对这个世界抱有强烈的好奇心,但随着孩子慢慢长大,特别是进入学校之后,他们的好奇心越来越少。对此有教育专家认为,这是由于孩子受到外在的不当激励所造成的。

以下哪项如果为真,最能支持上述专家观点? (P145,64题)

A. 现在许多孩子迷恋电脑、手机,对书本知识感到索然无味。

B. 野外郊游可以激发孩子的好奇心,长时间宅在家里就会产生思维惰性。

C. 老师、家长只看考试成绩,导致孩子只知道死记硬背书本知识。

D. 现在孩子所做的很多事情大多迫于老师、家长等的外部压力。

E. 孩子助人为乐能获得褒奖,损人利己往往受到批评。

54~55题基于以下题干:

某高铁线路设有"东沟""西山""南镇""北阳""中丘"5座高铁站。该线路现有甲、乙、丙、丁、戊5趟车运行。这5座高铁站中,每站均恰好有3趟车停靠,且甲车和乙车停靠的站均不相同。已知:

(1)若乙车或丙车至少有一车在"北阳"停靠,则它们均在"东沟"停靠;

(2)若丁车在"北阳"停靠,则丙、丁和戊车均在"中丘"停靠;

(3)若甲、乙和丙车中至少有2趟车在"东沟"停靠,则这3趟车均在"西山"停靠。

54. 根据上述信息,可以得出以下哪项? (P208,48题)

A. 甲车不在"中丘"停靠。　　B. 乙车不在"西山"停靠。

C. 丙车不在"东沟"停靠。　　D. 丁车不在"北阳"停靠。

E. 戊车不在"南镇"停靠。

55. 若没有车在每站都停靠,则可以得出以下哪项? (P209,49题)

A. 甲车在"南镇"停靠。　　B. 乙车在"东沟"停靠。

C. 丙车在"西山"停靠。　　D. 丁车在"南镇"停靠。

E. 戊车在"西山"停靠。

答案速查

题号	26	27	28	29	30	31	32	33	34	35
答案	D	B	C	C	A	C	A	D	B	B
题号	36	37	38	39	40	41	42	43	44	45
答案	A	E	C	C	E	C	A	E	A	A
题号	46	47	48	49	50	51	52	53	54	55
答案	B	B	D	E	C	C	C	C	A	C

2020年管理类综合能力逻辑真题

三、逻辑推理：第26~55小题，每小题2分，共60分。下列每题所给出的A、B、C、D、E五个选项中，只有一项是符合试题要求的。请在答题卡上将所选项的字母涂黑。

26. 领导干部对于各种批评意见应采取有则改之、无则加勉的态度，营造言者无罪、闻者足戒的氛围。只有这样，人们才能知无不言、言无不尽。领导干部只有从谏如流并为说真话者撑腰，才能做到"兼听则明"或做出科学决策；只有乐于和善于听取各种不同意见，才能营造风清气正的政治生态。

    根据以上信息，可以得出以下哪项？ （P29,78题）

    A. 领导干部必须善待批评、从谏如流，为说真话者撑腰。
    B. 大多数领导干部对于批评意见能够采取有则改之、无则加勉的态度。
    C. 领导干部如果不能从谏如流，就不能做出科学决策。
    D. 只有营造言者无罪、闻者足戒的氛围，才能形成风清气正的政治生态。
    E. 领导干部只有乐于和善于听取各种不同意见，人们才能知无不言、言无不尽。

27. 某教授组织了120名年轻的参试者，先让他们熟悉电脑上的一个虚拟城市，然后让他们以最快速度寻找由指定地点到达关键地标的最短路线，最后再让他们识别茴香、花椒等40种芳香植物的气味。结果发现，寻路任务中得分较高者其嗅觉也比较灵敏。该教授由此推断，一个人空间记忆力好、方向感强，就会使其嗅觉更为灵敏。

    以下哪项如果为真，最能质疑该教授的上述推测？ （P105,77题）

    A. 大多数动物主要靠嗅觉寻找食物、躲避天敌，其嗅觉进化有助于"导航"。
    B. 有些参试者是美食家，经常被邀请到城市各处的特色餐馆饱尝美食。
    C. 部分参试者是马拉松运动员，他们经常参加一些城市举办的马拉松比赛。
    D. 在同样的测试中，该教授本人在嗅觉灵敏度和空间方向感方面都不如年轻人。
    E. 有的年轻人喜欢玩对方向感要求较高的电脑游戏，因过分投入而食不知味。

28. 有学校提出，将效仿免费师范生制度，提供减免学费等优惠条件以吸引成绩优秀的调剂生，提高医学人才培养质量。有专家对此提出反对意见：医生是既崇高又辛苦的职业，要有足够的爱心和兴趣才能做好，因此，宁可招不满，也不要招收调剂生。

    以下哪项最可能是上述专家论断的假设？ （P122,26题）

    A. 没有奉献精神，就无法学好医学。
    B. 如果缺乏爱心，就不能从事医生这一崇高的职业。
    C. 调剂生往往对医学缺乏兴趣。
    D. 因优惠条件而报考医学的学生往往缺乏奉献精神。
    E. 有爱心并对医学有兴趣的学生不会在意是否收费。

29. 公司为员工免费提供菊花茶、绿茶、红茶、咖啡和大麦茶 5 种饮品。现有甲、乙、丙、丁、戊 5 位员工，他们每人都只喜欢其中的 2 种饮品，且每种饮品都只有 2 人喜欢。已知：
   (1) 甲和乙喜欢菊花茶，且分别喜欢绿茶和红茶中的一种；
   (2) 丙和戊分别喜欢咖啡和大麦茶的一种。
   根据上述信息，可以得出以下哪项？ (P206,36 题)
   A. 甲喜欢菊花茶和绿茶。　　B. 乙喜欢菊花茶和红茶。　　C. 丙喜欢红茶和咖啡。
   D. 丁喜欢咖啡和大麦茶。　　E. 戊喜欢绿茶和大麦茶。

30. 考生若考试通过并且体检合格，则将被录取。因此，如果李铭考试通过，但未被录取，那么他一定体检不合格。
   以下哪项与以上论证方式最为相似？ (P171,19 题)
   A. 若明天是节假日并且天气晴朗，则小吴将去爬山。因此，如果小吴未去爬山，那么第二天一定不是节假日或者天气不好。
   B. 一个数若能被 3 整除且能被 5 整除，则这个数能被 15 整除。因此，一个数若能被 3 整除但不能被 5 整除，则这个数一定不能被 15 整除。
   C. 甲单位员工若去广州出差并且是单人前往，则均乘坐高铁。因此，甲单位小吴如果去广州出差，但未乘坐高铁，那么他一定不是单人前往。
   D. 若现在是春天并且雨水充沛，则这里野草丰美。因此，如果这里野草丰美，但雨水不充沛，那么现在一定不是春天。
   E. 一壶茶若水质良好且温度适中，则一定茶香四溢。因此，如果这壶茶水质良好且茶香四溢，那么一定温度适中。

31~32 题基于以下题干：
"立春""春分""立夏""夏至""立秋""秋分""立冬""冬至"是我国二十四节气中的八个节气，"凉风""广莫风""明庶风""条风""清明风""景风""阊阖风""不周风"是八种节风。上述八个节气与八种节风之间一一对应。已知：
   (1) "立秋"对应"凉风"；
   (2) "冬至"对应"不周风""广莫风"之一；
   (3) 若"立夏"对应"清明风"，则"夏至"对应"条风"或者"立冬"对应"不周风"；
   (4) 若"立夏"不对应"清明风"或者"立春"不对应"条风"，则"冬至"对应"明庶风"。

31. 根据上述信息，可以得出以下哪项？ (P206,37 题)
   A. "秋分"不对应"明庶风"。　　B. "立冬"不对应"广莫风"。
   C. "夏至"不对应"景风"。　　D. "立夏"不对应"清明风"。
   E. "春分"不对应"阊阖风"。

32. 若"春分"和"秋分"两节气对应的节风在"明庶风"和"阊阖风"之中，则可以得出以下哪项？ (P206,38 题)
   A. "春分"对应"阊阖风"。　　B. "秋分"对应"明庶风"。
   C. "立春"对应"清明风"。　　D. "冬至"对应"不周风"。
   E. "夏至"对应"景风"。

33. 小王：在这次年终考评中，女员工的绩效都比男员工高。
    小李：这么说，新入职员工中绩效最好的还不如绩效最差的女员工。
    以下哪项如果为真，最能支持小李的上述论断？　　　　　　　　　　　　　　(P142,51题)
    A. 男员工都是新入职的。
    B. 新入职的员工有些是女性。
    C. 新入职的员工都是男性。
    D. 部分新入职的女员工没有参与绩效考评。
    E. 女员工更乐意加班，而加班绩效翻倍计算。

34. 某市2018年的人口发展报告显示，该市常住人口1170万，其中常住外来人口440万，户籍人口730万。从区级人口分布情况来看，该市G区常住人口240万，居各区之首；H区常住人口200万，位居第二；同时，这两个区也是吸纳外来人口较多的区域，两个区常住外来人口200万，占全市常住外来人口的45%以上。
    根据以上陈述，可以得出以下哪项？　　　　　　　　　　　　　　　　　　(P75,15题)
    A. 该市G区的户籍人口比H区的常住外来人口多。
    B. 该市H区的户籍人口比G区的常住外来人口多。
    C. 该市H区的户籍人口比H区的常住外来人口多。
    D. 该市G区的户籍人口比G区的常住外来人口多。
    E. 该市其他各区的常住外来人口都没有G区或H区的多。

35. 移动支付如今正在北京、上海等大中城市迅速普及，但是并非所有中国人都熟悉这种新的支付方式，很多老年人仍然习惯传统的现金交易。有专家因此断言，移动支付的迅速普及会将老年人阻挡在消费经济之外，从而影响他们晚年的生活质量。
    以下哪项如果为真，最能质疑上述专家的论断？　　　　　　　　　　　　　　(P106,78题)
    A. 到2030年，中国60岁以上人口将增至3.2亿，老年人的生活质量将进一步引起社会关注。
    B. 有许多老年人因年事已高，基本不直接进行购物消费，所需物品一般由儿女或者社会提供，他们的晚年生活很幸福。
    C. 国家有关部门近年来出台多项政策指出，消费者在使用现金支付被拒时可以投诉，但仍有不少商家我行我素。
    D. 许多老年人已在家中或社区活动中心学会移动支付的方法以及防范网络诈骗的技巧。
    E. 有些老年人视力不好，看不清手机屏幕；有些老年人记忆力不好，记不住手机支付密码。

36. 下表显示了某城市过去一周的天气情况：

星期一	星期二	星期三	星期四	星期五	星期六	星期日
东南风	南风	无风	北风	无风	西风	东风
1～2级	4～5级		1～2级		3～4级	2～3级
小雨	晴	小雪	阵雨	晴	阴	中雨

以下哪项对该城市这一周天气情况的概括最为准确？　　　　　　　　　　　　(P29,79题)

A. 每日或者刮风,或者下雨。 B. 每日或者刮风,或者晴天。
C. 每日或者无风,或者无雨。 D. 若有风且风力超过3级,则该日是晴天。
E. 若有风且风力不超过3级,则该日不是晴天。

37~38题基于以下题干:

放假3天,小李夫妇除安排一天休息之外,其他两天准备做6件事:①购物(这件事编号为①,其他依次类推);②看望双方父母;③郊游;④带孩子去游乐场;⑤去市内公园;⑥去电影院看电影。他们商定:

(1)每件事均做一次,且在1天内做完,每天至少做两件事;
(2)④和⑤安排在同一天完成;
(3)②在③之前1天完成。

37. 如果③和④安排在假期的第2天,则以下哪项是可能的?　　　　　　　　(P214,18题)
  A. ①安排在第2天。   B. ②安排在第2天。   C. 休息安排在第1天。
  D. ⑥安排在最后1天。 E. ⑤安排在第1天。

38. 如果假期第2天只做⑥等3件事,则可以得出以下哪项?　　　　　　　　(P214,19题)
  A. ②安排在①的前1天。   B. ①安排在休息一天之后。
  C. ①和⑥安排在同一天。   D. ②和④安排在同一天。
  E. ③和④安排在同一天。

39. 因业务需要,某公司欲将甲、乙、丙、丁、戊、己、庚7个部门合并到丑、寅、卯3个子公司。已知:
  (1)一个部门只能合并到一个子公司;
  (2)若丁和丙中至少有一个未合并到丑公司,则戊和甲均合并到丑公司;
  (3)若甲、己、庚中至少有一个未合并到卯公司,则戊合并到寅公司且丙合并到卯公司。
  根据上述信息,可以得出以下哪项?　　　　　　　　　　　　　　　　　(P29,80题)
  A. 甲、丁均合并到丑公司。   B. 乙、戊均合并到寅公司。
  C. 乙、丙均合并到寅公司。   D. 丁、丙均合并到丑公司。
  E. 庚、戊均合并到卯公司。

40. 王研究员:吃早餐对身体有害。因为吃早餐会导致皮质醇峰值更高,进而导致体内胰岛素异常,这可能引发Ⅱ型糖尿病。
  李教授:事实并非如此。因为上午皮质醇水平高只是人体生理节律的表现,而不吃早餐不仅会增加患Ⅱ型糖尿病的风险,还会增加患其他疾病的风险。
  以下哪项如果为真,最能支持李教授的观点?　　　　　　　　　　　　　(P142,52题)
  A. 一日之计在于晨,吃早餐可以补充人体消耗,同时为一天的工作准备能量。
  B. 糖尿病患者若在9点至15点之间摄入一天所需的卡路里,血糖水平就能保持基本稳定。
  C. 经常不吃早餐,上午工作处于饥饿状态,不利于血糖调节,容易患上胃溃疡、胆结石等疾病。
  D. 如今,人们工作繁忙,晚睡晚起现象非常普遍,很难按时吃早餐,身体常常处于亚健康状态。
  E. 不吃早餐的人通常缺乏营养和健康方面的知识,容易形成不良生活习惯。

41. 某语言学爱好者欲基于无涵义语词、有涵义语词构造合法的语句。已知：
    (1) 无涵义语词有 a、b、c、d、e、f，有涵义语词有 W、Z、X；
    (2) 如果两个无涵义语词通过一个有涵义语词连接，则它们构成一个有涵义语词；
    (3) 如果两个有涵义语词直接连接，则它们构成一个有涵义语词；
    (4) 如果两个有涵义语词通过一个无涵义语词连接，则它们构成一个合法的语句。
    根据上述信息，以下哪项是合法的语句？ (P178,6题)
    A. aWbcdXeZ。
    B. aWbcdaZe。
    C. fXaZbZWb。
    D. aZdacdfX。
    E. XWbaZdWc。

42. 某单位拟在椿树、枣树、楝树、雪松、银杏、桃树中选择4种栽种在庭院中。已知：
    (1) 椿树、枣树至少种植一种；
    (2) 如果种植椿树，则种植楝树但不种植雪松；
    (3) 如果种植枣树，则种植雪松但不种植银杏。
    如果庭院中种植银杏，则以下哪项是不可能的？ (P215,20题)
    A. 种植椿树。
    B. 种植楝树。
    C. 不种植枣树。
    D. 不种植雪松。
    E. 不种植桃树。

43. 披毛犀化石多分布在欧亚大陆北部，我国东北平原、华北平原、西藏等地也偶有发现。披毛犀有一个独特的构造——鼻中隔，简单地说就是鼻子中间的骨头。研究发现，西藏披毛犀化石的鼻中隔只是一块不完全的硬骨，早先在亚洲北部、西伯利亚等地发现的披毛犀化石的鼻中隔要比西藏披毛犀的"完全"，这说明西藏披毛犀具有更原始的形态。
    以下哪项如果为真，最能支持以上论述？ (P142,53题)
    A. 一个物种不可能有两个起源地。
    B. 西藏披毛犀化石是目前已知最早的披毛犀化石。
    C. 为了在冰雪环境中生存，披毛犀的鼻中隔经历了由软到硬的进化过程，并最终形成一块完整的骨头。
    D. 冬季的青藏高原犹如冰期动物的"训练基地"，披毛犀在这里受到耐寒训练。
    E. 随着冰期的到来，有了适应寒冷能力的西藏披毛犀走出西藏，往北迁徙。

44. 黄土高原以前植被丰富，长满大树，而现在千沟万壑，不见树木，这是植被遭破坏后水流冲刷大地造成的惨痛结果。有专家进一步分析认为，现在黄土高原不长植物，是因为这里的黄土其实都是生土。
    以下哪项最可能是上述专家推断的假设？ (P122,27题)
    A. 生土不长庄稼，只有通过土壤改造等手段才适宜种植粮食作物。
    B. 因缺少应有的投入，生土无人愿意耕种，无人耕种的土地瘠薄。
    C. 生土是水土流失造成的恶果，缺乏植物生长所需要的营养成分。
    D. 东北的黑土地中含有较厚的腐殖层，这种腐殖层适合植物的生长。
    E. 植物的生长依赖熟土，而熟土的存续依赖人类对植被的保护。

45. 目前,科学家发明了一项技术,可以把二氧化碳等物质"电成"有营养价值的蛋白粉,这项技术不像种庄稼那样需要具备合适的气温、湿度和土壤等条件。他们由此认为,这项技术开辟了未来新型食物生产的新路,有助于解决全球饥饿问题。

以下各项如果为真,则除了哪项均能支持上述科学家的观点? （P142,54题）

A. 让二氧化碳、水和微生物一起接受电流电击,可以产生出有营养价值的食物。

B. 粮食问题是全球性重大难题,联合国估计到2050年将有20亿人缺乏基本营养。

C. 把二氧化碳等物质"电成"蛋白粉的技术将彻底改变农业,还能避免对环境造成不利影响。

D. 由二氧化碳等物质"电成"的蛋白粉,约含50%蛋白质、25%的碳水化合物、核酸及脂肪。

E. 未来这项技术将被引入沙漠或其他面临饥荒的地区,为解决那里的饥饿问题提供重要帮助。

46~47题基于以下题干:

某公司甲、乙、丙、丁、戊5人爱好出国旅游。去年,在日本、韩国、英国和法国4国中,他们每人都去了其中的两个国家旅游,且每个国家总有他们中的2~3人去旅游。已知:

(1) 如果甲去韩国,则丁不去英国;

(2) 丙与戊去年总是结伴出国旅游;

(3) 丁和乙只去欧洲国家游。

46. 根据以上信息,可以得出以下哪项? （P206,39题）

A. 甲去了韩国和日本。　　　　B. 乙去了英国和日本。

C. 丙去了韩国和英国。　　　　D. 丁去了日本和法国。

E. 戊去了韩国和日本。

47. 如果5人去欧洲国家旅游的总人次与去亚洲国家的一样多,则可以得出以下哪项?

A. 甲去了日本。　　　　　　　B. 甲去了英国。　　（P206,40题）

C. 甲去了法国。　　　　　　　D. 戊去了英国。

E. 戊去了法国。

48. 1818年前后,纽约市规定,所有买卖的鱼油都需要经过检查,同时缴纳每桶25美元的检查费。一天,一名鱼油商人买了三桶鲸鱼油,打算把鲸鱼油制成蜡烛出售,鱼油检查员发现这些鲸鱼油根本没经过检查,根据鱼油法案,该商人需要接受检查并缴费。但该商人声称鲸鱼不是鱼,拒绝缴费,遂被告上法庭。陪审团最后支持了原告,判决该商人支付75美元检查费。

以下哪项如果为真,最能支持陪审团所做的判决? （P143,55题）

A. 纽约市相关法律已经明确规定,"鱼油"包括鲸鱼油和其他鱼类的油。

B. "鲸鱼不是鱼"和中国古代公孙龙的"白马非马"类似,两者都是违反常识的诡辩。

C. 19世纪的美国虽有许多人认为鲸鱼是鱼,但是也有许多人认为鲸鱼不是鱼。

D. 当时多数从事科学研究的人都肯定鲸鱼不是鱼,而律师和政客持反对意见。

E. 古希腊有先哲早就把鲸鱼归类到胎生四足动物和卵生四足动物之下,比鱼类更高一级。

49. 尽管近年来我国引进不少人才,但真正顶尖的领军人才还是凤毛麟角。就全球而言,人才特别是高层次人才紧缺已呈常态化、长期化趋势。某专家由此认为,未来10年,美国、加拿大、德国等主要发达国家对高层次人才的争夺将进一步加剧,而发展中国家的高层次人才紧缺状况更甚于发达国家,因此,我国高层次人才引进工作急需进一步加强。

以下哪项如果为真,最能加强上述专家论证? (P111,10题)

A. 我国理工科高层次人才紧缺程度更甚于文科。

B. 发展中国家的一般性人才不比发达国家少。

C. 我国仍然是发展中国家。

D. 人才是衡量一个国家综合国力的重要指标。

E. 我国近年来引进的领军人才数量不及美国等发达国家。

50. 移动互联网时代,人们随时都可以进行数字阅读。浏览网页、读电子书是数字阅读,刷微博、朋友圈也是数字阅读。长期以来,一直有人担忧数字阅读的碎片化、表面化。但近年来有专家表示,数字阅读具有重要价值,是阅读的未来发展趋势。

以下哪项如果为真,最能支持上述专家的观点? (P143,56题)

A. 长有长的用处,短有短的好处,不求甚解的数字阅读也未尝不可,说不定在未来某一时刻,当初阅读的信息就会浮现出来,对自己的生活产生影响。

B. 当前人们越来越多地通过数字阅读了解热点信息,通过网络进行相互交流,但网络交流者常常伪装或匿名,可能会提供虚假信息。

C. 有些网络读书平台能够提供精致的读书服务,它们不仅帮你选书,而且帮你读书,你只需"听"即可,但用"听"的方式去读书,效率较低。

D. 数字阅读容易挤占纸质阅读的时间,毕竟纸质阅读具有系统、全面、健康、不依赖电子设备等优点,仍将是阅读的主要方式。

E. 数字阅读便于信息筛选,阅读者能在短时间内对相关信息进行初步了解,也可以此为基础做深入了解,相关网络阅读服务平台近几年已越来越多。

51. 某街道的综合部、建设部、平安部和民生部4个部门,需要负责街道的秩序、安全、环境、协调4项工作,每个部门只负责其中的一项工作,且各部门负责的工作各不相同。已知:
(1) 如果建设部负责环境或秩序,则综合部负责协调或秩序;
(2) 如果平安部负责环境或协调,则民生部负责协调或秩序。
根据以上信息,以下哪项工作安排是可能的? (P29,81题)

A. 建设部负责环境,平安部负责协调。   B. 建设部负责秩序,民生部负责协调。
C. 综合部负责安全,民生部负责协调。   D. 民生部负责安全,综合部负责秩序。
E. 平安部负责安全,建设部负责秩序。

52. 人非生而知之者,孰能无惑?惑而不从师,其为惑也,终不解矣。生乎吾前,其闻道也固先乎吾,吾从而师之;生乎吾后,其闻道也亦先乎吾,吾从而师之。吾师道也,夫庸知其年之先后生于吾乎?是故无贵无贱,无长无少,道之所存,师之所存也。

根据以上信息,可以得出哪项? (P68,36题)

A. 与吾生乎同时,其闻道也必先乎吾。
B. 师之所存,道之所存也。
C. 无贵无贱,无长无少,皆为吾师。
D. 与吾生乎同时,其闻道不必先乎吾。
E. 若解惑,必从师。

53. 学问的本来意义与人的生命、生活有关。但是,如果学问成为口号或者教条,就会失去其本来的意义。因此,任何学问都不应该成为口号或教条。

以下哪项与上述论证方式最为相似? (P171,20题)

A. 椎间盘是没有血液循环的组织。但是,如果要确保其功能正常运转,就需依靠其周围流过的血液提供养分。因此,培养功能正常运转的人工椎间盘应该很难。
B. 大脑会改编现实经历。但是,如果大脑只是存储现实经历的"文件柜",就不会对其进行改编,因此,大脑不应该只是储存现实经历的"文件柜"。
C. 人工智能应该可以判断黑猫和白猫都是猫。但是,如果人工智能不预先"消化"大量照片,就无从判断黑猫和白猫都是猫。因此,人工智能必须预先"消化"大量照片。
D. 机器人没有人类的弱点和偏见。但是,只有数据得到正确采集和分析,机器人才不会"主观臆断"。因此,机器人应该也有类似的弱点和偏见。
E. 历史包含必然性。但是如果坚信历史只包含必然性,就会阻止我们用不断积累的历史数据去证实或证伪它。因此,历史不应该只包含必然性。

54~55题基于以下题干:

某项测试共有4道题,每道题给出A、B、C、D四个选项,其中只有一项是正确答案。现有张、王、赵、李4人参加了测试,他们的答题情况和测试结果如下:

答题者	第一题	第二题	第三题	第四题	测试结果
张	A	B	A	B	均不正确
王	B	D	B	C	只答对1题
赵	D	A	A	B	均不正确
李	C	C	B	D	只答对1题

54. 根据以上信息,可以得出以下哪项? (P68,37题)
A. 第二题的正确答案是C。 B. 第二题的正确答案是D。
C. 第三题的正确答案是D。 D. 第四题的正确答案是A。
E. 第四题的正确答案是D。

55. 如果每道题的正确答案各不相同,则可以得出以下哪个选项? (P68,38题)
A. 第一题的正确答案是B。 B. 第一题的正确答案是C。
C. 第二题的正确答案是D。 D. 第二题的正确答案是A。
E. 第三题的正确答案是C。

答案速查

题号	26	27	28	29	30	31	32	33	34	35
答案	C	A	C	D	C	B	E	C	A	B
题号	36	37	38	39	40	41	42	43	44	45
答案	E	A	C	D	C	A	E	C	C	B
题号	46	47	48	49	50	51	52	53	54	55
答案	E	A	A	C	E	E	E	B	D	A

2019年管理类综合能力逻辑真题

三、逻辑推理：第26~55小题，每小题2分，共60分。下列每题所给出的A、B、C、D、E五个选项中，只有一项是符合试题要求的。请在答题卡上将所选项的字母涂黑。

26. 新常态下，消费需求发生深刻变化，消费拉开档次，个性化、多样化消费渐成主流。在相当一部分消费者那里，对产品质量的追求压倒了对价格的考虑。供给侧结构性改革，说到底是满足需求。低质量的产能必然会过剩，而顺应市场需求不断更新换代的产能不会过剩。

    根据以上陈述，可以得出以下哪项？　　　　　　　　　　　　　　　　　　　　　(P26,70题)

    A. 顺应市场需求不断更新换代的产能不是低质量的产能。
    B. 只有质优价高的产品才能满足需求。
    C. 只有不断更新换代的产品才能满足个性化、多样化消费的需求。
    D. 低质量的产能不能满足个性化需求。
    E. 新常态下，必须进行供给侧结构性改革。

27. 根据碳-14检测，卡皮瓦拉山岩画的创作时间最早可追溯到3万年前。在文字尚未出现的时代，岩画是人类沟通交流、传递信息、记录日常生活的方式。于是今天的我们可以在这些岩画中看到：一位母亲将孩子举起嬉戏，一家人在仰望并试图触碰头上的星空……动物是岩画的另一个主角，比如巨型犰狳、马鹿、螃蟹等。在许多画面中，人们手持长矛，追逐着前方的猎物。由此可以推断，此时的人类已经居于食物链的顶端。

    以下哪项如果为真，最能支持上述推断？　　　　　　　　　　　　　　　　　　　　(P139,46题)

    A. 对星空的敬畏是人类脱离动物、产生宗教的动因之一。
    B. 有了岩画，人类可以将生活经验保留下来供后代学习，这极大地提高了人类的生存能力。
    C. 3万年前，人类需要避免自己被虎豹等大型食肉动物猎杀。
    D. 能够使用工具使得人类可以猎杀其他动物，而不是相反。
    E. 岩画中出现的动物一般是当时人类捕猎的对象。

28. 李诗、王悦、杜舒、刘默是唐诗宋词的爱好者，在唐朝诗人李白、杜甫、王维、刘禹锡中4人各喜爱其中一位，且每人喜爱的唐诗作者不与自己同姓。

    关于他们4人，已知：
    (1) 如果爱好王维的诗，那么也爱好辛弃疾的词；
    (2) 如果爱好刘禹锡的诗，那么也爱好岳飞的词；
    (3) 如果爱好杜甫的诗，那么也爱好苏轼的词。
    如果李诗不爱好苏轼和辛弃疾的词，则可以得出以下哪项？　　　　　　　　　　　　(P205,33题)

A. 杜舒爱好辛弃疾的词。 B. 王悦爱好苏轼的词。 C. 刘默爱好苏轼的词。
D. 杜舒爱好岳飞的词。 E. 李诗爱好岳飞的词。

29. 人们一直在争论猫与狗谁更聪明。最近,有些科学家不仅研究了动物脑容量的大小,还研究其大脑皮层神经细胞的数量,发现猫平常似乎总摆出一副智力占优的神态,但猫的大脑皮层神经细胞的数量只有普通金毛犬的一半。由此,他们得出结论:狗比猫更聪明。
以下哪项最可能是上述科学家得出结论的假设? (P121,24题)

A. 猫的脑神经细胞数量比狗少,是因为猫不像狗那样"爱交际"。
B. 狗可能继承了狼结群捕猎的特点,为了相互配合,它们需要做出一些复杂的行为。
C. 动物大脑皮层神经细胞的数量与动物的聪明程度呈正相关。
D. 狗善于与人类合作,可以充当导盲犬、陪护犬、搜救犬、警犬等,就对人类的贡献而言,狗能做的似乎比猫多。
E. 棕熊的脑容量是金毛犬的3倍,但其脑神经细胞数量却少于金毛犬,与猫很接近,而棕熊的脑容量却是猫的10倍。

30~31题基于以下题干:
某单位拟派遣3名德才兼备的干部到西部山区进行精准扶贫,报名者踊跃,经过考察,最终确认了陈甲、傅乙、赵丙、邓丁、刘戊、张己6名候选者。
根据工作需要,派遣还需要满足以下条件:
(1)若派遣陈甲,则派遣邓丁但不派遣张己;
(2)若傅乙、赵丙至少派遣1人,则不派遣刘戊。

30. 以下哪项的派遣人选和上述条件不矛盾? (P26,71题)
A. 赵丙、邓丁、刘戊。 B. 陈甲、傅乙、赵丙。 C. 傅乙、邓丁、刘戊。
D. 邓丁、刘戊、张己。 E. 陈甲、赵丙、刘戊。

31. 如果陈甲、刘戊至少派遣1人,则可以得出以下哪项? (P27,72题)
A. 派遣刘戊。 B. 派遣邓丁。 C. 派遣赵丙。
D. 派遣傅乙。 E. 派遣陈甲。

32. 近年来,手机、电脑的使用导致工作与生活界限日益模糊,人们的平均睡眠时间一直在减少,熬夜已成为现代人生活的常态。科学研究表明,熬夜有损身体健康,睡眠不足不仅仅是多打几个哈欠那么简单。有科学家据此建议,人们应该遵守作息规律。
以下哪项如果为真,最能支持上述科学家所做的建议? (P140,47题)

A. 缺乏睡眠会降低体内脂肪调节瘦素激素的水平,同时增加饥饿激素,容易导致暴饮暴食、体重增加。
B. 熬夜会让人的反应变慢、认知退步、思维能力下降,还会引发情绪失控,影响与他人的交流。
C. 所有的生命形式都需要休息与睡眠。在人类进化过程中,睡眠这个让人短暂失去自我意识、变得极其脆弱的过程并未被大自然淘汰。

D. 睡眠是身体的自然美容师,与那些睡眠充足的人相比,睡眠不足的人看上去面容憔悴,缺乏魅力。

E. 长期睡眠不足会导致高血压、糖尿病、肥胖症、抑郁症等多种疾病,严重时还会造成意外伤害或死亡。

33. 有一论证(相关语句用序号表示)如下:
①今天,我们仍然要提倡勤俭节约。②节约可以增加社会保障资源。③我国尚有不少地区的人民生活贫困,亟须更多社会保障资源,但也有一些人浪费严重。④节约可以减少资源消耗。⑤因为被浪费的任何粮食或者物品都是消耗一定的资源得来的。

如果用"甲→乙"表示甲支持(或证明)乙,则以下哪项对上述论证基本结构的表示最为准确? (P67,34题)

A. 　　B. 　　C. 　　D. 　　E.

34. 研究人员使用脑电图技术研究了母亲给婴儿唱童谣时两人的大脑活动,发现当母亲与婴儿对视时,双方的脑电波趋于同步,此时婴儿也会发出更多的声音尝试与母亲沟通。他们据此认为,母亲与婴儿对视有助于婴儿的学习与交流。

以下哪项如果为真,最能支持上述研究人员的观点? (P140,48题)

A. 当母亲和婴儿对视时,她们都在发出信号,表明自己可以且愿意与对方交流。
B. 脑电波趋于同步可优化双方对话状态,使交流更加默契,增进彼此了解。
C. 当父母与孩子互动时,双方的情绪与心率可能也会同步。
D. 在两个成年人交流时,如果他们的脑电波同步,交流就会更顺畅。
E. 当部分学生对某学科感兴趣时,他们的脑电波会渐趋同步,学习效果也随之提升。

35. 本保险柜所有密码都是4个阿拉伯数字和4个英文字母的组合。
已知:
(1)若4个英文字母不连续排列,则密码组合中的数字之和大于15;
(2)若4个英文字母连续排列,则密码组合中的数字之和等于15;
(3)密码组合中的数字之和或者等于18,或者小于15。

根据上述信息,以下哪项是可能的密码组合? (P27,73题)

A. 37ab26dc。　　B. 2acgf716。　　C. 1adbe356。　　D. 58bcde32。　　E. 18ac42de。

36. 有一6×6的方阵,它所含的每个小方格中可填入一个汉字,已有部分汉字填入。现要求该方阵中的每行每列均含有礼、乐、射、御、书、数6个汉字,不能重复也不能遗漏。

根据上述要求,以下哪项是方阵底行5个空格中从左至右依次应填入的汉字?

A. 数、礼、乐、射、御。　　　　　　　　B. 乐、数、御、射、礼。 (P27,74题)
C. 数、礼、乐、御、射。　　　　　　　　D. 乐、礼、射、数、御。

E. 数、御、乐、射、礼。

	乐		御	书	
				乐	
射	御	书		礼	
		射		数	礼
御		数			射
					书

37. 某市音乐节设立了流行、民谣、摇滚、民族、电音、说唱、爵士这 7 大类的奖项评选。在入围提名中,已知:

(1) 至少有 6 类入围;

(2) 流行、民谣、摇滚中至多有 2 类入围;

(3) 如果摇滚和民族类都入围,则电音和说唱中至少有一类没有入围。

根据上述信息,可以得出以下哪项? (P28,75 题)

A. 流行类没有入围。　　　B. 民谣类没有入围。　　　C. 摇滚类没有入围。

D. 爵士类没有入围。　　　E. 电音类没有入围。

38. 某大学有位女教师默默资助一偏远山区的贫困家庭长达 15 年。记者多方打听,发现做好事者是该大学传媒学院甲、乙、丙、丁、戊 5 位教师中的一位。在接受采访时,5 位老师都很谦虚,他们是这么对记者说的:

甲:这件事是乙做的。

乙:我没有做,是丙做了这件事。

丙:我并没有做这件事。

丁:我也没有做这件事,是甲做的。

戊:如果甲没有做,则丁也不会做。

记者后来得知,上述 5 位老师中只有 1 人说的话符合真实情况。

根据以上信息,可以得出做这件好事的人是: (P52,13 题)

A. 甲。　　　B. 乙。　　　C. 丙。　　　D. 丁。　　　E. 戊。

39. 作为一名环保爱好者,赵博士提倡低碳生活,积极宣传节能减排。但我不赞同他的做法,因为作为一名大学老师,他这样做,占用了大量的科研时间,到现在连副教授都没评上,他的观点怎么能令人信服呢?

以下哪项论证中的错误和上述最为相似? (P174,8 题)

A. 张某提出要同工同酬,主张在质量相同的情况下,不分年龄、级别一律按件计酬。她这样说不就是因为她年轻、级别低吗?其实她是在为自己谋利益。

B. 公司的绩效奖励制度是为了充分调动广大员工的积极性,它对所有员工都是公平的。如果有人对此有不同意见,则说明他反对公平。

C. 最近听说你对单位的管理制度提了不少意见,这真令人难以置信!单位领导对你差吗?你这样做,分明是和单位领导过不去。

D. 单位任命李某担任信息科科长,听说你对此有意见。大家都没有提意见,只有你一个人有意见,看来你的意见是有问题的。

E. 有一种观点认为,只有直接看到的事物才能确信其存在。但是没有人可以看到质子、电子,而这些都被科学证明是客观存在的。所以,该观点是错误的。

40. 下面 6 张卡片,一面印的是汉字(动物或者花卉),一面印的是数字(奇数或者偶数)。

对于上述 6 张卡片,如果要验证"每张至少有一面印的是偶数或者花卉",至少需要翻看几张卡片? (P28,76 题)

A. 2。 B. 3。 C. 4。 D. 5。 E. 6。

41. 某地人才市场招聘保洁、物业、网管、销售 4 种岗位的从业者,有甲、乙、丙、丁 4 位年轻人前来应聘。事后得知,每人只选择一种岗位应聘,且每种岗位都有其中一人应聘。另外,还知道:

(1) 如果丁应聘网管,那么甲应聘物业;
(2) 如果乙不应聘保洁,那么甲应聘保洁且丙应聘销售;
(3) 如果乙应聘保洁,那么丙应聘销售,丁也应聘保洁。

根据以上陈述,可以得出以下哪项? (P205,34 题)

A. 甲应聘物业岗位。 B. 丁应聘销售岗位。
C. 丙应聘保洁岗位。 D. 甲应聘网管岗位。
E. 乙应聘网管岗位。

42. 旅游是一种独特的文化体验。游客可以跟团游,也可以自由行。自由行游客虽避免了跟团游的集体束缚,但也放弃了人工导游的全程讲解,而近年来他们了解旅游景点的文化需求却有增无减。为适应这一市场需求,基于手机平台的多款智能导游 APP 被开发出来。它们可定位用户位置,自动提供景点讲解、游览问答等功能。有专家就此指出,未来智能导游必然会取代人工导游,传统的导游职业行将消亡。

以下哪项如果为真,最能质疑上述专家的论断? (P104,74 题)

A. 目前发展较好的智能导游 APP 用户量在百万级左右,这与当前中国旅游人数总量相比还只是一个很小的比例,市场还没有培养出用户的普遍消费习惯。

B. 旅行中才会使用的智能导游 APP,如何保持用户黏性、未来又如何取得商业价值等都是待解问题。

C. 好的人工导游可以根据游客需求进行不同类型的讲解,不仅关注景点,还可表达观点,个性化很强,这是智能导游 APP 难以企及的。

D. 国内景区配备的人工导游需要收费,大部分导游讲解的内容都是事先背好的标准化内容。但是,即便人工导游没有特色,其退出市场也需要一定的时间。

E. 至少有95%的国外景点所配备的导游讲解器没有中文语音,中国出境游客因为语言和文化上的差异,对智能导游APP的需求比较强烈。

43. 甲:上周去医院,给我看病的医生竟然还在抽烟。
乙:所有抽烟的医生都不关心自己的健康,而不关心自己健康的人也不会关心他人的健康。
甲:是的,不关心他人健康的医生没有医德。我今后再也不会让没有医德的医生给我看病了。
根据上述信息,以下除了哪项,其余各项均可得出? (P67,35题)

A. 乙认为上周给甲看病的医生不会关心乙的健康。
B. 甲认为他不会再找抽烟的医生看病。
C. 甲认为上周给他看病的医生不会关心甲的健康。
D. 甲认为上周给他看病的医生不关心医生自己的健康。
E. 乙认为上周给甲看病的医生没有医德。

44. 得道者多助,失道者寡助。寡助之至,亲戚畔之;多助之至,天下顺之。以天下之所顺,攻亲戚之所畔,故君子有不战,战必胜矣。
以下哪项是上述论证所隐含的前提? (P121,25题)

A. 得道者必胜失道者。 B. 失道者必定得不到帮助。
C. 君子是得道者。   D. 失道者亲戚畔之。
E. 得道者多,则天下太平。

45. 如今,孩子写作业不仅仅是他们自己的事,大多数中小学生的家长都要面临陪孩子写作业的任务,包括给孩子听写、检查作业、签字等。据一项针对3 000余名家长进行的调查显示,84%的家长每天都会陪孩子写作业,而67%的受访家长会因陪孩子写作业而烦恼。有专家对此指出,家长陪孩子写作业,相当于充当学校老师的助理,让家庭成为课堂的延伸,会对孩子的成长产生不利影响。
以下哪项如果为真,最能支持上述专家的论断? (P141,49题)

A. 大多数家长在孩子教育上并不是行家,他们或者早已遗忘了自己曾经学过的知识,或者根本不知道如何将自己拥有的知识传递给孩子。
B. 家长陪孩子写作业,会使得孩子在学习中缺乏独立性和主动性,整天处于老师和家长的双重压力下,既难生发学习兴趣,更难养成独立人格。
C. 家长是最好的老师,家长辅导孩子获得各种知识本来就是家庭教育的应有之义,对于中低年级的孩子,学习过程中的父母陪伴尤为重要。
D. 家长通常有自己的本职工作,有的晚上要加班,有的即使晚上回家也需要研究工作、操持家务,一般难有精力认真完成学校老师布置的"家长作业"。
E. 家长辅导孩子,不应围绕老师布置的作业,而应着重激发孩子的学习兴趣,培养孩子良好的学习习惯,让孩子在成长中感到新奇、快乐。

46. 我国天山是垂直地带性的典范。已知天山的植被形态分布具有如下特点：

(1) 从低到高有荒漠、森林带、冰雪带等；

(2) 只有经过山地草原，荒漠才能演变成森林带；

(3) 如果不经过森林带，山地草原就不会过渡到山地草甸；

(4) 山地草甸的海拔不比山地草甸草原的低，也不比高寒草甸高。

根据以上信息，关于天山植被形态，按照由低到高排列，以下哪项是不可能的？

A. 荒漠、山地草原、山地草甸草原、森林带、山地草甸、高寒草甸、冰雪带。　　(P191,28 题)

B. 荒漠、山地草原、山地草甸草原、高寒草甸、森林带、山地草甸、冰雪带。

C. 荒漠、山地草甸草原、山地草原、森林带、山地草甸、高寒草甸、冰雪带。

D. 荒漠、山地草原、山地草甸草原、森林带、山地草甸、冰雪带、高寒草甸。

E. 荒漠、山地草原、森林带、山地草甸草原、山地草甸、高寒草甸、冰雪带。

47. 某大学读书会开展"一月一书"活动。读书会成员甲、乙、丙、丁、戊 5 人在《论语》《史记》《唐诗三百首》《奥德赛》《资本论》中各选一种阅读，互不重复。已知：

(1) 甲爱读历史，会在《史记》和《奥德赛》中挑一本；

(2) 乙和丁只爱读中国古代经典，但现在都没有读诗的心情；

(3) 如果乙选《论语》，则戊选《史记》。

事实上，各人都选了自己喜爱的书目。

根据上述信息，可以得出以下哪项？　　(P205,35 题)

A. 乙选《奥德赛》。　　B. 戊选《资本论》。　　C. 丙选《唐诗三百首》。

D. 甲选《史记》。　　E. 丁选《论语》。

48. 如果一个人只为自己劳动，他也许能成为著名学者、大哲人、卓越诗人，然而他永远不能成为完美无瑕的伟大人物。如果我们选择了最能为人类福利而劳动的职业，那么，重担就不能把我们压倒，因为这是为大家而献身；那时我们所感到的就不是可怜的、有限的、自私的乐趣，我们的幸福将属于千百万人，我们的事业将默默地、但是永恒发挥作用地存在下去，而面对我们的骨灰，高尚的人们将洒下热泪。

根据以上陈述，可以得出以下哪项？　　(P28,77 题)

A. 如果我们只为自己劳动，我们的事业就不会默默地、但是永恒发挥作用地存在下去。

B. 如果我们为大家而献身，我们的幸福将属于千百万人，面对我们的骨灰，高尚的人们将洒下热泪。

C. 如果我们没有选择最能为人类福利而劳动的职业，我们所感到的就是可怜的、有限的、自私的乐趣。

D. 如果一个人只为自己劳动，不是为大家而献身，那么重担就能将他压倒。

E. 如果选择了最能为人类福利而劳动的职业，我们就不但能够成为著名学者、大哲人、卓越诗人，而且能够成为完美无瑕的伟大人物。

49~50题基于以下题干：

某食堂采购4类(各种蔬菜名称的后一个字相同,即为一类)共12种蔬菜：芹菜、菠菜、韭菜、青椒、红椒、黄椒、黄瓜、冬瓜、丝瓜、扁豆、毛豆、豇豆。根据若干条件将其分成3组,准备在早、中、晚三餐中分别使用。已知条件如下：

(1)同一类别的蔬菜不在一组；
(2)芹菜不能在黄椒那一组,冬瓜不能在扁豆那一组；
(3)毛豆必须与红椒或韭菜同一组；
(4)黄椒必须与豇豆同一组。

49.根据以上信息,可以得出以下哪项？　　　　　　　　　　　　　　　　　　　(P213,14题)

　A.冬瓜与青椒不在同一组。
　B.丝瓜与韭菜不在同一组。
　C.芹菜与毛豆不在同一组。
　D.芹菜与豇豆不在同一组。
　E.菠菜与扁豆不在同一组。

50.如果韭菜、青椒与黄瓜在同一组,则可以得出以下哪项？　　　　　　　　　　(P213,15题)

　A.菠菜、冬瓜与豇豆在同一组。
　B.韭菜、黄瓜与毛豆在同一组。
　C.芹菜、红椒与丝瓜在同一组。
　D.菠菜、黄椒与豇豆在同一组。
　E.芹菜、红椒与扁豆在同一组。

51.《淮南子·齐俗训》中有曰："今屠牛而烹其肉,或以为酸,或以为甘,煎熬燎炙,齐味万方,其本一牛之体。"其中的"熬"便是熬牛肉制汤的意思。这是考证牛肉汤做法的最早文献资料,某民俗专家由此推测,牛肉汤的起源不会晚于春秋战国时期。

以下哪项如果为真,最能支持上述推测？　　　　　　　　　　　　　　　　　　(P141,50题)

　A.《淮南子》的作者中有来自齐国故地的人。
　B.早在春秋战国时期,我国已经开始使用耕牛。
　C.《淮南子·齐俗训》记述的是春秋战国时期齐国的风俗习惯。
　D.《淮南子·齐俗训》完成于西汉时期。
　E.春秋战国时期我国已经有熬汤的鼎器。

52.某研究机构以约2万名65岁以上的老人为对象,调查了笑的频率与健康状态的关系。结果显示,在不苟言笑的老人中,认为自身现在的健康状态"不怎么好"和"不好"的比例分别是几乎每天都笑的老人的1.5倍和1.8倍。爱笑的老人对自我健康状态的评价往往较高。他们由此认为,爱笑的老人更健康。

以下哪项如果为真,最能质疑上述调查者的观点？　　　　　　　　　　　　　　(P105,75题)

　A.病痛的折磨使得部分老人对自我健康状态的评价不高。

B. 良好的家庭氛围使得老年人生活更乐观,身体更健康。

C. 身体健康的老年人中,女性爱笑的比例比男性高10个百分点。

D. 老年人的自我健康评价往往和他们实际的健康状况之间存在一定的差距。

E. 乐观的老年人比悲观的老年人更长寿。

53. 阔叶树的降尘优势明显,吸附PM2.5的效果最好,一棵阔叶树一年的平均滞尘量达3.16公斤。针叶树树叶面积小,吸附PM2.5的功效较弱。全年平均下来,阔叶林的吸尘效果要比针叶林强不少。阔叶树也比灌木和草的吸尘效果好得多。以北京常见的阔叶树国槐为例,成片的国槐林吸尘效果比同等面积的普通草地约高30%。有些人据此认为,为了降尘北京应大力推广阔叶树,并尽量减少针叶林面积。

以下哪项如果为真,最能削弱上述有关人员的观点? (P105,76题)

A. 植树造林既要治理PM2.5,也要治理其他污染物,需要合理布局。

B. 阔叶树与针叶树比例失调,不仅极易暴发病虫害、火灾等,还会影响林木的生长和健康。

C. 建造通风走廊,能把城市和郊区的森林连接起来,让清新的空气吹入,降低城区的PM2.5。

D. 阔叶树冬天落叶,在寒冷的冬季,其养护成本远高于针叶树。

E. 针叶树冬天虽然不落叶,但基本处于"休眠"状态,生物活性差。

54~55题基于以下题干:

某园艺公司打算在如下形状的花圃中栽种玫瑰、兰花和菊花三个品种的花卉。该花圃的形状如下所示:

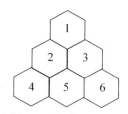

拟栽种的玫瑰有紫、红、白3种颜色,兰花有红、白、黄3种颜色,菊花有白、黄、蓝3种颜色。栽种需满足如下要求:

(1)每个六边形格子中仅栽种一个品种、一种颜色的花;

(2)每个品种只栽种两种颜色的花;

(3)相邻格子中的花,其品种与颜色均不相同。

54. 若格子5中是红色的花,则以下哪项是不可能的? (P214,16题)

A. 格子2中是紫色的玫瑰。

B. 格子1中是白色的兰花。

C. 格子1中是白色的菊花。

D. 格子4中是白色的兰花。

E. 格子6中是蓝色的菊花。

55. 若格子 5 中是红色的玫瑰,且格子 3 中是黄色的花,则可以得出以下哪项? （P214,17题）

A. 格子 1 中是紫色的玫瑰。

B. 格子 4 中是白色的菊花。

C. 格子 2 中是白色的菊花。

D. 格子 4 中是白色的兰花。

E. 格子 6 中是蓝色的菊花。

答案速查

题号	26	27	28	29	30	31	32	33	34	35
答案	A	D	E	C	D	B	E	D	B	A
题号	36	37	38	39	40	41	42	43	44	45
答案	A	C	D	A	B	E	C	E	C	B
题号	46	47	48	49	50	51	52	53	54	55
答案	B	E	B	D	D	C	D	B	C	D

2018年管理类综合能力逻辑真题

三、逻辑推理：第 26~55 小题，每小题 2 分，共 60 分。下列每题所给出的 A、B、C、D、E 五个选项中，只有一项是符合试题要求的。请在答题卡上将所选项的字母涂黑。

26. 人民既是历史的创造者，也是历史的见证者；既是历史的"剧中人"，也是历史的"剧作者"。离开人民，文艺就会变成无根的浮萍、无病的呻吟、无魂的躯壳。观照人民的生活、命运、情感，表达人民的心愿、心情、心声，我们的作品才会在人民中传之久远。

    根据以上陈述，可以得出以下哪项？　　　　　　　　　　　　　　　　　　　　(P23,63题)

    A. 历史的创造者都是历史的见证者。
    B. 历史的创造者都不是历史的"剧中人"。
    C. 历史的"剧中人"都是历史的"剧作者"。
    D. 我们的作品只要表达人民的心愿、心情、心声，就会在人民中传之久远。
    E. 只有不离开人民，文艺才不会变成无根的浮萍、无病的呻吟、无魂的躯壳。

27. 盛夏时节的某一天，某市早报刊载了由该市专业气象台提供的全国部分城市当天的天气预报，择其内容列表如下：

天津	阴	上海	雷阵雨	昆明	小雨
呼和浩特	阵雨	哈尔滨	少云	乌鲁木齐	晴
西安	中雨	南昌	大雨	香港	多云
南京	雷阵雨	拉萨	阵雨	福州	阴

    根据上述信息，以下哪项做出的论断最为准确？　　　　　　　　　　　　　　　　(P55,4题)

    A. 由于所列城市盛夏天气变化频繁，所以上面所列的 9 类天气一定就是所有的天气类型。
    B. 由于所列城市在同一天不一定展示所有的天气类型，所以上面所列的 9 类天气可能不是所有的天气类型。
    C. 由于所列城市分处我国的东南西北中，所以上面所列的 9 类天气一定就是所有的天气类型。
    D. 由于所列城市在同一天可能展示所有的天气类型，所以上面所列的 9 类天气一定是所有的天气类型。
    E. 由于所列城市并非我国的所有城市，所以上面所列的 9 类天气一定不是所有的天气类型。

28. 现在许多人很少在深夜 11 点以前安然入睡，他们未必都在熬夜用功，大多是在玩手机或看电视，其结果就是晚睡，第二天就会头晕脑涨、哈欠连天。不少人常常对此感到后悔，但一到晚上他们多半还会这么做。有专家就此指出，人们似乎从晚睡中得到了快乐，但这种快乐其实隐藏着某种烦恼。

    以下哪项如果为真，最能支持上述专家的结论？　　　　　　　　　　　　　　　　(P138,43题)

A. 晚睡者内心并不愿意睡得晚,也不觉得手机或电视有趣,甚至都不记得玩过或看过什么,但他们总是要在睡觉前花较长时间磨蹭。

B. 晨昏交替,生活周而复始,安然入睡是对当天生活的满足和对明天生活的期待,而晚睡者只想活在当下,活出精彩。

C. 晚睡者具有积极的人生态度。他们认为,当天的事须当天完成,哪怕晚睡也在所不惜。

D. 晚睡其实是一种表面难以察觉的、对"正常生活"的抵抗,它提醒人们现在的"正常生活"存在着某种令人不满的问题。

E. 大多数习惯晚睡的人白天无精打采,但一到深夜就感觉自己精力充沛,不做点有意义的事情就觉得十分可惜。

29. 分心驾驶是指驾驶人为满足自己的身体舒适、心情愉悦等需求而没有将注意力全部集中于驾驶过程的驾驶行为,常见的分心行为有抽烟、饮水、进食、聊天、刮胡子、使用手机、照顾小孩等。某专家指出,分心驾驶已成为我国道路交通事故的罪魁祸首。

以下哪项如果为真,最能支持上述专家的观点? (P139,44题)

A. 驾驶人正常驾驶时反应时间为 0.3~1.0 秒,使用手机时反应时间则延迟 3 倍左右。

B. 一项统计研究表明,相对于酒驾、药驾、超速驾驶、疲劳驾驶等情形,我国由分心驾驶导致的交通事故占比最高。

C. 一项研究显示,在美国超过 1/4 的车祸是由驾驶人使用手机引起的。

D. 近来使用手机已成为我国驾驶人分心驾驶的主要表现形式,59% 的人开车过程中看微信,31% 的人玩自拍,36% 的人刷微博、微信朋友圈。

E. 开车使用手机会导致驾驶人注意力下降 20%;如果驾驶人边开车边发短信,则发生车祸的概率是其正常驾驶时的 23 倍。

30~31 题基于以下题干:

某工厂有一员工宿舍住了甲、乙、丙、丁、戊、己、庚 7 人,每人每周需轮流值日一天,且每天仅安排一人值日。他们值日的安排还需满足以下条件:

(1)乙周二或者周六值日;
(2)如果甲周一值日,那么丙周三值日且戊周五值日;
(3)如果甲周一不值日,那么己周四值日且庚周五值日;
(4)如果乙周二值日,那么己周六值日。

30. 根据以上条件,如果丙周日值日,则可以得出以下哪项? (P191,26题)

A. 戊周三值日。　　　B. 己周五值日。　　　C. 甲周一值日。
D. 丁周二值日。　　　E. 乙周六值日。

31. 如果庚周四值日,那么以下哪项一定为假? (P191,27题)

A. 丙周三值日。　　　B. 乙周六值日。　　　C. 己周二值日。
D. 甲周一值日。　　　E. 戊周日值日。

32. 唐代韩愈在《师说》中指出:"孔子曰:三人行,则必有我师。是故弟子不必不如师,师不必贤于弟子,闻道有先后,术业有专攻,如是而已。"

根据上述韩愈的观点,可以得出以下哪项? (P55,5题)
A. 有的弟子必然不如师。　　　　　　B. 有的弟子可能不如师。
C. 有的师可能不贤于弟子。　　　　　D. 有的师不可能贤于弟子。
E. 有的弟子可能不贤于师。

33. "二十四节气"是我国农耕社会生产生活的时间指南,反映了从春到冬一年四季的气温、降水、物候的周期性变化规律。已知各节气的名称具有如下特点:
(1)凡含"春""夏""秋""冬"字的节气各属春、夏、秋、冬季;
(2)凡含"雨""露""雪"字的节气各属春、秋、冬季;
(3)如果"清明"不在春季,则"霜降"不在秋季;
(4)如果"雨水"在春季,则"霜降"在秋季。
根据以上信息,如果从春至冬每季仅列两个节气,则以下哪项是不可能的? (P24,64题)
A. 清明、谷雨、芒种、夏至、秋分、寒露、小雪、大寒。
B. 雨水、惊蛰、夏至、小暑、白露、霜降、大雪、冬至。
C. 立春、谷雨、清明、夏至、处暑、白露、立冬、小雪。
D. 惊蛰、春分、立夏、小满、白露、寒露、立冬、小雪。
E. 立春、清明、立夏、夏至、立秋、寒露、小雪、大寒。

34. 刀不磨要生锈,人不学要落后。所以,如果你不想落后,就应该多磨刀。
以下哪项与上述论证方式最为相似? (P170,16题)
A. 金无足赤,人无完人。所以,如果你想做完人,就应该有真金。
B. 有志不在年高,无志空活百岁。所以,如果你不想空活百岁,就应该立志。
C. 妆未梳成不见客,不到火候不揭锅。所以,如果揭了锅,就应该是到了火候。
D. 兵在精而不在多,将在谋而不在勇。所以,如果想获胜,就应该兵精将勇。
E. 马无夜草不肥,人无横财不富。所以,如果你想富,就应该让马多吃夜草。

35. 某市已开通运营一、二、三、四号地铁线路,各条地铁线每一站运行加停靠所需时间均彼此相同。小张、小王、小李三人是同一单位的职工,单位附近有北口地铁站。某天早晨,3人同时都在常青站乘一号线上班,但3人关于乘车路线的想法不尽相同。已知:
(1)如果一号线拥挤,小张就坐2站后转三号线,再坐3站到北口站;如果一号线不拥挤,小张就坐3站后转二号线,再坐4站到北口站。
(2)只有一号线拥挤,小王才坐2站后转三号线,再坐3站到北口站。
(3)如果一号线不拥挤,小李就坐4站后转四号线,坐3站之后再转三号线,坐1站到达北口站。
(4)该天早晨地铁一号线不拥挤。
假定三人换乘及步行总时间相同,则以下哪项最可能与上述信息不一致? (P24,65题)
A. 小李比小张先到达单位。　　　　　B. 小王比小李先到达单位。
C. 小张比小王先到达单位。　　　　　D. 小王和小李同时到达单位。
E. 小张和小王同时到达单位。

36. 最近一项调研发现,某国 30 岁至 45 岁人群中,去医院治疗冠心病、骨质疏松等病症的人越来越多,而原来患有这些病症的大多是老年人。调研者由此认为,该国年轻人中"老年病"发病率有不断增加的趋势。

以下哪项如果为真,最能质疑上述调研结论? (P104,73 题)

A. 近年来,由于大量移民涌入,该国 45 岁以下的年轻人数量急剧增加。

B. 由于国家医疗保障水平的提高,相比以往,该国民众更有条件关注自己的身体健康。

C. 近几十年来,该国人口老龄化严重,但健康老龄人口的比重在不断增大。

D. "老年人"的最低年龄比以前提高了,"老年病"的患者范围也有所变化。

E. 尽管冠心病、骨质疏松等病症是常见的"老年病",老年人患的病未必都是"老年病"。

37. 张教授:利益并非只是物质利益,应该把信用、声誉、情感甚至某种喜好等都归入利益的范畴。根据这种对"利益"的广义理解,如果每一个体在不损害他人利益的前提下,尽可能满足其自身的利益需求,那么由这些个体组成的社会就是一个良善的社会。

根据张教授的观点,可以得出以下哪项? (P25,66 题)

A. 尽可能满足每一个体的利益需求,就会损害社会的整体利益。

B. 如果一个社会不是良善的,那么其中肯定存在个体损害他人利益或自身利益需求没有尽可能得到满足的情况。

C. 如果有些个体通过损害他人利益来满足自身的利益需求,那么社会就不是良善的。

D. 如果某些个体的利益没尽可能得到满足,那么社会就不是良善的。

E. 只有尽可能满足每一个体的利益需求,社会才可能是良善的。

38. 某学期学校新开设 4 门课程:"《诗经》鉴赏""老子研究""唐诗鉴赏""宋词选读"。李晓明、陈文静、赵珊珊和庄志达 4 人各选修了其中一门课程。已知:

(1) 他们 4 人选修的课程各不相同;

(2) 喜爱诗词的赵珊珊选修的是诗词类课程;

(3) 李晓明选修的不是"《诗经》鉴赏"就是"唐诗鉴赏"。

以下哪项如果为真,就能确定赵珊珊选修的是"宋词选读"? (P203,28 题)

A. 庄志达选修的是"老子研究"。

B. 庄志达选修的不是"老子研究"。

C. 庄志达选修的是"《诗经》鉴赏"。

D. 庄志达选修的不是"宋词选读"。

E. 庄志达选修的不是"《诗经》鉴赏"。

39. 我国中原地区如果降水量比往年偏低,该地区的河流水位会下降,流速会减缓。这有利于河流中的水草生长,河流中的水草总量通常也会随之而增加。不过,去年该地区在经历了一次极端干旱之后,尽管该地区某河流的流速十分缓慢,但其中的水草总量并未随之增加,只是处于一个很低的水平。

以下哪项如果为真,最能解释上述看似矛盾的现象? (P156,23 题)

A. 该河流在经历了去年极端干旱之后干涸了一段时间,导致大量水生物死亡。

B. 如果河中水草数量达到一定程度,就会对周边其他物种的生存产生危害。

C. 我国中原地区多平原,海拔差异小,其地表河水流速比较缓慢。
D. 河水流速越慢,其水温变化就越小,这有利于水草的生长和繁殖。
E. 经过极端干旱之后,该河流中以水草为食物的水生动物数量大量减少。

40~41题基于以下题干:

某海军部队有甲、乙、丙、丁、戊、己、庚7艘舰艇,拟组成两个编队出航,第一编队编列3艘舰艇,第二编队编列4艘舰艇。编列需满足以下条件:

(1)航母己必须编列在第二编队;
(2)戊和丙至多有一艘编列在第一编队;
(3)甲和丙不在同一编队;
(4)如果乙编列在第一编队,则丁也必须编列在第一编队。

40. 如果甲在第二编队,则下列哪项中的舰艇一定也在第二编队? (P213,12题)
   A.乙。   B.丙。   C.丁。   D.戊。   E.庚。

41. 如果丁和庚在同一编队,则可以得出以下哪项? (P213,13题)
   A.甲在第一编队。   B.乙在第一编队。   C.丙在第一编队。
   D.戊在第二编队。   E.庚在第二编队。

42. 甲:读书最重要的目的是增长知识、开拓视野。
   乙:你只见其一,不见其二。读书最重要的是陶冶性情、提升境界。没有陶冶性情、提升境界,就不能达到读书的真正目的。
   以下哪项与上述反驳方式最为相似? (P170,17题)

   A. 甲:文学创作最重要的是阅读优秀文学作品。
      乙:你只见现象,不见本质。文学创作最重要的是观察生活、体验生活。任何优秀的文学作品都来源于火热的社会生活。
   B. 甲:做人最重要的是要讲信用。
      乙:你说得不全面。做人最重要的是要遵纪守法。如果不遵纪守法,就没法讲信用。
   C. 甲:作为一部优秀的电视剧,最重要的是能得到广大观众的喜爱。
      乙:你只见其表,不见其里。作为一部优秀的电视剧,最重要的是具有深刻寓意与艺术魅力。没有深刻寓意与艺术魅力,就不能成为优秀的电视剧。
   D. 甲:科学研究最重要的是研究内容的创新。
      乙:你只见内容,不见方法。科学研究最重要的是研究方法的创新。只有实现研究方法的创新,才能真正实现研究内容的创新。
   E. 甲:一年中最重要的季节是收获的秋天。
      乙:你只看结果,不问原因。一年中最重要的季节是播种的春天。没有春天的播种,哪来秋天的收获?

43. 若要人不知,除非己莫为;若要人不闻,除非己莫言,为之而欲人不知,言之而欲人不闻,此犹捕雀而掩目,盗钟而掩耳者。
   根据以上陈述,可以得出以下哪项? (P25,67题)

A. 若己不言，则人不闻。

B. 若己为，则人会知；若己言，则人会闻。

C. 若能做到盗钟而掩耳，则可言之而人不闻。

D. 若己不为，则人不知。

E. 若能做到捕雀而掩目，则可为之而人不知。

44. 中国是全球最大的卷烟生产国和消费国，但近年来政府通过出台禁烟令、提高卷烟消费税等一系列公共政策努力改变这一形象。一项权威调查数据显示，在 2014 年同比上升 2.4% 之后，中国卷烟消费量在 2015 年同比下降了 2.4%，这是 1995 年来首次下降。尽管如此，2015 年中国卷烟消费量仍占全球的 45%，但这一下降对全球卷烟总消费量产生巨大影响，使其同比下降了 2.1%。

根据以上信息，可以得出以下哪项？ (P75,14 题)

A. 2015 年世界其他国家卷烟消费量同比下降比率低于中国。

B. 2015 年中国卷烟消费量恰好等于 2013 年。

C. 2015 年世界其他国家卷烟消费量同比下降比率高于中国。

D. 2015 年中国卷烟消费量大于 2013 年。

E. 2015 年发达国家卷烟消费量同比下降比率高于发展中国家。

45. 某校图书馆新购一批文科图书。为方便读者查阅，管理人员对这批图书在文科新书阅览室中摆放位置做出如下提示：

(1) 前三排书橱均放有哲学类新书；

(2) 法学类新书都放在第 5 排书橱，这排书橱的左侧也放有经济类新书；

(3) 管理类新书放在最后一排书橱。

事实上，所有的图书都按照上述提示放置。根据提示，徐莉顺利找到了她想查阅的新书。

根据上述信息，以下哪项是不可能的？ (P66,33 题)

A. 徐莉在第 2 排书橱中找到哲学类新书。

B. 徐莉在第 3 排书橱中找到经济类新书。

C. 徐莉在第 4 排书橱中找到哲学类新书。

D. 徐莉在第 6 排书橱中找到法学类新书。

E. 徐莉在第 7 排书橱中找到管理类新书。

46. 某次学术会议的主办方发出会议通知：只有论文通过审核才能收到会议主办方发出的邀请函，本次学术会议只欢迎持有主办方邀请函的科研院所的学者参加。

根据以上通知，可以得出以下哪项？ (P25,68 题)

A. 论文通过审核并持有主办方邀请函的学者，本次学术会议都欢迎其参加。

B. 论文通过审核的学者都可以参加本次学术会议。

C. 论文通过审核的学者有些不能参加本次学术会议。

D. 有些论文通过审核但未持有主办方邀请函的学者，本次学术会议欢迎其参加。

E. 本次学术会议不欢迎论文没有通过审核的学者参加。

47~48题基于以下题干：

一江南园林拟建松、竹、梅、兰、菊5个园子。该园林拟设东、南、北3个门，分别位于其中的3个园子。这5个园子的布局满足如下条件：

(1) 如果东门位于松园或菊园，那么南门不位于竹园；
(2) 如果南门不位于竹园，那么北门不位于兰园；
(3) 如果菊园在园林的中心，那么它与兰园不相邻；
(4) 兰园与菊园相邻，中间连着一座美丽的廊桥。

47. 根据以上信息，可以得出以下哪项？ (P204,29题)
   A. 菊园不在园林的中心。　　　　　B. 梅园不在园林的中心。
   C. 兰园在园林的中心。　　　　　　D. 菊园在园林的中心。
   E. 兰园不在园林的中心。

48. 如果北门位于兰园，则可以得出以下哪项？ (P204,30题)
   A. 东门位于梅园。　　B. 南门位于菊园。　　C. 东门位于竹园。
   D. 东门位于松园。　　E. 南门位于梅园。

49. 有研究发现，冬季在公路上撒盐除冰，会让本来要成为雌性的青蛙变成雄性，这是因为这些路盐中的钠元素会影响青蛙的受体细胞并改变原可能成为雌性青蛙的性别。有专家据此认为，这会导致相关区域青蛙数量的下降。

以下哪项如果为真，最能支持上述专家的观点？ (P139,45题)

A. 雌雄比例会影响一个动物种群的规模，雌性数量的充足对物种的繁衍生息至关重要。
B. 如果一个物种以雄性为主，该物种的个体数量就可能受到影响。
C. 在多个盐含量不同的水池中饲养青蛙，随着水池中盐含量的增加，雌性青蛙的数量不断减少。
D. 如果每年冬季在公路上撒很多盐，盐水流入池塘，就会影响青蛙的生长发育过程。
E. 大量的路盐流入池塘可能会给其他水生物造成危害，破坏青蛙的食物链。

50. 最终审定的项目或者意义重大或者关注度高，凡意义重大的项目均涉及民生问题，但是有些最终审定的项目并不涉及民生问题。

根据以上陈述，可以得出以下哪项？ (P46,17题)

A. 有些项目尽管关注度高但并非意义重大。
B. 有些不涉及民生问题的项目意义也非常重大。
C. 涉及民生问题的项目有些没有引起关注。
D. 意义重大的项目比较容易引起关注。
E. 有些项目意义重大但是关注度不高。

51. 甲：知难行易，知然后行。
    乙：不对。知易行难，行然后知。

以下哪项与上述对话方式最为相似？ (P170,18题)

A. 甲：知人者智，自知者明。
   乙：不对。知人不易，知己更难。

B. 甲：不破不立，先破后立。
   乙：不对。不立不破，先立后破。

C. 甲：想想容易做起来难，做比想更重要。
   乙：不对。想到就能做到，想比做更重要。

D. 甲：批评他人易，批评自己难；先批评他人后批评自己。
   乙：不对。批评自己易，批评他人难；先批评自己后批评他人。

E. 甲：做人难做事易，先做人再做事。
   乙：不对。做人易做事难，先做事再做人。

52. 所有值得拥有专利的产品或设计方案都是创新，但并不是每一项创新都值得拥有专利；所有的模仿都不是创新，但并非每一个模仿者都应该受到惩罚。

   根据以上陈述，以下哪项是不可能的？　　　　　　　　　　　　　　　　　　(P47,18题)

   A. 有些创新者可能受到惩罚。
   B. 没有模仿值得拥有专利。
   C. 有些值得拥有专利的创新产品并没有申请专利。
   D. 有些值得拥有专利的产品是模仿。
   E. 所有的模仿者都受到了惩罚。

53. 某国拟在甲、乙、丙、丁、戊、己6种农作物中进口几种，用于该国庞大的动物饲料产业。考虑到一些农作物可能含有违禁成分，以及它们之间存在的互补或可替代等因素，该国对进口这些农作物有如下要求：

   (1) 它们当中不含违禁成分的都进口；
   (2) 如果甲或乙含有违禁成分，就进口戊和己；
   (3) 如果丙含有违禁成分，那么丁就不进口了；
   (4) 如果进口戊，就进口乙和丁；
   (5) 如果不进口丁，就进口丙；如果进口丙，就不进口丁。

   根据上述要求，以下哪项所列的农作物是该国可以进口的？　　　　　　　　　(P26,69题)

   A. 乙、丙、丁。　　　　　B. 甲、丁、己。　　　　　C. 丙、戊、己。
   D. 甲、戊、己。　　　　　E. 甲、乙、丙。

54~55题基于以下题干：

   某校四位女生施琳、张芳、王玉、杨虹与四位男生范勇、吕伟、赵虎、李龙进行中国象棋比赛。他们被安排到四张桌上，每桌一男一女对弈，四张桌从左到右分别记为1、2、3、4号，每对选手需要进行四局比赛。比赛规定：选手每胜一局得2分，和一局得1分，负一局得0分。前三局结束时，按分差大小排列，四对选手的总积分分别是6：0、5：1、4：2、3：3。已知：

   (1) 张芳跟吕伟对弈，杨虹在4号桌比赛，王玉的比赛桌在李龙比赛桌的右边；
   (2) 1号桌的比赛至少有一局是和局，4号桌双方的总积分不是4：2；
   (3) 赵虎前三局总积分并不领先他的对手，他们也没有下成过和局；

(4)李龙已连输三局,范勇在前三局总积分上领先他的对手。

54. 根据上述信息,前三局比赛结束时谁的总积分最高? （P204,31题）
    A. 杨虹。 B. 王玉。 C. 范勇。
    D. 施琳。 E. 张芳。

55. 如果下列有位选手前三局均与对手下成和局,那么他(她)是谁? （P205,32题）
    A. 范勇。 B. 张芳。 C. 杨虹。
    D. 施琳。 E. 王玉。

答案速查

题号	26	27	28	29	30	31	32	33	34	35
答案	E	B	D	B	E	E	C	C	E	A
题号	36	37	38	39	40	41	42	43	44	45
答案	A	B	C	A	D	D	C	B	A	D
题号	46	47	48	49	50	51	52	53	54	55
答案	E	A	A	A	A	E	D	E	D	B